分析仪器结构及维护

孙 义 金党琴 主 编
宋群玲 周学辉 副主编

化学工业出版社
·北 京·

本书以目前广泛使用的分析仪器为对象，介绍了紫外-可见分光光度计、原子吸收光谱仪、红外光谱仪、电化学分析仪器、气相色谱仪和液相色谱仪等仪器的性能、工作原理、基本结构、使用方法、使用注意事项、仪器的维护保养、故障分析和排除等知识，同时有机融入了党的二十大精神，全面培养学生的知识素养和道德素养。全书分为八个项目，内容简明扼要，实用性强。每个项目都以二维码的形式链接各种资源，读者用手机扫描书中的二维码，就可以观看仪器的结构或原理的动画，以及仪器的使用与维护视频。

本书可作为高职高专工业分析技术专业师生的教材，也可作为相关专业或有关企事业单位分析人员的培训教材或参考书。

图书在版编目（CIP）数据

分析仪器结构及维护/孙义，金党琴主编. —北京：化学工业出版社，2019.8（2025.2重印）
ISBN 978-7-122-34412-0

Ⅰ. ①分… Ⅱ. ①孙…②金… Ⅲ. ①分析仪器-结构-高等职业教育-教材②分析仪器-维护-高等职业教育-教材 Ⅳ. ①TH83

中国版本图书馆CIP数据核字（2019）第082320号

责任编辑：蔡洪伟 李 瑾　　文字编辑：李 玥
责任校对：杜杏然　　装帧设计：王晓宇

出版发行：化学工业出版社（北京市东城区青年湖南街13号 邮政编码100011）
印　　装：北京云浩印刷有限责任公司
787mm×1092mm 1/16 印张17¼ 字数462千字 2025年2月北京第1版第6次印刷

购书咨询：010-64518888　　售后服务：010-64518899
网　　址：http://www.cip.com.cn
凡购买本书，如有缺损质量问题，本社销售中心负责调换。

定　　价：48.00元

前言

本书是根据工业分析技术专业国家级资源库要求编写的，是工业分析技术专业教学资源库（国家级）中“分析仪器结构及维护”课程的配套教材。工业分析技术专业国家级资源库是由全国高职工业分析技术专业的教师共同打造的，资源库资源丰富，资源表现形式多样，本书就是利用资源库中颗粒化资源（包括图片、视频、动画等）做成的具有“互联网＋资源库”特色的信息化立体教材。

现代科技和产业的发展促进了分析仪器的迅猛发展和推广应用，各类基础研究和应用工作都离不开各种类型的分析仪器，分析仪器已成为最基础的设备之一，对国民经济的发展起着重要的作用。本书以目前广泛使用的分析仪器为对象，介绍了紫外-可见分光光度计、原子吸收光谱仪、红外光谱仪、电化学分析仪器（包括酸度计、离子计、电位滴定仪、微库仑分析仪和电导率仪）、气相色谱仪和液相色谱仪等仪器。本书比较全面地介绍了各类仪器的性能、工作原理、基本结构、使用方法、使用注意事项以及仪器的维护保养、故障分析和排除等，其中仪器的检定方法参照现行的国家标准进行编写。本书在讲授专业知识的同时，有机融入了课程思政内容，将民族自信、质量强国，具备敬业担当、严谨细致的工匠精神，安全规范的专业素养以及树立终身学习的理念融入项目学习中，引导学生树立积极向上的人生观并培养良好的职业素养。

本书插入了相应的动态及虚拟互动资源，弥补了纸质教材图文呈现方式的不足，加强了课本与资源库之间的关联度，发挥了资源库“互联网＋”模式的优势。本教材增加了二维码扫描功能，以二维码的形式链接各种资源，学生用手机扫描教材中的二维码就可以看到仪器的结构或原理的动画，观看仪器的使用与维护视频，随时听到教师对仪器的讲解。本教材体现以学习者为中心的理念，方便学生使用，能够满足学习者多样化的需求。

本教材项目一和项目五由天津渤海职业技术学院孙义编写；项目二由天津渤海职业技术学院周学辉编写；项目三由昆明冶金职业技术学院宋群玲编写，参与编写的还有滕瑜、李瑛娟、蔡川雄；项目四由天津渤海职业技术学院魏文静编写；项目六和项目七由扬州工业职业技术学院金党琴编写；项目八由天津渤海职业技术学院曾玉香编写；全书由孙义统稿。

本书可供工业分析技术专业学生使用，也可供相关专业或有关企事业单位的分析人员参考。

由于编者水平所限，书中难免有疏漏之处，敬请读者批评指正。

编者

目录

项目一

分析仪器结构及维护基础

项目引导

随着科学技术和国民经济的发展，人民生活水平的不断提高，人们在日常生活中会遇到越来越多的分析仪器。分析仪器的制造水平和对分析仪器的需求反映了一个国家的经济和科学技术发展水平。近年来，发达国家的分析仪器发展非常迅速，而发展中国家则相对滞后。通过我国分析仪器企业和分析仪器科研工作者的共同努力，我国分析仪器的研究开发和产业的发展进入快速发展阶段，分析仪器在我们日常生活中应用越来越广泛。分析仪器是高科技产品，一般价格都很高，使用者应该熟悉分析仪器的结构性能，做好仪器的日常维护工作，使分析仪器更好地为我们服务。

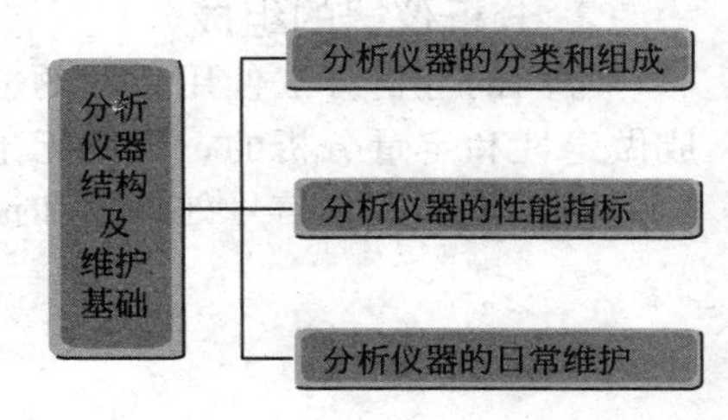

1. 你在生活中看到过哪些分析仪器？
2. 你知道如何衡量分析仪器的性能优劣吗？

任务一

分析仪器结构及维护基础

任务要求

（1）了解分析仪器的分类和组成。
（2）了解分析仪器的性能指标。
（3）学会用分析仪器的性能指标比较分析仪器的优劣。
（4）了解分析仪器的检定。
（5）了解分析仪器使用过程中的注意事项。

分析仪器是用于研究和检测物质的化学成分、结构以及某些物理性质的一大类仪器的总称，是人们获取物质的成分、结构和状态信息的工具。

一、 分析仪器的分类和组成

1. 分析仪器的分类

现代分析仪器融合了微电子技术、精密机械加工技术、激光技术、智能化计算机技术等各方面的成就而不断发展，灵敏准确、功能齐全的新型分析仪器不断涌现并日趋完善。分析仪器的种类繁多，根据测定原理一般可将分析仪器分为八类，如表 1-1 所示。

表 1-1　分析仪器根据测定原理的分类

仪器类别	仪器品种
电化学仪器	酸度计、离子计、电位滴定仪、库仑仪、电导仪、极谱仪
热学仪器	热导式分析仪（SO_2 测定仪、CO 测定仪等）、热化学分析仪、差热分析仪等
磁式仪器	热磁式分析仪、核磁共振波谱仪、电子顺磁共振波谱仪等
光学仪器	紫外-可见分光光度计、红外光谱仪、原子吸收光谱仪、原子发射光谱分析仪、荧光计、磷光计等
机械仪器	X 射线分析仪、放射性同位素分析仪、电子探针等
离子和电子光学仪器	质谱仪、电子显微镜、电子能谱仪
色谱仪器	气相色谱仪、液相色谱仪
物理特性仪器	黏度计、密度计、水分测定仪、浊度仪、气敏式分析仪等

2. 分析仪器的组成

不同的分析方法使用不同的分析仪器，但是由于所有分析仪器都是用来对物质结构和组成做定性和定量分析的，因此无论其工作原理如何、复杂程度如何，分析仪器一般均由信号发生器、检测器、信号处理器和读出装置四个基本部分组成，如图 1-1 所示。

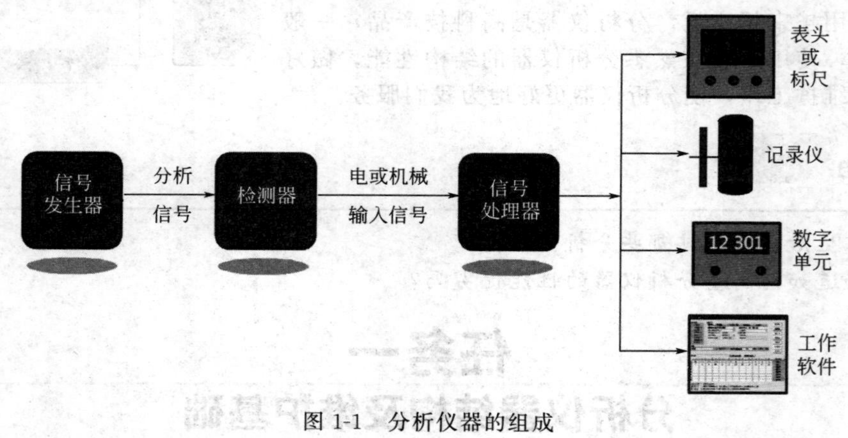

图 1-1　分析仪器的组成

（1）信号发生器　信号发生器使样品产生信号，它可以是样品本身，例如酸度计信号就是溶液中的氢离子的活度；但是对于大多数仪器，信号发生器则比较复杂，例如紫外-可见分光光度计，信号发生器除样品外，还包括入射光源、单色器等。

（2）检测器　检测器是将某种类型的信号转变为可测定的电信号的装置，检测器可分为电流源、电压源和可变阻抗检测器三种。例如，紫外-可见分光光度计中的光电倍增管是将光信号转变为电流信号的装置，离子选择性电极是将离子活度信号转变为电极电位信号的装置。

（3）信号处理器和读出装置　信号处理器将微弱的电信号用电子元件组成的电路加以放大。读出装置将信号处理器放大的信号显示出来，它可以是表针、记录仪、数字显示器、打印机或计算机处理软件等。较高档的仪器通常有功能齐全的工作站，通过计算机软件对整个分析过程进行程序控制操作和信号处理，自动化程度高。

常用分析仪器的基本组成见表 1-2。

表 1-2　常用分析仪器的基本组成

仪器	信号发生器	分析信号	检测器	输入信号	信号处理器	读出装置
离子计	样品	离子活度	离子选择性电极	电位	放大器	数字显示器
库仑计	样品、电源	电量	电极	电流	放大器	数字显示器
分光光度计	样品、光源	衰减光束	光电倍增管	电流	放大器	数字显示器、计算机
红外光谱仪	样品、光源	干涉光	光电倍增管	电流	放大器	工作站
气相色谱仪	样品	电阻或电流	热导池或氢焰等	电阻	放大器	工作站
液相色谱仪	样品	电阻或电流	光度计等	电流	放大器	工作站
化学发光仪	样品	相对光强	光电倍增管	电流	放大器	数字显示器

二、 分析仪器的性能指标

分析仪器的性能指标可以分为两类。

一类性能指标与分析仪器的工作条件有关，它表明了该分析仪器的工作范围和工作条件，如紫外-可见分光光度计的波长范围限定了仪器的工作波长范围，超出这一范围，仪器就不能正常工作。又如气相色谱仪的最高柱箱温度规定了气相色谱仪工作时柱箱温度不能超过这个最高温度。分析仪器的这一类性能指标对不同的分析仪器是不同的。

分析仪器的另一类性能指标与分析仪器的“响应值”有关，是不同类型分析仪器共同具有的性能指标，是同一类分析仪器进行比较的重要依据，是评价分析仪器基本性能的参数。这类性能指标有灵敏度、检出限、精密度、准确度、分辨率、稳定性、线性范围等。下面简单介绍其中一些指标。

1. 灵敏度

仪器或方法的灵敏度是指被测组分的量或浓度改变一个单位时分析信号的变化量。根据国际纯粹与应用化学联合会（IUPAC）的规定，灵敏度是指在浓度线性范围内校正曲线的斜率，各种方法的灵敏度可以通过测量一系列的标准溶液来求得。

随着灵敏度的提高，通常噪声也随之增大，而信噪比和分析方法的检出能力不一定会改善和提高。由于灵敏度未能考虑到测量噪声的影响，因此，现在已不用灵敏度来表征分析方法的最大检出能力，而推荐用检出限来表征。

2. 检出限

检出限是指以适当的置信度（通常取置信度 99.7%，有时也用置信度 95%）检测出被检组分的最小量值（质量或浓度）。检出限是表征和评价分析仪器检测能力的一个基本指标。检出限 q 可由最小检测分析信号值与空白噪声导出。

$$q=\frac{\overline{A}_{\mathrm{L}}-\overline{A}_{\mathrm{b}}}{b}=\frac{ks_{\mathrm{b}}}{b}$$

式中 $\overline{A}_{\mathrm{L}}$——测定空白样品足够多次（通常 $n=10\sim20$）的平均值；

$\overline{A}_{\mathrm{b}}$——仪器噪声的平均值；

s_{b}——空白样品信号的标准偏差；

k——置信系数，置信度取 99.7% 和 95%，k 值分别为 3 和 2；

b——校正曲线斜率，即灵敏度。

被测物质的量值可用绝对质量或浓度表示，则 q 相应地分别称为最小检出量和最小检出浓度。

很显然，分析方法的灵敏度越高，检出限越低，分析方法的检测能力越好。

3. 精密度

精密度是指相同条件下对同一样品进行多次平行测定，各平行结果之间的符合程度。精密度表示测定过程中随机误差的大小。在实际应用中，有时用重复性和再现性表示不同情况下分析结果的精密度。同一分析人员在同一条件下分析的精密度称为重复性，不同分析人员在各自条件下分析的精密度称为再现性。通常所说的精密度是指前一种情况。

标准偏差的计算公式如下：

$$s=\sqrt{\frac{\sum_{i=1}^{n}(x_i-\overline{x})^2}{n-1}}$$

式中 x_i——单次测定值；

$\overline{x}$——几次测定结果的平均值；

n——测定次数。

4. 准确度

准确度是指在一定实验条件下多次测定的平均值与真值相符合的程度，用来衡量仪器测量值接近真值的能力。在实际工作中，常用标准物质或标准方法进行对照试验确定准确度，或者用纯物质加标进行回收率试验估计准确度，加标回收率越接近100%，分析方法的准确度越高。

5. 线性范围

线性范围是指校正曲线（标准曲线）被测组分的量与响应信号成线性关系的范围。可以用仪器响应值或被测定量值的最大值与最小值之差来表示仪器的线性范围，也可以用两者之比来表示仪器的线性范围。例如气相色谱，TCD线性范围$>10^4$，FID线性范围为1×10^6，就是用仪器测定量值的最大值与最小值之比来表示仪器的线性范围。线性范围越宽，样品测定的浓度适应性越强。

6. 分辨率

分辨率又称为分辨力或分辨本领，是指仪器能区分开最邻近所示值的能力。由于不同分析仪器所指的最邻近所示值可能有所不同，如光谱所指的是一般最邻近的波长值，色谱所指的是最邻近的两个峰，所以不同分析仪器的分辨率所指也有所不同。在实际工作中，通常是使用实际分辨率。如在色谱分析中，分辨率又称为分离度，是色谱柱在一定色谱条件下对混合物综合分离能力的指标，表征参数有分离度R等。

分析仪器的分辨率是可调的，仪器性能指标中给出的分辨率一般是指该仪器的最高分辨率。根据分析工作的要求，在实际分析工作中可以使用较低的分辨率，这样分析仪器的灵敏度一般会更好。

7. 稳定性

稳定性是指在规定的条件下，仪器保持其计量特性不变的能力。在检验分析仪器的稳定性时，主要是指分析仪器响应值随时间变化的特性，稳定性可用噪声和漂移两个参数来表示。

噪声是由于未知的偶然因素所引起的分析信号随机波动。噪声会干扰有用分析信号的检测。在样品含量（浓度）为零时产生的噪声称为基线噪声。

漂移是指分析信号朝某一个方向缓慢变化的现象。基线朝一个方向变化称为基线漂移。

三、分析仪器的日常维护

要保证分析仪器的正常使用首先要注意仪器安装环境是否达到要求，在使用过程中还要注意定期对分析仪器进行维护保养，如果分析仪器出现故障应按规定及时维修处理。

1. 环境条件

要保障分析仪器设备的正常运行和分析测试结果的准确性、有效性，首先就要保证分析仪器的安装实验室有规范的内外环境。

① 实验室的设施、实验室场地、能源、照明、采暖、通风等环境条件要符合分析仪器

运行条件要求。分析仪器说明书和相关标准都规定了分析仪器的工作环境和条件。例如《高效液相色谱仪》(GB/T26792—2019）中规定了高效液相色谱仪的正常工作条件。在安装分析仪器时，要注意为该仪器准备的电源、水、气、地线、实验台以及周围环境是否满足标准和仪器说明书中提出的要求。对于一些大型、贵重的仪器要使用单独的水、电、气和地线，不要几台仪器共用，对于对振动敏感的仪器，要做好防振措施。

二维码1-1
分析仪器的日常维护

② 实验室应有必要的设备对环境条件如室内温度、湿度、大气压等常规监测项目进行监控和记录。分析仪器工作环境的温度和湿度应符合说明书的规定。一般要求实验室温度控制在25℃左右，过高过低的环境温度以及温度的大幅变化，会使仪器内部的电子元件和光学部件产生性能上的变化，表现出来的现象就是测定的数据不稳定、漂移。环境的温度过高或过低、湿度过大或过小也会使分析仪器发生故障。仪器设备开启工作前，要使实验室环境温度达到并平衡至仪器使用要求的温度，再进行测定工作。对于温度和湿度要求较高的仪器，实验室一定要安装恒温和恒湿装置。当然要对温度计等监测设备进行定期校准，以保障监测数据的有效性和可信度。

③ 实验室应做到干净卫生、整洁有序。分析仪器要求定期除尘。仪器表面的灰尘不仅影响仪器外观的整洁性，还会影响仪器内部电子器件的散热，会造成仪器内部电路上接插件之间的接触不良等。仪器表面灰尘较少时，可用干布擦拭、软毛刷刷洗等方法加以清除。对于仪器内部的灰尘可按照仪器手册提供的方法进行处理。此外，实验室内管道、布线要合理，仪器设备摆放需整齐，以便于操作和维护。原始记录文件妥善收藏，以防损毁或丢失。

2. 分析仪器的维护保养

分析仪器一般价格都很高，如果日常维护不好或使用不当，将会大大降低分析仪器的使用寿命。因此，做好分析仪器的日常维护、精心操作，是每一名分析工作者应有的责任。不同分析仪器的日常维护和操作应注意的问题不尽相同，这里只就其中一些共性问题进行说明。

分析仪器的维护主要有两个方面：一方面是分析仪器正常工作期间的日常维护和定期维护；另一方面是分析仪器由于某种原因短期或长期不使用时的维护。

① 实验室应根据仪器设备的具体要求制订维护计划，并定期对精密、敏感、特定用途以及使用频次高、使用环境恶劣、移动使用的仪器设备进行重点维护。对一些说明书上规定了使用寿命的零部件，如光源、密封件等，到了规定的使用时间，即使仪器还能正常工作，也应按时更换。以气相色谱仪为例，气相色谱仪进样口的进样隔垫要定期进行维护，一般进样次数达到规定次数时，需进行更换。否则会导致密封性变差，隔垫碎屑还有可能污染衬管、堵塞色谱柱。

② 仪器设备的维护应由实验室的专门人员负责。维护人员要了解仪器设备的基本原理和结构，熟悉仪器设备的使用方法和必要的检定校准方法等。对于使用频次较高的仪器能够按照规定进行期间核查。分析仪器要进行定期检定或校准。检定是为评定计量器具的计量特性，确定其是否符合法定要求所进行的全部工作。按照国家计量法，分析仪器只有通过有关部门的定期检定后，给出的数据才具有法律效力。经常使用的仪器，即使是工作一直正常，在其检定规程规定的检定周期内，也应按检定规程作一次检定或校准。不同的仪器有规定的检定规程，如JJG 178—2007为紫外、可见、近红外分光光度计的检定规程。对不太稳定的或使用频次较高的仪器需进行期间核查，以使仪器满足工作要求，保证测定结果的质量。

③ 实验室应制定仪器设备维护的作业指导书，确定维护的内容、方法、步骤、周期以及所需的设施、环境条件等资源和有关安全操作的要求。

④ 实验室要做好仪器设备维护的记录。记录应包括仪器设备的名称、型号规格、唯一性编号；仪器设备维护前后的状态；维护的内容，说明维护的有关过程；维护的日期、人员

及其签名；当委托外部人员维护时，维护结果验收的日期、人员及其签名等。

⑤ 对那些由于某种原因而短期或长期不使用的分析仪器，也应定期按仪器的正常工作程序开一次机。事实证明，很多分析仪器不是使用坏的，而是放置坏的。对于一些说明书中要求长期停机时需要拆下来单独保存的零部件，如液相色谱的色谱柱，应按说明书中的规定拆下来保存。

做好分析仪器的维护是预防分析仪器发生事故的重要一环，除此之外，为预防分析仪器在工作中发生事故、损坏仪器，在使用分析仪器的过程中除了做好日常维护外，还要注意以下几点：

① 使用仪器的实验人员要熟悉仪器的性能，遵照操作规程使用仪器。使用前要检查仪器是否正常，用毕填写使用记录。

② 每次做完实验，准备关机之前，应按说明书的规定将仪器的进样装置、样品经过的各种管路清洗干净后再关机。

③ 分析仪器工作时要严禁超量程、超负荷、超周期使用，要严禁分析仪器带病运行。

④ 在分析仪器工作过程中，要经常观察仪器的工作状态及各种运行参数的变化，如有异常，应立刻停机，在未查明原因前不要再开机，待查明原因后再作下一步处理。

⑤ 严禁出现违反操作规程的行为。

⑥ 大型、贵重的分析仪器一定要有专人负责，所有使用人员一定要经过专门的培训后方可使用。

⑦ 要建立分析仪器的工作档案，仪器负责人要将该仪器的日常维护、工作环境、工作状况、维修情况都详细记录下来，所有使用仪器的人都要详细填写使用记录。

3. 分析仪器的维修

当分析仪器出现故障时，操作人员要及时向仪器负责人汇报，不要轻易动手进行维修。实验室应建立仪器设备维修的申请、审批、维修、验证的程序。仪器设备出现故障时应按程序开展维修或部件更换。如果仪器还在保修期，要请厂家进行维修。对于出了保修期的仪器，维修前一定要把维修手册学透，对于不允许拆卸的部分，一定不要动。如果怀疑有问题，一定请厂家来维修。影响性能的维修或关键部件更换后，实验室应重新进行验证或检定校准后方可投入使用。仪器管理维护人员注意保留维修合同、部件更换合同及相应的维修活动的记录并存档。

思考与交流

1. 分析仪器一般由哪几个基本部分组成？

2. 评价分析仪器基本性能的参数有哪些？

课堂拓展

我国分析仪器的发展成就

科学技术是国家的第一生产力，可以体现国家的综合实力，其中分析仪器可以为科研工作提供研究工具，在很大程度上影响科技水平发展的速度。我国实验分析仪器行业起步晚，在技术研发、产品质量等方面都与国外发达国家存在一定的差距，近几年国家逐步将科学仪器相关领域作为重点发展的行业之一，我国科学仪器及其应用发展取得了长足的进步。近几年来，我国光谱、色谱、质谱等仪器的研究和开发取得了很多成果。原子荧光光度计是我国从 20 世纪 70 年代中期开始研制的具有中国自主知识产权的科学仪器，目前技术日趋成熟完善，商品化仪器在诸多领域得到了广泛应用。原子荧光光度计的开发，表明我国基础研究和原始创新能力不断加强，一些关键核心技术实现突破。我国分析仪器取得了一定的成就，我们要有自信，要努力开发更多的、市场需求的、可靠性好的常规仪器产品。

项目小结

分析仪器在科学技术和国民经济发展中起着重要的作用，本项目介绍了分析仪器的分类、基本组成、评价性能的指标参数、检定、分析仪器的日常维护和使用注意事项。学习内容归纳如下：

① 分析仪器的分类和组成。

② 分析仪器的性能指标。

③ 分析仪器的检定和日常使用注意事项。

练一练 测一测

练一练测一测一

一、单项选择题

1. 分析仪器一般由（　　）、检测器、信号处理器和读出装置组成。

A. 光源　　B. 信号发生器　　C. 样品　　D. 电源

2. 酸度计的信号就是溶液中的（　　）。

A. 电流　　B. pH 值　　C. 氢离子活度　　D. 电位

3. 分析天平的信号是（　　）。

A. 样品的质量　　B. 样品的体积　　C. 样品的重量　　D. 样品的密度

4. 光电倍增管能够将（　　）转变成易于测定和处理的（　　）信号。

A. 光　电压　　B. 光　电流　　C. 热　电压　　D. 热　电流

5.（　　）是指在相同条件下对同一样品进行多次平行测定，各平行测定结果之间的符合程度。

A. 准确度　　B. 重复性　　C. 精密度　　D. 再现性

6. 根据 IUPAC 规定，灵敏度是指在浓度线性范围内校正曲线的（　　）。

A. 斜率　　B. 截距　　C. 相关系数　　D. 平直度

7.（　　）是指能以适当的置信度被检出的组分的最低浓度或最小质量。

A. 噪声　　B. 漂移　　C. 检出限　　D. 灵敏度

8. 检出限和仪器的噪声直接相联系，（　　）噪声可以改善检出限。

A. 降低　　B. 增大　　C. 提高　　D. 放大

9. 分析方法的加标回收率越接近 100%，表示方法的（　　）越高。

A. 灵敏度　　B. 线性　　C. 精密度　　D. 准确度

10. 精密仪器的管理应建立专人管理责任制，仪器的（　　）都要登记准确。

A. 名称、规格、数量、价格　　B. 名称、规格（型号）、数量、价格、出厂和购置时间

C. 名称、规格、价格　　D. 名称、规格、价格、数量

二、判断题

1. 准确度是测定值与真实值之间接近的程度。（　　）

2. 一般分析仪器的信号都是直接显示和读数的。（　　）

3. 分析仪器的检测器都能够把样品信号转变为电流信号。（　　）

4. 分析方法的线性范围越宽，样品测定的浓度适应性越强。（　　）

5. 随着分析仪器的灵敏度提高，检出能力也相应提高。（　　）

6. 提高仪器的灵敏度、降低噪声，可以提高检出能力。（　　）

7. 校准的目的之一是确定测量仪器示值误差，并确定其是否处于预期的允差范围之内。（　　）

8. 大型仪器的使用、维修应由专人负责，使用、维修人员经考核合格后方可独立操作。（　　）

9. 如确需拆卸、改装大型仪器，应有一定的审批手续。（　　）

10. 仪器出现不易排除的故障，应尽量自己动手解决。（　　）

项目二

紫外-可见分光光度计的结构及维护

项目引导

紫外-可见分光光度计是利用物质对光的选择性吸收进行物质的定性和定量分析的一种分析仪器，具有分析灵敏度高，准确度高，操作简便、快速的特点，已广泛应用于地质、冶金、材料、食品、医学等领域，是现代实验室必备的常规仪器之一。

紫外-可见分光光度计作为一种精密仪器，运行过程中的种种原因可能导致其技术状况发生变化，影响设备性能，因此，分析工作者必须熟悉仪器设备的结构及使用方法，并能及时发现和排除故障，保证仪器设备的正常运行。

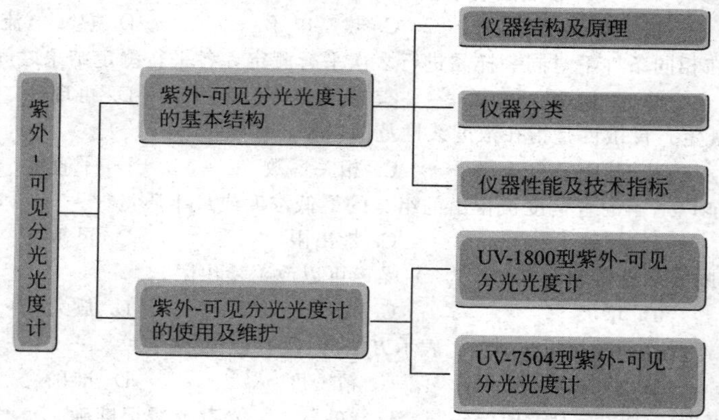

想一想

1. 现代家装过程中经常会出现甲醛超标，如何进行测定？
2. 如何保证紫外-可见分光光度计测试结果的准确可靠？

任务一 紫外-可见分光光度计的基本结构

任务要求

（1）熟悉紫外-可见分光光度计的结构。

（2）了解紫外-可见分光光度计的工作原理。

（3）了解紫外-可见分光光度计的分类和主要性能技术指标。

许多物质都具有颜色，如高锰酸钾水溶液呈紫色，重铬酸钾水溶液呈橙色。当含有这些物质的溶液的浓度改变时，溶液颜色的深浅度也会随之变化，溶液越浓，颜色越深。根据物质的这些特性可对它进行有效的分析和判别。1852 年，比尔（Beer）参考了布格（Bouguer）在 1729 年和朗伯（Lambert）在 1760 年所发表的文章，提出了分光光度的基本定律，即液层厚度相等时，颜色的强度与呈色溶液的浓度成比例，从而奠定了分光光度法的理论基础，这就是著名的朗伯-比尔（Lambert-Beer）定律。1854 年，杜包斯克（Duboscq）和奈斯勒（Nessler）等人将此理论应用于定量分析化学领域，并且设计了第一台比色计。到 1918 年，美国国家标准局制成了第一台紫外-可见分光光度计。此后，紫外-可见分光光度计不断改进，出现了自动记录、自动打印、数字显示、微机控制等各种类型的仪器，其灵敏度和准确度也不断提高，应用范围也不断扩大。

一、 紫外-可见分光光度计的工作原理和特点

1. 紫外-可见分光光度计的工作原理

二维码2-1
紫外-可见分光光度计使用原理

物质的吸收光谱本质上就是物质中的分子和原子吸收了入射光中的某些特定波长的光能量，相应地发生了分子振动能级跃迁和电子能级跃迁的结果。由于各种物质具有各自不同的分子、原子和不同的分子空间结构，其吸收光能量的情况也就不会相同，因此，每种物质有其特有的、固定的吸收光谱曲线，可根据吸收光谱上的某些特征波长处的吸光度的高低判别或测定该物质的含量，这就是分光光度法定性和定量分析的基础。紫外-可见分光光度计就是利用物质分子中电子跃迁产生的吸收进行定性和定量分析的。分光光度分析就是根据物质的吸收光谱研究物质的成分、结构和物质间相互作用的有效手段。

紫外-可见分光光度计的定量分析基础是朗伯-比尔定律。即当一束平行单色光垂直入射通过均匀、透明的吸光物质的稀溶液时，溶液对光的吸收程度与溶液的浓度及液层厚度的乘积成正比。

2. 紫外-可见分光光度计的特点

紫外-可见分光光度计操作简便，测定灵敏度、准确度高，分析成本低，广泛地应用于化工、冶金、地质、医学、食品、制药等部门及环境监测系统。

二、 紫外-可见分光光度计的结构

紫外-可见分光光度计的型号很多，但是其基本的部件和结构相似，都由五个部分组成，即光源、单色器、吸收池、检测器和信号处理及显示系统，示意图见图 2-1。

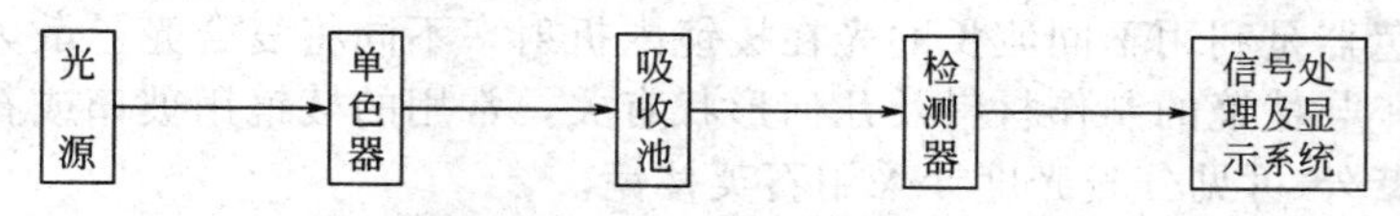

图 2-1 紫外-可见分光光度计的基本结构示意图

（一） 光源

光源的作用是提供符合要求的入射光。分光光度计对光源的基本要求是：在使用波长范

围内能够发射连续的、有足够强度的且稳定性好的光谱，并且使用寿命长。实际应用的光源一般分为紫外光光源和可见光光源。

1. 可见光光源

分光光度计的可见光光源使用钨灯，可发射波长范围为325～2500nm的连续光谱，其中最适宜的使用范围是380～1000nm，为了保证钨灯发光强度稳定，需要配置稳压装置。

目前不少分光光度计采用卤钨灯代替钨灯，卤钨灯是在钨丝中加入适量的卤化物或卤素，灯泡用石英制成，卤钨灯具有较长的寿命和高的发光效率。

2. 紫外光光源

分光光度计的紫外光光源多为气体放电光源，其中使用最多的是氢灯或氘灯，它们可在185～375nm范围内产生连续光源。为了保证发光强度稳定，也需要配置稳压装置。氘灯的光谱分布与氢灯相同，但氘灯的光强度比同功率的氢灯要大3～5倍，且寿命比氢灯长。

动画扫一扫

二维码2-2
单色器的构成及作用原理

（二）单色器

单色器是将光源辐射的连续光分解为单色光，并能使所需要的某一波长的光通过的光学装置。单色器一般由入射狭缝、色散元件、透镜和出射狭缝等几部分组成，见图2-2。

单色器的核心部分是色散元件，起分光的作用。常用的色散元件主要是棱镜和光栅，见图2-2。

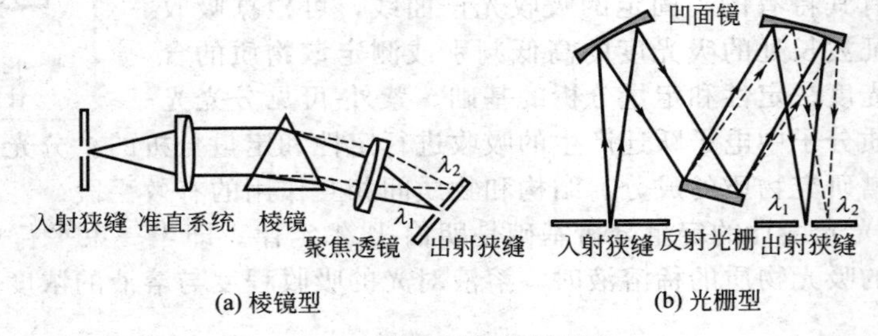

图2-2　单色器结构示意图

1. 光栅单色器

光栅可定义为一系列等宽等距离的平行狭缝。光栅的色散原理是以光的衍射现象和干涉现象为基础，光栅单色器的分辨率比棱镜单色器的分辨率高，而且可用的波长范围比棱镜单色器宽。目前生产的紫外-可见分光光度计大多采用光栅作为色散元件。

透镜系统主要是用来控制光的方向。狭缝可调节光的强度和让所需要的单色光通过，狭缝对单色器的分辨率起重要作用，它对单色光的纯度在一定范围内起着调节作用。

2. 棱镜单色器

棱镜单色器是利用不同波长的光在棱镜内折射率不同将复合光色散为单色光的。棱镜色散作用的大小与棱镜的制作材料及几何形状有关，常用的棱镜用玻璃或石英制成。玻璃吸收紫外光，故紫外-可见分光光度计采用石英棱镜。

（三）吸收池

吸收池又称为比色皿，用于盛放待分析试样。吸收池一般为长方体，其底及两侧为毛玻璃，另两面为光学透光面。根据光学透光面的材质，吸收池一般有石英和玻璃两种，石英吸收池适用于可见光区及紫外光区，玻璃吸收池只能用于可见光区。紫外-可见分光光度计常用的吸收池规格有 0.5cm、1.0cm、2.0cm、3.0cm 和 5.0cm 等，使用时根据实际需要选择。一般商品吸收池的光程精度往往不是很高，与其标示值有微小误差，即使是同一厂生产的同规格的吸收池也不一定能互换使用，所以，仪器出厂前吸收池都经过配套性检验，使用时不能混淆其配套关系。实际工作中，为了减小误差，测量前还需对吸收池进行配套性检验。使用吸收池过程中，也应特别注意以下几点：

① 拿取吸收池时，只能接触两侧的毛玻璃，不可接触光学面。
② 不能将光学面与硬物或脏物接触，只能用擦镜纸或丝绸擦拭光学面。
③ 凡含有腐蚀玻璃的物质的溶液，不得长时间盛放在吸收池中。
④ 吸收池用后要立即冲洗干净。

（四）检测器

检测器的作用是对吸收池透过的光做出响应，并将接收到的光信号转变为电信号输出，其输出电信号的大小与透射光的强度成正比。常用的检测器有光电池、光电管和光电倍增管等。光电倍增管是检测微弱光最常用的光电元件，它不仅响应速度快，能检测 10^{-9}～10^{-8}s 的脉冲光，而且灵敏度高，比一般光电管高 200 倍。目前紫外-可见分光光度计广泛使用光电倍增管作检测器。光电倍增管的结构示意图见图 2-3。

（五）信号处理及显示系统

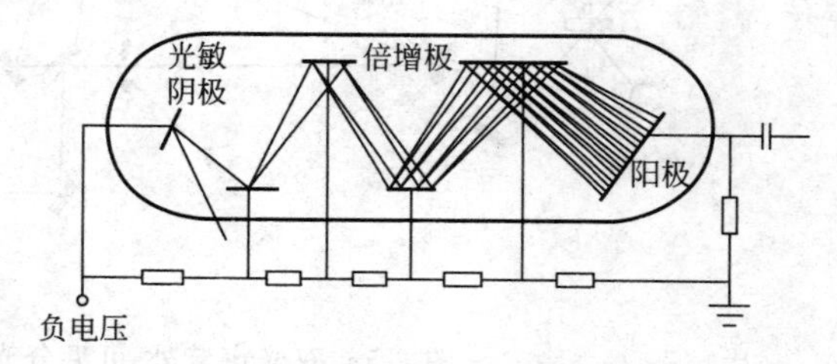

图 2-3　光电倍增管的结构示意图

信号处理及显示系统的作用是将检测器产生的电信号经放大处理后，以适当方式指示或记录下来。常用的信号指示装置有直读检流计、电位调节指零装置以及数字显示或自动记录装置等。很多型号的分光光度计配有微处理机，这种数据显示装置方便、准确，而且可以连接数据处理装置，自动绘制工作曲线，计算分析结果并打印报告，实现分析自动化。

三、紫外-可见分光光度计的分类

紫外-可见分光光度计按使用波长范围可分为可见分光光度计和紫外-可见分光光度计两类。前者使用波长范围是 400～1000nm，后者使用波长范围是 200～1000nm。可见分光光度计只能测量有色溶液的吸光度，而紫外-可见分光光度计可测定在紫外、可见光区有吸收的物质的吸光度。

紫外-可见分光光度计按光路可分为单光束式和双光束式两类，按测量时提供的波长数又可分为单波长分光光度计和双波长分光光度计两类。

（一）单光束分光光度计

单光束分光光度计是指从光源中发出的光经过单色器等一系列光学元件及吸收池后，最后照在检测器上时始终为一束光，其工作原理见图 2-4。

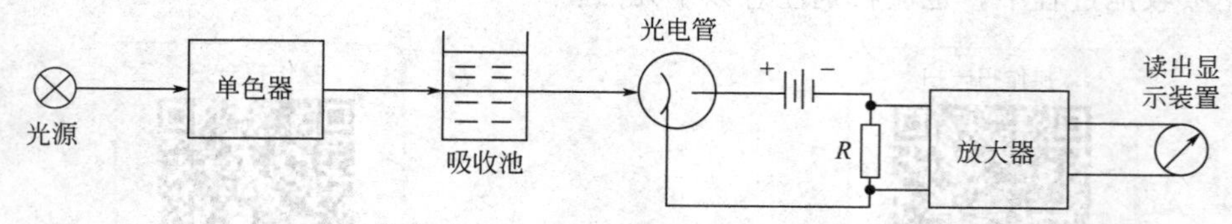

图 2-4　单光束紫外-可见分光光度计工作原理示意图

单光束分光光度计的特点是结构简单、价格低，主要适用于定量分析；其不足是测定结果受光源强度波动的影响较大，定量分析结构有较大误差。

（二）双光束分光光度计

双光束分光光度计是指从光源中发出的光经过单色器后被一个旋转的扇形反射镜（即切光器）分为强度相等的两束光，分别通过参比溶液和样品溶液，再利用另一个与前一个切光器同步的切光器，使两束光在不同时间交替照在同一个检测器上，通过一个同步信号发生器对来自两个光束的信号加以比较，并将两信号的比值经对数变换后转换为响应的吸光度值，其工作原理见图 2-5。

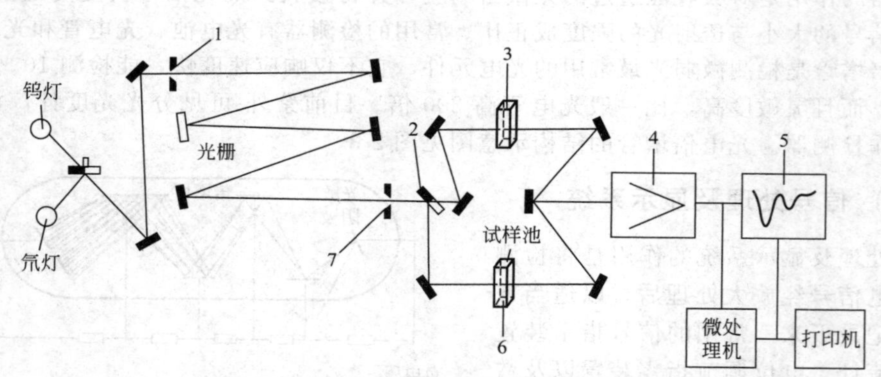

图 2-5　双光束紫外-可见分光光度计工作原理示意图
1—进口狭缝；2—切光器；3—参比池；4—检测器；
5—记录仪；6—试样池；7—出口狭缝

双光束分光光度计的特点是能连续改变波长，自动地比较样品及参比溶液的透光强度，自动消除光源强度变化引起的误差，适用于必须在较宽的波长范围内获得复杂的吸收光谱曲线的分析。

（三）双波长分光光度计

双波长分光光度计与单波长分光光度计的主要区别在于双波长分光光度计采用双单色器，以同时得到两束波长不同的单色光，其工作原理见图 2-6。

光源发出的光分成两束，分别经过两个可以自由转动的光栅单色器，得到两束不同波长（λ_1 和 λ_2）的单色光，利用切光器使两束光以一定的时间间隔交替照射装有试液的吸收池，

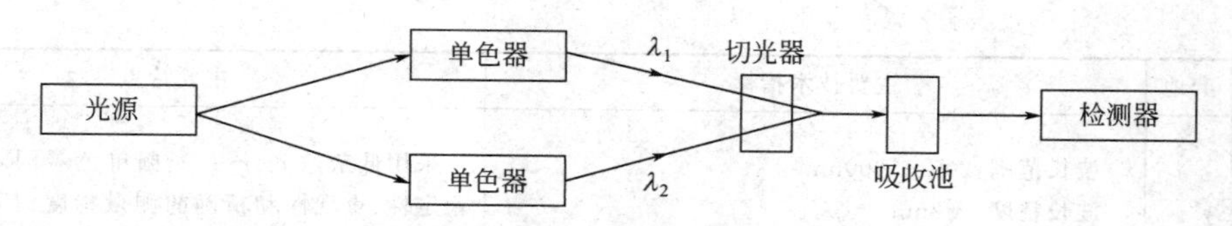

图 2-6　双波长紫外-可见分光光度计工作原理示意图

由检测器显示出试液在波长 λ_1 和 λ_2 下的透过率差值 ΔT 或吸光度差值 ΔA，则：

$$\Delta A = A_{\lambda_1} - A_{\lambda_2} = (\varepsilon_{\lambda_1} - \varepsilon_{\lambda_2})bc \tag{2-1}$$

由式（2-1）可知，ΔA 与吸光物质的浓度 c 成正比，这是双波长分光光度计定量分析的理论依据。

双波长分光光度计的特点是不用参比溶液，可以消除背景吸收的干扰，包括待测溶液与参比溶液组成的不同及吸收液厚度的差异的影响，提高了测量的准确度，适用于混合物和混浊样品的定量分析。

四、常用紫外-可见分光光度计的主要技术指标

可见分光光度计可见光波长范围为 400～1000nm，紫外-可见分光光度计可见光波长范围为 200～1000nm，可通过更换光源分别形成可见光区和紫外光区。可以从测量范围、分辨率、波长精度等方面选择分光光度计，表 2-1 列出了一些常用分光光度计的型号、主要技术指标等相关信息，以供参考。

表 2-1　常用分光光度计的型号、主要技术指标等相关信息

仪器型号	产地	主要技术指标	主要特点
722	上海	波长范围:330～800nm 光源:钨卤素灯(12V,30W) 波长精度:±2nm 波长重现性:0.5nm 光谱带宽:6nm 杂散光:1%(*T*)(在 360nm 处) 透过率测量范围：0～100%（*T*） 吸光度测量范围：0～1.999（*A*） 浓度直读范围：0～2000（*c*）	采用优质的 *c*-*T* 光栅单色器，确保了仪器性能稳定、可靠；采用 RS232 串行通信接口，可选配串行打印机或选配专用数据处理软件，联机可实现数据储存、记录、传输或线性回归等功能；具备 *T*/*A* 转换、自动调零、自动调 100%、浓度直读、浓度因子设定等功能；样品室可容纳 4 位置比色皿架，可选 1～5cm 光径矩形比色皿及 5cm 比色皿架
723PC	上海	波长范围：325～1000nm 波长精度：±1nm 波长重复性：≤0.5nm 光谱带宽：4nm 测量范围：0～125%（*T*）；－0.097～2.700（*A*）；0～1999（*c*） 透过率准确度：±0.5%（*T*） 透过率重复性：≤0.2%（*T*） 杂散光：<0.3%（*T*） 基线直线性：±0.004（*A*）	采用低杂散光，高分辨率的单光束光路结构；具有良好的稳定性、重现性；应用微机处理技术，操作更为简便，能更快速地完成测试；具有自动调校“0%T”和“100%T”等控制功能；具有多种方法的数据处理功能；LCD 数字显示器可显示透过率、吸光度和浓度等参数以及波长读数，提高了仪器的读数准确性

续表

仪器型号	产地	主要技术指标	主要特点
UV-7504	上海	波长范围:200～1000nm 波长精度:±2nm 波长重复性:≤1nm 光谱带宽:4nm 杂散光:≤0.5%(*T*) 透过率准确度:±0.5%(*T*) 透过率重复性:≤0.2%(*T*) 稳定性:暗电流,3min内透过率示值变化≤0.25% 源移:≤0.004(*A*)/30min(500nm预热后)	采用低杂散光、*c-T* 光栅单色器,具有良好的稳定性、重现性和精确的测量精度;具有自动设置"0%T"和"100%T"的控制功能,操作简便、直接、可靠;仪器配有标准的RS-232双向通信接口和标准的并行打印口,可向计算机发送测试数据和接收微机的控制命令,接并行打印机(如EP-SON-LQ-300K)能直接打印测试结果;具有波长扫描、时间扫描、多波长检测、标准曲线和多种数据处理等功能
V1600PC	上海	波长范围:320～1100nm 光谱带宽:4nm 波长准确度:±0.5nm 波长重复性:≤0.2nm 光度准确度:0.3%[0～100%(*T*)];±0.002[0～0.5(*A*)];±0.004[0.5～1(*A*)] 光度重复性:≤0.15%[0～100%(*T*)];0.001[0～0.5(*A*)];0.002[0.5～1(*A*)] 杂散光:≤0.05%(*T*)(220nm、360nm) 稳定性:±0.001(*A*)/h(500nm) 基线平直度:±0.002(*A*)(200～1000nm)	采用128×64位点阵液晶显示器,可直接显示标准曲线及其方程、动力学测试曲线,同时可显示200组测试数据;可存储多达100条标准曲线及200组测试数据;自动校准波长,自动设定波长,自动切换光源;自动控制氘灯和钨灯的开或关,实时监控灯的点亮时间;宽大的样品室可容纳5～100mm各种规格的比色皿;薄膜按键操作简单、方便;插座式钨灯设计,换灯时避免光学调试;具有光度测量、定量分析、全波长光谱扫描、动力学扫描、多波长测试等多种强大的功能
UV-1800	上海	波长范围:200～1100nm 透过率范围:0～200%(*T*) 吸光度范围:−0.301～3.000(*A*) 光谱带宽:2nm 最小取样间隔:0.1nm 能量范围:0.000～9.999V 波长准确度:±0.5nm 波长重复性:≤0.3nm 杂散光:≤0.3%(*T*)(NaI溶液,220nm) 透过率准确度:±0.5%(*T*)(0～100%) 透过率重复性:≤0.3%(*T*) 基线平直度:±0.005(*A*)	能够自动在钨灯、氘灯光源间进行切换,自动换滤色片,自动校正波长,自动控制钨灯、氘灯的开或关,自动调零、调百;自动寻峰,更换钨灯、氘灯操作简单;具有波长扫描、光度测量(定波长测量)、定量分析、时间扫描、实时测量功能;具有图谱处理和数据处理功能,包括图谱保存、图谱读取、峰谷检测、导数图谱、间隔打印、活性计算、游标查询、图谱缩放、图谱转换、图谱打印;具有数据保存、数据查询、数据删除、数据打印功能;可自动扣除比色皿误差;关机后用户参数可长期保存
岛津UV-1750	日本	波长范围:190～1100nm 光谱带宽:0.5nm、1nm、2nm、4nm、5nm 可调波长显示:0.05nm 波长准确度:±0.1nm(氘灯656.1nm);±0.3nm(全区域) 波长重复性:0.1nm 杂散光≤0.05%(*T*)(2nm带宽测定,220nmNaI,360nm$NaNO_2$) 光度准确度:±0.002[0～0.5(*A*)] 最快波长扫描速度:3000nm/min 波长移动速度:约4800nm/min	满足药物测试要求,同时广泛应用于各行各业;高分辨率光谱带宽五挡可调,分辨率高达0.5nm;配备三个USB接口和三个I/O接口便于功能扩展

续表

仪器型号	产地	主要技术指标	主要特点
Agilent 8453	美国	波长范围:190～1100nm 狭缝宽度:1nm 杂散光:＜0.03%(340nm$NaNO_2$,ASTM);＜0.05%(220nmNaI,ASTM);＜1%(198nmKCl,EP); 波长精度:＜±0.5nm(NIST2034);＜±0.2nm(486.0nm和656.1nm) 波长重复性:＜±0.02nm(连续扫描10次) 吸光度准确度:＜±0.005A(NIST930e) 噪声水平:＜0.0002(A) 吸光度重复性:＜0.001(A)/h[0(A),340nm,开机1h后] 基线平坦度:＜0.001(A) 扫描时间:1.5s	易于使用内置的按钮;可测定样品、标样和空白样;预校准的氘灯和钨灯光源更换方便,并且可以使用个人电脑磁盘对固件进行升级;内置接口可与各种附件互相连接,如多样品池传送器、Peltier恒温样品池架、吸液系统或自动进样系统,以及Gilson自动进样器、Labsphere漫反射组件,或CustomSensors&Technology公司的光纤耦合器;开放的样品区更便于拿取和更换样品;热稳定的陶瓷光谱仪的狭缝宽度为1nm
岛津西马诸	成都	波长范围:320～1020nm 准确度:波长准确度±2nm;透过率准确度±0.3%(T) 重复性:波长重复性1nm,透过率重复性0.1% 光谱带宽:2nm 杂散光:≤0.1%(T)(360nm) 稳定性:±0.001(A)/h(500nm) 工作方式:T、A、c 显示范围:透过率显示范围0～200%;吸光度显示范围−1.999～+1.999;浓度显示范围0～1999	自准式光路和1200条/mm高质量光栅,杂散光低、单色性好;RS232端口可连接打印机及电脑
T6系列	北京	波长范围:190～1100nm(T6新世纪);325～1100nm(T6新悦) 波长准确度:±1nm(T6新世纪);±2nm(T6新悦) 波长重复性:≤0.2nm(T6新世纪);≤0.4nm(T6新悦) 光谱带宽:2nm 杂散光:≤0.05%(T)(T6新世纪);≤0.1%(T)(T6新悦) 光度准确度:±0.002[0～0.5(A)];±0.004[0.5～1(A)];±0.3%[0～100%(T)] 光度重复性:≤0.001[0.5～1(A)];≤0.002[0.5～1(A)];≤0.15%[0～100%(T)] 光度噪声:±0.001(A)/h(500nm,P-P,开机预热半小时后) 基线平直度:±0.002(A)(200～1000nm)(T6新世纪);±0.002(A)(325～1000nm)(T6新悦) 基线漂移:≤0.001(A)/h[500nm,0(A),预热2h后](T6新世纪);≤0.002(A)/h[500nm,0(A),预热2h后](T6新悦)	超低的杂散光——国内首次在经济型紫外-可见分光光度计上实现万分之五的杂散光指标;选材精良,稳定耐用;硬件方便拆解,软件灵活升级;自动化程度高,维护方便;具有功能强大的分析软件:可针对各行各业定制测量软件包

思考与交流

1. 双光束分光光度计与单光束分光光度计相比,有哪些优点?

2. 紫外-可见分光光度计有哪些组成部件？它们各有什么作用？

任务二

UV-1800型紫外-可见分光光度计的使用及维护

（1）能够使用UV-1800型紫外-可见分光光度计完成分析测定。

（2）熟悉UV-1800型紫外-可见分光光度计的维护方法。

（3）了解UV-1800型紫外-可见分光光度计的故障排除方法。

UV-1800型紫外-可见分光光度计是通用型具有扫描功能的紫外-可见分光光度计，仪器具有波长扫描、时间扫描、多波长测定、定量分析等多种测量方法，还可以扣除吸收池配对误差，可进行数据保存、查询、删除和打印，可对谱图进行缩放、转换、保存和打印。该仪器广泛应用于医药卫生、环境检测、商品检测、食品检测、农业化工、高校教学、冶金、地质、机械制造、石油化工等领域。

一、仪器结构

UV-1800型紫外-可见分光光度计由光源、单色器、样品室、检测系统、电机控制、显示屏、键盘、电源、RS232接口、打印机接口等部分组成。仪器框图如图2-7所示，光学系统图如图2-8所示。

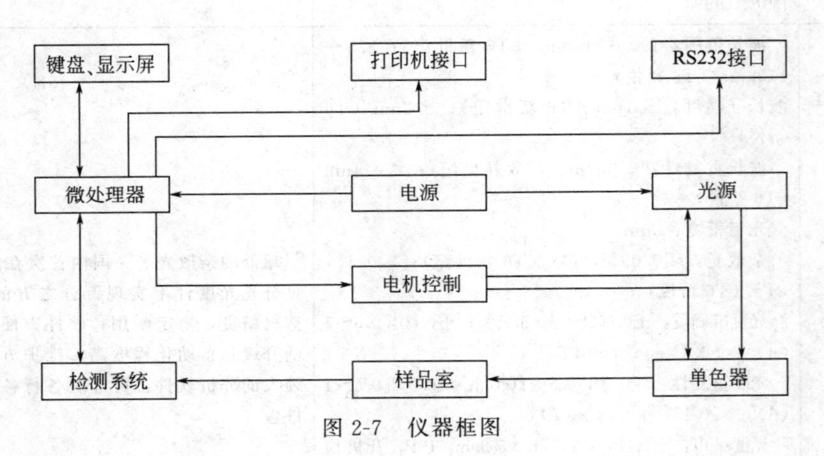

图2-7　仪器框图

二、仪器使用方法

使用UV-1800紫外-可见分光光度计时，可直接连接计算机，使用仪器的操作软件进行操作；也可不连接计算机，直接在主机键盘上操作。下面介绍连接计算机，使用操作软件的仪器操作方法。

二维码2-5
UV-1800紫外-可见分光光度计的使用

（一）仪器运行

1. 检查

检查各电缆是否连接正确、可靠，电源是否符合要求，全系统是否可靠接地，若全部达到要求，则可通电运行。

2. 打开仪器主机

开启仪器右侧的电源开关，仪器显示屏先出现开机界面，然后钨灯点燃，再经 15s 左右，氘灯点燃。

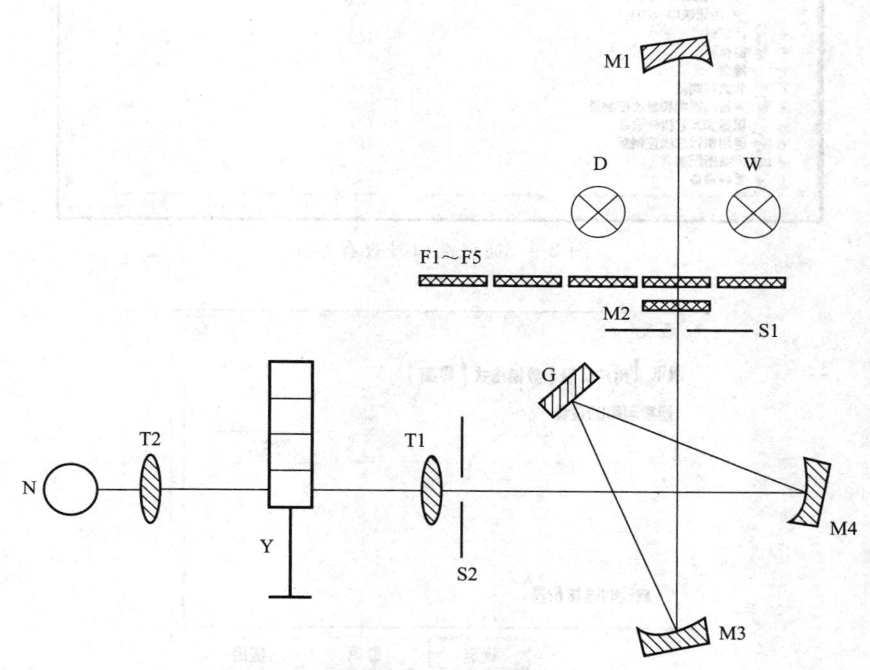

图 2-8 光学系统图

D—氘灯；W—钨灯；G—光栅；N—接收器；M1—聚光镜；M2—保护片；
M3，M4—准直镜；T1，T2—透镜；F1～F5—滤色片；S1，S2—狭缝；Y—样品池

3. 设置仪器通讯端口号

① 查看通讯端口号。在桌面上右键单击“我的电脑”→“硬件”→“设备管理器”→“端口”→“CP2101USB to UART Bridge Controller（COM3）”，括号里的串口号就是该仪器设备的端口号，如图 2-9 所示。

② 确认仪器处于待机主界面，双击桌面上的 M. Wave Professional 图标；单击“视图”→“选项”菜单，弹出“选项”窗口，单击“搜索”将自动查找仪器的通讯口，搜索到通讯口后单击“确定”保存设置；如果选中复选框“启动时连接仪器”，则下次启动 M. Wave Professional 时，软件将自动和仪器连接，如图 2-10 所示。

4. 设置用户信息

单击“视图”→“选项”菜单，弹出“选项”窗口，单击“用户信息”标签，选中并输入相关用户信息，单击“确定”保存设置，这些信息会出现在测试报告中，如图 2-11 所示。

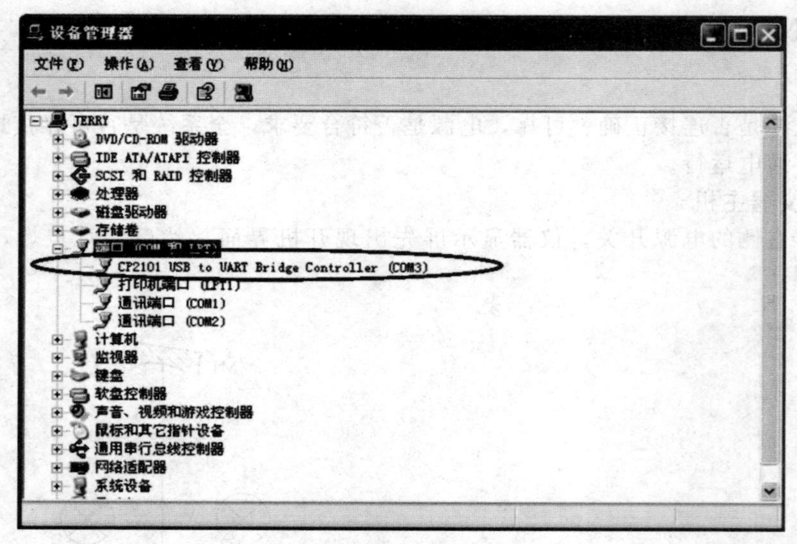

图 2-9 通讯端口号查看界面

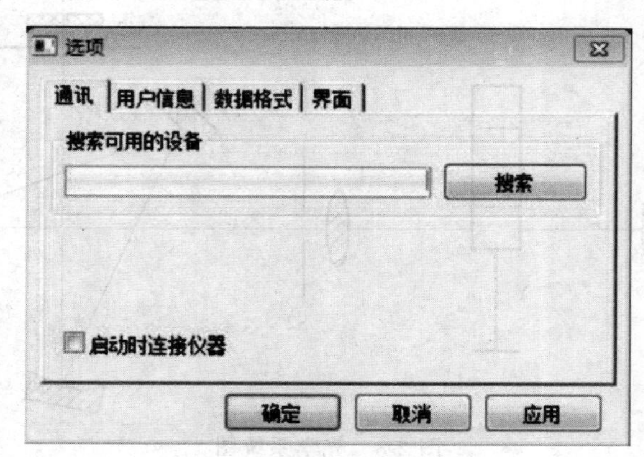

图 2-10 选项操作界面

5. 设置数据格式

单击“视图”→“选项”菜单，弹出“选项”窗口，单击“数据格式”标签，选择各测量结果的显示格式，单击“确定”保存设置，如图 2-12 所示。

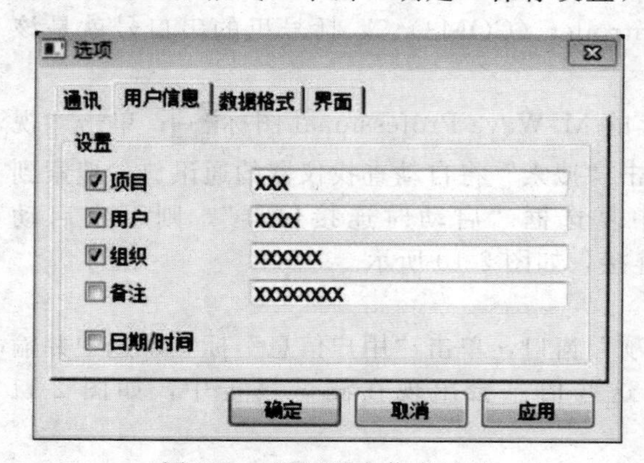

图 2-11 设置用户信息界面

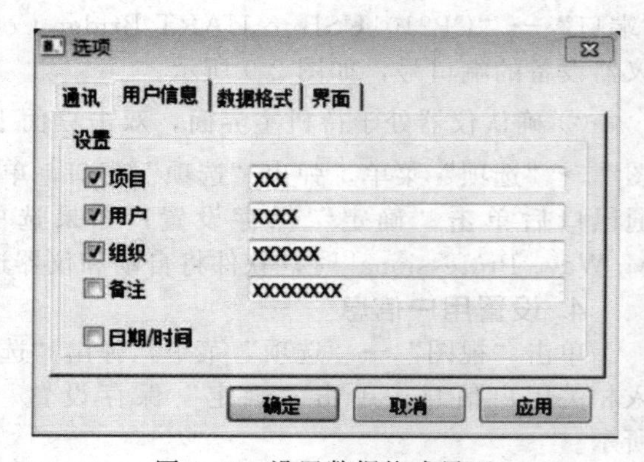

图 2-12 设置数据格式界面

6. 释放主机

单击主工具栏上的快捷键进行连接，连接后该图标处于选中状态，再单击可释放主机。

（二）操作软件界面介绍

1. 主界面

软件启动后显示主界面，如图 2-13 所示。

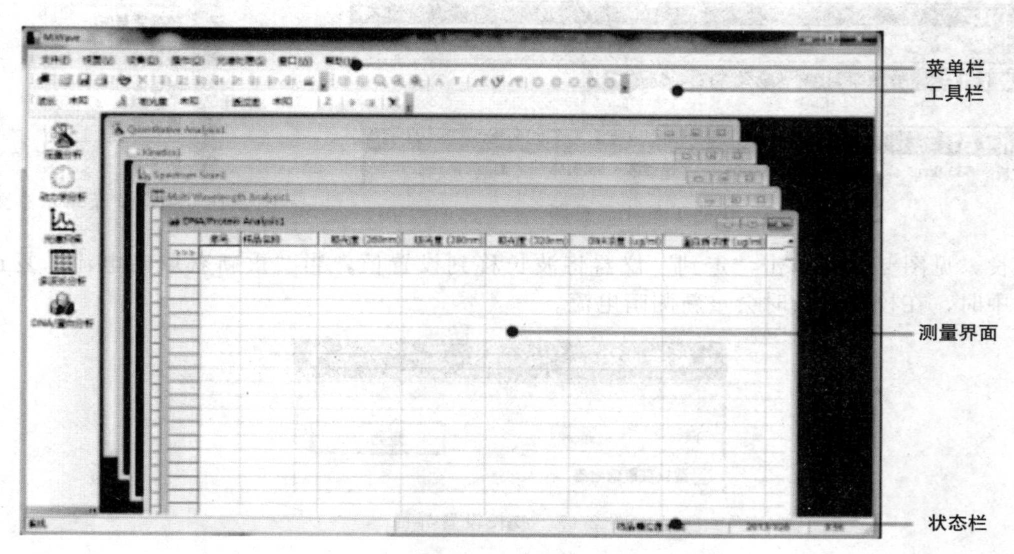

图 2-13　主界面

2. 菜单栏与工具栏

菜单栏与工具栏提供了三种不同的操作软件的方法。

① 用键盘或鼠标通过菜单完成所有功能的操作，菜单如图 2-14 所示。

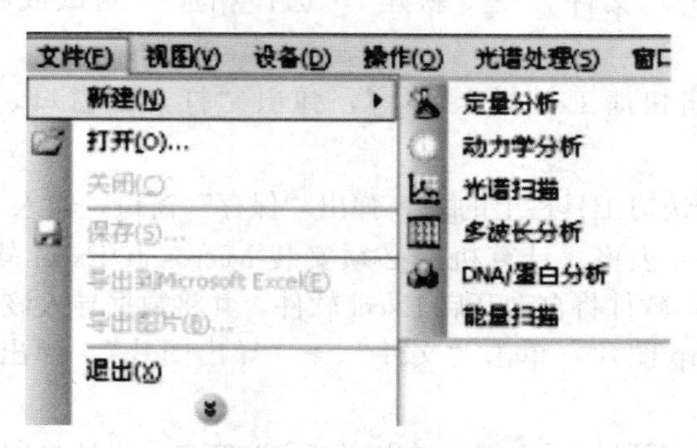

图 2-14　菜单示意图

② 大部分常用功能可通过快捷工具栏完成，工具栏如图 2-15 所示。

③ 大部分常用功能可通过右键弹出式菜单完成，弹出式菜单如图 2-16 所示。

（三）操作

1. 基本操作

（1）背景校正　将参比溶液置于光路中，单击快捷工具栏上的 **Z1** 校正背景。

（2）测量样品　将待测样品置于光路中，单击快捷工具栏上的▶读取样品测量值。

（3）设定并走到一个波长　单击快捷工具栏上的设置波长。在“波长”框内输入目的波长，见图 2-17，单击“走到”仪器将波长移到设置值，当“重新获取暗电流”复选框被选中时，在校准背景时会重新测暗电流。

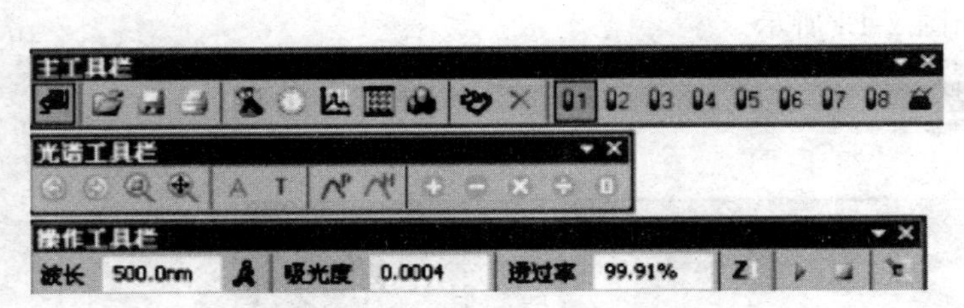

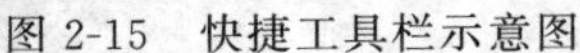
图 2-15　快捷工具栏示意图

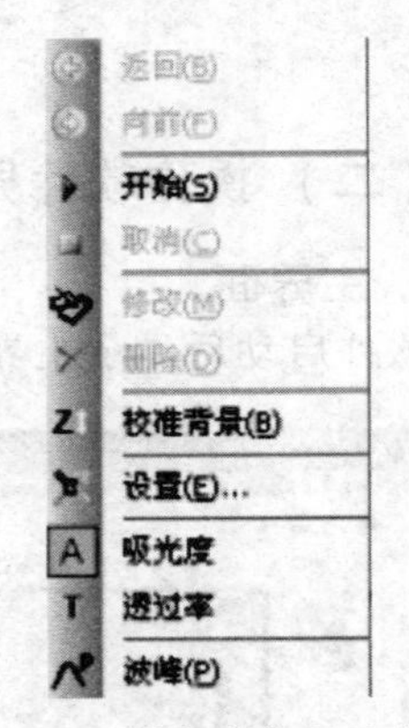

图 2-16　弹出式菜单示意图

图 2-17　波长设置界面

（4）显示模式切换　单击快捷工具栏上的 **A** 或 **T** 可切换显示模式（吸光度-波长或透过率-波长）。

2. 文件操作

（1）创建测试　单击“文件”→“新建”，选择相应的测试或在工具栏上选择相应的图标。

（2）打开文件　单击快捷工具栏上的，弹出“打开”窗口，选择要打开的文件名，单击“打开”。

（3）保存测试　单击快捷工具栏上的，弹出“保存”窗口，输入文件名，单击“保存”。

（4）导出数据到 Excel 表格（计算机上必须安装 Microsoft Excel 软件）　单击“文件”→“导出到 Microsoft Excel”，软件将自动开启 Excel 软件，并将数据导入该软件中。

（5）导出图谱为 bmp 图片　单击“文件”→“导出图片”，弹出“保存”窗口，输入文件名，单击“保存”。

（6）打印　单击快捷工具栏上的，弹出“打印”窗口，设置打印参数后，单击“打印”。

3. 光谱操作

（1）自动标注波峰　单击快捷工具栏上的可自动查找波谱的波峰并进行标注，相应的峰值会出现在列表中，见图 2-18；若想显示查找的峰高，可以单击进行设置，见图 2-19。

（2）光谱的局部放大　单击快捷工具栏上的使其处于选中状态，鼠标会变成十字线，按下鼠标左键移动鼠标选取范围后松开，可选中图谱的某一区域进行放大，再次单击该图标

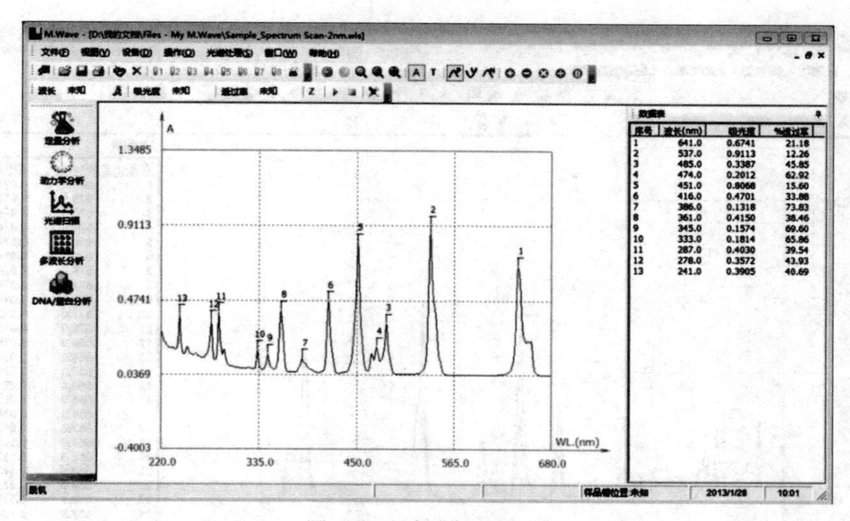

图 2-18　波峰标注界面

图 2-19　峰高设置界面

退出该状态。

（3）修改坐标　单击快捷工具栏上的可自定义显示坐标，见图 2-20。

（4）自适应坐标　单击快捷工具栏上的将坐标调整为最适合图谱的值。

（5）设为当前图谱　单击“光谱处理”→在“当前光谱”下的光谱列表中选取相应光谱设为当前即可。

（6）设置当前光谱颜色　单击“光谱处理”→在“光谱颜色”下的颜色列表中选取相应颜色即可更改当前光谱的颜色。

坐标范围

设置

X最小值 650.0

X最大值 660.0

Y最小值 0.0

Y最大值 100.0

确定

图 2-20　坐标修改界面

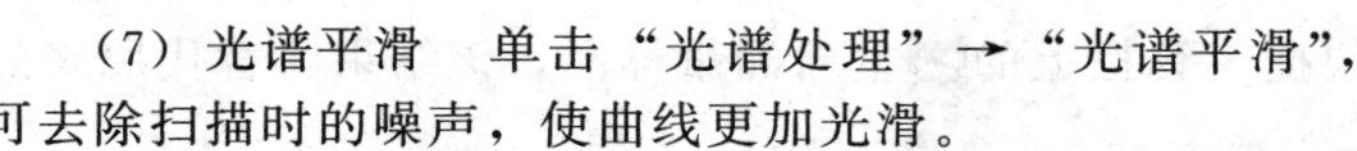

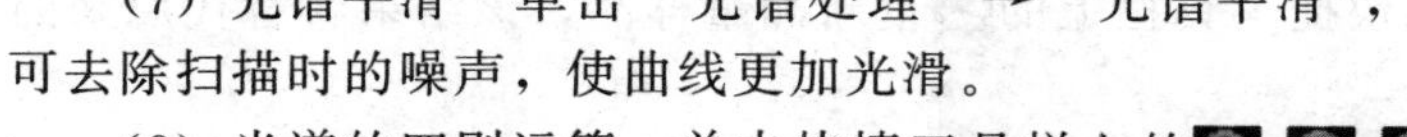

（7）光谱平滑　单击“光谱处理”→“光谱平滑”，可去除扫描时的噪声，使曲线更加光滑。

（8）光谱的四则运算　单击快捷工具栏上的弹出数学运算对话框，见图 2-21；当前光谱和另一光谱进行四则运算，见图 2-22。

图 2-21　数学运算对话框

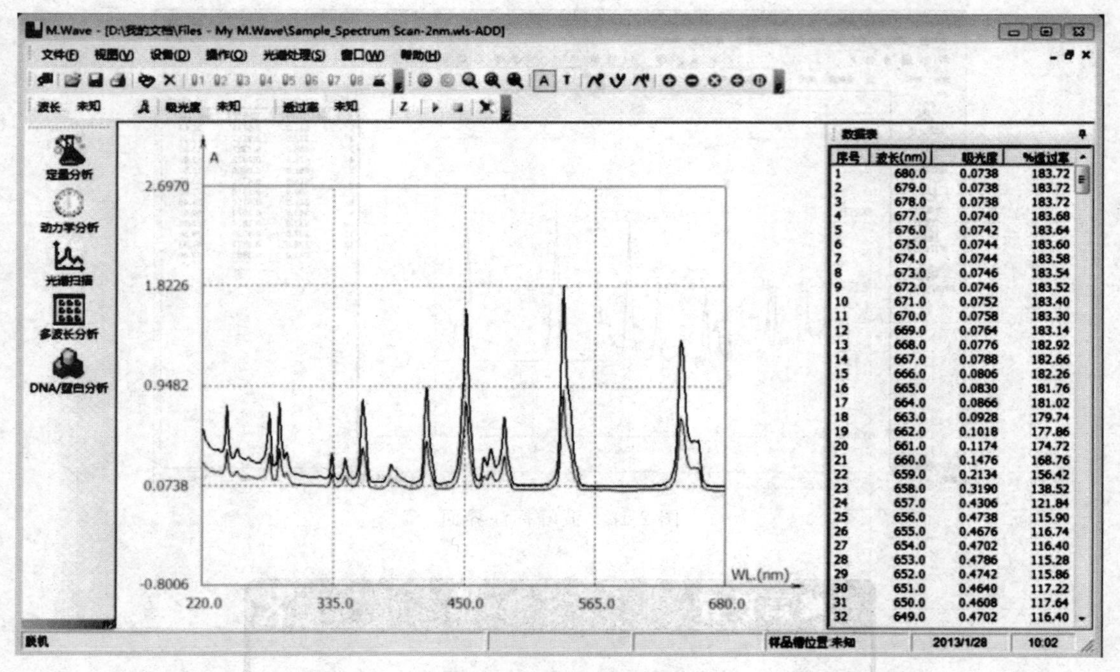

图 2-22 光谱运算界面

（9）导数光谱 单击快捷工具栏上的D弹出“导数”对话框，见图 2-23；对当前光谱求导（1～4 阶），见图 2-24。

图 2-23 导数对话框

4. 其他操作

（1）修改一个样品 在数据列表中选中一个要修改的数据或将要修改的图谱设为当前图谱，将待测样品置于光路中，单击快捷工具栏上的重新测量样品，该结果将替代原来的结果。

（2）删除一个样品 在数据列表中选中一个要修改的数据或将要修改的图谱设为当前图谱，单击快捷工具栏上的×进行删除。

（3）命名一个样品 在数据列表中选中一个要命名的行，双击“样品名称”进入编辑状态，输入名称后按回车键。

（4）走样品槽（需选配自动八联池架） 单击01…08可将相应槽位走到光路中。

（5）开关钨灯 单击“设备”→“开/关钨灯”打开或关闭钨灯。

（6）开关氘灯 单击“设备”→“开/关氘灯”打开或关闭氘灯。

（7）设置光源切换点 单击“设备”→“光源切换点设置”，输入切换波长，单击“确定”完成，见图 2-25。

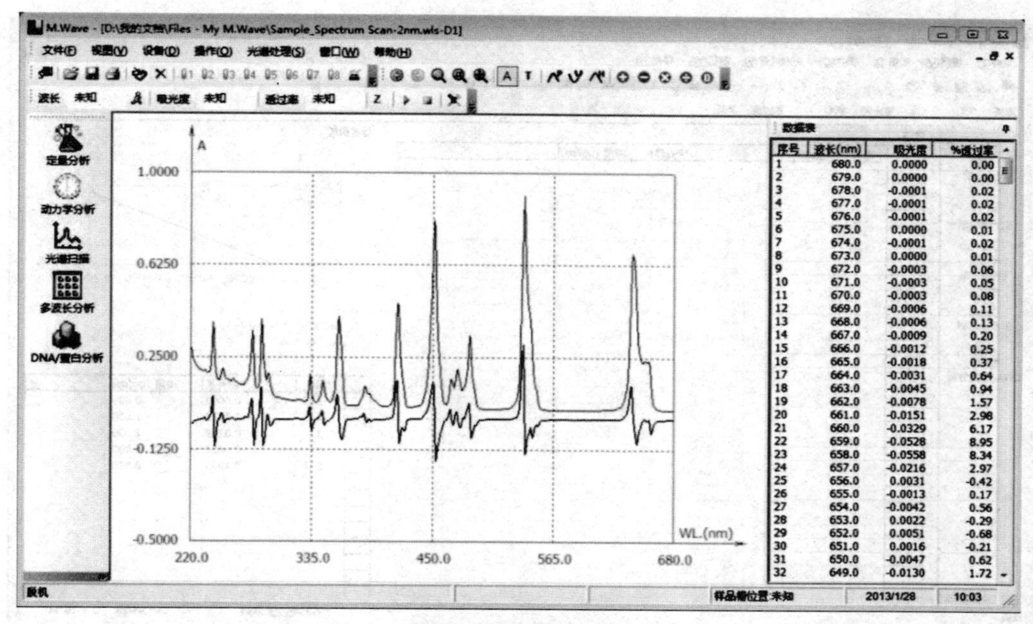

图 2-24　光谱求导界面

图 2-25　光源切换点设置界面

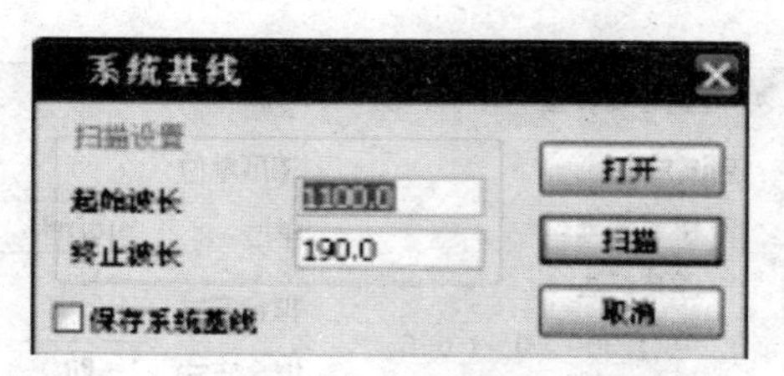

图 2-26　系统基线对话框

（8）获取暗电流　单击“设备”→“获取暗电流”，系统将重新采集暗电流的值，并替换原有值。

（9）建立系统基线　只有当仪器使用时间较长或使用环境有较大变化时才需要重新建立系统基线。

单击“设备”→“建立系统基线”，弹出“系统基线”对话框，见图 2-26，可单击“打开”调用以前存储过的系统基线进行测试，确认光路中无任何遮挡物，单击“扫描”开始建立系统基线，单击“取消”中断扫描并退出；如果选中“保存系统基线”选项将在完成系统基线扫描后弹出“保存”对话框保存系统基线，以便以后调用。

（10）槽差配对　单击“设备”→“比色皿校正”，弹出“比色皿校正”对话框，根据提示依次放入“参比比色皿、1＃比色皿、2＃比色皿……”然后点击“确定”，最多可以校正 4 个比色皿，如果比色皿数量不足 4 个，按“取消”完成操作，并退出校正。此操作可消除不同比色皿之间的配对误差。

（11）槽差复位　单击“设备”→“复位比色皿”，所有比色皿的误差将复位为“0”。

5. 测量

（1）定量分析　采用标准曲线法来测试固定波长下溶液的浓度值。

① 单击快捷工具栏上的新建一个定量分析，见图 2-27。

② 建立标准曲线，单击快捷工具栏上的设置定量测试参数，见图 2-28。

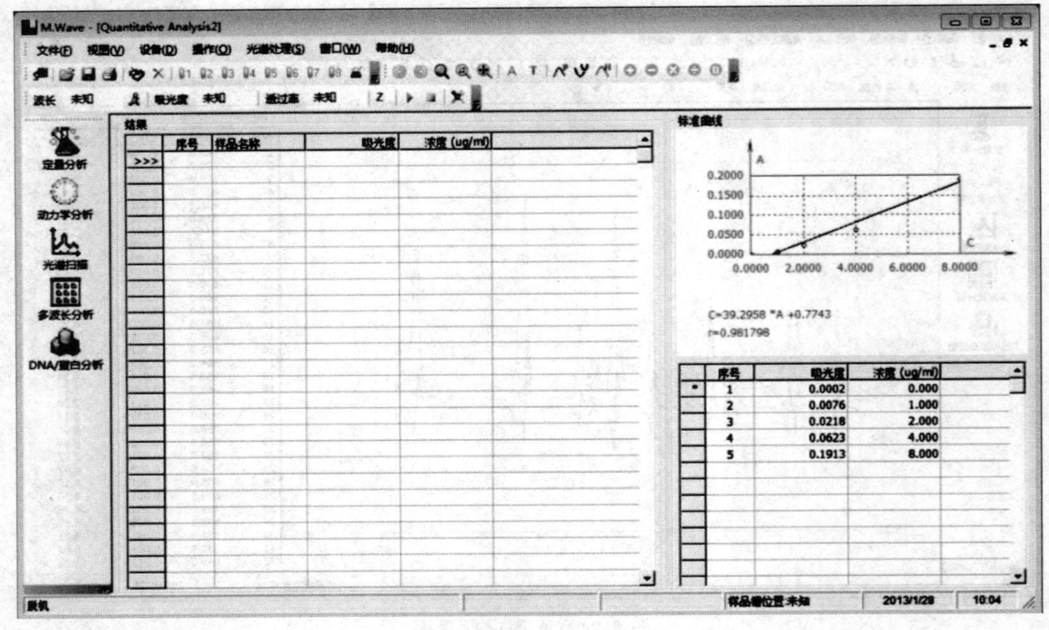

图 2-27　定量分析界面

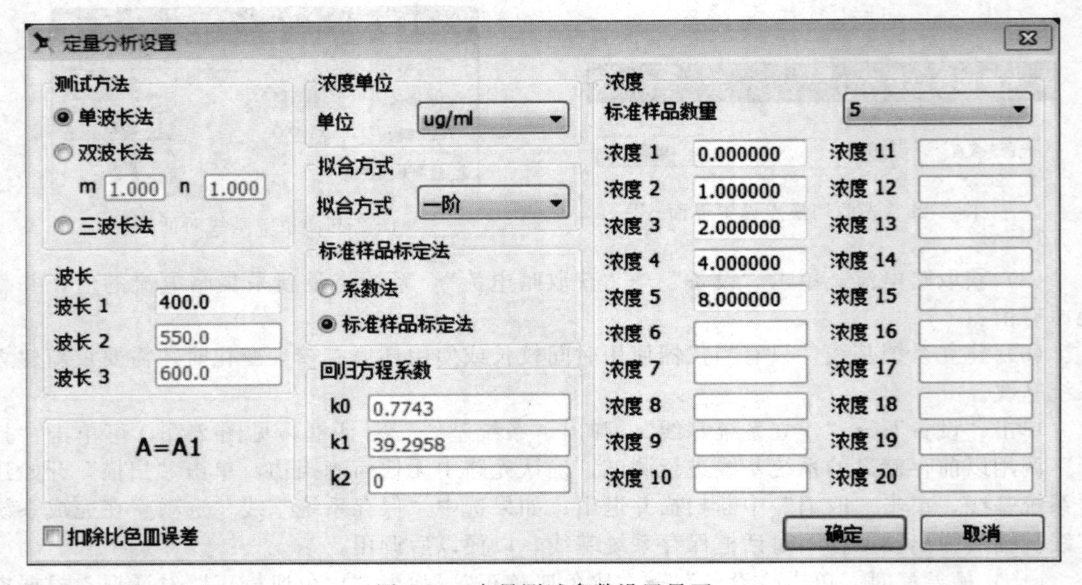

图 2-28　定量测试参数设置界面

建立标准曲线有 2 种方法：用标准样品标定或直接输入曲线方程的系数。

方法 1：系数法

a. 单击“系数法”选项。

b. 单击“拟合方式”选择拟合曲线方式。

c. 在相应的框内输入方程系数，见图 2-29。

d. 如果需要在测量时消除不同比色皿之间的误差，勾选“扣除比色皿误差”选项。

e. 单击“确定”完成设置。

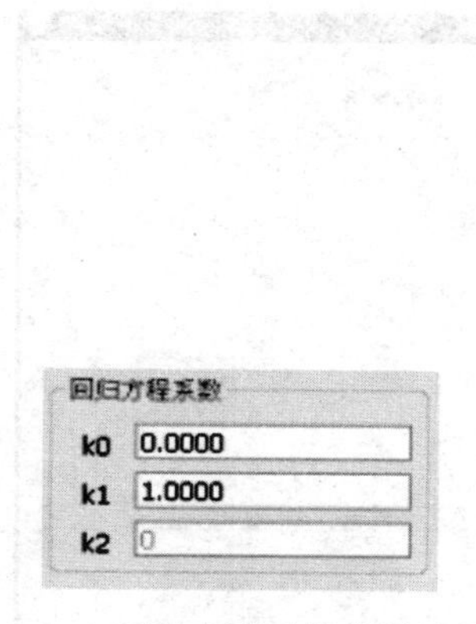

图 2-29　回归方程系数设置对话框

浓度

标准样品数量	3		
浓度 1	1.000	浓度 11	11
浓度 2	2.000	浓度 12	12
浓度 3	3.000	浓度 13	13
浓度 4	4	浓度 14	14
浓度 5	5	浓度 15	15
浓度 6	6	浓度 16	16
浓度 7	7	浓度 17	17
浓度 8	8	浓度 18	18
浓度 9	9	浓度 19	19
浓度 10	10	浓度 20	20

图 2-30　标准样品浓度值设置对话框

方法 2：标准样品标定法

a. 单击“标准样品标定法”选项。

b. 单击“标准样品数量”选择标准样品数量（最多 20 个）。

c. 在标准样品列表相应列中输入标准样品浓度值，见图 2-30。

d. 如果需要在测量时消除不同比色皿之间的误差，勾选“扣除比色皿误差”选项。

e. 单击“确定”完成设置。

f. 将参比溶液置于光路中，单击快捷工具栏上的 仪器走到测试波长后将自动完成背景校正。

g. 将 1 号待测标准样品置于光路中，单击快捷工具栏上的 测得吸光度值；如果在设置参数时选择了“扣除比色皿误差”，会弹出“比色皿选择”对话框，选定样品实际使用的对应的比色皿后点击“确定”。

h. 按第 f 步方法测试完所有标准样品，见图 2-31，完成后将自动画出标准曲线（标准曲线的坐标可通过单击 来修改，也可以单击 将建立的标准曲线保存起来，下次测试时可单击 加载标准曲线）。

序号	吸光度	浓度 (ug/ml)
1	0.2923	1.0000
2	0.5686	2.0000
3	0.9154	3.0000
4	1.1669	4.0000
5	1.6216	5.0000

图 2-31　标准样品测定值界面

③ 将待测样品置于光路中（如果仪器装有自动八联池架，根据样品放置，单击 设置相应槽位），单击快捷工具栏上的 进行测试，结果将显示在列表中，见图 2-32。如果在设置参数时选择了“扣除比色皿误差”，会弹出“比色皿选择”对话框，选定样品实际使用的对应的比色皿后点击“确定”。

（2）动力学分析　介绍测试样品在固定波长下吸光度或透过率随时间的变化。

① 单击快捷工具栏上的 建立一个动力学分析，见图 2-33。

② 将参比溶液置于光路中，单击快捷工具栏上的 校正背景，见图 2-34。

③ 将待测样品置于光路中，单击快捷工具栏上的 开始扫描，单击 可取消测试，见图 2-35。

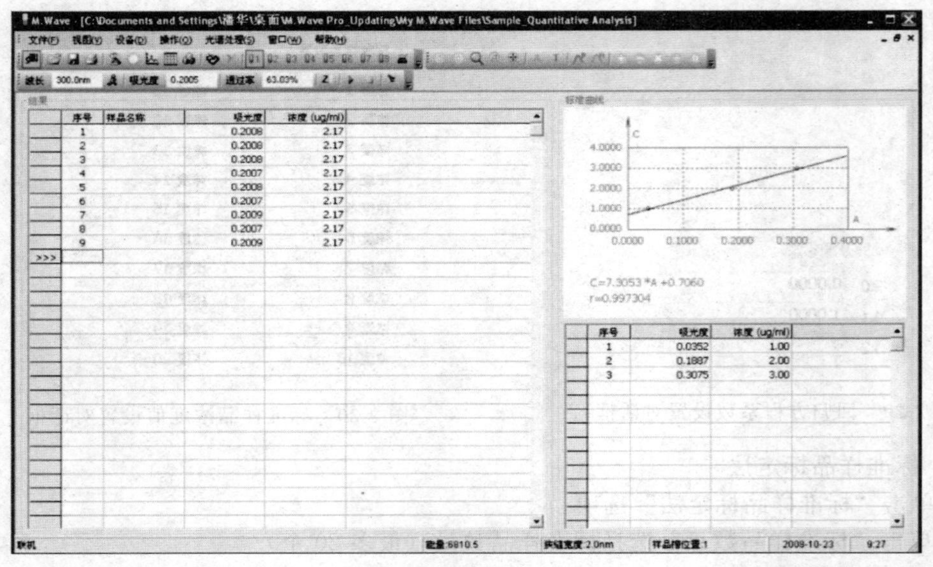

图 2-32　样品测试结果界面

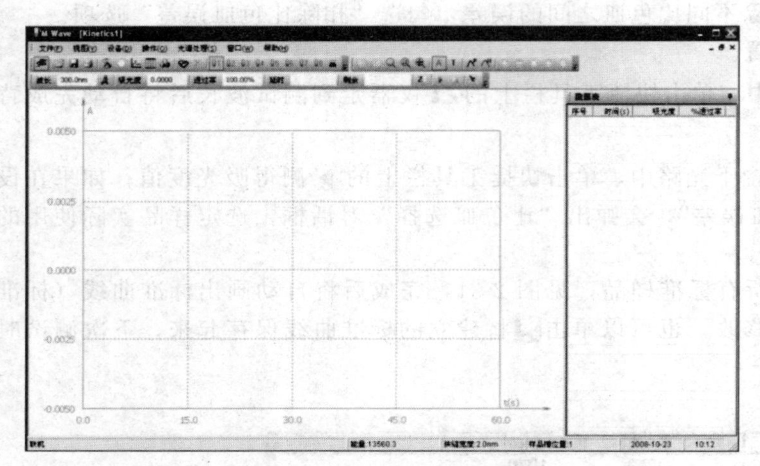

图 2-33　动力学分析界面

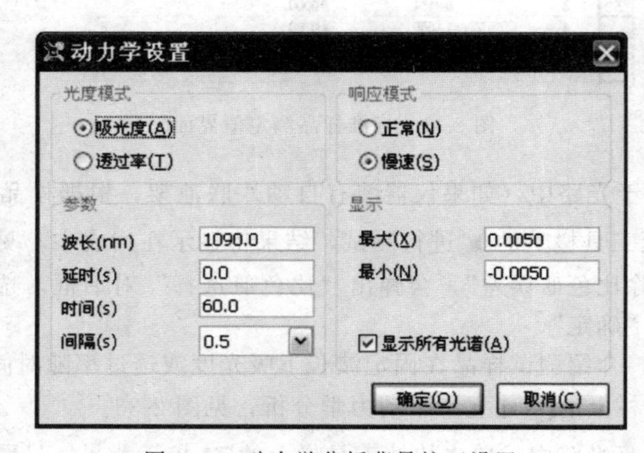

图 2-34　动力学分析背景校正设置

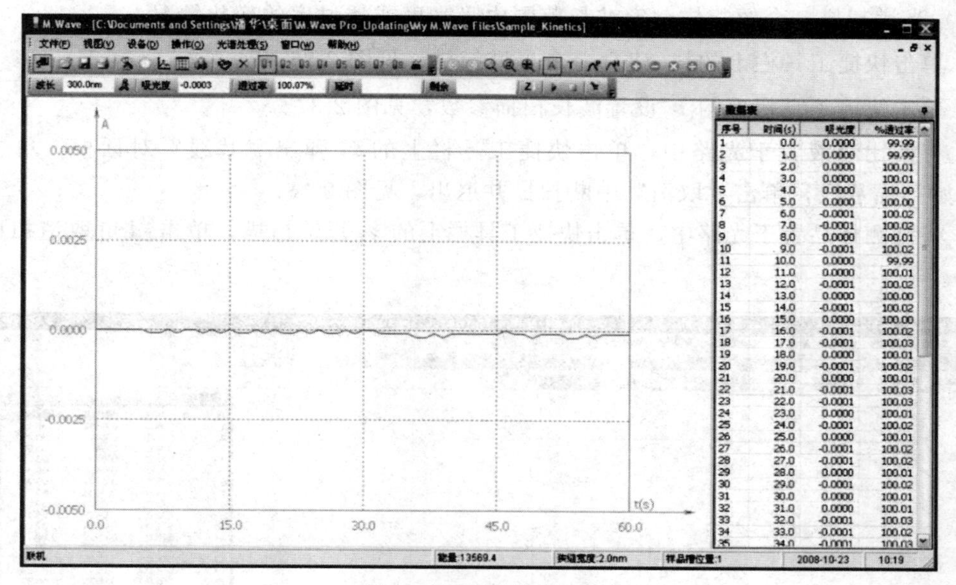

图 2-35　样品测试界面

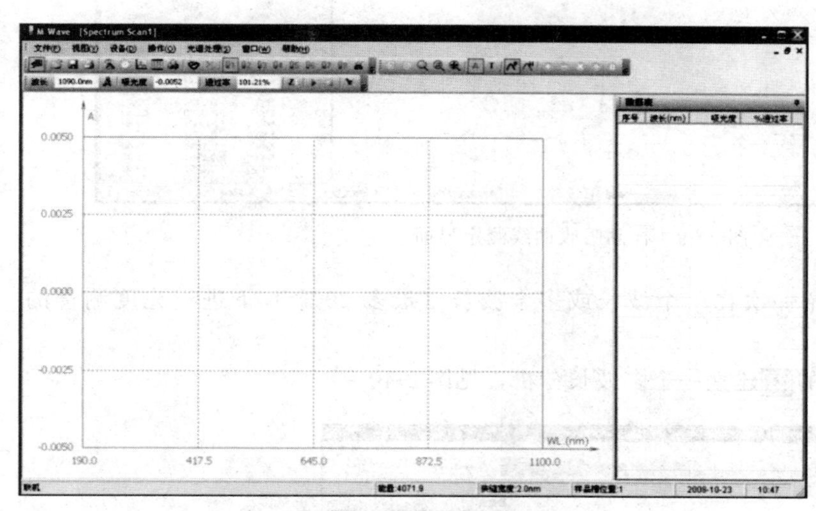

图 2-36　光谱扫描界面

光谱扫描设置

光度模式：吸光度(A)　透过率(T)

响应模式：正常(N)　慢速(S)

参数：起始(nm) 1100.0　终止(nm) 190.0　间隔(nm) 1.0

显示：最大(X) 0.0050　最小(N) -0.0050

扫描模式：重复(R) 1

显示所有光谱(A)

确定(O)　取消(C)

图 2-37　光谱扫描参数设置对话框

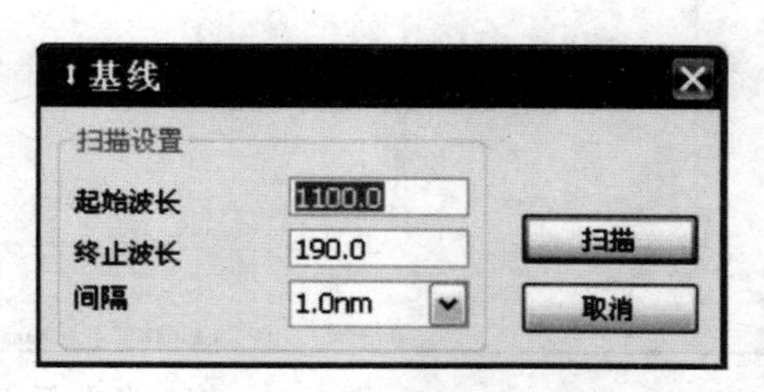

图 2-38　基线设置对话框

（3）光谱扫描　介绍扫描一定波长范围内吸光度或透过率的变化情况。

① 单击快捷工具栏上的[图标]建立一个光谱扫描，见图 2-36。

② 单击快捷工具栏上的[图标]设置波长扫描参数，见图 2-37。

③ 将参比溶液置于光路中，单击快捷工具栏上的[图标]弹出“基线”对话框，单击“扫描”开始扫描基线，单击“取消”中断扫描并退出，见图 2-38。

④ 将待测样品置于光路中，单击快捷工具栏上的[图标]开始扫描，单击[图标]可取消扫描，见图 2-39。

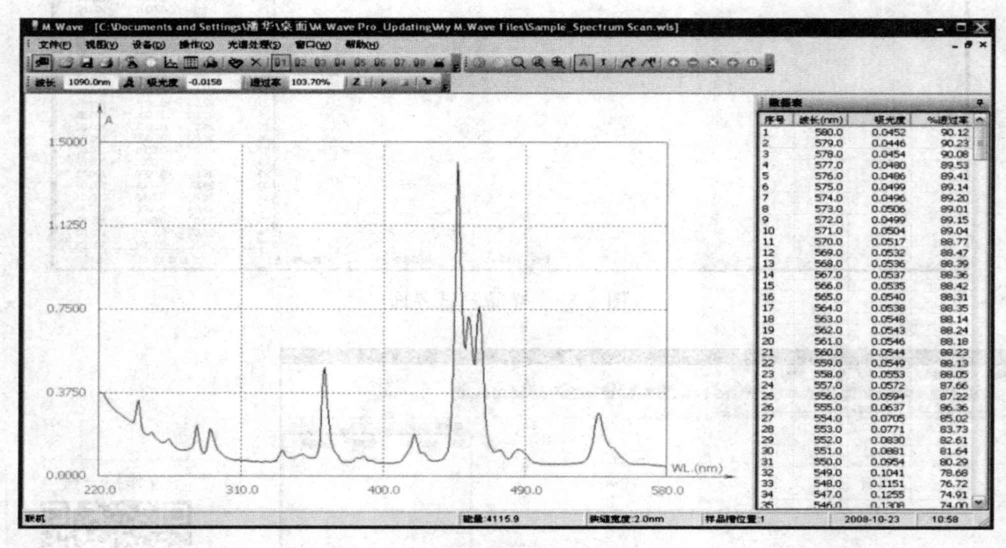

图 2-39　样品吸收曲线测定界面

（4）多波长分析　介绍一次在一个波长或多个波长（最多 20 个）下进行光度测量的情况。

① 单击快捷工具栏上的[图标]建立一个多波长分析，见图 2-40。

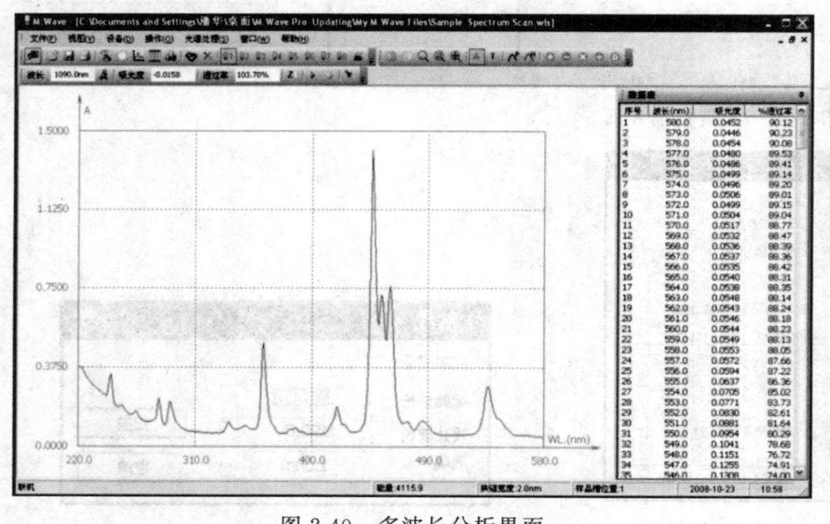

图 2-40　多波长分析界面

② 单击快捷工具栏上的[图标]设置多波长分析参数，见图 2-41。

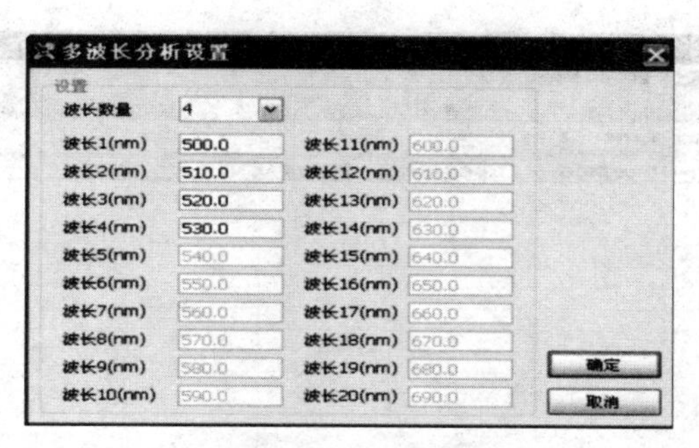

图 2-41　多波长分析参数设置对话框

③ 将参比溶液置于光路中，单击快捷工具栏上的校正背景。

④ 将待测样品置于光路中，单击快捷工具栏上的开始测试，结果将显示在数据列表中，见图 2-42。

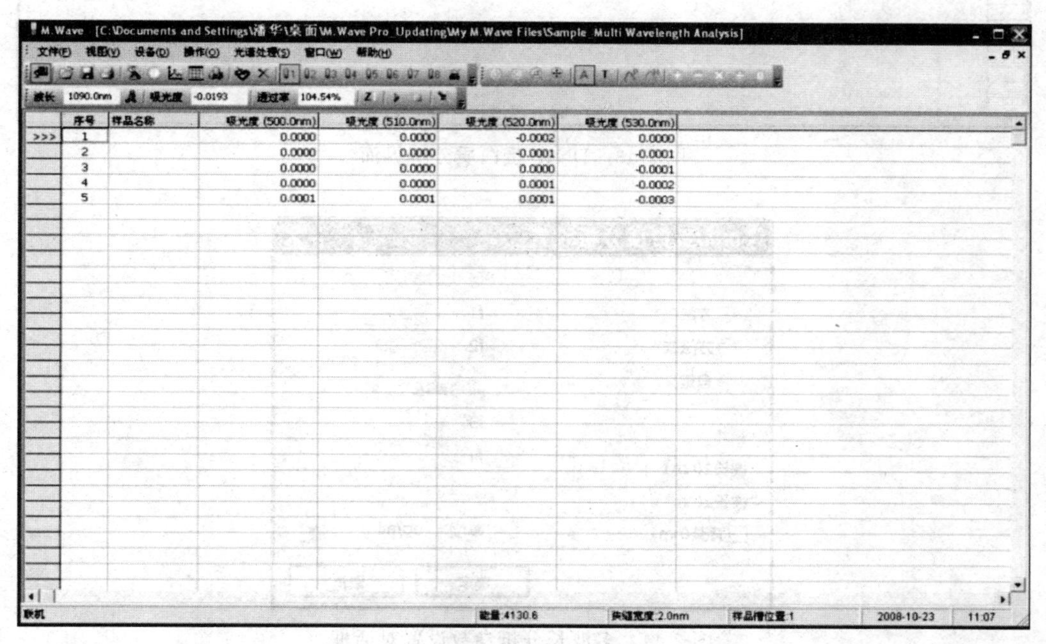

图 2-42　样品测定界面

(5) DNA/蛋白质分析　介绍 DNA/蛋白质的测量方法。

① 单击快捷工具栏上的建立一个 DNA/蛋白质分析，见图 2-43。

② 单击快捷工具栏上的设置多波长分析参数，见图 2-44。

③ 将参比溶液置于光路中，单击快捷工具栏上的校正背景。

④ 将待测样品置于光路中，单击快捷工具栏上的开始测试，结果将显示在数据列表中，见图 2-45。

(6) 能量扫描　介绍扫描一定波长范围内能量的变化情况。

① 单击“文件”→“新建”→“能量扫描”建立一个能量扫描，见图 2-46。

② 单击快捷工具栏上的设置波长扫描参数，见图 2-47。

③ 将待测样品置于光路中，单击快捷工具栏上的开始扫描，单击可取消扫描，见

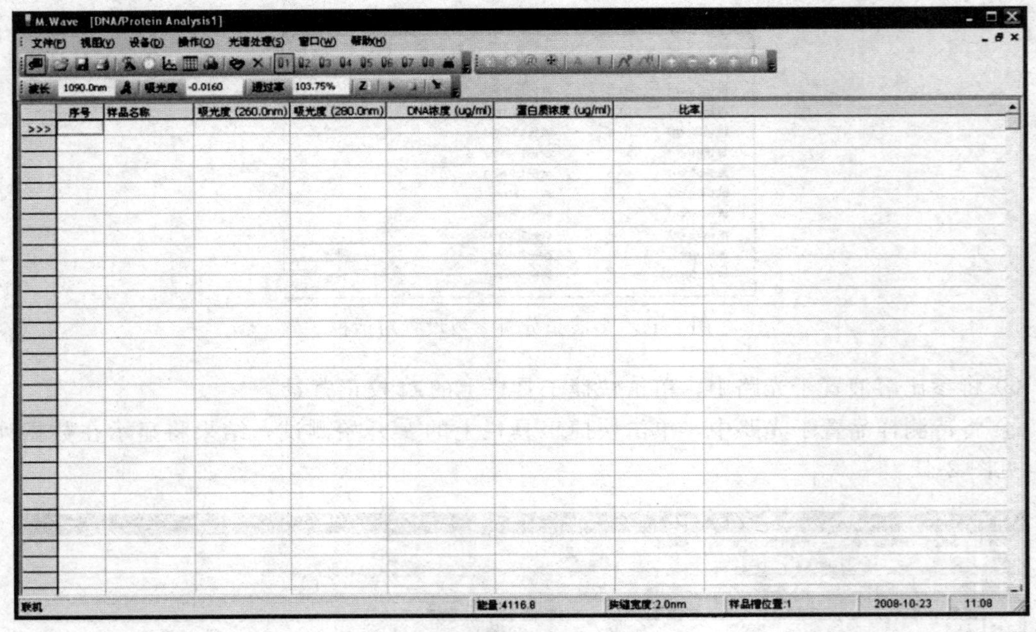

图 2-43 DNA/蛋白质分析界面

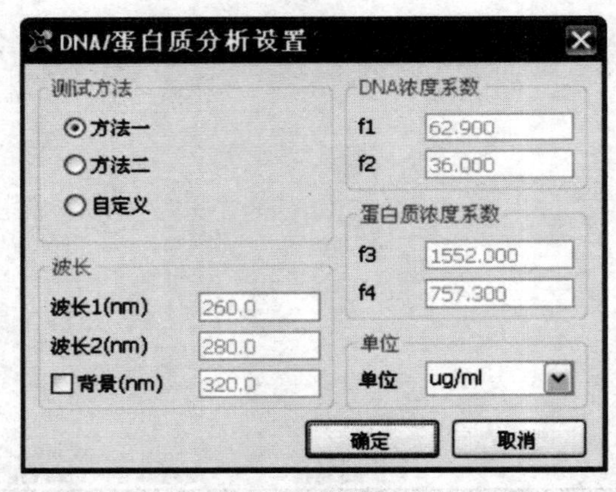

图 2-44 多波长分析参数设置对话框

图 2-48。

三、仪器的维护及保养

（一）安装条件

① 避开阳光直射的场所和有较大气流流动的场所。

② 不要安放在有腐蚀性气体及灰尘多的场所。

③ 应避开有强烈振动和持续振动的场所。

④ 应远离发出磁场、电场和高频电磁波的电气装置。

⑤ 仪器应放在可承重的稳定水平台面上，仪器背部距墙壁至少 15cm 以上，以保持有效的通风散热。

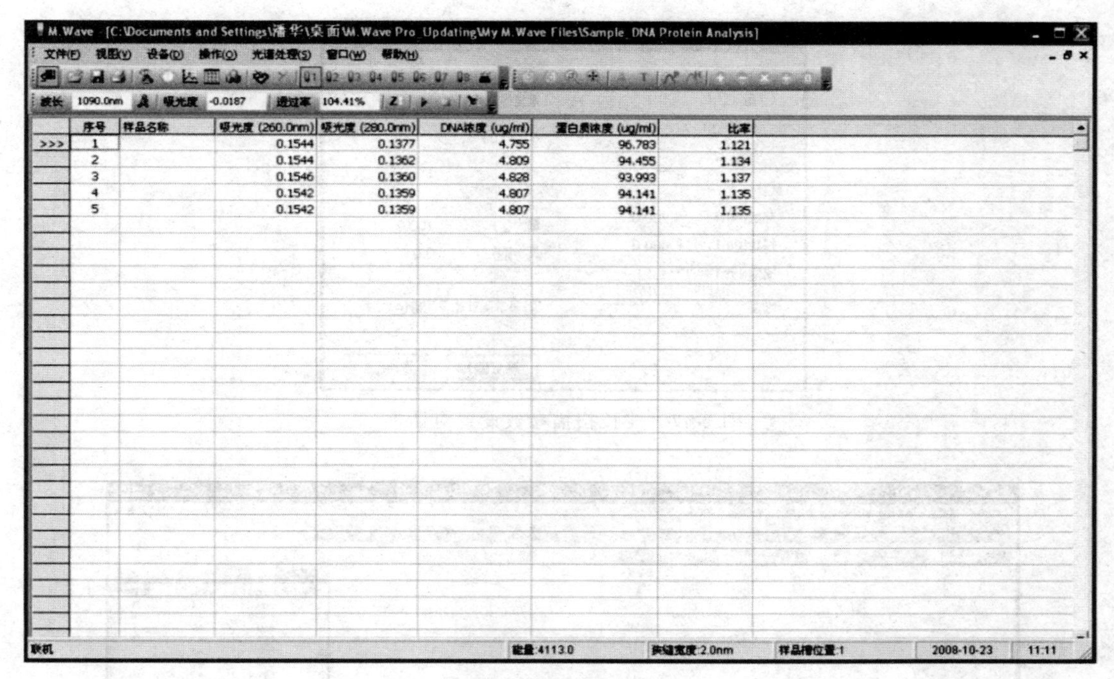

图 2-45　样品测定界面

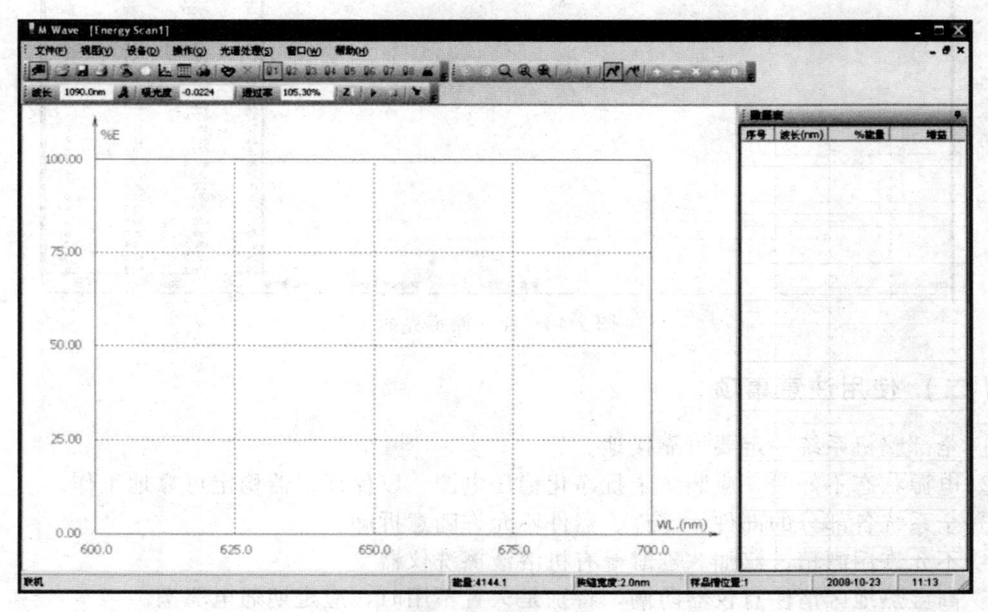

图 2-46　能量扫描界面

⑥ 避开高温高湿环境。

使用温度：室内温度 5～35℃

使用湿度：室内湿度≤85％

⑦ 供电电源：AC 电压 220V±22V，频率 50Hz±1Hz，总功率约为 180W。要求供电系统为三相四线制接零保护系统。

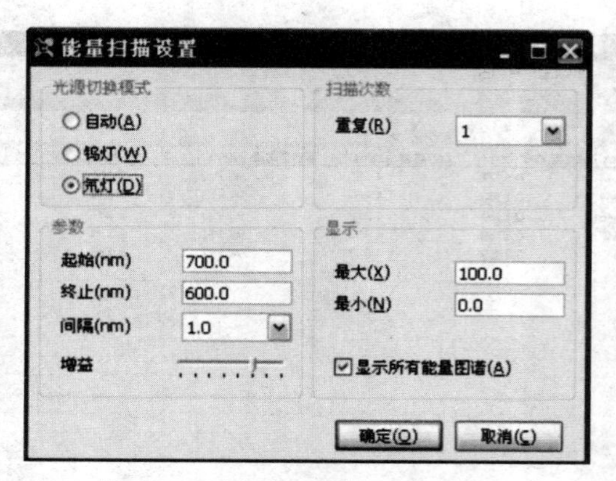

图 2-47　波长扫描参数设置对话框

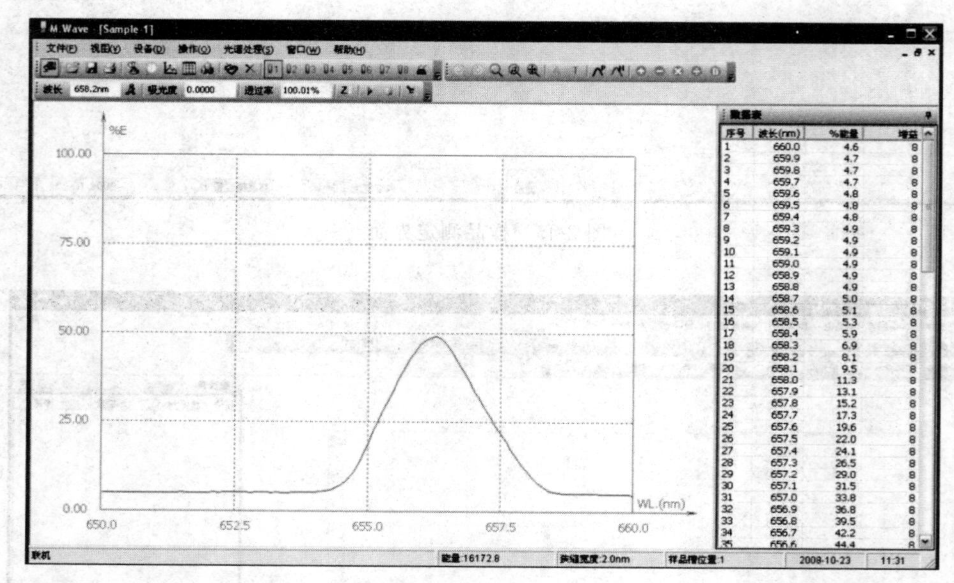

图 2-48　样品测定界面

（二）使用注意事项

① 全部整机系统一定要可靠接地。

② 电源状态不好时，应装抗干扰净化稳压电源，以保证仪器稳定可靠地工作。

③ 全系统各部分的部件、零件、器件不允许随意拆卸。

④ 不允许用酒精、汽油、乙醚等有机溶液擦洗仪器。

⑤ 高湿热地区请注意仪器防潮，特别是久置不用时，应定期通电驱潮。

⑥ 使用中如果用不到紫外波段，可在仪器自检结束后关闭氘灯（在系统设置界面），以延长其寿命。

（三）仪器不正常工作时应该采取的措施

当发现仪器不能正常工作时，应该认真观察现象，最好记录下来，为维修人员创造条件。

① 当仪器出现操作错误提示时，应该仔细检查操作方法是否有误，参数设置是否匹配，

样品是否正确，光源是否点亮等。确认无误后，再操作几次，如果几次操作均不对，应该怀疑仪器出现故障，联系生产厂家解决。

② 仪器运行时若出现程序运行错误、死机等现象，应该查看仪器的安装环境是否违背了仪器的“安装条件”中提到的有关条款，如果确认没有违背仪器的“安装条件”，应怀疑仪器出现故障，联系生产厂家解决。

③ 仪器发生故障时，首先参阅表 2-2，若不能排除故障，应及时与销售商或厂家联系。

表 2-2 常见故障、原因及处理办法

故障	原因	处理办法
开机无反应	插头松脱或保险烧毁	插好插头或更换保险
氘灯(钨灯)自检出错	氘灯(钨灯)坏、氘灯(钨灯)电路坏	① 更换氘灯(钨灯) ② 联系生产厂家或销售代理
灯定位、滤色片出错	插头松动、电机坏、光耦坏	① 检查仪器内部各插头并将其插好 ② 联系生产厂家或销售代理
波长自检出错	样品池被挡光、自检中开了盖、波长平移过多	① 排除样品池内的挡光物 ② 自检中不能开样品池盖 ③ 联系生产厂家或销售代理
测光精度误差、重复性误差超差	样品吸光度过高(>2)、在 350nm 以下波段使用了玻璃比色皿、比色皿不够干净、样品池架上有脏物、其他原因	① 稀释样品 ② 使用石英比色皿 ③ 将比色皿擦干净 ④ 清除样品池架上的脏物 ⑤ 与厂家或代理商联系
出现“能量过低”提示	样品池内有挡光物、在 350nm 以下波段使用了玻璃比色皿、比色皿不够干净、换灯点设置错误、自检时未盖好样品室盖	① 清除样品池内的挡光物 ② 使用石英比色皿 ③ 将比色皿擦干净 ④ 将换灯点设置到 340～360nm 之间 ⑤盖好样品室盖，重新自检

思考与交流

1. UV-1800 紫外-可见分光光度计有哪些特点？
2. 使用 UV-1800 紫外-可见分光光度计时有哪些注意事项？

任务三
UV-7504 型紫外-可见分光光度计的使用及维护

任务要求

(1) 能够使用 UV-7504 型紫外-可见分光光度计完成分析测定。
(2) 熟悉 UV-7504 型紫外-可见分光光度计的维护方法。
(3) 了解 UV-7504 型紫外-可见分光光度计的故障排除方法。

UV-7504型紫外-可见分光光度计具有卤钨灯和氘灯两种光源，适用于200～1000nm波长范围内的测量。仪器采用低杂散光、c-T光栅单色器，使仪器具有良好的稳定性、重现性和精确的测量精度。该仪器采用最新微机处理技术，具有自动设置“0%T”和“100%T”的控制功能，以及多种浓度运算和数据处理功能，操作简便、直接、可靠。仪器配有相应的应用软件，使仪器具有波长扫描、时间扫描、标准曲线和多种数据处理等功能。

一、仪器结构

（一）仪器简介

UV-7504型紫外-可见分光光度计结构示意图见图2-49。

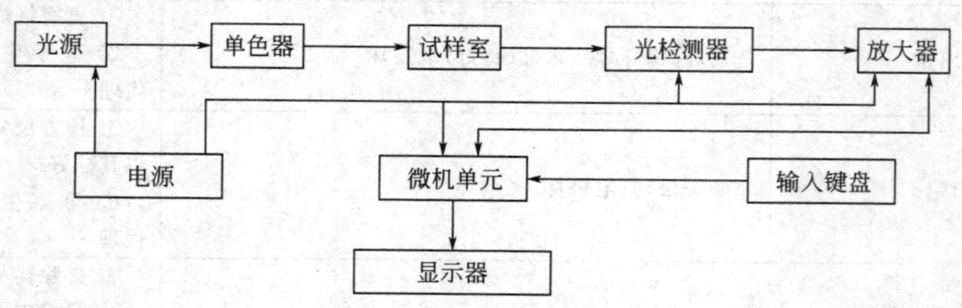

图2-49 仪器结构示意图

UV-7504型紫外-可见分光光度计外形和键盘见图2-50～图2-52。

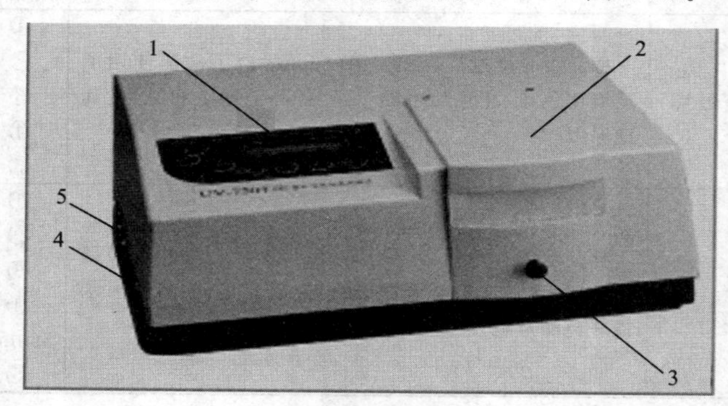

图2-50 UV-7504型紫外-可见分光光度计外形图1

1—显示器和键盘；2—样品室门；3—样品架拉杆；4—并行打印接口；5—RS232C接口

图2-51 UV-7504型紫外-可见分光光度计外形图2

1—电源显示灯；2—电源开关

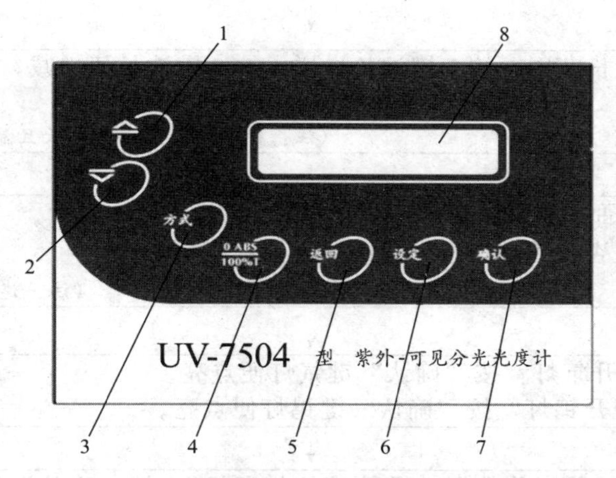

图 2-52　UV-7504 型紫外-可见分光光度计显示器与键盘

1—参数设定的上升键；2—参数设定的下降键；3—$T/A/c$ 显示方式键；
4—“0ABS/100%T”调试键；5—取消参数设定键；6—设定键；7—确认键；8—显示窗

（二）键盘功能

仪器键盘共有七个触摸式键，其基本功能及操作方法如下：

① 上升键有如下 4 个功能：

二维码2-10
UV-7504型紫外-可见分光光度计的键盘功能

a. 在 WL＝XXXXnm（波长改变）时按此键，波长参数自动增加。

b. 在仪器自检完后波长停在 546nm 时，按此键可快速进入预设波长。

c. 在浓度状态下按此键，浓度参数自动增加。

d. 在斜率状态下按此键，斜率参数自动增加。

② 下降键有如下 4 个功能：

a. 在 WL＝XXXXnm（波长改变）时按此键，波长参数自动减小。

b. 在仪器自检完后波长停在 546nm 时，按此键可快速进入预设波长。

c. 在浓度状态下按此键，浓度参数自动减小。

d. 在斜率状态下按此键，斜率参数自动减小。

③ 方式键有如下 3 个功能：

a. 第一次按此键仪器自动切换测试方式为吸光度。

b. 第二次按此键仪器自动切换测试方式为浓度。

c. 第三次按此键仪器自动切换测试方式为透过率。

④ 0ABS/100%T键有如下 2 个功能：

a. 在吸光度状态下按此键，仪器将参比自动调为“0.000A”。

b. 在透过率状态下按此键，仪器将参比自动调为“100%T”。

⑤ 返回键有 1 个功能：若仪器在非实时状态下按此键，便返回到实时状态；仪器在设置参数的状态下按此键，便返回到非设置参数状态。

⑥ 设定键的功能，第一次按此键显示自动设置的参数，第二次后参数方式将自动切换，循环方式如下：

↓

WL＝XXXX→设置波长范围，按 1 键波长递增，按 2 键波长便递减，按 7 键“确认”仪器确认新输入的波长。

（注：待显示器显示新波长且显示 0.000A 时即可测试）

↓

D2 OFF？→仪器是否关氘灯？按“确认”键氘灯便关闭。
W2 OFF？→仪器是否关钨灯？按“确认”键钨灯便关闭。

（注：建议一般情况下不必使用）

↓

D ON？→仪器是否开氘灯？按“确认”键氘灯便点亮。
W ON？→仪器是否开钨灯？按“确认”键钨灯便点亮。

↓

PRINT？→是否打印仪器当前数据（需要连接打印机）？按“确认”键即可打印出显示器所显示的数据。（按“方式”键可进行 $T/A/c$ 转换）

↓

RESET FEATURE PEAK？→仪器是否重新自检？按“确认”键仪器重新初始化。

（注：建议一般情况下用户不必使用）

↓

SET TIMER PRINT→设置定时打印。按“确认”键便进入。
SET TIMER PRINT INTERVAL＝0 MIN→按 1 键可设置打印时间间隔，间隔为 1min、2min、3min、4min、5min，打印时间可根据需要设定，设定完成之后按“确认”键即可。

↓

SET CLOCK？→设置打印报告的年月日。按 1 键和 2 键可设置需要的日期，然后按“确认”键即可。

↓

SLIT＝2nm→设置仪器狭缝宽度。（PCS 型）按 1 键和 2 键可改变仪器带宽，根据需要选择，之后按“确认”键即可。

（注：仪器重新自检后，狭缝宽度默认 2nm）

↓

WL1、WL2、WL3、WL4→供用户设置常用的测试波长。按 1 键和 2 键可改变预设波长，按“确认”键仪器即自动走到新设定的波长位置。

（注：预设波长具有保存功能）

↓

提示：
如要调用预设波长只要按键盘上的 选择需要的波长，之后按 确认 键即可，仪器重新自检后仍然保留着新预设的波长。

⑦ 确认 键的作用，按此键确认一切参数设置有效；若不按此键，则设置无效。

二、仪器使用方法

（一）基本操作

① 连接仪器电源线，确保仪器供电电源有良好的接地性能。为确保仪器稳定工作，建

议使用时配备交流稳压电源。

二维码2-11
UV-7504型紫外-可见分光光度计的使用

② 接通电源，开机使仪器预热20min，仪器自动校正后，显示器显示“546.0nm 0.000A”表示仪器自检完毕，即可进行测试。

③ 用“方式”键设置测试方式，根据需要选择透过率（T）、吸光度（A）或浓度（c）。

④ 选择要分析的波长，按6键（设定键）屏幕上显示“WL＝XXX.Xnm”字样，按1键或2键输入所要分析的波长之后按7键（确认键），显示器第一列右侧显示“XXX.Xnm BLANKING”仪器正在变换到所设置的波长及自动调出“0ABS/100%T”，待仪器显示出需要的波长，并且已经把参比调成“0.000A”时，即可测试。

⑤ 将参比样品溶液和被测样品溶液分别倒入比色皿中，打开样品室盖，将盛有溶液的比色皿分别插入比色皿槽中，盖上样品室盖。一般情况下，参比样品放在第一个槽位中。仪器所附的比色皿，其透过率是经过配对测试的，未经配对处理的比色皿将影响样品的测试精度。比色皿透光部分表面不能有指印、溶液痕迹，被测溶液中不能有气泡、悬浮物，否则也将影响样品测试的精度。

⑥ 将参比样品推（或拉）入光路中，按“0ABS/100%T”键调“0ABS/100%T”，此时显示器显示的为“BLANKING”，直至显示“100.0%T”或“0.000A”为止。

⑦ 当仪器显示器显示出“100.0%T”或“0.000A”后，将被测样品推（或拉）入光路中，依次测试待测样品的数据并记录。

⑧ 测量完毕，取出吸收池，清洗并晾干后入盒保存。关闭电源，拔下电源插头，盖上仪器防尘罩，填写仪器使用记录。

（二）浓度测试方法

测试浓度有以下两种方法：

1. 第一种方法

[CALIBRATION]：首先操作者配制2～8个不同浓度的标准样品，接着将各个标准样品的浓度值按次序输入仪器；再将各个标准样品按次序放入测试光路中，待吸光度读数稳定后，按确认键，输入和浓度值相对应的吸光度；之后仪器就自动建立“线性回归方程”$c=KA+B$，然后把未知样品放入测试光路中就能直接读出它的浓度值。

2. 第二种方法

[DESIGANATION]：是已知被测未知样品的方程$c=KA+B$中的系数K和B，只要通过键盘将系数输入仪器内，就可以测试未知的样品的浓度值。具体操作如下：

进入浓度测试方式时显示：

CONCENTRATIN TEST 1. CALIBRATION

这时按“上”键显示：

CONCENTRATION TEST 2. DESIGNATION

再按“上”键，轮流显示三种浓度测试方式供用户选择。按“返回”键，退出浓度测试方式；按“确认”键，进入被选的浓度测试方式。

1）选择“1. CALIBRATION”时显示：

```
STANDARD SAMPLES
N=2
```

① 选择标准样品的个数 N，标准样品至少 2 个，最多 8 个。

这时按“上”键，使 N 的值依次加 1；按“下”键，使 N 的值依次减 1；按“返回”键，退出浓度测试方式。

② 按“设定”键，输入标准样品的浓度值，标准样品浓度输入方法如下，仪器显示：

```
CN=
>0123456789. -<
(“-”光标)
```

③ 这时按“上”键光标向右移动一位；按“下”键光标向左移动一位；按“上下”键，将光标所在位置的数字输入至上一行 CN=XXX. X 相应的位置，最多可以输入五位（四个数字加一个小数点，超过五次自动进入下一步操作），按“设定”键输入数，当输入数字少于四位数字时按此键可以自动进入下一步操作。按“返回”键，取消最近一次用设定键输入的数字，必须将 N 个标准样品的浓度值全部输入完毕后，才能进入下一步操作显示：

```
STANDARD SAMPLES
AN=X. XXX
```

④ 这时将标准样品依次放入测试光路中，待吸光度读数稳定后，按“设定”键输入标准样品的吸光度值，按“返回”键退出浓度测试方式，当 N 个标准样品的吸光度值输入完毕后显示：

```
CONC. =K * A+B
WAIT……
```

仪器自动建立线性回归方程，结束后显示：

```
R * R=X. XX
K=XXX B=XXXX
```

⑤ 这时按“返回”键退出浓度测试方式。按“确认”键进入未知样品的浓度测试，显示：

```
A1=X. XXX
```

这时将未知样品放入测试光路中，待显示的 A 值读数稳定后按“确认”键，显示：

```
AN+1=X. XXX
AN=X. XXXCN=XXX
```

⑥ 按“返回”键则显示：

```
PRINT?
```

a. 按“返回”键，仪器显示器显示“100％T”或“0.000A”，按“确认”键即打印测试报告，如下例：$N=3$。

（注：如打印需另购 FDZY-C 微型打印机）。

```
* * * * * * * * * * * * * * * * * * * *
XINMAO CO.,Ltd
Y/M/D/2004/9/24   14:26
WL=546nm
K=044.2
B=-12.54
R*R=0.999
* * * * * * * * * * * * * * * * * * * *
A1=0.510   C1=10.02
A2=0.734   C2=19.94
A3=0.962   C3=030.0
```

b. 打印完毕，仪器显示器显示“100％T”或“0.000A”。

2）选择“2. DESIGNATION”方式时显示：

```
K=
>0123456789.-<
(“-”光标)
```

输入已知的 K 值，方法同 1）②，标准样品浓度输入完毕后显示：

```
B=
>0123456789.->
(“-”光标)
```

输入已知的 B 值，输入完毕后显示：

```
K=XXXX
B=XXXX
```

这时按“返回”键，退出浓度测试方式。按“确认”键进入未知样品测试，其余操作和 1）⑤相同。打印的测试报告如下：

```
* * * * * * * * * * * * * * * * * * * *
XINMAO CO.,Ltd
Y/M/D/2004/9/24   15:08
WL=546.0nm
K=100
B=10
* * * * * * * * * * * * * * * * * * * *
A1=0.510   C1=061.0
```

三、 仪器的维护及保养

分光光度计是精密的光学仪器，正确安装、使用和保养对保持仪器良好的性能和保证测试的准确度有重要作用。

（一） 仪器工作环境

① 避开高温高湿环境，在室温 5～35℃、湿度 80%以下的环境下工作。

② 仪器应置于稳固的工作台上，不应该有强振动源。

③ 室内无强电磁干扰源及有害气味。

④ 仪器放置应避开有化学腐蚀气体（如硫化氢、二氧化硫、氨气等）的地方。

⑤ 仪器应避免阳光直射。

⑥ 仪器使用电源电压应在 220V±22V，频率为 50Hz±1Hz 的单相交流电，最好配置交流稳压电源，功率不小于 500W，室内应有地线并保证仪器有良好接地性。

（二） 日常保养

① 仪器液晶显示器和键盘日常使用和保存时应注意防划伤、防水、防尘、防腐蚀。长期不用仪器时，尤其要注意环境的温度、湿度。

② 每次使用后应取出所有的参比溶液和样品溶液，检查样品室是否有溢出溶液，经常擦拭样品室，以防废液对部件或光路系统造成腐蚀。

③ 定期进行性能指标检测，发现问题即与产品经销商或维修点联系。

④ 仪器使用完毕应盖好防尘罩。

⑤ 当仪器出现故障时，应首先切断主机电源，然后按下列步骤逐步检查：

a. 接通仪器电源，观察灯源是否亮。

b. 比色皿选择是否正确，拉杆手感是否灵活。

c. 样品室盖是否关紧。

d. 样品槽位置是否正确。

e. 波长指示是否在仪器允许波长范围内，“方式”键是否选择在相应的状态。

f. 样品溶液或参比溶液选择是否正确。

g. 比色皿使用是否正确，吸收面是否干净。

h. 仪器技术指标规定的波长范围内，是否能调“100%T”或“0ABS”。

i. 仪器波长选择 580nm 时，打开样品室盖，用白纸对准光路聚焦位置，应见到较亮较完整的长方形橙黄色斑；光斑偏红或偏绿时，说明仪器波长已经偏移。

（三） 仪器的检验

为保证测试结果的准确可靠，新制造、使用和修理后的分光光度计都应定期进行检定。国家技术监督局批准颁布了各类紫外-可见分光光度计的检定规程（JJG 178—2007《紫外、可见、近红外分光光度计检定规程》）。检定规程规定，检定周期为半年，两次检定合格的仪器检定周期可延长至一年。

1. 波长准确度的检验

紫外-可见分光光度计在使用过程中，机械振动、温度变化、灯丝变形、灯座松动或更换灯泡等经常会引起仪器上波长的读数与实际通过溶液的波长不符，因而导致仪器灵敏度降低，影响测定结果的精度，需要经常进行检验。

分光光度计通过逐点测试标准物质氧化钬溶液在361nm、419nm、536nm、638nm波长下的特征吸收峰（吸收峰值需经标定）来进行检验与校正。以寻找361nm为例，校正方法如下：

① 开机并使仪器预热20min。

② 待仪器自检到546.0nm，显示“0.000A”，自检完毕。

③ 按“方式”键将测试方式置于透过率状态。

④ 按“设定”键将波长设置在358.0nm，一般情况下，在标准物质吸收峰约±3.0nm附近由短波向长波方向每隔0.5nm逐点测试，吸收值（透过率）最小处则对应当前波长。

⑤ 打开样品室盖，将氧化钬溶液插入样品槽中。

⑥ 盖好样品室盖，将参比物（以空气作为参比）拉（或推）入光路中（一般情况下，第一个样品槽作为参比，第二个样品槽放置标准物质）。

⑦ 按“0ABS/100%T”键调“100%T”。

⑧将氧化钬溶液拉（或推）入光路中。

⑨ 观察并记录此时氧化钬溶液的透过率，见表2-3。

⑩ 重复①～⑨步进行逐点测试，直至找到最小读数为止，见图2-53。

表2-3 氧化钬溶液的透过率

波长/nm	358.0	358.5	359.0	359.5	360.0	360.5	361.0	361.5	362.0	362.5	363.0	363.5	364.0
透过率/%	65.8	60.1	54.0	48.4	43.6	40.1	38.7	40.6	44.8	50.6	56.6	62.3	67.9

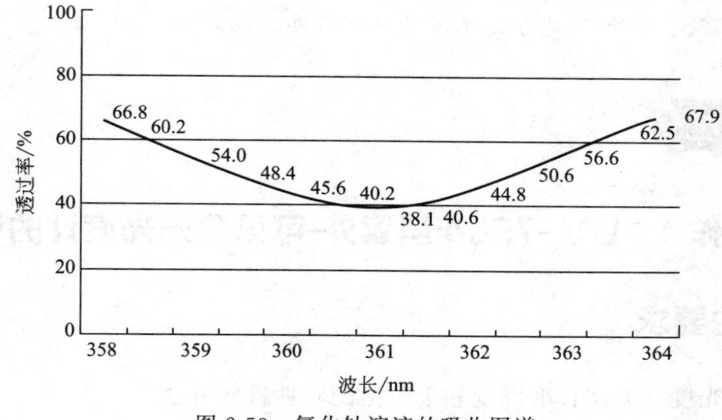

图2-53 氧化钬溶液的吸收图谱

通过表2-3中的数据可以清楚地看出标准值为361.0nm，而该仪器通过氧化钬溶液检定出来的波长吸收峰位置也是361.0nm。

2. 透过率准确度的检验

透过率的准确度通常用硫酸铜、硫酸钴铵、重铬酸钾等标准溶液来检查，其中应用最普遍的是重铬酸钾标准溶液。以质量分数为0.006000%的$K_2Cr_2O_7$为标准溶液，此标准溶液中$HClO_4$的浓度为0.001mol/L。以0.001mol/L $HClO_4$为参比溶液，用1cm的石英吸收池分别在235nm、257nm、313nm、350nm波长处测定透过率，测定值与表2-4所列标准溶液的标准值进行比较，根据仪器级别，其差值应在0.8%～2.5%之内。

3. 稳定度的检验

在光电管不受光照的条件下，用零点调节器将仪器调至零点，观察3min，读取透过率的变化值，此值即为零点稳定度。

在仪器测量波长范围两端向中间靠10nm处（如仪器工作波长范围为360～800nm，则

表 2-4 ω（$K_2Cr_2O_7$）＝0.006000%的 $K_2Cr_2O_7$ 溶液不同温度时的透过率值

温度/℃	波长/nm			
	235	257	313	350
10	18.0	13.5	51.2	22.6
15	18.0	13.6	51.3	22.7
20	18.1	13.7	51.3	22.8
25	18.2	13.7	51.3	22.9
30	18.3	13.8	51.4	22.9

在 370nm 和 790nm 处），调零点后，盖上样品室盖（打开光门），使光电管受光，调节透过率为 95%，观察 3min，读取透过率的变化值，此值即为光电流稳定度。

4. 吸收池配套性检验

在定量工作中，尤其在紫外光区测定时，需要对吸收池做校准及配对工作，以消除吸收池的误差，提高测量的准确度。

根据 JJG 178—2007 规定，石英吸收池在 220nm 处、玻璃吸收池在 440nm 处，装入适量蒸馏水，以一个吸收池为参比，调节 T 为 100%，测量其他各吸收池的透过率，透过率的偏差小于 0.5%的吸收池可配成一套。

思考与交流

1. UV-7504 紫外-可见分光光度计有哪些特点？
2. 使用 UV-7504 紫外-可见分光光度计时有哪些注意事项？

任务实施

操作 1　UV-7504 型紫外-可见分光光度计的调校

一、 目的要求

① 学习分光光度计的波长准确度和吸收池配套性检验方法。
② 学会正确使用紫外-可见分光光度计。
③ 学会根据说明书操作其他型号的分光光度计。

二、 仪器和工具

UV-17504 型紫外-可见分光光度计、镨钕滤光片。

三、 操作步骤

1. 开机检查及预热

检查仪器，连接电源，打开仪器电源开关，开启吸收池样品室盖，取出样品室内遮光物（如干燥剂），预热 20min。

2. 仪器波长准确度检查和校正

（1）可见光区波长准确度检查和校正

① 在吸收池位置插入一块白色硬纸片，将波长从720nm向420nm方向慢慢调整，观察出口狭缝射出的光线颜色是否与波长调节器所指示的波长相符（黄色光波长范围较窄，将波长调节在580nm处应出现黄光），若相符，说明仪器分光系统基本正常；若相差甚远，应调节灯泡位置。

② 取出白纸，在吸收池架内垂直放入镨钕滤光片，以空气为参比，盖上样品室盖，将波长调至500nm，按“0ABS/100%T”键仪器自动将参比调为“0.000A”，用样品槽拉杆将镨钕滤光片推入光路，读取吸光度值。以后在500～540nm波段每隔2nm测一次吸光度值。记录各吸光度值和相应的波长标示值，查出吸光度最大时相应的波长标示值（$\lambda_{max}^{标示}$），当（$\lambda_{max}^{标示}$－529）＞3nm时，则需要调节仪器的波长。反复测（529±5）nm处的吸光度值，直至波长标示值为529nm处相应的吸光度值最大为止，取出滤光片放入盒内。

（2）紫外光区波长准确度检查和校正　在紫外光区检验波长准确度常用苯蒸气的吸收光谱曲线。

具体操作：在吸收池滴一滴液体苯，盖上吸收池盖，待苯挥发充满整个吸收池后，就可以测绘苯蒸气的吸收光谱。若实验结果与苯的标准光谱曲线不一致表示仪器有波长误差，必须加以调整。

（3）吸收池的配套性检验　JJG 178—2007规定，石英吸收池在220nm处、玻璃吸收池在440nm处，装入适量蒸馏水，以一个吸收池为参比，调节为“100% T”，测量其他各池的透过率，透过率偏差小于0.5%的吸收池可配成一套。

配套性检验的具体操作如下：

① 将波长调至600nm。

② 检查吸收池透光面是否有划痕或斑点，吸收池各面是否有裂纹，如有则不能使用。

③ 在选定的吸收池毛面上口附近，用铅笔标上进光方向并编号，用蒸馏水冲洗2～3次[必要时可用HCl溶液（1+1）浸泡2～3min，再用水冲洗干净]。

④ 用拇指和食指捏住吸收池两侧毛面，分别在4个吸收池内注入蒸馏水至池高3/4，用滤纸吸干池外壁的水滴，再用擦镜纸或丝绸巾轻轻擦拭光面至无痕迹，按池上标记的箭头方向垂直放在吸收池架上，并用吸收池夹固定好。

⑤ 盖上样品室盖，将在参比位置上的吸收池推入光路，调零。

⑥ 拉动样品槽拉杆，依次将被测溶液推入光路，读取相应的透过率或吸光度，若所测各吸收池透过率偏差小于0.5%，则这些吸收池可配套使用。超出上述偏差的吸收池不能配套使用。

（4）结束工作

① 检查完毕，关闭电源，取出吸收池，清洗后晾干放入盒内保存。

② 在样品室内放入干燥剂，盖好样品室盖，罩好仪器防尘罩。

③ 清理工作台，打扫实验室，填写仪器使用记录。

四、 数据记录及结果

1. 可见光区波长准确度检查和校正，镨钕滤光片的吸光度值

波长/nm					
吸光度值					

2. 吸收池配套性检查

序号	1	2	3	4
透过率				

3. 检验结果

波长准确度：

吸收池配套性：

操作人：　　　　审核人：　　　　日期：

五、注意事项

① 可见光区波长检查时，每改变一次波长，都应重新调空气参比的零点。

② 吸收池内溶液不可装得过满，以免溅出腐蚀吸收池架和仪器。

③ 吸收池内装入蒸馏水后，池内壁不可有气泡。

任务评价

序号	作业项目	考核内容		记录	分值	扣分	得分
一	仪器外观检查(20分)	仪器外表检查	检查		10		
			未检查				
		仪器功能键检查	检查		10		
			未检查				
二	仪器校准(30分)	吸收池准备	正确		10		
			不正确				
		吸收池装液高度	正确		10		
			不正确				
		仪器校准操作	正确		10		
			不正确				
三	数据记录处理及报告(30分)	原始数据记录不用其他纸张记录	正确		6		
			不正确				
		原始数据及时记录	及时		6		
			不及时				
		原始记录规范完整	完整、规范		6		
			欠完整、不规范				
		检验结果	正确		6		
			不正确				
		报告清晰完整	清晰完整		6		
			不清晰完整				
四	文明操作结束工作(20分)	实验过程台面	整洁有序		5		
			脏乱				
		废纸/废液	按规定处理		5		
			乱扔乱倒				
		结束后清洗仪器	清洗		5		
			未清洗				
		结束后仪器处理	盖好防尘罩，放回原处		5		
			未处理				

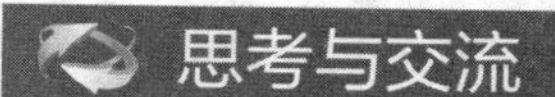

1. 简述波长准确度检查方法。

2. 在吸收池配套性检查中，若吸收池架上二、三、四格的吸收池吸光度出现负值，应如何处理？

操作 2　紫外-可见分光光度法测定未知物

一、目的要求

① 学会正确使用紫外-可见分光光度计。

② 学会利用紫外-可见分光光度计进行未知物的确定及浓度的测定。

二、仪器和试剂

1. 仪器

① 紫外-可见分光光度计（UV-1800PC-DS），配 1cm 石英比色皿 2 个。

② 容量瓶：100mL，15 个。

③ 吸量管：10mL，5 支。

④ 烧杯：100mL，5 个。

2. 试剂

（1）标准溶液　任选四种标准溶液（山梨酸 1.000mg/mL、磺基水杨酸 2.000mg/mL、1，10-邻菲啰啉 1.000mg/mL、苯甲酸 2.000mg/mL）。

（2）未知液　四种标准溶液中的任何一种（浓度为 3.000～5.000mg/mL）。

三、操作步骤

1. 吸收池配套性检查

石英吸收池在 220nm 装蒸馏水，以一个吸收池为参比，调节 T 为 100%，测定其余吸收池的透过率，其偏差应小于 0.5%，可配成一套使用，记录其余比色皿的吸光度值作为校正值。

2. 未知物的定性分析

将四种标准溶液和未知液配制成约为一定浓度的溶液。以蒸馏水为参比，于波长 200～350nm 范围内测定溶液吸光度，并作吸收曲线。根据吸收曲线的形状确定未知物，并从曲线上确定最大吸收波长作为定量测定时的测量波长。190～210nm 处的波长不能选择为最大吸收波长。

3. 标准工作曲线绘制

分别准确移取一定体积的标准溶液于所选用的 100mL 容量瓶中，以蒸馏水稀释至刻线，摇匀。根据未知液吸收曲线上的最大吸收波长，以蒸馏水为参比，测定吸光度。然后以浓度为横坐标，以相应的吸光度为纵坐标绘制标准工作曲线。

4. 未知物的定量分析

确定未知液的稀释倍数，并配制待测溶液于所选用的 100mL 容量瓶中，以蒸馏水稀释至刻线，摇匀。根据未知液吸收曲线上的最大吸收波长，以蒸馏水为参比，测定吸光度。根据待测溶液的吸光度，确定未知样品的浓度。未知样品平行测定 3 次。

四、 数据记录及结果处理

（一） 数据记录

1. 比色皿配套性检验

$A_1=0.000$　　　$A_2=$______

2. 定性结果

未知物为______________

3. 未知试样的定量测量

（1） 标准使用溶液的配制

标准贮备溶液浓度：______　标准使用溶液浓度：______

稀释次数	吸取体积/mL	稀释后体积/mL	稀释倍数
1			
2			
3			
4			
5			

（2） 标准曲线的绘制

测量波长：________

溶液代号	吸取标准溶液体积/mL	$c/(\mu g/mL)$	A	A 校正
0				
1				
2				
3				
4				
5				
6				

（3） 未知液的配制

稀释次数	吸取体积/mL	稀释后体积/mL	稀释倍数
1			
2			
3			
4			
5			

（4） 未知物浓度的测定

平行测定次数	1	2	3
A			
A 校正			
查得的浓度/$(\mu g/mL)$			
原始试液的浓度/$(\mu g/mL)$			
原始试液的平均浓度/$(\mu g/mL)$			

（二）数据处理

根据未知溶液的稀释倍数，求出未知物的浓度。

计算公式：

$$c_0 = c_x n$$

式中 c_0——原始未知溶液浓度，μg/mL；

c_x——查出的未知溶液浓度，μg/mL；

n——未知溶液的稀释倍数。

定量分析结果：未知物的浓度为＿＿＿＿＿＿＿＿＿＿。

操作人：　　　　　　　　　　审核人：　　　　　　　　　　日期：

五、注意事项

① 标准工作曲线相关系数要求在 0.999 以上。

② 石英吸收池每换一种溶液或溶剂都必须清洗干净，并用被测溶液或参比溶液荡洗三次。

任务评价

序号	作业项目	考核内容	配分	考核记录	扣分说明	扣分	得分
一	仪器的准备(2分)	玻璃仪器的洗涤	1	洗净 未洗净	未洗净，扣1分，最多扣1分		
		仪器自检、预热	1	进行 未进行	未进行，扣1分，最多扣1分		
二	溶液的制备(9分)	吸量管润洗	1	进行 未进行	吸量管未润洗或用量明显较多扣1分		
		容量瓶试漏	1	进行 未进行	未进行，扣1分，最多扣1分		
		容量瓶稀释至刻度	7	准确 不准确	溶液稀释体积不准确，且未重新配制，扣1分/个，最多扣7分		
三	比色皿的使用(3分)	比色皿操作	1	正确 不正确	手触及比色皿透光面扣0.5分，测定时，溶液过少或过多，扣0.5分(2/3～4/5)		
		同组比色皿透过率的校正	1	进行 未进行	未进行，扣1分，最多扣1分		
		测定后，比色皿洗净，控干保存	1	进行 未进行	比色皿未清洗或未倒空，扣1分，最多扣1分		
四	仪器的使用(4分)	参比溶液的正确使用	1	正确 不正确	参比溶液选择错误，扣1分，最多扣1分		
		测量数据的保存、记录及打印	3	进行 未进行	未进行，扣3分，最多扣3分		
五	原始数据记录(5分)	原始记录	2	完整、规范 欠完整、不规范	原始数据及时记录，项目不齐全、空项扣1分/项，最多扣2分		
		是否使用法定计量单位	1	是 否	没有使用法定计量单位，扣1分，最多扣1分		
		报告(完整、明确、清晰)	2	规范 不规范	不规范，扣2分，最多扣2分		

续表

序号	作业项目	考核内容	配分	考核记录	扣分说明	扣分	得分
六	文明操作结束工作(2分)	关闭电源、填写仪器使用记录	1	进行	未进行,每一项扣0.5分,最多扣1分		
				未进行			
		台面整理、废物和废液处理	1	进行	未进行,每一项扣0.5分,最多扣1分		
				未进行			
七	重大失误(0分)	玻璃仪器	0	损坏	每次倒扣2分		
		UV-1800紫外-分光光度计	0	损坏	每次倒扣20分并赔偿相关损失		
		试液重配制	0		试液每重配制一次倒扣3分,开始吸光度测量后不允许重配制溶液		
		重新测定	0		由于仪器本身的原因造成数据丢失,重新测定不扣分;其他情况每重新测定一次倒扣3分		
八	总时间(0分)	210分钟完成	0		到规定时间终止操作		
九	定性测定(9分)	扫描波长范围选择	2	正确	未在规定的范围内扣2分,最多扣2分		
				不正确			
		光谱比对方法及结果	3	正确	结果不正确扣3分,最多扣3分		
				不正确			
		光谱扫描、绘制吸收曲线	4	正确	不正确扣4分,最多扣4分		
				不正确			
十	定量测定(31分)	测量波长的选择	1	正确	最大波长选择不正确扣1分,最多扣1分		
				不正确			
		正确配制标准系列溶液(7个点)	3	正确	标准系列溶液个数不足7个,扣3分		
				不正确			
		标准系列溶液的吸光度	3	正确	至少4个标准系列溶液的吸光度在0.2～0.8之间,否则扣3分		
				不正确			
		试液吸光度处于工作曲线范围内	4	正确	吸光度超出工作曲线范围,扣4分,不允许重做		
				不正确			
		工作曲线线性	20	1挡	相关系数≥0.999995	0	
				2挡	0.999995>相关系数≥0.99999	4	
				3挡	0.99999>相关系数≥0.99995	8	
				4挡	0.99995>相关系数≥0.9999	12	
				5挡	0.9999>相关系数≥0.9995	16	
				6挡	相关系数<0.9995	20	
十一	测定结果(35分)	图上标注项目齐全	2	全	每缺1项扣0.5分,最多扣2分		
				不全			
		计算公式正确	1	正确	公式不正确扣1分,最多扣1分		
				不正确			
		计算正确	2	正确	计算不正确扣2分,最多扣2分		
				不正确			
		精密度	10	1挡	A值相差=0.001	0	
				2挡	A值相差=0.002	2	
				3挡	A值相差=0.003	4	
				4挡	A值相差=0.004	6	
				5挡	A值相差=0.005	8	
				6挡	A值相差>0.005	10	
		准确度	20	1挡	$\|RE\|\leqslant 0.5\%$	0	
				2挡	$0.5\%<\|RE\|\leqslant 1\%$	5	
				3挡	$1\%<\|RE\|\leqslant 1.5\%$	10	
				4挡	$1.5\%<\|RE\|\leqslant 2\%$	15	
				5挡	$\|RE\|>2\%$	20	

思考与交流

1. 作工作曲线时，标准溶液浓度的选择需要注意什么？
2. 定性分析时，为确保结果准确，可采用什么方法进行验证？

课堂拓展

爱岗敬业，增强责任担当

现代社会，人们越来越重视产品的质量。分析检验工作是保证生产过程中产品质量的重要一环。随着科技的发展，许多分析检验工作都会用分析仪器来完成。所以要提供可靠准确的分析检测结果就离不开分析仪器的正常运行。而日常做好分析仪器的维护保养、定期检定和核查仪器的性能指标，及时发现分析仪器故障并进行处理是分析仪器正常使用的基本保障。作为负责仪器管理的分析检测人员要做到爱岗敬业，增强责任担当，严格做到仪器维护保养经常化、制度化，使仪器以最佳状态工作，以保证分析检验工作的顺利进行。

项目小结

紫外-可见分光光度计是利用物质对光的选择性吸收现象，进行物质的定性和定量分析的一种分析仪器，具有分析灵敏度、准确度高，操作简便、快速的特点，已广泛应用于地质、冶金、材料、食品、医学等领域，是现代实验室必备的常规仪器之一。学习内容归纳如下：

① 紫外-可见分光光度计的结构、工作原理、分类、性能和技术指标。
② UV-1800 型紫外-可见分光光度计的仪器构造、使用方法和维护。
③ UV-7504 型紫外-可见分光光度计的仪器构造、使用方法和维护。

练一练 测一测

练一练测一测二

一、单项选择题

1. 分光光度计中检测器灵敏度最高的是（　　）。

A. 光敏电阻　　B. 光电管　　C. 光电池　　D. 光电倍增管

2. 下列分光光度计无斩波器的是（　　）。

A. 单波长双光束分光光度计　　B. 单波长单光束分光光度计
C. 双波长双光束分光光度计　　D. 无法确定

3. 常用分光光度计分光的重要器件是（　　）。

A. 棱镜（或光栅）＋狭缝　　B. 棱镜　　C. 反射镜　　D. 准直透镜

4. 在分光光度法中，用光的吸收定律进行定量分析，应采用的入射光为（　　）。

A. 白光　　B. 单色光　　C. 可见光　　D. 复合光

5. 钨灯可发射范围是（　　）nm 的连续光谱。

A. 220～760　　B. 380～760　　C. 320～2500　　D. 190～2500

6. 紫外-可见分光光度计中的成套吸收池其透过率之差应为（　　）。

A. 0.005　　B. 0.001　　C. 0.1%～0.2%　　D. 0.002

7. （　　）是最常见的可见光光源。

A. 钨灯　　B. 氢灯　　C. 氘灯　　D. 卤钨灯

8. 紫外光谱分析中所用比色皿是（　　）。

A. 玻璃材料的　　B. 石英材料的　　C. 萤石材料的　　D. 陶瓷材料的

二、多项选择题

1. 分光光度法中判断出测得的吸光度有问题，可能的原因包括（　　）。

A. 比色皿没有放正位置　　B. 比色皿配套性不好

C. 比色皿毛面放于透光位置　　D. 比色皿润洗不到位

2. 一台分光光度计的校正应包括（　　）等。

A. 波长的校正　　B. 吸光度的校正　　C. 杂散光的校正　　D. 吸收池的校正

3. 透过率调不到100%的原因有（　　）。

A. 卤钨灯不亮　　B. 样品室有挡光现象　　C. 光路不准　　D. 放大器坏

4.（　　）的作用是将光源发出的连续光谱分解为单色光。

A. 石英窗　　B. 棱镜　　C. 光栅　　D. 吸收池

5. 紫外-可见分光光度计接通电源后，指示灯和光源灯都不亮，电流表无偏转的原因有（　　）。

A. 电源开关接触不良或已坏　　B. 电流表坏

C. 保险丝断　　D. 电源变压器初级线圈已断

6. 下列属于紫外-可见分光光度计组成部分的有（　　）。

A. 光源　　B. 单色器　　C. 吸收池　　D. 检测器

三、判断题

1. 对石英比色皿进行成套性检查时用的是重铬酸钾的高氯酸溶液。（　　）

2. 用镨钕滤光片检测分光光度计波长误差时，若测出的最大吸收波长的仪器标示值与镨钕滤光片的吸收峰波长相差3.5nm，说明仪器波长标示值准确，一般不需做校正。（　　）

3. 可见分光光度计检验波长准确度是采用苯蒸气的吸收光谱曲线检查。（　　）

4. 常见的紫外光源是氢灯或氘灯。（　　）

5. 紫外分光光度计的光源常用碘钨灯。（　　）

6. 在定量测定时同一厂家出品的同一规格的比色皿可以不用经过检验配套。（　　）

项目三

原子吸收光谱仪的结构及维护

项目引导

原子吸收光谱仪又称为原子吸收分光光度计，是基于试样蒸气相中被测元素的基态原子对由光源发出的该原子的特征性窄频辐射产生共振吸收，其吸光度在一定范围内与蒸气相中被测元素的基态原子浓度成正比，以此测定试样中该元素含量的一种分析仪器。原子吸收光谱仪可以测定 70 多种元素，具有较高的灵敏度，而且制造仪器的费用低，仪器构造比较简单，在冶金、地质、轻工、环境以及医药卫生等领域中发挥了越来越多的作用。

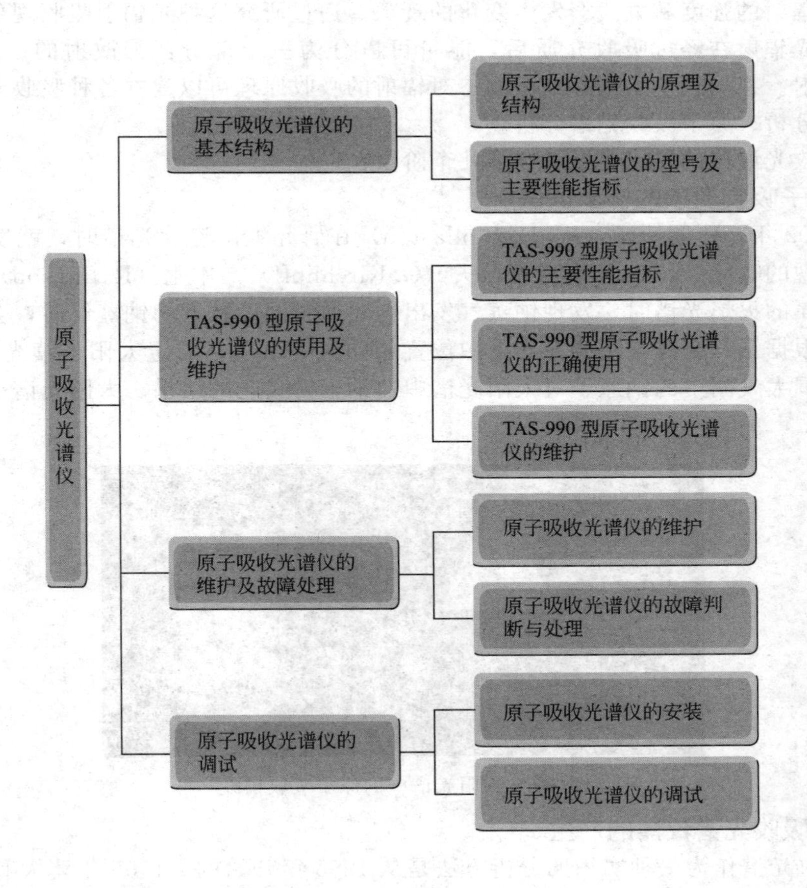

想一想

1. 在原子吸收分析中为什么必须使用锐线光源？为什么空心阴极灯会产生低背景的锐线光源？

2. 火焰原子化器有哪几部分组成？为何原子吸收光谱仪的石墨炉原子化器较火焰原子化器有更高的灵敏度？

3. 非火焰原子吸收光谱法的主要优点是什么？

任务一

原子吸收光谱仪的基本结构

任务要求

(1) 理解原子吸收光谱仪的原理。

(2) 了解原子吸收光谱仪的结构组成及常用型号。

(3) 掌握原子吸收光谱仪的主要性能技术指标。

人们对光吸收现象的研究始于18世纪初叶。光吸收现象是指光辐射在通过晶体或液体介质后，其辐射的强度和方式会发生变化的现象。通过研究这种光辐射吸收现象，人们注意到：原始的光辐射在经过吸收介质后，能量可以分为三个部分：①散射的；②被吸收的；③发射的辐射。根据粒子从基态到激发态对辐射的吸收原理可以建立各种吸收光谱法，如分子吸收光谱分析、原子吸收光谱分析。

原子吸收光谱仪的发展经历了以下几个阶段：

1. 对原子吸收现象的初步认识

早在1802年，伍朗斯顿（W. H. Wollaston）在研究太阳连续光谱时，就发现了太阳连续光谱中出现的暗线。1859年，克希荷夫（G. Kirchhoff）与本生（R. Bunson）在研究碱金属和碱土金属的火焰光谱时，发现钠蒸气发出的光通过温度较低的钠蒸气时，会引起钠光的吸收，并且根据钠发射线与暗线在光谱中位置相同这一事实，断定太阳连续光谱中的暗线，正是太阳外围大气圈中的钠原子对太阳光谱中的钠辐射吸收的结果。太阳光谱中的原子吸收谱线见图3-1。

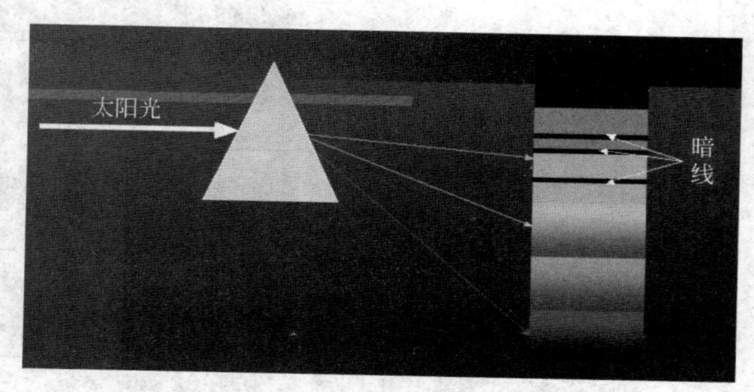

图3-1 太阳光谱中的原子吸收谱线

2. 原子吸收光谱仪器的产生

原子吸收光谱作为一种实用的分析方法是从1955年开始的。1955年澳大利亚的瓦尔西

(A. Walsh) 发表了他的著名论文《原子吸收光谱在化学分析中的应用》，奠定了原子吸收光谱法的基础。之后经过几代人的不懈努力，衍生出了石墨炉原子化技术、塞曼效应背景校正等先进技术，特别是近年来微电子技术的发展使原子吸收技术的应用不断进步，尤其在临床检验、环境保护、生物化学等方面应用广泛。

3. 电热原子吸收光谱仪器的产生

1959 年，苏联的里沃夫发表了电热原子化技术的第一篇论文，使原子吸收光谱法向前迈进了一步。塞曼效应和自吸效应扣除背景技术的发展，使在很高的背景下亦可顺利地实现原子吸收测定。基体改进技术的应用、平台及探针技术的应用以及在此基础上发展起来的稳定温度平台石墨炉技术（STPF）的应用，可以有效地实现许多复杂组成试样的原子吸收测定。

4. 原子吸收分析仪器的发展

使用连续光源中阶梯光栅，结合使用光导摄像管、二极管阵列多元素分析检测器，设计出了微机控制的原子吸收分光光度计，为解决多元素同时测定开辟了新的前景，提高了仪器的自动化程度，改善了测定准确度，使原子吸收光谱法的面貌发生了重大的变化。联用技术(色谱-原子吸收联用、流动注射-原子吸收联用）日益受到人们的重视。联用技术在解决元素的化学形态分析方面和在测定有机化合物的复杂混合物方面都有着重要的用途，是一个很有前途的发展方向。

原子吸收光谱仪具有以下特点：

① 选择性强，原子吸收带宽很窄，测定比较快速简便，并有条件实现自动化操作。

② 灵敏度高，火焰原子吸收法的灵敏度是 10^{-9}～10^{-12}级，石墨炉原子吸收法绝对灵敏度可达到 10^{-10}～10^{-14} g。常规分析中大多数元素均能达到 10^{-9}级。

③ 精密度好，由于温度的变化对测定影响较小，仪器具有良好的稳定性和重现性，一般仪器的相对标准偏差为 1%～2%，性能好的仪器可达 0.1%～0.5%。

④ 分析范围广，原子吸收光谱仪测试中，只要使化合物离解成原子就行，不必激发，所以可测定的元素达 73 种。就含量而言，既可测定低含量元素和主量元素，又可测定微量元素、痕量元素，甚至超痕量元素；就元素的性质而言，既可测定金属元素、类金属元素，又可间接测定某些非金属元素，也可间接测定有机物；就样品的状态而言，既可测定液态样品，也可测定气态样品，甚至可以直接测定某些固态样品，这是其他仪器分析技术所不能及的。

但原子吸收光谱仪也有如下缺点：不能同时测定多种元素；测定不同元素时，必须更换光源灯。测定难熔元素的灵敏度还有待提高。当采用将试样溶液喷雾到火焰的方法实现原子化时，会产生一些变化因素，因此精密度比分光光度法差。现在还不能测定共振线处于真空紫外区域的元素，如磷、硫等。标准工作曲线的线性范围窄（一般在一个数量级范围），这给实际分析工作带来不便。对于某些基体复杂的样品分析，尚存某些干扰问题需要解决。在高背景低含量样品测定任务中，精密度下降。

微课扫一扫

二维码3-1
原子吸收光谱仪火焰和石墨炉原子化器

一、原子吸收光谱仪的原理

原子吸收光谱法是基于从光源辐射出的具有待测元素特征波长的光通过试样原子蒸气时，被蒸气中被测元素的基态原子所吸收，利用光被吸收的程度来测定被测元素的含量。

原子吸收光谱分析仪器的原理是通过火焰、石墨炉等将待测元素在高温或化学反应作用下变成原子蒸气，由光源灯辐射出待测元素的特征光，在特征光通过待测元素的原子蒸气时发生光谱吸收，在仪器的光路系统中，透射光信号经光栅分光，将待测元素的吸收线与其他谱线分开。经过光电转换器，将光信号转换成电信号，由电路系统放大、处理，再由 CPU 及外部的电脑分析、计算，最终在屏幕上显示待测样品中微量及超微量的多种金属元素和类金属元素的含量和浓度。

二、原子吸收光谱仪的结构

原子吸收光谱仪由光源系统、原子化系统、光学系统、检测系统、数据处理系统几部分组成，其结构示意图如图 3-2 所示。这种仪器光学系统结构简单，有较高的灵敏度，价格较低，便于推广，能满足日常分析工作的要求；但其最大的缺点是，不能消除光源波动所引起的基线漂移，对测定的精密度和准确度有一定的影响。

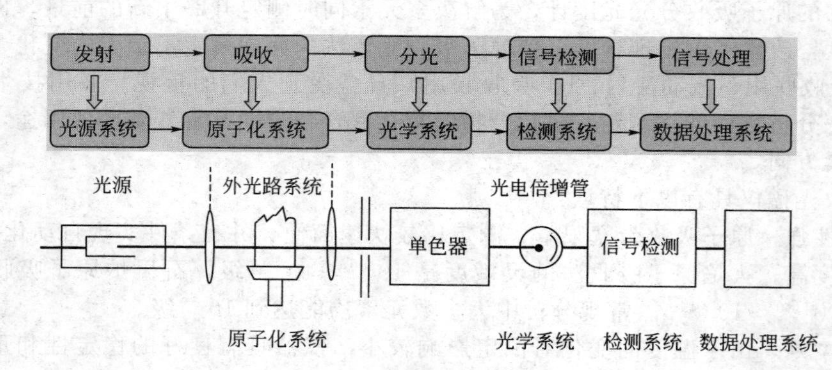

图 3-2　原子吸收光谱仪结构示意图

（一）光源

光源的功能是发射被测元素的特征共振辐射。对光源的基本要求是：发射的共振辐射的半宽度要明显小于吸收线的半宽度；辐射强度大、背景低，背景要低于特征共振辐射强度的 1%；稳定性好，30min 之内漂移不超过 1%；噪声小于 0.1%；使用寿命长于 5A·h。

原子吸收光谱仪的光源主要有空心阴极灯和无极放电灯两种。

1. 空心阴极灯

空心阴极灯是目前应用最普遍的光源，是由一个钨棒阳极和一个内含待测元素的金属或合金的空心圆柱形阴极组成的，其结构如图 3-3 所示。两极密封于充有低压惰性气体（氖气或氩气）带有窗口的玻璃管中。接通电源后，在空心阴极上发生辉光放电而辐射出阴极所含元素的共振线。

施加适当电压时，电子将从空心阴极内壁流向阳极，与充入的惰性气体碰撞而使之电离产生正电荷，其在电场作用下向阴极内壁猛烈轰击，使阴极表面的金属原子溅射出来，溅射出来的金属原子再与电子、惰性气体原子及离子发生撞碰而被激发，于是阴极内辉光中便出现了阴极物质和内充惰性气体的光

谱。用不同待测元素作阴极材料，可制成相应空心阴极灯。空心阴极灯的辐射强度与灯的工作电流有关。

空心阴极灯在使用中的优点是辐射光强度大，稳定，谱线窄，灯容易更换；而其不便之处是每测一种元素需更换相应的灯。

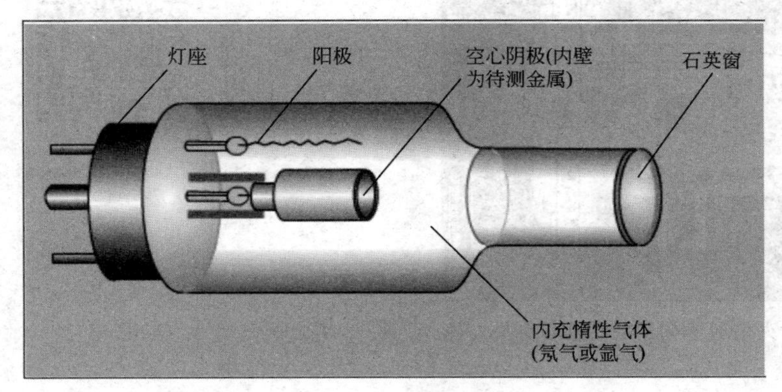

图 3-3　空心阴极灯

2. 无极放电灯

无极放电灯是把被测元素的金属粉末与碘（或溴）一起装入一根小的石英管中，封入压力为 267～667Pa 的氩气。将石英管放于 2450MHz 微波发生器的微波谐振腔中进行激发。对于砷、锑等元素的分析，为提高灵敏度，常用无极放电灯作光源。这种灯发射的原子谱线强，谱线宽度窄，测定的灵敏度高，是原子吸收光谱法中性能较为突出的光源。

无极放电灯与空心阴极灯的主要区别是将待测元素填充在一根圆形石英管内，并呈密封状态，封闭前将少量待分析元素的化合物，通常为卤化物放置其中，并充入几毫米汞柱的惰性气体，将此管装在一个高频发生器的线圈内，并装在一个绝缘的外套里，然后放在一个微波发生器的同步空腔谐振器中。这种灯的强度比空心阴极灯大几个数量级，没有自吸，谱线更纯。

（二）原子化器

原子化器的主要功能是提供能量，使试样干燥、蒸发和原子化。入射光束在这里被基态原子吸收，因此也可把它视为“吸收池”。对原子化器的基本要求：必须具有足够高的原子化效率；必须具有良好的稳定性和重现性；操作简单并具有低的干扰水平等。

实现原子化最常用的是火焰原子化器和非火焰原子化器。

1. 火焰原子化器

火焰原子化器常用的是预混合型原子化器，它是由雾化器、雾化室和燃烧器三部分组成。用火焰使试样原子化是目前广泛应用的一种方式，它是将液体试样经喷雾器形成雾粒，这些雾粒在雾化室中与气体（燃气与助燃气）均匀混合，除去大液滴后，再进入燃烧器，在燃烧器的火焰中产生原子蒸气，火焰原子化器的结构如图 3-4 所示。

（1）雾化器　雾化器（见图 3-5）是火焰原子化器中的重要部件，其作用是将试液变成细雾，雾粒越细、越多，在火焰中生成的基态自由原子就越多。目前，应用最广的是气动同心型雾化器。雾化器喷出的雾滴碰到玻璃球可进一步细化。生成的雾滴粒度和试液的吸入率影响测定的精密度和化学干扰的大小。目前，雾化器多采用不锈钢、聚四氟乙烯或玻璃等制成。

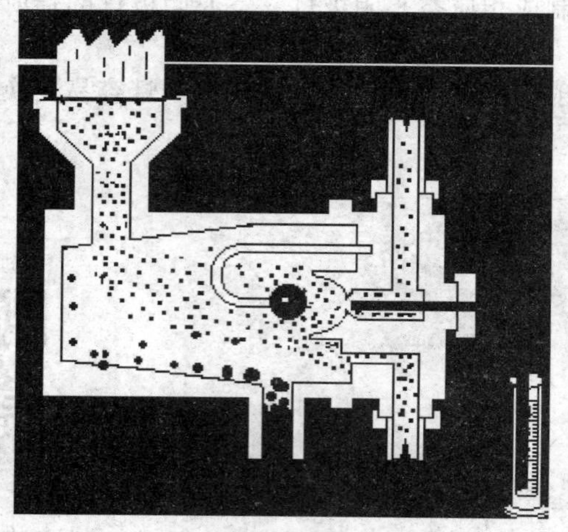

图 3-4　火焰原子化器的结构示意图

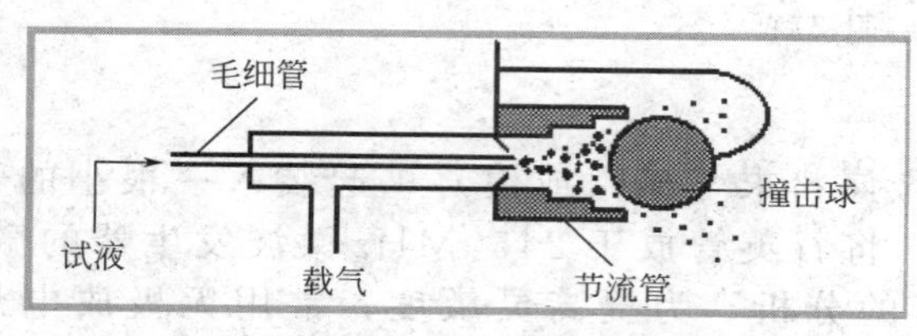

图 3-5　雾化器的结构示意图

（2）雾化室　雾化室的主要作用是除大雾滴，使细雾与燃气及助燃气充分混合，并使燃烧器得到稳定的火焰。其中的扰流器可使雾滴变细，同时可以阻挡大的雾滴进入火焰。一般的雾化装置的雾化效率为5%～15%。

（3）燃烧器　试液的细雾滴进入燃烧器，在火焰中经过干燥、熔化、蒸发和离解等过程后，产生大量的基态自由原子及少量的激发态原子、离子和分子。通常要求燃烧器的原子化程度高、火焰稳定、吸收光程长、噪声小等。燃烧器有单缝和三缝两种。燃烧器的缝长和缝宽应根据所用燃料确定。目前，单缝燃烧器应用最广。

火焰分为焰心、内焰和外焰。试样雾滴在火焰中，经蒸发、干燥、离解等过程产生大量基态原子。焰心发射强的分子带和自由基，很少用于分析；内焰中基态原子最多，为分析区。

火焰温度的选择：在保证待测元素充分离解为基态原子的前提下，尽量采用低温火焰。火焰温度越高，产生的激发态原子越多。火焰温度取决于燃气与助燃气类型。

2. 非火焰原子化器

非火焰原子化器常用的是石墨炉原子化器。石墨炉原子化法的过程是：将试样注入石墨管中间位置，用大电流通过石墨管以产生高达2000～3000℃的高温使试样干燥、蒸发和原子化，图3-6为管式石墨炉原子化器示意图。

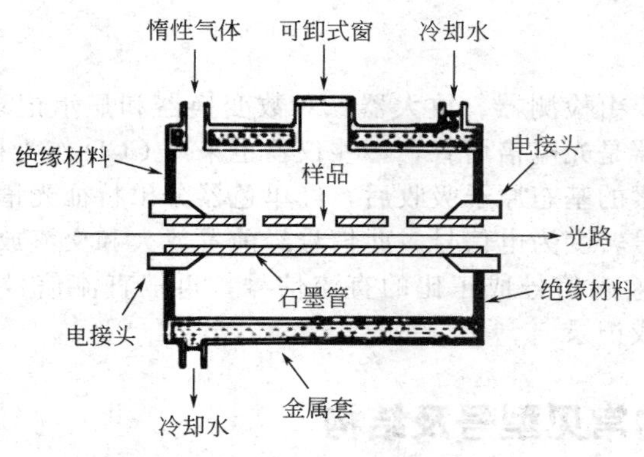

图 3-6 管式石墨炉原子化器示意图

石墨炉的基本结构包括石墨管（杯）、炉体（保护气系统）和电源等三部分。工作过程包括干燥、灰化、原子化和净化等四个阶段。

石墨管管内外都有保护气通过，通常使用的惰性气体主要是氩气、氮气。管外的气体保护石墨管不被氧化、烧蚀。管内氩气由两端流向管中心，由中心小孔流出，它可除去测定过程中产生的基体蒸气，同时保护已经原子化的原子不再被氧化。整个炉体有水冷却保护装置，使达到高温的石墨炉在完成一个样品的分析后，能迅速回到室温。

石墨炉的外气路和内气路采用单独控制方式，外气路用于保护整个炉体内腔的石墨部件，是连续进气的。内气路从石墨管两端进气，由加样孔出气，并设置可控制气体流量和停气等的程序。

石墨炉原子化器与火焰原子化器相比，其突出的优点是灵敏度高，检出限低，进样量少。但它也存在分析速度慢（一般每次分析需 2～3min），精度差（一般 1%～5%，正常吸光度）和原子化机理复杂导致背景吸收大等问题。

（三）分光系统

原子吸收光谱仪的分光系统包括出射狭缝、入射狭缝、反射镜和色散原件（多用光栅），结构如图 3-7 所示。其作用是将所需要的共振吸收线分离出来。色散元件是分光系统的关键部件，光栅放置在原子化器之后，以阻止来自原子化器内的所有不需要的辐射进入检测器。由于锐线光源的谱线简单，故对单色器的色散率要求不高（线色散率为 1～3nm/mm）。

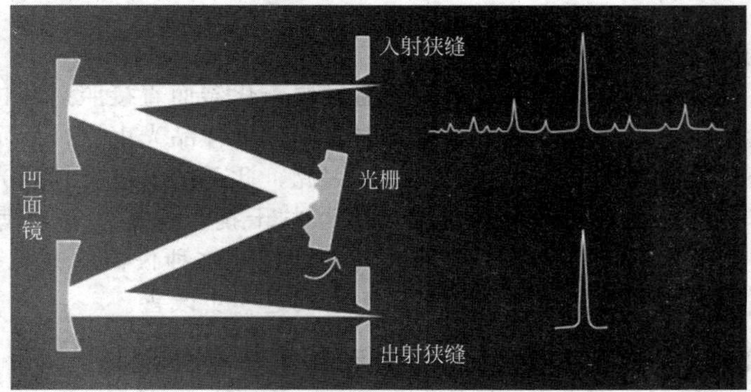

图 3-7 原子吸收光谱仪的分光系统

（四）检测系统

原子吸收光谱仪的检测系统主要由检测器、放大器、对数变换器和显示记录装置组成。原子吸收光谱仪中广泛使用的检测器是光电倍增管，一些仪器也采用 CCD 作为检测器。

元素灯发出的光谱线被待测元素的基态原子吸收后，经单色器分出特征光谱线，将特征光谱线送入光电倍增管中，将光信号转变为电信号，此信号经前置放大和交流放大后，进入解调器进行同步检波，得到一个和输入信号成正比的直流信号，再把直流信号进行对数转换、标尺扩展，最后用读数器读数或记录。

三、原子吸收光谱仪的常见型号及结构

（一）原子吸收光谱仪的分类应用

原子吸收光谱仪按光束可分为单光束原子吸收光谱仪、双光束原子吸收光谱仪两类；按包含“独立”的分光系统和检测系统的数目可分为单道原子吸收光谱仪、双道原子吸收光谱仪和多道原子吸收光谱仪；按自动化程度可分为手动原子吸收光谱仪、半自动原子吸收光谱仪、自动原子吸收光谱仪。目前普遍使用的是单道单光束原子吸收光谱仪或单道双光束原子吸收光谱仪。

1. 单光束系统

单光束系统具有结构简单、维修方便、价格低、能量高等特点，有助于获得较高的测定灵敏度和较宽的线性范围，满足一般分析要求。但单光束系统不能消除光源波动所引起的基线漂移，背景无法进行精确校正。使用时要使光源预热 30min，并且在测量过程中要注意校正零点，补偿基线漂移。

二维码3-10
原子吸收光谱仪检测系统

二维码3-11
原子吸收光谱单色器

2. 双光束系统

此系统把光源发射的光分为两束，一束不通过原子化器而直接照射在检测器上，称为参比光束；另一束通过原子化器后再照射到检测器上，称为样品光束。最后示出的是两路光信号的差，它可克服光源波动所引起的基线漂移，因此，此系统不需要预热光源。双光束光路的特点是精密度高，价格高，能较彻底地消除背景的干扰，稳定性好，满足高精度分析要求，便于接石墨炉原子化器或其他原子化器，灵活性好。这种仪器的缺点是光能量损失大。光能量的损失造成信噪比变差，往往限制了检出限的进一步改善。

（二）原子吸收光谱仪的常见仪器型号及主要性能指标

原子吸收光谱仪型号繁多，不同品牌不同型号仪器性能和应用范围不同。表 3-1 列出了当前常用的原子吸收光谱仪的型号、性能和主要技术指标。

表 3-1　常用的原子吸收光谱仪的型号、性能和主要技术指标

生产厂家	仪器型号	性能	主要技术指标
上海精密科学仪器有限公司	AA320CRT	微机化仪器；主要用于测定各种材料中常量和痕量的金属元素；可以显示、打印和储存仪器条件、测量数据、标准曲线、原子吸收谱图及数据、浓度分析报告	波长范围为 190～900nm；波长准确度为±5.0nm；波长重现性 0.2nm(单向)；光谱通带为 0.2nm、0.4nm、0.7nm、1.4nm、2.4nm、5.0nm 自动设定；基线稳定性为 0.004(A)/30min；背景校正能力＞30 倍
上海精密科学仪器有限公司	361MC	微机化仪器；自动扣除空白，自动扣除基线漂移，自动计算平均值与偏差，自动显示、打印吸光度值、浓度值、相对标准偏差值等	波长范围为 190～900nm；波长准确度为±0.5nm；波长重现性 0.3nm；光谱通带为 0～2.0nm 连续可调；仪器分辨能力为能分辨 Mn 279.5nm 和 279.8nm 双谱线，波谷能量值＜40%峰高
上海精密科学仪器有限公司	AA370MC	微机化仪器；全自动化，多功能；氘灯扣除背景，自动显示、打印吸光度值、浓度值、相对标准偏差、标准曲线、原子吸收谱图及各种实验数据等	波长范围为 190.0～900.0nm；波长准确度为±0.05nm；波长重现性≤0.03nm；光谱通带为 0.1nm、0.2nm、0.4nm、0.7nm、1.4nm 自动设定；仪器分辨能力为能分辨 Mn 279.5nm 和 279.8nm 双谱线，波谷能量值＜40%峰高，基线漂移＜0.004(A)/30min
北京瑞利分析仪器公司	WFX-110 WFX-120 WFX-130	微机化仪器；1800 线光栅单色器；火焰、石墨炉原子化器，具有自动换灯机构、自动扫描、自动寻峰、自动对光、自动采样、自动能平衡、氘灯自吸收双背景校正功能、自动控温石墨炉系统等	波长范围为 190～900nm；波长准确度为±0.5nm；分辨率优于 0.3nm；基线稳定性为 0.005A/30min；氘灯背景校正能力，当 1A 时≥30 倍；自吸效应背景校正能力，当 1.8A 时≥30 倍
北京瑞利分析仪器公司	WFX-1C	手动仪器；有微机接口，可外接通用计算机，属火焰原子吸收光谱仪	波长范围为 190～900nm；波长准确度为±0.5nm；基线稳定性为 0.006(A)/30min；分辨率优于 0.3nm；氘灯背景校正能力＞30 倍
北京瑞利分析仪器公司	WFX-1D	手动仪器；有微机接口，可外接通用计算机，属石墨炉原子吸收光谱仪	波长范围为 190～900nm；波长准确度为±0.5nm；基线稳定性为 0.006(A)/30min；氘灯背景校正能力＞30 倍
日本岛津	AA-6800/6650 系列	微机化仪器；单光束，测定方式为火焰吸收法和石墨炉法；浓度变换方式为工作曲线法、标准加入法	波长范围为 190～900nm；光谱通带为 0.1nm、0.2nm、0.5nm、1.0nm、2.0nm、5.0nm 自动切换
美国 PE 公司	AAnalyst 100	微机化仪器；火焰与石墨炉可快速转换，波长自动调节，6 个灯自动转换，自动调节最佳位置	波长范围为 185～860nm；双闪耀波长光栅，双闪耀波长分别为 236nm 和 597nm，倒线色散率为 1.6nm/mm
美国 PE 公司	AAnalyst300	微机化仪器；微机控制马达驱动转动灯架，具有 6 灯自动互换、自动调节最佳位置和自动调节波长的功能	波长范围为 185～860nm；双闪耀波长光栅，双闪耀波长分别为 236nm 和 597nm

思考与交流

1. 原子吸收光谱仪的定量分析依据是什么？可以用在哪些行业？
2. 简要说明原子吸收光谱仪的组成结构。
3. 用哪些性能技术指标可以对比不同原子吸收光谱仪的优劣？

任务二
TAS-990型原子吸收光谱仪的使用及维护

任务要求

（1）了解TAS-990型原子吸收光谱仪的原理及结构。
（2）熟悉TAS-990型原子吸收光谱仪的主要性能技术指标。
（3）掌握TAS-990型原子吸收光谱仪的正确使用和日常维护方法。

一、TAS-990型原子吸收光谱仪的主要性能指标及测定原理

（一）TAS-990型原子吸收光谱仪的规格及主要性能指标

TAS-990型原子吸收光谱仪的规格及主要性能指标如表3-2所示。

表3-2　TAS-990型原子吸收光谱仪的规格及主要性能指标

规格分类		性能指标
波长范围		190～900nm
光源	种类	空心阴极灯、氘灯
	调制方式	方波脉冲
	调制频率	100Hz(自吸扣背景)，400Hz(氘灯扣背景)
分光系统	型式	*c-T*
	色散元件	平面衍射光栅
	刻线密度	1200条/mm
	闪耀波长	250nm
	焦距	300mm
	光谱带宽	0.1nm、0.2nm、0.4nm、1.0nm、2.0nm
	扫描方式	自动
光度型式		单光束
原子化系统		金属钛燃烧头(单缝＝100mm×0.6mm)，耐腐蚀材料雾化室，高效玻璃雾化器，燃烧器高度可自动调节
数据处理系统	测量方式	吸光度、浓度、透过率、发射强度
	读出方式	连续，峰值，峰面积值
	显示方式	屏幕显示仪器状态和测量数值、校正曲线、信号曲线，打印机打印仪器参数、测量数值和图形
	数据处理功能	标准曲线法、标准添加法、内插法； 积分(0.1～20s)； 采样延时(0～20s)，标样数(1～8个)，样品数(0～100个)； 斜率、平均值、标准偏差、相对标准偏差、相关系数、浓度值等
	信息存储方式	分析结果、参数、曲线可存入硬盘
功率消耗		主机220V，50Hz，200W； 石墨炉电源220V，最大瞬时功率8kW
主机尺寸		110cm×50cm×45cm，重75kg

（二）测定原理

TAS-990 型原子吸收光谱仪的测试原理是利用空心阴极灯光源发出被测元素的特征辐射光，待测元素通过原子化器后对特征辐射光产生吸收。通过测定此吸收的大小，来计算待测元素的含量。

二、TAS-990 型原子吸收光谱仪的操作

采用不同的方法（石墨炉法、火焰法等）测定元素的基本操作如图 3-8 所示。

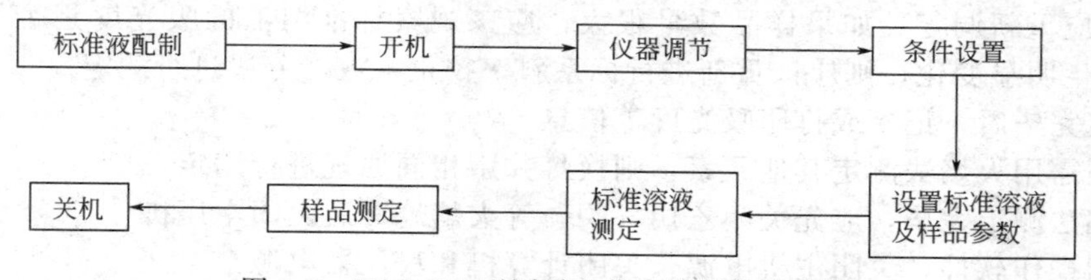

图 3-8　TAS-990 型原子吸收光谱仪操作步骤

（一）火焰原子化法原子吸收光谱仪的操作

1. 开机

打开稳压器电源，待电压稳定到 220V，再打开主机、计算机及打印机电源。双击桌面工作站图标，启动工作站，仪器开始自检。

2. 条件设置及仪器调节

以铜的测定为例。

① 选择所测元素灯，安装到仪器灯座上，注意定位。

② 调节灯电流至合适大小（3mA）。

③ 选择所用测定谱线波长（324.8nm）及带宽（0.4nm）。自动化程度较高的仪器自动寻峰，并找到最大吸收波长。

④ 反复调节灯的位置至能量最大，加负高压至能量示值为 90 左右，不同的仪器按要求即可。

操作扫一扫

二维码3-12
TAS-990型原子吸收光谱仪运行模式的选择

3. 设置测定参数

一般火焰测定选择测定次数为三次，测定方式为连续，延迟可不设，积分时间一般为 1s。必要时设置其他用于仪器采样点等的参数。

4. 调节燃烧器的位置

使空心阴极灯光束与狭缝基本平行、光斑位于燃烧器狭缝一定位置，一般在其上 3～8mm，这与火焰大小、元素性质有关。以铜的测定为例，光斑位于燃烧器狭缝上 3mm。很多仪器可以在点燃火焰后进行调节，调到灵敏度最高时为佳。

5. 火焰燃助比的选择

① 打开空压机，一般出口压力为 0.2MPa。

② 打开乙炔气瓶，乙炔出口压力一般为 0.05～0.1MPa。

火焰燃助比依元素不同而不同，常见元素中，钙宜选择富燃焰，乙炔流量较大；锌宜选择贫燃焰，乙炔流量较小；其他元素可以用化学计量火焰。

6. 设置标准系列溶液及样品参数

以铜的测定为例，铜标准溶液系列设置为 0.00mg/L、0.25mg/L、0.50mg/L、

1.00mg/L 和 1.50mg/L。

7. 标准溶液及样品的测定

操作扫一扫
二维码3-13
铜标液的配置—标准系列

① 待仪器及元素灯预热一段时间稳定后，打开排风进行测定。

② 点燃火焰，依次进行空白标准和样品的测定。

在测定的过程中需要注意的是：个别数据如果变动较大，应该重新测定；如果样品吸光度超过标准系列最高浓度读数，则应该稀释到标准系列内重新测定；如果个别样品吸光度特别高，在测定后应该喷入纯水至吸光度回到零后，再进行下一个样品测定；测定过程中应通过纯水吸光度观察零点是否变化，如发生变化应重新调零；如果样品数量很大，应该观察标准溶液的吸光度是否发生明显变化，如果发生明显变化，则应该重新进行标系斜率校正，或者分段进行测定。

③ 测定完毕后，记录或打印吸光度等信息。

④ 若还需用火焰法测定其他元素，则换灯并用相同原理进行测定。

⑤ 火焰法测定完毕，应先关闭乙炔气阀，等火焰熄灭后关闭空压机。

⑥ 关闭操作软件，关闭主机电源，关闭计算机和稳压器电源。

（二）TAS-990 型石墨炉原子化法原子吸收光谱仪的操作

以铅的测定为例。

1. 条件设置及仪器调节

动画扫一扫
二维码3-14
标准曲线图例说明

① 选择所测元素铅，调节灯电流至合适大小（3mA）。

② 选择所用测定谱线波长（283.3nm）及带宽（0.4nm）。自动化程度较高的仪器自动寻峰，并找到最大吸收波长。

③ 反复调节灯的位置至能量最大，加负高压至能量示值为 90 左右，不同的仪器按要求即可。

④ 石墨炉测定要使用背景校正，以氘灯扣背景为例。打开氘灯进行背景校正，调节灯电流使氘灯能量与空心阴极灯能量基本匹配。光束尽可能与元素灯重合。自动化程度低的仪器需手动切入或移除半透半反镜。

2. 设置测定参数

一般石墨炉测定选择测定次数为 2～3 次，测定方式为峰高或峰面积，铅的测定用峰高，积分时间一般为 3～5s，以保证全部吸收峰被采集完为佳。调节石墨炉的位置，使空心阴极灯、氘灯能量最佳。

3. 石墨炉升温程序的设置

操作扫一扫
二维码3-15
原子吸收分光光度计石墨炉法—测定前准备操作

石墨炉升温程序一般包括干燥、灰化、原子化和净化四个部分。

① 干燥温度一般以溶剂的沸点为依据，水样一般可设为90～110℃，时间以 1μL 加热至少 1s 为宜。

② 在元素不损失的情况下，灰化温度尽可能高，使背景物质尽可能在灰化室除去，为了防止溅射，有时需设定两步灰化。

③ 原子化温度由元素及其化合物的性质所决定，原子化温度选择的原则是能得到最大吸收信号的最低温度。原子化温度太高会影响原子化器和石墨炉的寿命；原子化温度太低又不能实现理想的原子化，影响分析效果。

④ 净化温度一般比原子化温度要高 200～400℃。对于 PE 仪器，横向加热，一般净化

温度可取 2200～2500℃。

4. 设置标准系列溶液及样品参数

以铅的测定为例，铅标准溶液系列设置为 0.00μg/L、10.0μg/L、20.0μg/L、40.0μg/L 和 80.0μg/L。如果仪器带有自动进样器，可对标准溶液、样品及基体改进剂等的进样体积、放置位置、测定次数等进行设置。

5. 标准溶液及样品的测定

① 待仪器及元素灯预热一段时间稳定后，打开保护器，一般出口压力约为 0.5MPa。

② 打开冷却循环水，依次进行空白标准溶液和样品的测定。

在测定过程中需要注意的是：进样用吸头应该注意更换或用纯水清洗、样品润洗；在使用基体改进剂时如果是分别进样，建议用两支进样枪，进基体改进剂的吸头可以不更换，每次先加入基体改进剂，建议不使用微量注射针进样，以免划伤石墨管表面；如果样品吸光度超过标准系列最高浓度读数，则应该稀释到标准系列内重新测定；如果个别样品吸光度特别高，在测定后空烧一下，再进行下一个样品测定；如果样品数量很大，应该观察标准溶液的吸光度是否发生明显变化，如果发生明显变化，则应该重新进行标准系列斜率校正，或者分段进行测定。

测定完毕后，记录或打印吸光度等信息。

③ 若还需用石墨炉法测定其他元素，则换灯并以上述方法进行测定。

④ 石墨炉法测定完毕，应先将仪器还原，在关闭气阀，关闭冷却水，关机。

⑤ 依次关闭工作站、计算机、主机，关闭稳压器、排风电源，倒掉废液，清洁仪器。

⑥ 登记仪器使用情况，结束操作。

三、 仪器操作注意事项

操作扫一扫
二维码3-16
TAS-990原子吸收光谱仪关机操作

进行仪器操作时注意打开排风系统，抽走室内有害气体。点火时按仪器下方的点火键即可，熄火时一定要先关闭乙炔钢瓶总阀门，使管道里的余气燃尽，以免造成危险。暂时熄火可将乙炔流量调为零来完成，如果是通过调整流量计熄火，则乙炔钢瓶关闭后需打开乙炔流量计，清空管路里面残余的气体，避免危险。空压机需经常排水，否则容易损坏仪器。

四、 仪器最佳工作条件的选择

1. 波长的选择

① 选用具有足够强度且信噪比适中的谱线。

② 选用不要求对样品大量稀释的波长。

③ 选用不受光谱线干扰并可产生线性范围较大的标准线的谱线。

2. 样品注入系统的最佳化调节

样品注入系统的最佳化调节，包括喷雾器、燃烧器、雾化室和火焰状况的调节。

① 喷雾器的调节，可改变样品注入速度，从而影响样品原子抵达光路的数量。它是一种气压式装置，利用其内腔形成的负压，样品溶液被吸入毛细管，调节毛细管的位置可改变负压强度从而改变样品注入速度。通常样品注入速度以 4～6mL/min 为最佳。可用 5μg/mL 铜溶液将喷雾器调整至最佳条件（因为火焰条件对铜的影响最小），使喷雾器在获得良好吸光度值而降低干扰信号方面达到最佳条件。

② 燃烧器的最佳化，是调节燃烧头水平和垂直位置使火焰在光路中处于最佳位置，以

达到最大吸光度值。

③ 在雾化室里，较大的雾滴颗粒在自身重力的作用下会集结在一起，从废液管道被排出；而样品雾气细微颗粒与燃气、助燃气充分混合均匀，在气压的作用下被送入燃烧器火焰中燃烧。为保证雾化室的功能，可定期吸入洗涤剂溶液，使其内表面保持清洁从而提高泄出效能，降低干扰信号，获得最佳灵敏度。

④ 火焰状况可通过助燃比来调节，即调节进入的乙炔和空气的比例。测定不同元素的火焰状况要求不同。

五、维护

① 应保持空心阴极灯灯窗清洁，不小心被沾污时，可用酒精棉擦拭。

② 定期检查供气管路是否漏气。检查时可在可疑处涂一些肥皂水，看是否有气泡产生，千万不能用明火检查漏气。

③ 在空气压缩机的送气管道上，应安装气水分离器，经常排放气水分离器中集存的冷凝水。冷凝水进入仪器管道会引进喷雾不稳定，进入雾化器会直接影响测定结果。

④ 经常保持雾化室内清洁、排液通畅。测定结束后应继续喷水 5～10min，将其中存残的试样溶液冲洗出去。

⑤ 燃烧器缝口积存盐类，会使火焰分叉，影响测定结果。遇到这种情况应熄灭火焰，用滤纸插入缝口擦拭，也可以用刀片插入缝口轻轻刮除，必要时可用水冲洗。

⑥ 测定溶液应经过过滤或彻底澄清，防止堵塞雾化器。金属雾化器的进样毛细管堵塞时，可用软细金属丝疏通。玻璃雾化器的进样毛细管堵塞时，可用吸耳球从前端吹出堵塞物，也可以用吸耳球从进样端抽气，同时从喷嘴处吹水，洗出堵塞物。

⑦ 不要用手触摸外光路的透镜。当透镜有灰尘时，可以用洗耳球吹去，也可以用软毛刷扫净，必要时可用镜头纸擦净。

⑧ 单色器内的光栅和反射镜多为表面有镀层的器件，受潮容易霉变，故应保持单色器的密封和干燥。不要轻易打开单色器。当确认单色器发生故障时，应请专业人员处理。

⑨ 长期使用的仪器，因内部积尘太多有时会导致电路故障，必要时可用洗耳球吹净或用毛刷刷净。处理积尘时务必切断电源。

⑩ 长期不使用的仪器应保持其干燥，潮湿季节应定期通电。

思考与交流

1. TAS-990 型原子吸收光谱仪用于定量分析的理论依据是什么？

2. TAS-990 型火焰原子吸收光谱仪如何选择最佳的工作条件？

3. 如何用 TAS-990 型原子吸收光谱仪火焰法测定铜？如何用石墨炉法测定铅？

任务三
原子吸收光谱仪的维护及故障处理

任务要求

(1) 熟悉原子吸收光谱仪的维护方法。

（2）了解原子吸收光谱仪的安装要求。

（3）了解原子吸收光谱仪的常见故障判断方法。

（4）掌握原子吸收光谱仪的故障排除方法。

一、原子吸收光谱仪的维护

原子吸收光谱仪的维护可以延长仪器寿命，减少停机时间，全面改善仪器性能，确保仪器处于最佳的运行状态，并且可增加分析人员对数据结果正确性的信心。原子吸收光谱仪的维护包括原子吸收光谱仪安装要求、普通的仪器维护、光源的维护保养、使用气体的维护、火焰系统的维护和石墨平台系统的维护几个方面。

（一）原子吸收光谱仪安装要求

原子吸收光谱仪安装要求包括实验室环境、电源、通风、气体等方面的要求。

1. 实验室环境要求

① 仪器应安放在干燥的房间内，实验室温度应保持在10～30℃，且每小时温度变化最大不超过2.8℃；相对湿度不超过80%，无冷凝。如有条件，最好配备空调等，在相对湿度较大的地区应配备除湿机。

② 实验室内应保持清洁，室内应无腐蚀、污染和振动。

③ 窗户应有窗帘，避免阳光直接照射到仪器上，室内照明不宜太强。仪器应尽量远离高强度的磁场、电场及发生高频波的电器设备，防电磁干扰。

2. 电源要求

不同型号仪器的电压范围和功率不同，使用前务必按照说明书的要求进行配置。一般石墨炉电源要求功率较高，石墨炉仪器功耗较大，为6～7kW左右，采用单相三线制（相线、中线、保护地线）交流电源，容量＞40A，因此，配电室至实验室的导线截面积应≥$6mm^2$。电源供应要平稳，无瞬间脉冲，并保持在220V±22V，50Hz±1Hz。也有的仪器要求输入为三相电源，其中一相用于主机、计算机等，一相用于石墨炉，另一相用于其他设备。此外，为保证仪器具有良好的稳定性和操作安全性，仪器一般要求接地，接地电阻小于5Ω。

3. 排风装置

无论火焰原子吸收光谱仪还是石墨炉原子吸收光谱仪的上方都必须准备一个通风罩，使燃烧器产生的气体或石墨炉高温产生的废气能顺利排出。火焰原子吸收光谱仪一般要求排风量较大，如约7500L/min；相对来说，石墨炉原子吸收光谱仪要求排风量小很多。通风罩尺寸一般下端风口应能罩住原子化器，但距离仪器上端6～10cm，排气管道支于室外的应加防雨罩，防止雨水顺管道流入室内，排风口前沿应与工作台前沿在同一垂直平面内。

4. 供气要求

供气钢瓶不应放在仪器房间内，要放在离主机最近、安全、通风良好的房间。气瓶不能让阳光直晒。气瓶的温度不能高于40℃，气瓶周围2m之内不容许有火源。气瓶要放置牢固，不能翻倒。液化气体（乙炔、氧化亚氮等）的钢瓶须垂直放置，不容许倒下，也不能水平放置。

火焰原子吸收光谱仪需要使用气体，需要的气体和气体压力要求如下：

① 压缩空气（也可采用空压机，则不用考虑此项要求），空气应无油、无水、无颗粒，出口压力为350～450kPa，流量＞28L/min，准备减压阀。

② 乙炔（C_2H_2）应采用优质仪器用气，纯度＞99.6%，出口压力为85～95kPa，准备减压阀。

③ 如需分析高温元素并已配置氧化亚氮（N_2O）燃烧头，则还需要 N_2O，纯度＞99%，出口压力为 350～500kPa，使用专用减压阀，要有电热保温功能，防止冷凝。

石墨炉原子吸收光谱仪只需石墨炉冷却气，一般采用氩气（Ar），纯度＞99.996%，出口压力为 350～500kPa，准备减压阀。

5. 冷却水

石墨炉原子吸收光谱仪需要采用冷却水冷却石墨管，一般采用冷却水循环设备，用水质较硬的自来水容易在石墨炉腔体内结水垢。冷却水循环设备应能满足以下要求：水温 20～40℃；水压 250～350kPa；流速 2L/min；加入 pH 6.5～7.5、硬度＜14°的蒸馏水。

（二）普通的仪器维护

灰尘和露水会在仪器表面积累，腐蚀性液体可能会溅到仪器上，为了降低危害，可以用蘸有水或中性洗涤剂的软布擦拭仪器，严禁使用有机溶剂。光路窗口和空心阴极灯的石英窗会受到灰尘或指纹的污染，可以使用蘸有甲醇或乙醇水溶液的软的擦镜纸进行擦拭。如果没有清除污染，将会出现元素灯的噪声变大，分析结果的重复性变差。

微课扫一扫

二维码3-17
原子吸收光谱仪附属设备的安装及维护

仪器的光学部分虽是密封的，但严禁将其暴露于腐蚀性气体或污染严重的大气中。如果实验室中大量的灰尘和腐蚀性气体无法避免，可以要求售后服务工程师来做年检，确保仪器的光路性能正常。作为使用者不要自行维护光路系统。

（三）光源的维护保养

光源的维护保养主要是空心阴极灯的维护。

① 空心阴极灯如长期搁置不用，会因漏气、气体吸附等原因不能正常使用，甚至不能点燃，所以每隔 2～3 个月应将不常用的灯点燃 2～3h，以保持灯的性能。

② 空心阴极灯使用一段时间以后会衰老，致使发光不稳、光强减弱、噪声增大及灵敏度下降，这种情况下可用激活器激活，或者把空心阴极灯反接后在规定的最大工作电流下通电半个多小时。多数元素灯在经过激活处理后其使用性能在一定程度上得到恢复，延长灯的使用寿命。

③ 取、装元素灯时应拿灯座，不要拿灯管，以防止灯管破裂或者通光窗口被沾污，导致光能量下降。如有污垢，可用脱脂棉蘸上 1∶3 的无水乙醇和乙醚混合液轻轻擦拭以予清除。

④ 空心阴极灯及光学系统表面沾有灰尘可用洗耳球吹掉。当表面沾有手印或油污时，不能用镜头纸或脱脂棉干擦，只能用脱脂棉沾无水乙醇和乙醚（按 1∶3）混合液轻轻擦拭。

（四）使用气体的维护

三种气体可以用于火焰的燃烧：空气和氧化亚氮作为助燃气（氧化剂），乙炔作为燃烧气。每种气体都通过管路系统和橡胶软管到达仪器。铜或铜合金管可以用于氧化性气体的输送。乙炔只能使用黑钢管来输送。检查钢瓶和仪器之间的连接器以防泄漏，特别是更换钢瓶之后需要使用肥皂水或专用的泄漏检测器进行检测。检查橡胶软管和仪器之间的连接，以防磨损和开裂。另外，每次更换钢瓶之后检查压力表和阀门以便使用。

由于使用有潜在危害性的气体和燃烧排放出的废气，需要安装排放量在 $6m^3/min$ 以上的排风系统。简单的烟雾测试就能判别排风系统是否正常工作。

1. 空气

空气可以通过钢瓶、室内空气系统和小型压缩机来提供。在工作量很大的情况下就要频繁地更换钢瓶。如果使用压缩空气，就需要在仪器的输入端前安装过滤器和压力表。

不管使用何种来源的空气，都必须保证气体供应的连续性，传送压力必须在420kPa (60psi，1psi=6894.76Pa)。空气必须洁净、干燥和无油。50%的气体问题都是空气中的潮气和杂质引起的。

空气被污染会严重影响信号的稳定性，产生噪声。因此，原子吸收光谱仪必须安装空气过滤器，这一要求是强制性的。每周检查一次空气过滤器中水的累积程度。如果需要的话，拆下空气过滤器，清洗过滤芯、储水槽和排水阀。根据下面的步骤拆卸和清洗随机提供的空气过滤器：

① 关闭气体，排出系统内气体直到回到常压。

② 旋下过滤槽，拆下排水阀。

③ 旋下定位环将排水阀装回到槽内。

④ 小心地旋下隔板，拆下过滤芯和过滤芯保护器。

⑤ 用肥皂水清洗过滤槽、排水阀、隔板和过滤芯保护器。严禁使用有机溶剂，否则会损坏过滤槽和排水阀。用干净的水淋洗。

⑥ 用乙醇或类似的溶剂清洗滤芯。

⑦ 风干之后再进行安装。

2. 氧化亚氮

原子吸收光谱仪使用无油的氧化亚氮气体，一般使用带有加热功能的压力调节器，防止氧化亚氮从钢瓶中流出时由于冷却效应造成气体压力过低，造成分析结果不稳定。气体的消耗速度由实际的使用情况决定，通常为10～20L/min。

3. 乙炔

乙炔需要溶解在丙酮中，并确保使用的乙炔的纯度至少为99.6%。乙炔的输送压力需要进行控制，不能超过105kPa (15psi)。另外需要每日检查乙炔钢瓶的压力，并确保压力大于700kPa (100psi)，防止丙酮进入气路影响分析结果造成仪器的损坏。

（五）火焰系统的维护

火焰系统的维护主要是对雾化器、雾化室和燃烧器三个部分进行日常维护，确保仪器性能最佳。

二维码3-18
乙炔气瓶使用

1. 雾化器

雾化器包括毛细管和雾化器盒。使用者必须经常检查吸喷溶液的塑料毛细管是否准确地连接到雾化毛细管上。任何空气的泄漏、过紧弯曲或管路弯曲将会造成读数不稳定，重复性变差。随着使用次数的增加，塑料毛细管将会慢慢地被堵塞，此时需要将堵塞段剪去或者换上新的毛细管（大约15cm长）。在任何情况下都要确保塑料毛细管牢固地连接到雾化毛细管上。雾化毛细管也容易堵塞，如果发生堵塞，请按下面的步骤进行操作：

① 熄灭火焰。

② 从雾化器上拆下塑料毛细管。

③ 拆下雾化器。

④ 根据仪器使用手册或仪器说明中有关雾化器的章节拆开雾化器。

⑤ 将雾化器置于0.5%的肥皂（比如：TritonX-100）水中用超声波清洗5～10min。如果超声波无法清除堵塞，用一根光滑的金属丝小心地疏通一下雾化器，然后再用超声波进行

清洗。

⑥ 按照结构重新组装雾化器。

⑦ 将雾化器装回到仪器上。更换塑料毛细管。如果堵塞加剧无法清除，吸光度将会有规律地下降，直至没有任何信号。

⑧ 检查雾化器盒、毛细管。在分析工作结束之后吸喷 50～500mL 的蒸馏水将有助于防止雾化问题的发生。

2. 雾化室

当样品离开雾化器之后就会撞到玻璃撞击球形成更细的气溶胶。撞击球的效率将会由于表面开裂、斑点腐蚀和沉积固体物质而降低。效率降低将会直接导致吸光度下降，噪声变大。拆卸雾化器时需要经常察看撞击球的状况，检查有无斑点腐蚀、开裂和破损，并确保玻璃撞击球位置完全对准雾化器的出口。

当将雾化器和玻璃撞击球拆下进行检查时，雾化室和水封槽都需要拆下并进行清洗。将水封槽中的水倒尽，用洗涤剂和温水清洗雾化室和水封槽，最后用蒸馏水淋洗并风干。用水重新装满水封槽，装好雾化室，检查 O 形环有无变形、气体输入接口有无泄漏，连上废液管。如果使用废液罐来收集废液，确保废液管的出口高于液面。如果废液管的出口置于液面下方，吸光度将会随着废液断断续续地排出有规律地降低。因此需要每天检查废液量并及时清空废液罐。废液罐的日常检查对于使用有机溶剂是必须实行的，因为有机溶剂的挥发会产生爆炸危险。只有使用广口、塑料的容器才能确保安全地收集有机溶剂。

3. 燃烧器

经常吸喷某些溶液会使燃烧器积炭和沉积盐分，这将会造成助燃比、火焰剖面形状变化以及遮挡光路的可能性增大，引起分析信号不稳定和下降。为了减少盐分的沉积，可以在每个样品分析完之后吸喷稀硝酸溶液。如果盐分沉积还在加剧，就需要熄灭火焰用仪器商提供的黄铜条清除盐分。将黄铜条插入燃烧器狭缝中，上下拉动进行清除。这样就能去除火焰点燃时随吸喷的蒸馏水所带入的颗粒。

严禁使用尖锐的工具（比如刀片）进行清除，因为这样将会在狭缝上留下刻痕加速积炭和盐分沉积。

如果上述方法无法完全清除积炭和盐分，可以将燃烧器拆下倒置于肥皂水中，用柔软的刷子刷洗效果更好。也可将燃烧器浸于稀酸（0.5% HNO_3）中。使用超声波并加入浓度较低的非离子型洗涤剂也是一种较好的方法。清洗完之后先用蒸馏水淋洗干净，风干之后再装回仪器中。严禁直接在仪器上清洗燃烧器。燃烧器安装不正确可能导致可燃性气体泄漏，引起爆炸。

每天在做完分析之后，可以吸喷 50～100mL 的蒸馏水清洗雾化器、雾化室和燃烧器。对于分析高浓度 Cu、Ag 和 Hg 元素，此清洗步骤尤为重要，因为这些元素会反应生成爆炸性的乙炔化物。分析完这些元素之后需要将燃烧器和雾化器拆开并清洗干净。每周需要将燃烧器拆下用实验室专用洗涤剂进行擦洗，并用蒸馏水淋洗干净。

（六）石墨平台系统的维护

石墨平台系统可以分为气体和冷却水传输、石墨炉以及自动进样器三部分。良好的维护计划能够获得正确的分析结果。

1. 气体和冷却水传输

石墨炉原子化器所使用的载气一般为氮气和氩气，气体需是干净、干燥、高纯度的。压力一般设定为 100～340kPa

微课扫一扫

二维码3-19
岛津AA-6800原子吸收光谱仪燃烧器的维护和保养

(15～50psi)。有时掺入一些空气能够更彻底地灰化样品。然而在灰化温度超过500℃的情况下不能使用空气，因为高温时空气会使石墨管氧化。

水源主要用来冷却石墨炉，可以使用实验室的自来水或循环冷却水泵。如果使用循环冷却水泵，水温必须低于40℃。水质必须洁净不含腐蚀性物质。流量一般为1.5～2L/min。最大允许压力为200kPa(30psi)。

2. 石墨平台

二维码3-20
石墨炉法原子吸收光谱仪循环冷却水装置的结构及维护

石墨平台是一个两端为石英窗完全密闭的装置。分析之前需检查两侧的石英窗上有无灰尘或指纹。如果有污染，可以使用柔软的纱布蘸取乙醇水溶液擦拭，严禁使用粗糙的布或含有研磨料的清洁剂清洗。当取下石英窗之后，检查一下保护气的输入口。如果石墨管过度老化，石墨颗粒会掉入保护气输入口，堵塞气路并影响正常的流量。可以使用空气小心地吹扫，将颗粒吹出气路。检查石英窗的内部，确保没有样品遗留，以免加热之后沉积。

在石墨平台的内部就是石墨炉组件。定期拆下石墨管检查石墨管保护器的情况。确保其内腔和进样孔区域没有疏松的炭粒子和残留的样品。检查石墨管保护器两端电极顶锥的情况，如果老化或烧毁，则电极将无法与石墨管正常连接，导致电流波动，数据重复性变差。电极附近的几个载气入口都必须确保没有炭粒子或残留的样品。

在石墨管保护器的上方是钛制排放口。注入的样品或灰化/原子化残留的样品会沉积在此处。用蘸有乙醇的棉签就能清除排放口内侧和外侧的沉积物。也可将钛制的排放口直接浸于稀酸中清洗。

3. 自动进样器

自动进样器中的洗瓶、注射器和毛细管组件都需要进行日常维护，细心维护能够最大限度地减少污染，提高分析结果的重复性。

洗瓶一般是拆下清洗。先用20%的硝酸装满洗瓶，然后用去离子水淋洗，再用0.01%～0.05%的硝酸重新灌满洗瓶。有时炭粒子会沉积在进样毛细管的尖端，此时需要用薄纸将其擦去。如果无法清除，就会影响定量准确度。在分析基体比较复杂的样品时，容易污染毛细管。在此情况下，可以直接操纵毛细管从一含有20%硝酸的样品瓶中吸取70μL的溶液，当毛细管吸完液体并且仍浸在样品瓶中时，立即关闭自动进样器。过几分钟之后重新启动自动进样器，并排出毛细管中的液体。这样就能同时对毛细管的内外侧进行清洗。同样地，对于有机残留物可以使用丙酮作为溶剂按照上述步骤进行清洗。对于聚四氟乙烯毛细管无论是操作还是清洗都需要格外细心。如果样品分析的重复性由于毛细管的弯曲而急剧下降，就需要立即拉直。

自动进样器需要维护的最后一部分是注射器。每天都需要检查毛细管和注射器中是否有气泡。系统中存在气泡会引起定量不准，导致分析结果错误。使用者可以按照仪器的使用手册来排除气泡。如果气泡仍然吸附于注射器中，就需要进行清洗了。清洗时可以使用中性洗涤剂清洗，然后用去离子水淋洗干净，并确认清洗过程中没有污染引入注射器中。清洗过程中千万小心，不要将柱塞弄弯。

二维码3-21
进样头毛细管的调整和维护

二维码3-22
原子吸收光谱仪—自动进样器

二、 原子吸收光谱仪常见故障判断方法及处理

1. 气路部分

定期检查管道、阀门接头等各部分是否漏气，漏气处应及时修复或更换。经常察看空气压缩机的回路中是否有水，如果存水，要及时排除。储水器及分水过滤器中的水分要经常排放，避免积水过多而将水分带给流量计。

无噪声的空压机，由于使用了油润滑，要定期排放过滤器及储气罐内的油水，并经常察看压缩机气缸是否需要加油。仪器长期置于潮湿的环境中或气路中存在水分，在机器使用频率不高的情况下，会使气路中的阀门、接口等处生锈，造成气孔阻塞，气路不通。当遇到气路不通的情况时，应采取下列办法检查。

关闭乙炔等易燃气体的总阀门，打开空气压缩机，检查空气压缩机是否有气体排出。若没有气体排出，说明空气压缩机出了问题，此时应找专业人员维修。若有气体排出，则将空气压缩机的输出端接到原子吸收光谱仪助燃器的入口处，掀开仪器的盖板，逐段检查通气管道，找出阻塞的位置，并将其排除。重新安装时，要注意接口处的密封性，保证接口处不漏气。然后将空气压缩机输出口接到原子吸收光谱仪燃气输入口，按上述办法逐段检查，一一排除，直到全部阻塞故障排除。

2. 光源部分

（1）空心阴极灯点不亮　可能是灯电源已坏或未接通，也可能是灯头接线断路或灯头与灯座接触不良，可分别检查灯电源、连线及相关接插件。

（2）空心阴极灯内跳火放电　这是因为灯阴极表面有氧化物或杂质，可加大灯电流到十几个毫安，直到火花放电现象停止。若无效，需换新灯。

（3）空心阴极灯辉光颜色不正常　这是因为灯内惰性气体不纯，可在工作电流下反向通电处理，直到辉光颜色正常为止。

3. 雾化器

雾化器的吸液毛细管、喷嘴、撞击球都直接受到样品溶液的腐蚀，要经常维护。在工作状态不如意时，可清洗或更换雾化器。雾化器直接影响着仪器分析测定的灵敏度和检出限。

4. 波长偏差增大

波长偏差增大的原因是准直镜左右产生位移或光栅起始位置发生了改变，需要利用空心阴极灯校准波长。

5. 电气回零不好

① 阴极灯老化，更换新灯。

② 废液管不畅通，雾化室内积水，应及时排除废液和积水。

③ 燃气不稳定使测定条件改变，可调节燃气使之符合条件。

④ 阴极灯窗口及燃烧器两侧的石英窗或聚光镜表面有污垢，逐一检查清除。

⑤ 毛细管太长，可剪去多余的毛细管。

6. 输出能量低

输出能量低可能是因为波长超差、阴极灯老化、外光路不正、透镜或单色器被严重污染或放大器系统增益下降等。若是在短波或者部分波长范围内输出能量较低，则应检查光源及光路系统有无故障。若输出能量在全波长范围内降低，应重点检查光电倍增管是否老化，放大电路有无故障。

7. 重现性差

重现性差的故障和故障排除方法见表 3-3。

表 3-3　重现性差的故障和故障排除方法

故障判断	故障解决
原子化系统无水封，使火焰燃烧不稳	可加水封，隔断内外气路通道
废液管不通畅，雾化器内积水，大颗粒液滴被高速气流引入火焰	可疏通废液管道排除废液和积水
撞击球与雾化器的相对位置不当	重新调节撞击球与雾化器的相对位置
雾化系统调节不好使喷雾质量差，是毛细管与节流管不同心或毛细管端部弯曲所致	重新调整雾化系统或选雾化效率高、喷雾质量好的雾化器
雾化器堵塞，使喷雾质量不好	仪器长时间不用，盐类及杂物堵塞或有酸类锈蚀，可用手指堵住节流管，使空气回吹倒气，吹掉脏物
雾化器内壁被油脂污染或酸蚀，造成大水珠被吸附于雾化器内壁上又被高速气流引入火焰，使火焰不稳定，仪器噪声大；或由于燃烧缝口堵塞，使火焰呈锯齿形	可用酒精、乙醚混合液擦干雾化器内壁，减少水珠，稳定火焰；火焰呈锯齿形，可用刀片或滤纸清除燃烧缝口的堵塞物
被测样品浓度大，溶解不完全，大颗粒被引入火焰后，光散射严重	引入火焰后，光散射严重，可根据实际情况，对样品进行稀释，减少光散射
乙炔管道漏气	检查乙炔气路，防止事故发生

8. 灵敏度低

① 阴极灯工作电流大，造成谱线变宽，产生自吸收。应在光源发射强度满足要求的情况下，尽可能采用低的工作电流。

② 雾化效率低。若是管路堵塞的原因，可将助燃气的流量开大，用手堵住喷嘴，使其畅通后放开。若是撞击球与喷嘴的相对位置没有调整好，则应调整到雾呈烟状、液粒很小时为止。

③ 燃气与助燃气之比选择不当。一般燃气与助燃气之比小于 1∶4 为贫焰，介于 1∶4 和 1∶3 之间为中焰，大于 1∶3 为富焰。

④ 燃烧器与外光路不平行。应使光轴通过火焰中心，狭缝与光轴保持平行。

⑤ 分析谱线没找准。可选择较灵敏的共振线作为分析谱线。

⑥ 样品及标准溶液被污染或存放时间过长变质。立即将容器冲洗干净，重新配制。

9. 稳定性差

① 仪器受潮或预热时间不够。可用热风机除潮或按规定时间预热后再操作使用。

② 燃气或助燃气压力不稳定。若不是气源不足或管路泄漏的原因，可在气源管道上加一阀门控制开关，调稳流量。

③ 废液流动不畅。停机检查，疏通或更换废液管。

④ 火焰高度选择不当，造成基态原子数变化异常，致使吸收不稳定。调整火焰高度，使吸收稳定。

⑤ 光电倍增管负高压过大。虽然增大负高压可以提高灵敏度，但会出现噪声大、测量稳定性差的问题。只有适当降低负高压，才能改善测量的稳定性。

10. 背景校正噪声大

① 光路未调到最佳位置。重新调整氘灯与空心阴极灯的位置，使两者光斑重合。

② 适当降低氘灯能量，在分析灵敏度允许的情况下，增加狭缝宽度。

③ 原子化温度太高。可选用适宜的原子化条件。

11. 校准曲线线性差

① 光源老化或使用高的灯电流，引起分析谱线的衰弱扩宽。应及时更换光源或调低灯电流。

② 狭缝过宽，使通过的分析谱线超过一条。可减小狭缝。

③ 测定样品的浓度太大。高浓度溶液在原子化器中生成的基态原子不成比例，使校准曲线产生弯曲。因此，需缩小测量浓度的范围或用灵敏度较低的分析谱线。

12. 产生回火

造成回火的主要原因是气流速度小于燃烧速度。其直接原因有：突然停电或助燃气体压缩机出现故障使助燃气体压力降低；废液排出口水封不好或根本就没有水封；燃烧器的狭缝增宽；助燃气体和燃气的比例失调；防爆膜破损；用空气钢瓶时，瓶内所含氧气过量；用乙炔-氧化亚氮火焰时，乙炔气流量过小。

发现回火后应立即关闭燃气气路，确保人身和财产的安全。然后将仪器各控制开关恢复到开启前的状态后方可检查产生回火的原因。

13. 清洗反射镜

使用酒精、乙醚混合液，不接触清洗或用擦镜纸喷上混合液后贴在反射镜上，过段时间后掀下。

14. 其他常见故障

① 光谱仪与计算机通信故障。

② 波长扫描无能量、扫描能量负高压值偏高、无吸光度、吸光能量不稳定、测量值偏离实际值。

③ 计算机显示程序出错等故障。

思考与交流

1. 火焰系统和石墨平台系统的维护分别是对哪些部分的维护？
2. 原子吸收光谱仪常见故障有哪些？
3. 如何排除空心阴极灯点不亮的故障？

任务实施

操作 3　原子吸收光谱仪的调试

一、 目的要求

① 能够安装、使用原子吸收光谱仪。

② 掌握原子吸收光谱仪的调试方法。

二、原子吸收光谱仪调试

原子吸收光谱仪测定数据的影响因素较多，测试条件要进行严格控制。每一台新设备或检修后的设备都需要严格调试后方能使用。调试内容包括气路、波长、光强度、燃烧器高度等。

1. 气路检查

气路是安全操作的关键。原子吸收光谱仪所用的燃气为乙炔，它与空气混合点燃易发生爆炸。如果出现泄漏，将威胁操作者的人身安全。因此气密性的检查是首要任务。每次使用之前要检查电路及气路的连接。

① 绝大多数仪器的气路采用聚乙烯塑料管，时间长了非常容易老化（建议聚乙烯塑料管使用年限 2～3 年）。因此要经常对气路进行检测、检漏，尤其是乙炔气泄漏可能造成事故。严格禁止在乙炔气路管道中使用紫铜、黄铜及银制零配件，并且严禁使用油类物质，测试高浓度铜或银溶液时，应反复用去离子水喷洗。用棉签蘸肥皂水涂抹气路各连接处，遇有漏气现象要立即更换元件。检测完毕后一定要将肥皂水擦拭干净。当仪器测定完毕后，要首先关闭乙炔钢瓶输出阀门，等燃烧器上火焰熄灭后再关闭仪器上的燃气阀，最后关闭空气压缩机的开关，以确保操作者的人身安全。

② 废液管中部要有水封，避免回火现象发生。同时废液管出口处不要插入废液桶液面下，避免形成双水封。

2. 光路与光强度调试与检查

光强度是测定灵敏度的关键。光强度越大，灵敏度越高。调试仪器应选用波长大于 250nm、辐射强度大、发光稳定、对火焰状态反应迟钝的元素灯作为光源，最好是铜灯，镁、镍等元素灯也可以。

（1）光源对光调试　空心阴极灯调试可在不点亮的情况下进行。灯的前后安装位置定位参考如下：832.1nm 空心阴极灯，其石英窗口距透镜筒约 2cm；193.7nm 空心阴极灯，其石英窗口碰到透镜筒；其余元素灯按波长确定其前后位置，波长值愈小愈靠前。接通 220V 电源，开启交流稳压器，点燃元素灯。移动灯的位置分别调节灯的前后、升降、旋转（左右）旋钮，调单色器波长至该元素最灵敏线，使仪表显示有信号输出，移动灯的位置，使接收器得到最大光强。检查方法：用一张白纸挡光检查，阴极光斑应聚焦成像（为正圆而不是椭圆），其成像位置在燃烧器缝隙中央或稍微靠近单色器一方。如今许多仪器（如 HITACHIZ-5000、THEMO M6 等）都带有自动微调功能，由计算机自动完成空心阴极灯位置的调节。

（2）燃烧器对光调试　将燃烧器缝隙位于光轴之下并平行于光轴，可以通过改变燃烧器前后、转角、水平位置来实现。先调节表头指针满刻度，能量显示为最大值，再将牙签或火柴杆插在燃烧器缝隙中央，此时表头指针应从能量显示最大值回到零，即透过率从 100%降至 0%。然后将牙签或火柴杆垂直放置在缝隙两端，显示的透过率应降至 30%左右，如达不到上述指标，应对燃烧器的位置进行微调，直到满足要求为止。同时也可以点燃火焰，喷雾该元素的标准溶液，调节燃烧器的位置，到出现最大吸光度为止。

（3）雾化器调整　雾化器中的毛细管和节流嘴的相对位置和同心度是调节雾化器的关键，毛细管和节流嘴同心度愈高、雾滴愈细，雾化效率愈高。一般可以通过观察喷雾状况来判断调整的效果，拆开雾化器，将雾喷到一张滤纸上，滤纸稍湿且非常均匀则是恰到好处的位置。有些仪器的雾化器是可调的，在未点火时，先将雾化器调节到反喷位置，即插入液面的毛细管出现气泡，然后点燃火焰喷雾标准液，按相反方向慢慢移动，得到最大吸光度便可固定下来。

(4) 撞击球的调节　撞击球位置以噪声低、灵敏度高为好。将雾化器卸下，把一根约200mm长的聚乙烯毛细管插进雾化器的金属毛细管中，吸喷蒸馏水；左右微动玻璃撞击球改变撞击球位置；将燃烧室内的空气管道接在雾化器上；空气压缩机，以纯水喷雾做试验，当喷出的雾远而细，并慢慢转动前进时，使雾滴达到最佳状态，就是它的最佳位置。将雾化器安装在预混室前边的接口上，重新试喷雾并调整。这项调节有较大难度，必须由专业人员操作。一般情况下使用出厂时的位置不再调节。

3. 石墨炉原子化器的调整

石墨管吸收池和光源间的对光即“定位”要比燃烧器高度的调节困难些。正确的定位程序是先将元素灯对光调整好，再对光调整氘灯，使其光斑与元素灯光斑重合，然后调节石墨炉位置，使光束减弱程度至最小。两个光斑错位往往使背景校正不足或过度。

4. 试样提取量的调节

试样提取量是指每分钟吸取溶液的毫升数，单位为mL/min，溶液提取量与吸光度不成线性关系，在4～6mL/min有最佳吸收灵敏度，大于6mL/min灵敏度反而下降。其调节方法：通过改变喷雾气流速度和聚乙烯毛细管的内径及长度（以改变聚乙烯毛细管的长度为主），实现调节试样提取量，以适应各种不同溶液的喷雾。

三、火焰原子化法测铜的检出限

仪器技术性能的好坏直接影响分析结果的可靠性。无论是新购置的仪器还是经过长期使用的仪器，都必须进行全面的性能测试，并做出综合评价。测试的主要项目有波长指示值误差、波长指示值重复性、分辨率、基线稳定性、边缘能量、火焰法及石墨炉法测定的检出限、背景校正能力以及绝缘电阻等。各种技术项目的指标和检测方法可参照国家技术监督局颁布的原子吸收分光光度计检定规程（JJG 694—2009）。这里介绍火焰原子化法测铜的检出限。

检出限是原子吸收光谱仪最重要的技术指标，它反映了在测量中的总噪声电平大小，是灵敏度和稳定性的综合性指标。检出限在一定程度上能反映整个仪器的性能，也可作为仪器性能好坏的一种标志。了解了使用中的仪器的性能，才能更好地利用仪器进行准确测试。检出限的测量方法是：先用系列标准溶液测量浓度-吸光度曲线得到曲线的斜率，并连续11次测量空白溶液的吸光度值，计算出11次测量值的标准偏差和工作曲线斜率的比值，该比值乘以3即为检出限的测量结果。

① 将仪器各参数调至正常工作状态，用空白溶液调零，根据仪器灵敏度条件选择系列1（0.0μg/mL、0.5μg/mL、1.0μg/mL、3.0μg/mL）或系列2（0.0μg/mL、1.0μg/mL、3.0μg/mL、5.0μg/mL）铜标准溶液。

② 对每一浓度点分别进行三次吸光度测定，取三次测定的平均值后，按线性回归法求出工作曲线的斜率（b），即为仪器测定铜的灵敏度（S）。

线性回归中斜率与截距的计算：

直线方程：
$$I=a+bc \tag{3-1}$$

斜率：
$$b=\frac{S_{cI}}{S_{cc}} \tag{3-2}$$

截距：
$$a=\bar{I}-b\bar{c} \tag{3-3}$$

相关系数：
$$r=\frac{S_{cI}}{\sqrt{S_{cc}S_{II}}} \tag{3-4}$$

其中：

$$S_{cc}=\sum c^{2}-\frac{(\sum c)^{2}}{n} \tag{3-5}$$

$$S_{II}=\sum I^{2}-\frac{(\sum I)^{2}}{n} \tag{3-6}$$

$$S_{cI}=\sum{}_{cI}-\frac{\sum c\sum I}{n} \tag{3-7}$$

式中　I——响应值；

b——斜率；

a——截距；

c——标准溶液浓度；

r——线性相关系数；

n——标准曲线点数。

③ 在与上述完全相同的条件下，对空白溶液进行11次吸光度测量，并按下列公式计算出检出限 c_{L}：

$$s_{A}=\sqrt{\frac{\sum_{i=1}^{n}\ (I_{0i}-\overline{I}_{0})^{2}}{n-1}} \tag{3-8}$$

式中　I_{0i}——单次值；

$\overline{I}_{0}$——测量平均值；

n——测量次数。

$$c_{\mathrm{L}}=\frac{3s_{A}}{b} \tag{3-9}$$

④ 实验数据记录

<table>
<tr><td rowspan="3">仪器条件</td><td>光谱带宽/nm</td><td></td><td>灯电流/mA</td><td></td><td>响应时间/s</td><td></td></tr>
<tr><td>燃烧器高度/mm</td><td></td><td>乙炔流量</td><td></td><td>空气流量</td><td></td></tr>
<tr><td>背景校正方式</td><td colspan="5"></td></tr>
<tr><td>c_{si} /(μg/mL)</td><td colspan="2">吸光度(A)</td><td>平均吸光度($\overline{A}$)</td><td>s_A</td><td>回归出的浓度值 c_i /(μg/mL)</td><td>线性误差/%</td></tr>
<tr><td>空白溶液(11次)</td><td colspan="2"></td><td></td><td></td><td>—</td><td>—</td></tr>
<tr><td>0.50</td><td colspan="2"></td><td></td><td>—</td><td>—</td><td>—</td></tr>
<tr><td>1.00</td><td colspan="2"></td><td></td><td>—</td><td></td><td></td></tr>
<tr><td>3.00(7次)</td><td colspan="2"></td><td></td><td></td><td></td><td></td></tr>
<tr><td>5.00</td><td colspan="2"></td><td></td><td>—</td><td>—</td><td>—</td></tr>
<tr><td>截距 a</td><td colspan="2"></td><td colspan="2">斜率 b/(mL/μg)</td><td colspan="2"></td></tr>
<tr><td>检出限 $c_{\mathrm{L}}(k=3)$/(μg/mL)</td><td colspan="6"></td></tr>
</table>

任务评价

序号	作业项目	考核内容		记录	分值	扣分	得分
一	仪器外观检查及开机操作(10分)	仪器外表检查	检查		1		
			未检查				
		仪器功能键检查	检查		1		
			未检查				
		检查气路连接是否正确	进行		1		
			未进行				
		检查废液排放是否正常	进行		1		
			未进行				
		仪器开机顺序	合格		2		
			不合格				
		空心阴极灯的选择	正确		2		
			不正确				
		空心阴极灯的安装	正确		2		
			不正确				
二	仪器调试(35分)	调节灯电流	正确		5		
			不正确				
		调节狭缝	正确		5		
			不正确				
		调节燃烧器高度	正确		5		
			不正确				
		调节波长	正确		5		
			不正确				
		调整灯位置,进行光源对光	正确		5		
			不正确				
		调整燃烧器位置	正确		5		
			不正确				
		预热30min	进行		5		
			未进行				
三	点火操作(10分)	打开通风机	正确		1		
			不正确				
		打开无油空气压缩机,输出压调至0.3MPa	正确		2		
			不正确				
		开启乙炔钢瓶总阀,调节乙炔钢瓶减压阀,输出压力为0.05～0.07MPa	正确		5		
			不正确				
		点火	正确		2		
			不正确				
四	测量操作(15分)	能量调节,吸喷溶液,表针稳定并接近100%	正确		5		
			不正确				
		吸喷去离子水调零	进行		5		
			未进行				
		测量顺序	由稀到浓		2		
			随意				
		读数时待吸光度稳定后读数	正确		1		
			不正确				
		待读数回零后,再测下一个溶液	正确		2		
			不正确				

续表

序号	作业项目	考核内容		记录	分值	扣分	得分
五	关机操作(10分)	吸喷去离子水5min	进行		3		
			未进行				
		关闭气路顺序(先关乙炔钢瓶,再关空压机)	正确		2		
			不正确				
		关闭电源顺序	正确		2		
			不正确				
		10min后,关闭排风机开关	正确		3		
			不正确				
六	记录填写(10分)	原始数据及时记录	及时		2		
			不及时				
		原始记录规范完整	完整、规范		2		
			欠完整、不规范				
		仪器使用记录	正确		2		
			不正确				
		溶液配制记录	正确		2		
			不正确				
		报告清晰完整	清晰完整		2		
			不清晰完整				
七	文明操作(10分)	实验过程台面	整洁有序		2		
			脏乱				
		废纸/废液	按规定处理		2		
			乱扔乱倒				
		结束后清洗仪器	清洗		3		
			未清洗				
		结束后仪器处理	盖好防尘罩,放回原处		3		
			未处理				

思考与交流

1. 怎么进行空心阴极灯的调试?
2. 原子吸收光谱仪调试时,为什么要进行气路检查?
3. 原子吸收光谱仪的性能测试主要包括哪些项目?

课堂拓展

树立安全第一的思想

分析仪器实验室虽不像化学实验室那样,实验人员需要和很多的化学反应打交道,但在仪器运行操作中实验人员同样会用到水、电、气、化学品,因此使用不当也会发生事故。实验室中最容易发生的是失火和电气事故。对众多实验室事故进行分析,发现多数是人为过失导致的。事故的发生往往是由于当事人对安全防范的无知、疏忽大意或违章操作。按照操作规程使用仪器是充分发挥仪器性能,保证仪器正常、安全运行,延长仪器使用寿命,获取可靠数据的必要条件。任何违规操作都是实验室潜在的安全隐患。安全是保障分析检测工作顺利进行的前提,要树立安全第一的思想,提高安全意识,按照操作规程使用仪器,避免事故发生。

项目小结

原子吸收光谱仪具有分析速度快、灵敏度高、仪器简单及分析准确等特点,广泛用于冶金、地质、采矿、石油、轻工、农业、医药、卫生、食品及环境监测等方面的常量及微痕量元素的分析中。原子吸收光谱仪的种类很多,本项目中介绍了原子吸收光谱仪的原理和结构,TAS-990型原子吸收光谱仪的使用、维护以及原子吸收光谱仪的维护及故障判断,学习内容归纳如下:

① 原子吸收光谱仪的原理及结构。

② 原子吸收光谱仪的常见型号及其性能技术指标。

③ TAS-990 型原子吸收光谱仪的使用及维护。

④ 原子吸收光谱仪的维护、故障判断方法和处理。

⑤ 原子吸收光谱仪的安装及调试。

练一练 测一测

练一练测一测三

一、单项选择题

1. 原子化器的主要作用是（　　）。

A. 将试样中待测元素转化为基态原子　B. 将试样中待测元素转化为激发态原子

C. 将试样中待测元素转化为中性分子　D. 将试样中待测元素转化为离子

2. 原子吸收光谱仪中常用的检测器是（　　）。

A. 光电池　B. 光电管　C. 光电倍增管　D. 感光板

3. 原子吸收光谱分析中，乙炔是（　　）。

A. 燃气-助燃气　B. 载气　C. 燃气　D. 助燃气

4. 与火焰原子吸收法相比，石墨炉原子吸收法有以下特点（　　）。

A. 灵敏度低但重现性好　B. 基体效应大但重现性好

C. 样品量大但检出限低　D. 物理干扰少且原子化效率高

5. 原子吸收光谱仪的光源是（　　）。

A. 氢灯　B. 氘灯　C. 钨灯　D. 空心阴极灯

6. 原子吸收测定时，调节燃烧器高度的目的是（　　）。

A. 控制燃烧速度　B. 增加燃气和助燃气预混时间

C. 提高试样雾化效率　D. 选择合适的吸收区域

7. 原子吸收光谱仪使用时的升温程序如下（　　）。

A. 灰化、干燥、原子化和净化　B. 干燥、灰化、净化和原子化

C. 干燥、灰化、原子化和净化　D. 净化、干燥、灰化和原子化

8. 在原子吸收分析中，测定元素的灵敏度、准确度及干扰等，在很大程度上取决于（　　）。

A. 火焰　B. 原子化系统　C. 分光系统　D. 监测系统

9. 为了使燃烧器产生的气体或石墨炉高温产生的废气能顺利排出，无论火焰原子吸收光谱仪还是石墨炉原子吸收光谱仪的上方都必须准备一个（　　）。

A. 废液瓶　B. 通风罩　C. 气瓶　D. 燃烧器

10. 在火焰原子吸收分析中，分析灵敏度低，研究发现是因为在火焰中有氧化物粒子形成，于是采取下面一些措施，指出哪种措施是不适当的（　　）。

A. 提高火焰温度　B. 加入保护剂　C. 改变助燃比使成为富燃火焰　D. 预先分离干扰物质

二、判断题

1. 原子吸收光谱仪中单色器位于空心阴极灯之后。（　　）

2. 原子吸收光谱仪的光源是氘灯。（　　）

3. 原子吸收光谱仪的分光系统，可获得待测原子的单色光。（　　）

4. 目前普遍使用的是单道单光束原子吸收光谱仪或单道双光束原子吸收光谱仪。（　　）

5. 原子吸收光谱仪只有火焰法和石墨炉法两种测定元素的方法。（　　）

6. 原子吸收火焰法关机时要先熄火关机，后关乙炔气瓶。（　　）

7. 严格禁止在乙炔气路管道中使用紫铜、黄铜及银制零配件。（　　）

8. 废液管中部要有水封，避免回火现象发生。（　　）

9. 空心阴极灯可在点亮情况下进行安装。（　　）

10. 燃烧器的长缝点燃后应呈现均匀的火焰。（　　）

项目四

红外光谱仪的结构及维护

项目引导

红外光谱仪是以光源辐射出来的不同波长红外线透射过样品并对其强度进行测定，通过扫描产生的红外光谱对样品进行定性或定量分析的仪器，广泛应用于有机物以及其他复杂结构的天然及人工合成产物的测定。红外光谱法是鉴定未知物的分子结构组成或确定其化学基团的最有效方法之一。

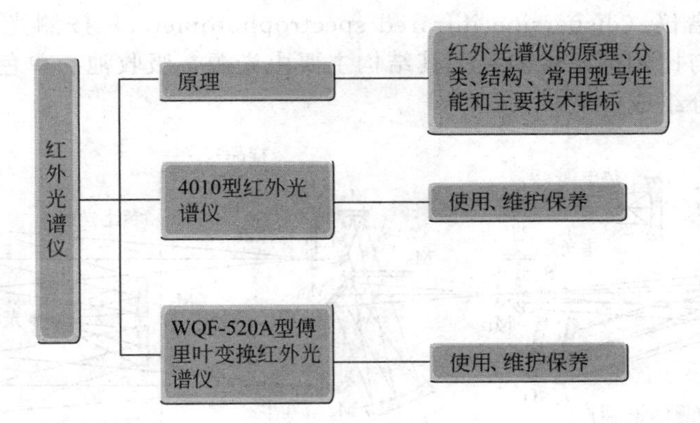

1. 如果要确定一个有机物质的分子结构怎样用红外光谱仪完成测定？
2. 傅里叶变换红外光谱仪和色散型红外光谱仪有什么不同？

任务一
红外光谱仪的基本结构

任务要求

(1) 了解红外光谱仪的分类。
(2) 熟悉红外光谱仪的结构及工作原理。

（3）了解常用红外光谱仪的型号、性能和主要技术指标。

早在19世纪初人们就通过实验证实了红外光的存在，20世纪初人们进一步系统地了解了不同官能团具有不同红外吸收频率这一事实。利用物质分子对红外光的吸收及产生的红外吸收光谱来鉴别分子的组成和结构或定量的方法，称为红外吸收光谱法（infrared absorptionspectroscopy，IR）。测定红外吸收的仪器被称为红外光谱仪（infrared spectrophotometer）。红外光谱仪的发展大致经历了如下几个阶段：第一代的红外光谱仪以棱镜为色散元件，由于光学材料制造困难，分辨率低，并要求低温低湿等，这种仪器现已被淘汰。20世纪60年代后发展的以光栅为色散元件的第二代红外光谱仪，分辨率比第一代仪器高得多，仪器的测量范围也比较宽。70年代后发展起来的傅里叶变换红外光谱仪是第三代产品。目前，商品红外光谱仪主要是色散型红外光谱仪和傅里叶变换红外光谱仪（FTIR光谱仪）两种，常用的是FTIR光谱仪。

一、红外光谱仪的工作原理及主要组成部件

目前生产和使用的红外光谱仪主要有色散型和干涉型两大类。

（一）色散型红外光谱仪

1. 工作原理

色散型红外光谱仪（dispersion infrared spectrophotometer）按测光方式不同，可以分为光学零位平衡式与比例记录式两类。其结构主要由光源、吸收池、单色器、检测器以及记录显示装置5个部分组成。

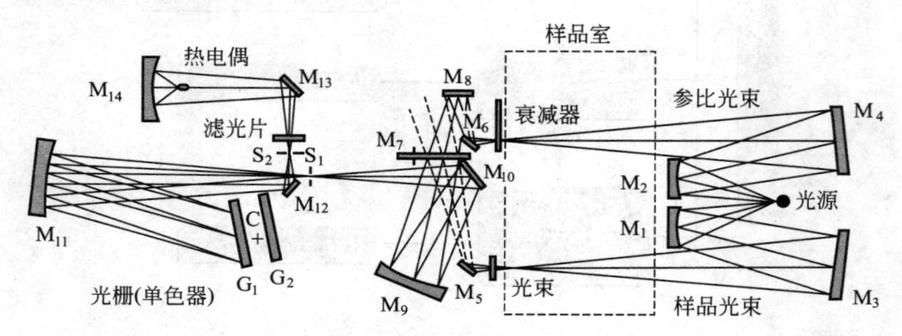

图4-1 色散型双光束红外光谱仪工作原理

图4-1为色散型双光束红外光谱仪的工作原理示意图。红外光源发出的红外辐射通过反射镜M_1、M_2和M_3、M_4后，被分成等强度的两束光，一束通过参比池，称为参比光束；另一束通过试样池，称为样品光束。两束光汇合于切光器M_7。切光器是一个可旋转的扇形反射镜，每秒旋转13次，周期性地切割两束光，使参比光束和样品光束每隔1/13s交替通过入射狭缝进入光栅（单色器），再交替通过出射狭缝进入检测器。

光在单色器内被光栅色散成各种波长的单色光。假定某单色光不被样品吸收，则此光的两光束光强度相等，检测器不产生交流信号。改变波长后，若该波长下的单色光被样品吸收，则两束光强度有差别，检测器上就会产生与光强度成正比的交流信号；该信号经放大、选频、检波和调制及功率放大后，推动同步电动机，带动位于参比光路上的光学衰减器（光楔），使之向光强减小方向移动，直至两束光强度相等，在检测器上无交流信号为止，此时电动机处于平衡状态；记录笔与光楔同步，因而光楔部分的改变相当于试样的透过率，它作为纵坐标直接被绘制在记录纸上；由于光栅的转动可得到波长连续变化的单色光，因此，记录纸即可绘制出透过率随波长（或波数）变化的红外吸收光谱图（即IR图）。

2. 仪器主要组成部件

(1) 光源　红外光谱仪中所用的光源通常是一种惰性固体，通电加热使之发射高强度的连续红外辐射。常用的是能斯特（Nernst）灯或硅碳棒。能斯特灯是用氧化锆、氧化钇和氧化钍烧结而成的中空棒或实心棒。其工作温度约为1700℃，在此高温下导电并发射红外线。但在室温下它是非导体，因此，在工作之前要预热。它的特点是发射强度高，使用寿命长，稳定性较好。它的缺点是价格比硅碳棒贵，机械强度差，操作不如硅碳棒方便。硅碳棒是由碳化硅烧结而成，工作温度在1200～1500℃左右。与能斯特灯相比，其优点是坚固、寿命长、发光面积大、工作前不需要预热；缺点是工作时需要水冷却或风冷却。红外光谱仪常用光源如表4-1所示。

表 4-1　红外光谱仪常用光源

光源	使用波数范围/cm^{-1}	说明
能斯特灯	5000～400	ZrO_2、ThO_2 等烧结而成
碘钨灯	10000～5000	
陶瓷光源	9600～50	适用于FTIR光谱仪，需用水冷却或空气冷却
硅碳棒	7800～50	适用于FTIR光谱仪，需用水冷却或风冷却
EVER-GLO光源	9600～20	改进型硅碳棒光源
炽热镍铬丝圈	5000～200	需风冷却
高压汞灯	＜200	适用于FTIR光谱仪的远红外光区

(2) 样品室　红外光谱仪的样品室一般为一个可插入固体薄膜或样品池的样品槽，如果需要对特殊的样品（如超细粉末等）进行测定，则需要装配相应的附件。

(3) 单色器　单色器由色散元件、准直镜和狭缝构成。色散元件常用复制的闪耀光栅，其分辨率高，易于维护。由于闪耀光栅存在次级光谱的干扰，因此，需要将光栅和用来分离次级光谱的滤光器或前置棱镜结合起来使用。单色器的作用是把通过吸收池而进入入射狭缝的复合光分解成单色光照射到检测器上。

(4) 检测器　红外光谱仪中常用的检测器有高真空热电偶、热释电检测器、碲镉汞检测器、气体检测器、光导电检测器等。

高真空热电偶是利用热电偶两端点温度不同产生温差热电势。当红外光照射在热电偶一端时，温度增加，因此两端点温度不同，产生温差热电势，在回路中有电流通过，其大小随照射的红外光的强弱而变化。为了提高灵敏度和减少热传导损失，热电偶通常密封在高真空的容器内。

热释电检测器是利用硫酸三甘肽的单晶片作为检测元件。硫酸三甘肽（TGS）是铁电体，在一定的温度以下，能产生很大的极化反应，其极化强度与温度有关，温度升高，极化强度降低。将TGS薄片正面真空镀铬（半透明），背面镀金，形成两电极。当红外辐射光照射到薄片上时，引起温度升高，TGS极化强度改变，表面电荷减少，相当于“释放”了部分电荷，经放大，转变成电压或电流信号进行测量。

碲镉汞检测器（MCT检测器）是由宽频带的半导体碲化镉和半金属化合物碲化汞混合而成，其组成为 $Hg_{1-x}Cd_xTe$，$x\approx0.2$，改变 x 的值，可获得测量波段不同灵敏度各异的各种MCT检测器。

(5) 放大器及记录系统　由检测器产生的信号是很弱的，例如热电偶产生的电信号强度为 10^{-9}V，此信号必须经过电子放大器放大。放大后的信号驱动光楔和马达，使记录笔在记录纸上移动，以绘制IR图。

（二）傅里叶变换红外光谱仪

傅里叶变换红外光谱仪（Fourier transform infrared spectrophotometer）是红外光谱仪

器的第三代。早在 20 世纪初，人们就意识到由迈克尔干涉仪所得到的干涉图虽是时域（或距离）的函数，但这一领域干涉图却包含了光谱的信息。到 20 世纪 50 年代由 P. Fellgett 首次对干涉图进行了数学上的傅里叶变换计算，把时域干涉图转换成了人们常见的光谱图。傅里叶变换计算量太大，从而限制了这一新技术的应用。直到 1964 年，由库得利-图基研究并得到了傅里叶变换的快速计算方法后，才使得傅里叶变换红外光谱仪迅速变成了商业仪器。傅里叶变换红外光谱仪具有扫描速度快、光通量大、分辨率高、测定光谱范围宽、适合各种联机等优点。近年来，FTIR 光谱仪发展很快，应用范围也越来越广泛。

1. 工作原理

二维码4-1
傅里叶变换红外光谱仪工作原理

傅里叶变换红外光谱仪主要由迈克尔逊干涉仪和计算机两部分组成，整机工作原理如图 4-2 所示。

如图 4-2 所示，光源 S 发出的红外光经准直成为平行红外光束并进入干涉仪系统，经干涉仪调制后得到一束干涉光。干涉光通过样品 S_a，获得含有光谱信息的干涉信号，干涉信号到达探测器 D 上，由 D 将干涉信号变为电信号。此处的干涉信号是一个时间函数，即由干涉信号绘出的干涉图，其横坐标是动镜移动时间或动镜移动距离。这种干涉图经 A/D 转化器送入计算机，由计算机进行傅里叶变换的快速计算，即可获得以波数为横坐标的 IR 图。然后经 D/A 转换器送入绘图仪从而绘出标准 IR 图。

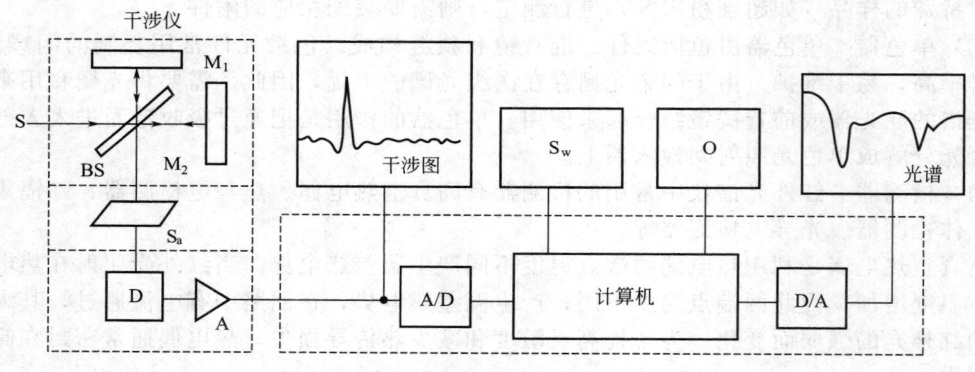

图 4-2 傅里叶变换红外光谱仪工作原理

S—光源；M_1—定镜；M_2—动镜；BS—分束器；D—检测器；S_a—样品；A—放大器；A/D—模数转换器；D/A—数模转换器；S_w—键盘；O—外部设备（打印机等）

2. 仪器主要组成部件

傅里叶变换红外光谱仪没有色散元件，主要由光源、迈克尔逊（Michelson）干涉仪、检测器、计算机和记录仪组成。

（1）光源　傅里叶变换红外光谱仪要求光源能发射出稳定、能量强、发射度小的具有连续波长的红外光。通常使用能斯特灯、硅碳棒或涂有稀土化合物的镍铬旋状灯丝。

（2）迈克尔逊干涉仪　傅里叶变换红外光谱仪的核心部分为迈克尔逊（Michelson）干涉仪，如图 4-3 所示，其主要作用就是将复合光变成干涉光。迈克尔逊干涉仪由定镜、动镜、分束器（BS）和检测器组成。定镜和动镜相互垂直放置，定镜 M_1 固定不动，动镜 M_2 可沿图示方向平行移动，再放置一呈 45°角的分束器 BS，BS 可以让入射的红外光一半透过，一半被反射。在迈克尔逊干涉仪中，核心部分是分束器，其作用是使进入干涉仪中的光一半投射到动镜上，一半反射到定镜上，然后又返回到 BS 上，形成干涉光后送到样品上。当红外光进入干涉仪后，透过 BS 的光束Ⅰ入射到动镜表面，又被动镜反射回到 BS 并被反射到检测器 D 上；另一部分光束被 BS 反射到定镜上，称为光束Ⅱ，光束Ⅱ又被定镜反射到 BS 上，通过 BS 到达检测器 D。

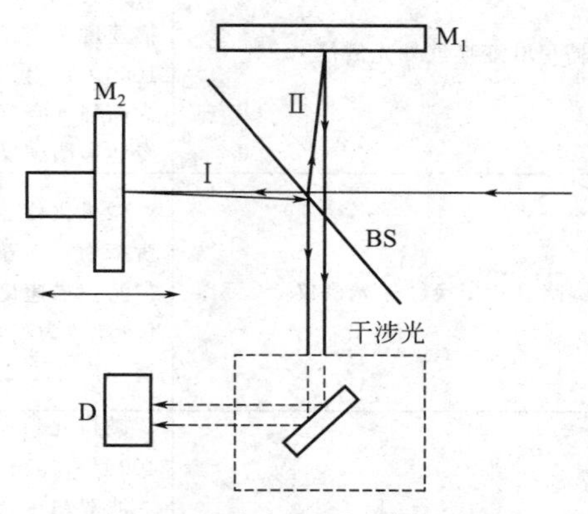

图 4-3　迈克尔逊干涉仪示意图

M_1—定镜；M_2—动镜；D—检测器；BS—分束器

不同红外光谱范围所用的 BS 不同，BS 价格昂贵，使用中要特别予以保养。分束器的种类及适用波长范围如表 4-2 所示。

表 4-2　分束器种类及适用波长范围

种类	适用波长范围/cm^{-1}	种类	适用波长范围/cm^{-1}
石英(SiO_2-Vis)	25000～5000	6μm 聚酯薄膜(FIR)	500～50
石英(SiO_2-NIR)	15000～2000	12μm 聚酯薄膜(FIR)	250～50
CaF_2(NIR-Si)	13000～1200	23μm 聚酯薄膜(FIR)	120～30
KBr-Ce(宽范围)	10000～370	50μm 聚酯薄膜(FIR)	50～10
KBr-Ce(MIR)	5000～370		

(3) 检测器　傅里叶变换红外光谱仪主要采用灵敏度高、响应速度快的热检测器和光电导检测器两种类型。热检测器是将某些热电材料，如氘化硫酸三甘钛（DTGS）等晶体放在两块金属板中，当光照射到晶体上时，晶体表面电荷分布会发生变化，由此测量红外辐射的功率。光电导检测器的工作原理是某些材料受光照射后，导电性能会发生变化，由此可以测量红外辐射的变化。最常用的光电导检测器有锑化铟检测器、碲镉汞（MCT）检测器。

与经典色散型红外光谱仪相比，傅里叶变换红外光谱仪有如下特点：

① 描速度快　测量光谱速度要比色散型仪器快数百倍。一般在 1s 内即可完成光谱范围的扫描，适用于对快速反应过程的追踪，也便于与色谱仪联用。

② 灵敏度高　检测极限可达到 10^{-12}～10^{-9}g，对微量组分的测定非常有利。

③ 分辨率高　在整个光谱范围内波数精度可达到 0.1～0.005cm^{-1}，高分辨率的干涉仪甚至可以提供 0.001cm^{-1}的分辨率。

④ 测定的光谱范围宽　测量范围可达 10000～10cm^{-1}，测量精度高（±0.01cm^{-1}），重现性好（0.1%），可用于整个红外光区的研究。

二、常用仪器型号及主要技术指标

常用傅里叶变换红外光谱仪型号与主要技术指标如表 4-3 所示。

表 4-3 常用傅里叶变换红外光谱仪型号与主要技术指标

生产厂家	仪器型号	主要技术指标
北京瑞利分析仪器公司	WQF-410 型傅里叶变换红外光谱仪	微机化仪器；波数范围为 7000～400cm^{-1}；分辨率为 0.65cm^{-1}；波数精度为±0.01cm^{-1}；扫描速度为 0.2～1.5cm/s；连续可调；信噪比＞1000∶1。仪器采用密封折射扫描干涉仪；光源为高强度空气冷却红外光源；谱库内存了 11 种专业谱图(6 万张谱图)
	WQF-520A 型傅里叶变换红外光谱仪	微机化仪器；波数范围为 7800～350cm^{-1}；分辨率为 0.5cm^{-1}；波数精度为优于所设分辨率的 1/2；扫描速度 5 挡可调；仪器采用角镜型干涉仪；光源为高性能的空冷高效球反射红外光源；谱库内存了 11 种专业谱图(6 万张谱图)
天津市光学仪器厂	TJ270-30A 型双光束比例记录式红外分光光度计	微机化仪器；双闪耀光栅单色器；波数范围为 4000～400cm^{-1} 波数精度：≤±4cm^{-1}(4000～2000cm^{-1})；≤±2cm^{-1}(2000～400cm^{-1}) 分辨能力：聚苯乙烯在 3000cm^{-1}附近可分辨为六个吸收峰，峰高 1%；氨气在 1000cm^{-1}附近可分辨为 2.5 个吸收峰，峰高 1%以上 透过率精度：±0.5%(不含噪声电平) I_0 线平直度：≤4% 杂散光：≤1.0%(4000～650cm^{-1})；≤2%(650～400cm^{-1})
日本岛津制作所	FTIR-8400/8900 型傅里叶变换红外光谱仪	微机化仪器；波数范围为 7800～350cm^{-1}；分辨率为 0.5cm^{-1}、1.0cm^{-1}、2.0cm^{-1}、4.0cm^{-1}、8.0cm^{-1}、16.0cm^{-1}(FTIR-8900)，0.85cm^{-1}、2.0cm^{-1}、4.0cm^{-1}、8.0cm^{-1}、16.0cm^{-1}(FTIR-8400)；波数精度为±0.01cm^{-1}；信噪比＞20000∶1。反射镜扫描速度为 3 挡，分别为 2.8mm/s、5mm/s、9mm/s
美国 PE 公司	SpectrumRX 系列傅里叶变换红外光谱仪	微机化仪器；波数范围为 7800～350cm^{-1}；分辨率优于 0.8cm^{-1}；波数精度优于 0.01cm^{-1}；信噪比 60000∶1；FR-DTGS 检测器；具备专利的光谱 Compare 软件，有完善的系统自检功能，充分满足药典检测和水中油分析等常规分析要求，也适合日常 QA/QC 分析
伯乐公司(英国)	FTS-45 傅里叶变换红外光谱仪	微机化仪器；波数范围为 4400～400cm^{-1}；可选 7500～380cm^{-1}；可扩展至 15700～10cm^{-1}；分辨率优于 0.5cm^{-1}；可优于 0.25cm^{-1}
	FTS-65A 傅里叶变换红外光谱仪	微机化仪器；波数范围为 63200～10cm^{-1}；具有双光源、双检测器；扫描速度＞50 次/s；步进式扫描速度为 800～0.25 步/s
	FTS-7A 傅里叶变换红外光谱仪	微机化仪器；波数范围为 4400～400cm^{-1}；可选 7500～380cm^{-1}；最大分辨率 2.0cm^{-1}(可选 1cm^{-1}或 0.5cm^{-1})

思考与交流

1. 傅里叶变换红外光谱仪由哪些部分组成？其中迈克尔逊干涉仪中分束器的作用是

什么？

2. 傅里叶变换红外光谱仪有哪些特点？

任务二 TJ270-30A型红外分光光度计的使用及维护

任务要求

(1) 熟悉 TJ270-30A 型红外分光光度计的结构。

(2) 了解 TJ270-30A 型红外分光光度计的主要性能技术指标。

(3) 能够使用 TJ270-30A 型红外分光光度计完成测定。

(4) 熟悉 TJ270-30A 型红外分光光度计的维护方法。

(5) 了解 TJ270-30A 型红外分光光度计的故障排除方法。

TJ270-30A 型红外分光光度计可以记录物质在 4000～400cm^{-1}范围内的红外吸收光谱或反射光谱。根据所记录的谱图可对被测物质进行定性或定量分析。它是石油、化工、医药、卫生、食品、造纸、环境监测以及半导体制造等诸多行业进行物质结构分析的一个重要工具。

一、仪器结构

（一）工作原理

TJ270-30A 型红外分光光度计是基于计算机直接比例记录的基本原理而进行工作的，图 4-4 为其工作原理示意图。仪器以特种镍铬丝为光源，光栅为色散元件，热释电探测器为检测器，其自动控制程序由微处理机控制。微处理机接收到由键盘来的信号，做出相应的命令，驱动机构工作。

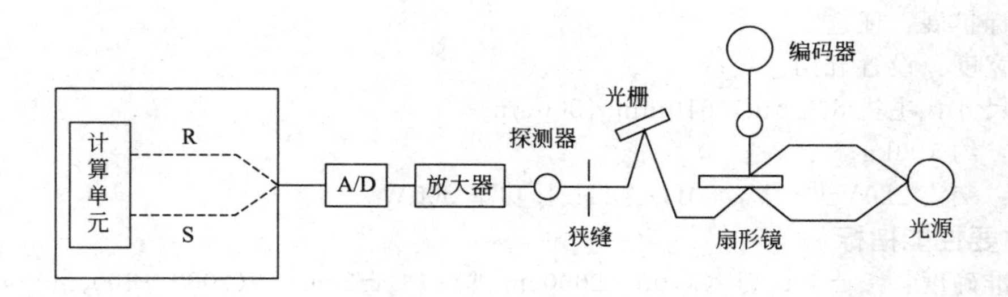

图 4-4　TJ270-30A 型红外分光光度计工作原理示意图

（二）TJ270-30A 型红外分光光度计的基本结构

TJ270-30A 型红外分光光度计的整机系统由光学系统、步进电机驱动的机械传动系统、电子系统及数据处理系统构成。其中光学系统包括光源室、样品室、光度计和单色器。整机系统的组成如图 4-5 所示。

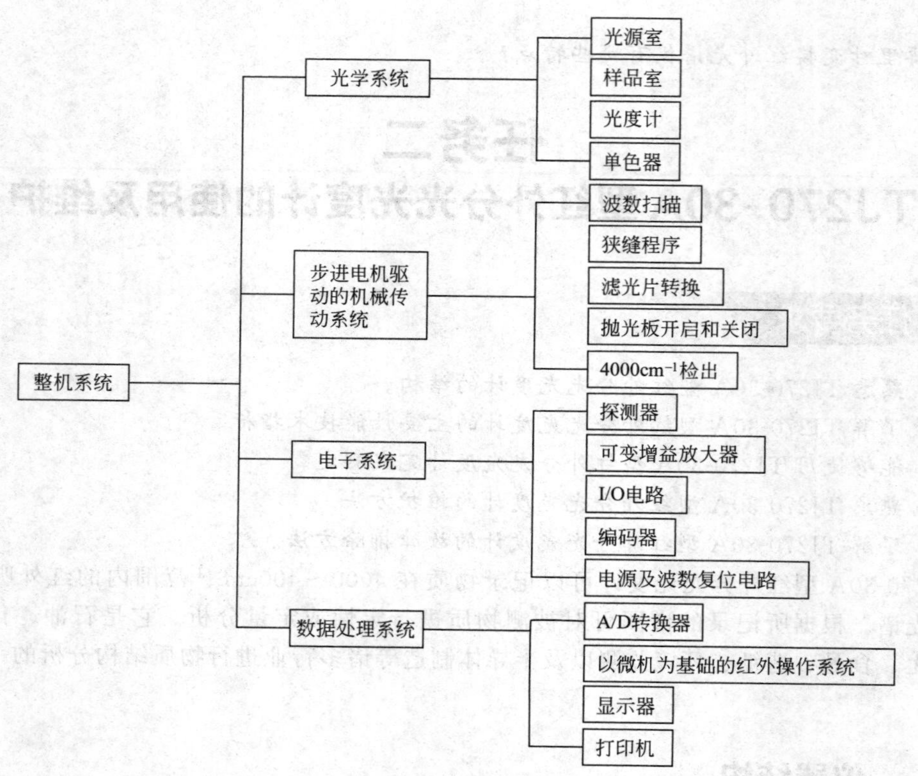

图 4-5 TJ270-30A 型红外分光光度计的整机系统组成

（三）TJ270-30A 型红外分光光度计主要技术指标

1. 基本参数

波数范围：4000～400cm^{-1}。

透过率范围：0～100.0%。

吸光度范围：0～3。

横坐标扩展：任选。

纵坐标扩展：任选。

狭缝宽度：设置五挡。

外形尺寸：主机 800mm×610mm×300mm。

质量：约 100kg。

电源：交流 220V±22V，50Hz±1Hz，功率 300W。

2. 主要性能指标

波数准确度：≤±4cm^{-1}（4000～2000cm^{-1}）；≤±2cm^{-1}（2000～400cm^{-1}）。

波数重复性：≤±2cm^{-1}（4000～2000cm^{-1}）；≤±1cm^{-1}（2000～400cm^{-1}）。

透过率准确性：±0.5%（不含噪声电平）。

透过率重复性：≤0.5%（1000～930cm^{-1}）。

I_0 线平直度：≤4%。

分辨率：聚苯乙烯在 3000cm^{-1}附近可分辨为六个吸收峰，峰高 1%；氨气在 1000cm^{-1}附近可分辨为 2.5 个吸收峰，峰高 1%以上。

杂散光：≤1.0%（4000～650cm^{-1}）；≤2%（650～400cm^{-1}）。

二、 仪器基本操作方法

（一） 开机预热

插上电源线，分别打开计算机、红外系统主机与控制开关，预热 30min；然后双击桌面快捷方式，进行系统初始化并运行系统程序。

（二） 测试样品

1. 系统参数设置

点击工具栏中的参数设置，此时，弹出参数设置菜单。参数设置应根据样品要求来确定，若无要求或要求不明确，一般按照如下方式设置：将测量模式设置为透过率，扫描速度设置为快，狭缝宽度设置为正常，响应时间设置为正常，X 范围设置为 $4000\sim400\text{cm}^{-1}$，$Y$ 范围设置为 0～100%，扫描方式设置为连续，次数设置为 1。

2. 系统校准

在确认样品室中未放置任何物品的情况下，点击菜单栏中的“系统操作/系统校准”或直接按 F2 快捷键，进行系统 0、100%校准。

3. 扫描

将事先处理好的样品放入样品室中的样品池中，点击“测量方式/扫描”或直接点击工具栏中的扫描，开始进行扫描。

4. 数据处理

扫描结束后，可在右侧信息栏中的“当前谱线/名称”一栏中输入样品名称及操作者。点击工具栏中的“保存”来保存图谱。点击工具栏中的“打印”来打印图谱。点击工具栏中的“光标读数”来直接进行光标读取。点击工具栏中的“峰值检出”来进行峰值检出。

（三） 退出系统与关机

样品测试结束后，直接点击右上角的关闭按钮退出红外操作系统。分别关闭控制开关、红外主机与计算机。

（四） 填写仪器使用记录

三、 仪器调校方法

色散型红外分光光度计按波数范围不同可分为 A（$4000\sim650\text{cm}^{-1}$）、B（$4000\sim400\text{cm}^{-1}$）、C（$4000\sim200\text{cm}^{-1}$）三类。我国国家计量检定规程 JJG 681—1990 规定了各类色散型红外分光光度计各项技术要求指标，如表 4-4 所示。

表 4-4 色散型红外分光光度计各项技术要求指标

项目	要求
横坐标分度值	2000cm^{-1}以上，≤50cm^{-1} 2000cm^{-1}以下，≤20cm^{-1}
纵坐标分度值（透过率）	≤1%
波数准确度	$4000\sim2000\text{cm}^{-1}$，≤±$8\text{cm}^{-1}$ 2000cm^{-1}以下，≤±4cm^{-1}

续表

<table>
<tr><th colspan="2">项目</th><th colspan="2">要求</th></tr>
<tr><td colspan="2">波数重复性</td><td colspan="2">4000～2000cm^{-1},≤±8cm^{-1}
2000cm^{-1}以下,≤±4cm^{-1}</td></tr>
<tr><td colspan="2">透过率准确度</td><td colspan="2">光学零位平衡式,≤1.0%(15%～95%),≤1.5%(其余)
比例记录式,≤0.5%</td></tr>
<tr><td colspan="2">透过率重复性</td><td colspan="2">光学零位平衡式,≤1.0%
比例记录式,≤0.5%</td></tr>
<tr><td rowspan="3">杂散光辐射</td><td>A类</td><td colspan="2">4000～680cm^{-1},≤1%
680～650cm^{-1},≤2%</td></tr>
<tr><td>B类</td><td colspan="2">4000～680cm^{-1},≤1%
680～650cm^{-1},≤1%
650～400cm^{-1},≤1%</td></tr>
<tr><td>C类</td><td colspan="2">4600～680cm^{-1},≤1%
680～650cm^{-1},≤1%
650～400cm^{-1},≤1%
400～300cm^{-1},≤2%
300～200cm^{-1},≤3%</td></tr>
<tr><td rowspan="2">分辨率</td><td>A类</td><td>3027cm^{-1}与3000cm^{-1}
分辨深度≥1%</td><td rowspan="2">951.8cm^{-1}与948.2cm^{-1}
分辨率≥1%</td></tr>
<tr><td>B类和C类</td><td>3103cm^{-1}与3028cm^{-1}
分辨深度≥1%</td></tr>
<tr><td colspan="2">100%线平直度</td><td colspan="2">≤1%</td></tr>
<tr><td colspan="2">噪声</td><td colspan="2">≤1%</td></tr>
</table>

实际工作中，及时有效地对仪器进行校准尤为重要。使用者常常要对表4-4中部分项目进行检定，检定方法如下：

（一）校准前的准备

首先检查红外主机、控制器、计算机各接口连接是否正确，有无松动现象。检查无误后分别打开计算机、红外系统主机控制开关（顺序不能倒置），预热30min。然后点击“开始程序/TJ270-30A”，出现红外分光光度计系统复位提示，点击“确定”即可进入系统复位画面，此时应该注意显示画面，如果不连接红外主机运行程序直接进入红外操作系统，显示画面为灰色，其中部分功能显示灰色，此情况下只能对已存储数据进行处理，而不能进行扫描、波数检索等。系统复位完毕，进入红外分光光度计操作系统，对主要指标进行校准。

（二）主要技术指标校准方法

1. 分辨率、波数准确度及重复性的校准

参数的设置及校准过程：点击“文件/参数设置”或直接点击工具栏参数设置，将测量模式设置为透过率，扫描速度设置为正常，狭缝设置为正常，相应时间设置为正常，X范围设置为4000～400cm^{-1}，Y范围设置为0～100%。扫描方式设置为连续，次数设置为1次。样品以空气作为参比物，确认样品室无任何物品后，点击菜单栏中的“系统操作/系统校准”或直接按F2快捷键，进行系统0、100%校准。将标准聚苯乙烯薄膜插入样品室中的样品池中，点击菜单栏中的“测量方式/扫描”或直接点击工具栏中的“扫描”。扫描完毕可通过峰值检索或用鼠标直接读取数据等方式读取仪器分辨率（在3000cm^{-1}附近聚苯乙烯薄膜可分开为6个吸收峰，即3082cm^{-1}、3061cm^{-1}、3027cm^{-1}、3002cm^{-1}、2924cm^{-1}、2851cm^{-1}，且强度>1%）。对于波数准确度及波数重复性，对聚苯乙烯薄膜重复扫描3次，

其计算结果应符合计量检定规程规定的技术指标要求。

在进行上述3项指标校准时，要特别注意对扫描速度、狭缝宽度、响应时间参数的设置。此类仪器扫描速度共分为5类，即很快、快、正常、慢、很慢，分别表式为每隔 $4cm^{-1}$、$2cm^{-1}$、$1cm^{-1}$、$0.5cm^{-1}$、$0.2cm^{-1}$ 显示一个点。狭缝宽度相对增益大小形成比例：狭缝宽时，增益较小，此时更接近能量的真实值，但分辨率相对较低；狭缝窄时，增益较大，放大器本身对能量信号的影响较大，但分辨率较高。响应时间主要表征对每个采集点采样并进行平滑的次数。响应时间慢，采样并平滑的次数多，受噪声影响较小，但速度慢。响应时间快，采样并平滑次数少，受噪声影响较大，但速度快。用标准聚苯乙烯薄膜校准波数准确度、重复性和分辨率时，要获得精确的波数、较好的重复性和较高的分辨率，应将扫描速度、狭缝、响应时间都设置为正常，这样才能检测到所需波数和正常的分辨率。扫描速度不能设置为很快或快，如将扫描速度设置为很快（$4cm^{-1}$）或快（$2cm^{-1}$），在扫描过程中因跳跃不能平滑扫描，会出现在波段（$3200\sim2800cm^{-1}$）内找不到与标准聚苯乙烯薄膜标称值对应的数值，这是由于仪器结构设置所造成的，在使用中应视具体情况灵活应用。

2. 透过率重复性的校准

透过率重复性的检定，按规程要求，同样用聚苯乙烯薄膜在全波段范围内校准此项技术指标。但对于TJ270-30A红外分光光度计来讲，因采用的扫描速度慢，扫描时间较长，电磁信号干扰大，不能在全波段范围内扫描一次完成相应波数下透过率重复性的校准，而且对应波数下透过率数值相比较会产生很大误差，容易误判仪器不合格。故必须采取分段扫描方式才能克服仪器上述缺陷。所以在参数为透过率，扫描速度为慢，狭缝为宽，响应时间为正常，扫描方式为连续，次数为1次的情况下，采用分段扫描检出的透过率数值更可靠。在上述正确的测量条件下，以聚苯乙烯薄膜为样品重复测量3次，检查其透过率重复性，其中最大误差值应符合计量检定规程规定的技术指标要求。

3. 基线（I_0 线）平直度的校准

基线平直度又称100%平直度，基线平直度不好，会对谱图上各吸收峰之间的比值产生影响，给定量分析带来误差，并给物质结构的定性分析带来困难，因此对仪器“基线平直度”适时进行校准，不是可有可无，而是非常必要。进行校准时将测量参数设置如下：透过率方式，扫描速度为很快，狭缝为宽，响应时间为正常，X 范围为 $4000\sim400cm^{-1}$，Y 范围为0～102%，扫描方式为连续，次数为1次。点击工具栏中的“扫描”，观察扫描曲线的透过率变动幅度，并以起始点与最大偏移量之差表示基线平直度。为便于检定偏差的大小，可将纵坐标设置为95%～105%，而后在全波段范围内扫描，其偏差应≤4%，切记不要把水峰和二氧化碳峰作为最大偏移量与起始点做比较作为衡量基线平直度的依据。

4. 杂散光的校准

由于光学元件的非理想性，单色器出口狭缝往往出现异于单色波长的其他辐射，这些非测定所需要的光统称为杂散光，它在仪器测量上造成的直观结果是透过率基线不准，因此对定量分析影响较大。

四、 仪器的维护和保养

（一） 仪器工作环境

（1）温度　仪器应安放在恒温的室内，较适宜的温度是15～28℃。

（2）湿度　仪器应安放在干燥环境中，相对湿度应小于65%。

（3）防振　仪器中的光学元件、检测器及某些电气元件均怕振动，它们应安置在没有振动的房间内稳固的实验台上。

(4) 电源　仪器使用的电源要远离火花发射源和大功率磁电设备，同时采用电源稳压设备，并设置良好的接地线。

(二) 日常维护和保养

① 仪器应定期保养，保养时注意切断电源，不要触及任何光学元件及狭缝机构。

② 经常检查仪器存放地点的温度、湿度是否在规定范围内。一般要求实验室装配空调和除湿机。

③ 仪器中所有的光学元件绝对禁止用任何东西擦拭镜面，镜面若有积灰应用洗耳球吹。

④ 每次测试结束，首先取出样品，关闭电源并取下记录笔，记录笔配上笔帽放置。

⑤ 仪器不使用时用软布遮盖整台机器；长期不用，再用时需先对其性能进行全面检查。

五、仪器常见故障及排除方法

一般来说出现下列现象时，并非仪器故障，注意判断。

① 部分波数范围内的测光值有较大跳动。原因是，由于样品光、参考光同时大幅度减小，比例计算几乎在0%附近进行，这时噪声电平的扰动导致计算结果大幅度地跳动。

② 校准100%值时有跳动。在狭缝太窄或响应太快时将出现此现象。一般来说，在3000cm^{-1}附近，狭缝位于较宽挡，响应位于慢挡时，如果跳动值在±5%为正常现象。

③ 偶尔出现操作键失灵现象。此时屏幕所有显示不能变动，对键盘操作没有反应，这是系统程序受到干扰不能正常运行所致。此时需要重新启动程序，并检查一下样室空间是否有异物挡光，若有，需要将异物拿开。

仪器的一般故障分析及排除方法见表4-5。

表4-5　TJ270-30A型红外分光光度计常见故障分析及排除方法

现象	原因	判断方法	排除方法
接通电源，但显示器不亮	a. 未接电源线 b. 保险丝熔断 c. 电路故障	a. 检查接线 b. 检查保险丝 c. 检测整机	a. 接好电源线 b. 更换保险丝 c. 请厂家修理
不能记录光谱	a. 光源线断,不亮 b. 检测器断线或信号断线	a. 目视确认 b. 用单光束测定判断	a. 更换光源 b. 请厂家修理
噪声异常	a. 检测器灵敏度下降不能使用 b. 滤光片动作不良 c. 狭缝机构不良 d. 滤光片劣化 e. 光源劣化 f. 供电电压低 g. 受外界影响	a～d. 用单光束测定判断 e. 光源亮度减弱 f. 检查供电电压 g. 检查附近是否有强电磁场、振动源	a～d. 请厂家修理 e. 更换电源 f. 加稳压电源 g. 远离干扰源
突然不能运转	a. 暂时性停电或外来噪声 b. 编码器损坏	a. 指示灯不亮或全部键不受控制 b. 屏幕显示未联机状态	a. 关机,然后再适时接通电源 b. 请与厂家联系更换编码器
接通电源后不出现光谱画面	a. 计算机故障 b. 调整镜马达不转 c. 编码器不良 d. 电路故障 e. 显示器故障	a. 出现错误 b. 打开分光器罩确认 c. 打开分光器罩确认 d. 再开一次电源 e. 更换显示器试试看	请与厂家联系修理

续表

现象	原因	判断方法	排除方法
接通电源后，仪器不停地转动，不能自动设定 $4000cm^{-1}$	a. 用于检出 $4000cm^{-1}$ 位置的光电耦合器损坏 b. 电路不良	a. 检测光电耦合器 b. 再开一次电源开关	请与厂家联系修理
100%校准失灵	a. 光门机构弹簧失灵，导致打滑 b. 光门马达故障 c. 狭缝宽度比规定的宽 d. 系统受到干扰，程序工作不正常	a. 取下光源罩检查压力 b. 检查光门马达的供电电源的电压是否为 12V c. 单光束测量时，光标在 100%处不下来 d. 重新启动机器看看	a. 调整弹簧压力 b. 更换马达 c. 将狭缝调到规定宽度 d. 远离干扰源，重新启动机器
噪声很大	a. 检测器能量太低 b. 狭缝太窄，响应太快 c. 放大器板损坏 d. 光学零件劣化	a. 单光束测量时，$3000cm^{-1}$ 处在 20%以下 b. 检查二者配合条件 c. 对放大器板进行测定 d. 目视检查	

思考与交流

1. 简要说明 TJ270-30A 型红外分光光度计的组成结构。
2. 从哪些性能技术指标可以判断出色散型红外分光光度计的性能？
3. 如何对色散型红外分光光度计进行日常维护？

任务三
WQF-520A 型傅里叶变换红外光谱仪的使用和维护

任务要求

（1）熟悉 WQF-520A 型傅里叶变换红外光谱仪的结构。

（2）了解 WQF-520A 型傅里叶变换红外光谱仪的主要性能技术指标。

（3）能够使用 WQF-520A 型傅里叶变换红外光谱仪完成测定。

（4）熟悉 WQF-520A 型傅里叶变换红外光谱仪的维护方法。

（5）了解 WQF-520A 型傅里叶变换红外光谱仪的故障排除方法。

目前国内外的 FTIR 光谱仪有多种型号，性能各异，但实际操作步骤基本相似。下面以北京瑞利分析仪器有限公司的 WQF-520A 型傅里叶变换红外光谱仪为例说明 FTIR 光谱仪的使用。

一、仪器结构

（一）工作原理

WQF-520A 型傅里叶变换红外光谱仪主要由迈克尔逊干涉仪和计算机两部分组成，其工作原理与一般 FTIR 光谱仪一致，不同之处在于该仪器使用 90°的立方角反射镜取代了传统迈克尔逊干涉仪中的平面反射镜，如图 4-6 所示。

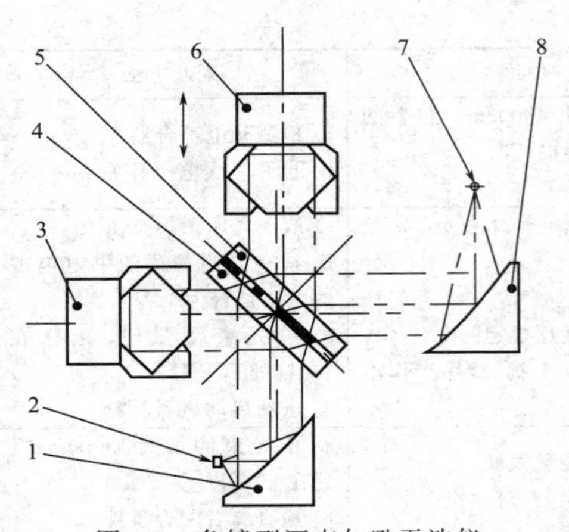

图 4-6　角镜型迈克尔逊干涉仪

1—准直镜；2—探测器；3—定镜；4—分束器；5—补偿镜；6—动镜；7—光源；8—准直镜

角镜型迈克尔逊干涉仪和传统的迈克尔逊干涉仪不同的是，角镜型迈克尔逊干涉仪的定镜和动镜采用了角镜。角镜型迈克尔逊干涉仪的原理是：光源经过准直镜后成为一束平行光，进入分束器后分成两束，一束为反射光传送到动镜，另一束为透射光传送到定镜。由于动镜的移动引起了其中一束光的光程改变，从角反射动镜和角反射定镜返回的光束平行于入射光，当这两束光再次通过分束器后产生干涉。由于角镜型迈克尔逊干涉仪的定镜和动镜采用了角反射镜，这样就降低了外界因素对仪器干涉度的影响，显著提高了仪器的稳定性。角镜型迈克尔逊干涉仪通过角镜的移动改变光程差，同折射扫描干涉仪相比，要实现相同的分辨率，角镜型迈克尔逊干涉仪动镜移动的距离很短，这种干涉仪更容易实现快速扫描，另外它又具有迈克尔逊干涉仪体积小、结构紧凑等优点。

（二）WQF-520A 型傅里叶变换红外光谱仪的基本结构

操作扫一扫

二维码4-2
傅里叶变换红外光谱仪的结构组成

WQF-520A 型 FTIR 光谱仪从功能上可以划分为以下几个部分：干涉仪、样品室、探测器以及电气系统和数据系统。在总体布局上，光谱仪采用了部分模块化结构，干涉仪、探测器、电源、电气主板独立形成模块，如图 4-7 所示。

几个模块在一个底座上的排列组合，可以满足不同实验条件的需要，而且这种积木式结构还便于扩展和升级，大大提高了仪器的使用灵活性。WQF-520A 型 FTIR 光谱仪整体结构如图 4-8 所示。

1. 主要部件

WQF-520A 型 FTIR 光谱仪的核心部件是角镜型迈克尔逊干涉仪。迈克尔逊干涉仪由分束器、补偿器及两臂上的反射镜组成，分束器和补偿器都是平板形的，两臂上的反射镜成直角，平面镜被代之以角反射镜，角反射镜可沿着垂直于分束器镀膜表面的方向运动。当来自光源的红外光束射入干涉仪后，经分束器后变成了两束，透射光束和反射光束垂直于分束器镀膜表面，并分别投射到两臂上的角反射镜上。从角反射镜返回的光束平行于入射光，当这两束光再次汇合时就将发生干涉。动镜的运动将引起干涉仪其中一臂光程的变化，即改变了两臂的光程差，从而获得干涉图。

WQF-520A 型 FTIR 光谱仪的干涉仪，现已做成密封防潮型。干涉仪分别与外光路之间加 KBr 窗片及密封圈密封，可有效地防止 KBr 分束器及补偿镜的潮解。

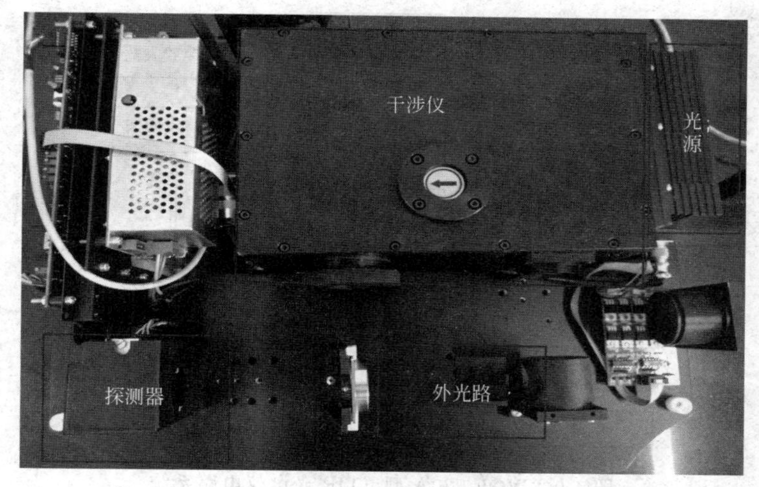

图 4-7　WQF-520A 型 FTIR 光谱仪内部结构剖视图

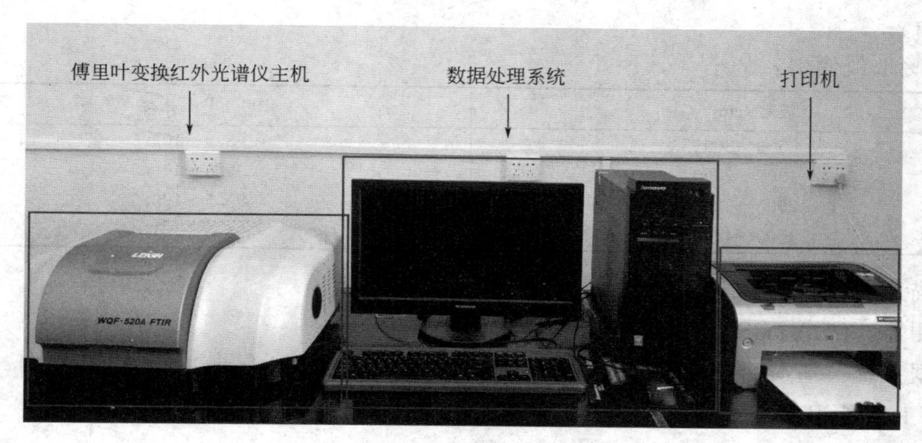

图 4-8　WQF-520A 型 FTIR 光谱仪整体结构

2. 电气系统

WQF-520A 型 FTIR 光谱仪电路系统的主要功能是：干涉仪伺服控制，数据采集及处理，以及数据通信等。整个电路系统的框图如图 4-9 所示，主要由一块电气主板和外围电路组成。

3. 数据处理系统

WQF-520A 型 FTIR 光谱仪的数据系统采用 IBM PC 兼容微机。WQF-520A 型 FTIR 光谱仪软件为全中文软件，可以与大量工作在 Windows 下的第三方软件一起运行，同时用户也可根据自己的需要自行开发新的光谱数据操作程序。WQF-520A 型 FTIR 光谱仪的标准操作软件提供全部的红外光谱常规分析操作功能。

（三）WQF-520A 型傅里叶变换红外光谱仪主要技术指标

波数范围：7800～350cm^{-1}。

分辨率：0.5cm^{-1}。

波数准确度：优于所设分辨率的 1/2。

透过率重复性：0.5%。

100%T 线信噪比：2100～2200cm^{-1}，32 次扫描（相当于 1min 测量），S/N 优于 10000：1

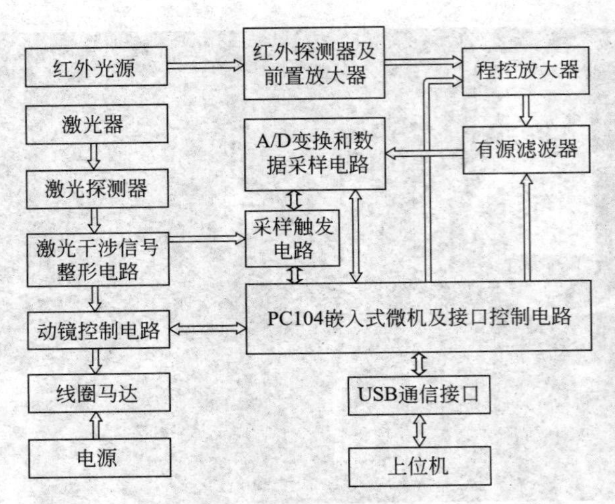

图 4-9　WQF-520A 型 FTIR 光谱仪电路系统

(RMS 值)。

100%T 线倾斜：

波数/cm^{-1}	100%T 线指标/%
500～800	98.0～102.0
1900～2200	99.5～100.5
2800～3200	99.5～100.5
4000～4400	98.5～101.5

扫描速度：5 挡可调。

探测器：DLATGS。

数据系统：基本配置为通用微型计算机。内存在 64MB 以上；CDROM 驱动器；硬盘在 10GB 以上；USB 接口；显示器为高分辨率彩色显示器。

输出设备：喷墨打印机或激光打印机。

二、仪器基本操作方法

WQF-520A 型 FTIR 光谱仪是精密光学仪器与计算机技术的结合，光谱仪的所有操作均由计算机控制，操作命令由键盘输入或在红外工作软件上点击。

(一) 开机、测试、预热

二维码4-3
傅里叶变换红外光谱仪的操作

① 接通 220V 电源，先后打开 WQF-520A 型傅里叶变换红外光谱仪主机及计算机。

② 计算机进入 Windows 操作系统后，用鼠标点击桌面上 WQF-520A 型傅里叶变换红外光谱仪的“MainFTOS”图标，程序启动进入如图 4-10 所示的主菜单界面。

③ 主界面信息

a. 标题栏　Main FTOS 标题栏位于窗口的最上方，它主要由 4 部分组成。

ⅰ. 控制菜单框：通过下拉菜单可以控制窗口的大小以及移动和关闭窗口。

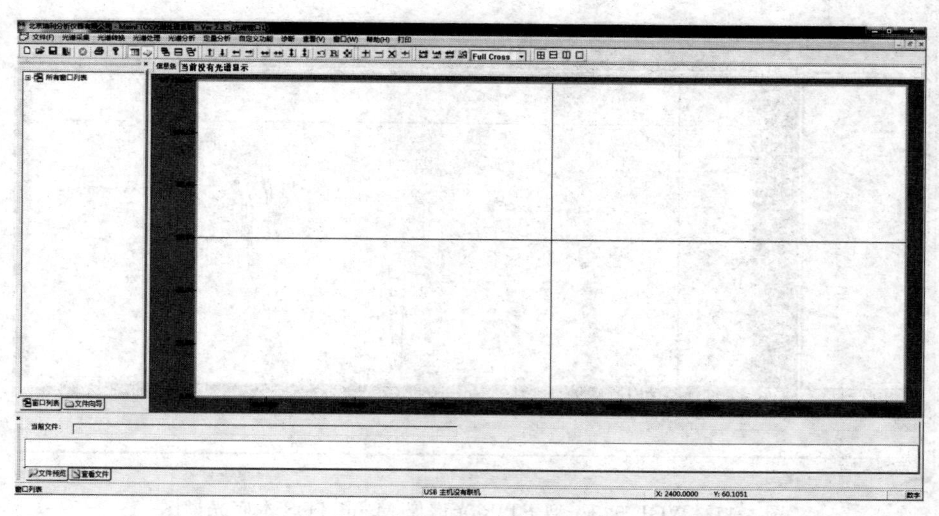

图 4-10　WQF-520A 型 FTIR 光谱仪 MainFTOS 主菜单界面

ⅱ. 软件拥有者及应用程序名及版本号：北京瑞利分析仪器有限公司-MainFTOS 光谱处理系统-Ver2.3。

ⅲ. 窗口名：当前窗口，如“光谱窗口 1”。

ⅳ. 控制按钮：标题栏右侧从左到右分别是控制窗口的“最小化”“最大化/还原”和“关闭”按钮。

b. 菜单栏　MainFTOS 提供了 10 个菜单，其中包括了对光谱进行操作的全部功能。

c. 工具栏　提供了多个工具栏，用户可根据需要在屏幕上显示或关闭工具栏。

d. 窗口　MainFTOS 包括工作台窗口、查看窗口、光谱显示窗口。用户可根据需要显示或关闭工作台窗口、查看窗口。工作台窗口可选择窗口列表窗口和文件向导窗口，查看窗口可选择文件预览窗口和查看文件窗口。

e. 状态栏　在窗口的最下面，显示光谱的操作状态光标的坐标。

④ 用鼠标点击菜单栏中的“光谱采集”，再用鼠标点击设置仪器运行参数(AQPARM)，进入系统参数设置对话框，可设置分辨率、扫描次数、扫描速度等。参数设置完成后点击“设置并退出”。

⑤ 用鼠标点击菜单栏中的“光谱采集”，再用鼠标点击“仪器本底测试（TSTB）”，程序进入空气测试采集，光谱显示窗口出现本底光谱图（图 4-11）。

⑥ 如果前 5 项正常，仪器预热 20min 后即可进行样品采集等工作。

（二）采集样品谱图

① 用鼠标点击菜单栏中的“光谱采集”，再用鼠标点击设置仪器运行参数(AQPARM)，出现系统参数设置对话框，扫描速度设为“20”，用鼠标点击“确定”。

② 用鼠标点击菜单栏中的“光谱采集”，再用鼠标点击“采集仪器本底（AQBK）”，出现采集仪器本底对话框，点击“开始采集”，采集完毕后进行下一个程序（采集的本底一般为空气谱图或压片机压成的 KBr 空白片谱图）。

③ 将被测样品或 KBr 与样品的混合物用压片机压成的片子，放入样品室的样品架上。

④ 采集透射谱图或吸收谱图

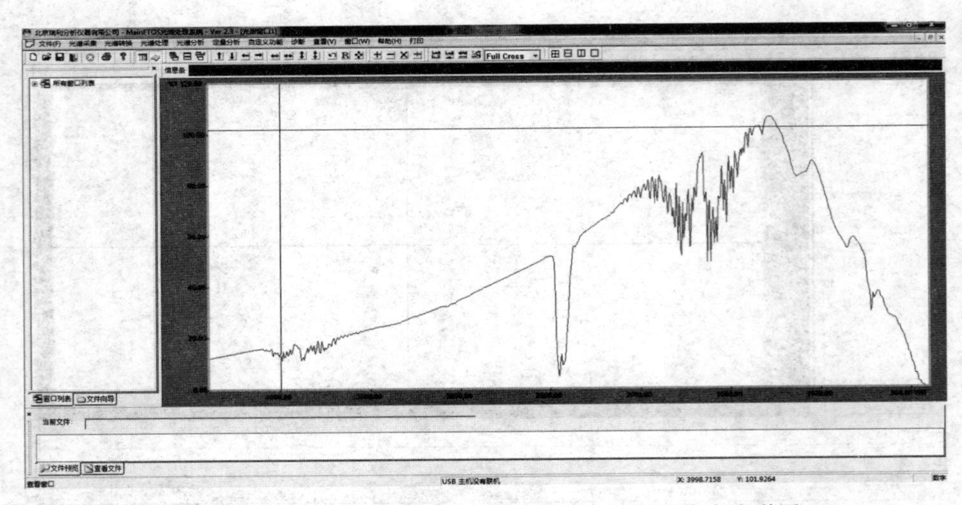

图 4-11 WQF-520A 型 FTIR 光谱仪 MainFTOS 本底光谱图

a. 采集透射谱图 如采集透射谱图，用鼠标点击菜单栏中的“光谱采集”，再用鼠标点击“采集透过率光谱（AQSP）”，出现采集透过率光谱对话框，点击“开始采集”，采集完毕后可得到样品的透过率光谱图（图 4-12）。

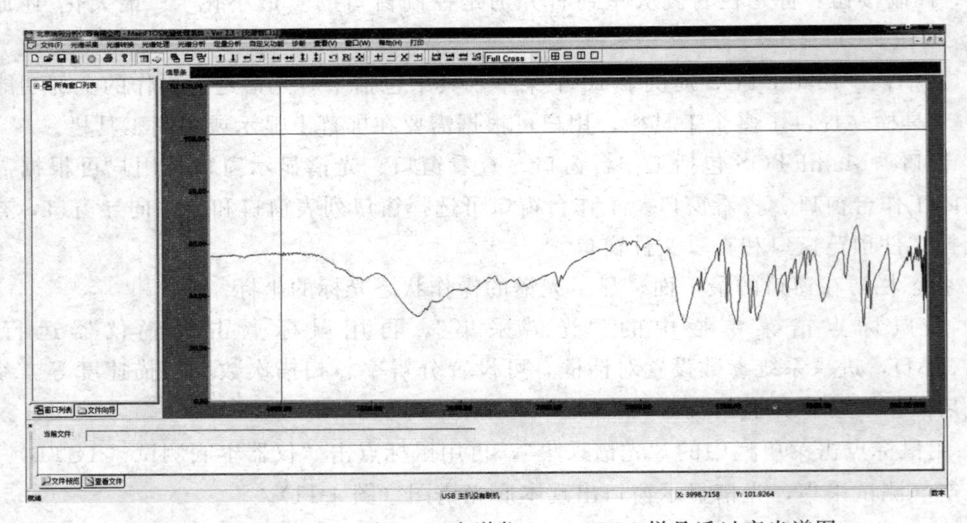

图 4-12 WQF-520A 型 FTIR 光谱仪 MainFTOS 样品透过率光谱图

b. 采集吸收谱图 如采集吸收谱图，用鼠标点击菜单栏中的“光谱采集”，再用鼠标点击“采集吸光度光谱（AQSA）”，出现采集吸光度光谱对话框，点击“开始采集”，采集完毕后可得到样品的吸光度光谱图（图 4-13）。

（三）样品谱图的打印输出

① 用鼠标点击菜单栏中的“文件”菜单，再用鼠标点击“打印谱图（print）（P）”，进入专用打印程序。

② 打印程序具有强大的谱图处理能力，谱图可随用户的需要进行打印。

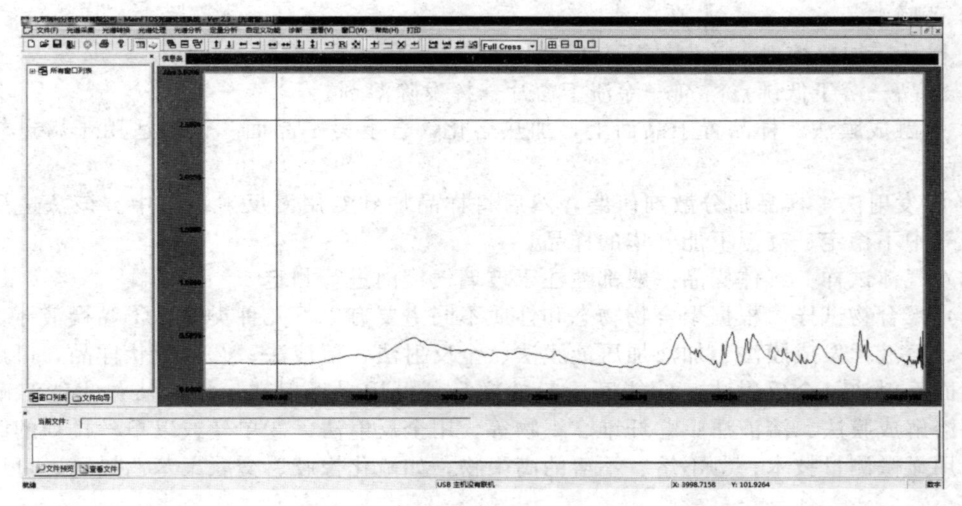

图 4-13　WQF-520A 型 FTIR 光谱仪 MainFTOS 样品吸光度光谱图

三、 红外试样的制备

二维码4-4
红外光谱法的样品制备技术

（一） 红外光谱法制备试样的要求

① 试样应该是单一组分的纯物质，纯度应>98%或符合商业规格才便于与纯物质的标准光谱进行对照。多组分试样应尽量在测定前预先用分馏、萃取、重结晶或色谱法进行分离提纯，否则各组分光谱相互重叠，难以判断。

② 试样中不应含有游离水。水本身有红外吸收，会严重干扰样品谱图，而且会侵蚀吸收池的盐窗。

③ 试样的浓度和测试厚度应选择适当，以使光谱图中的大多数吸收峰的透过率处于10%～80%范围内。

（二） 制样方法

（1） 液体或溶液试样

① 液体池法　适用于沸点低、易挥发的样品。

② 液膜法　适用于高沸点的样品。即在可拆池两侧之间，滴上 1～2 滴液体样品（夹于两窗片之间），使之形成一层薄薄的液膜。液膜厚度可借助于池架上的固紧螺钉做微小调节。

③ 溶液法　将溶液（或固体）样品溶于适当的红外溶剂中，如 CS_2、CCl_4、$CHCl_3$ 等，然后注入固体池中进行测定。该法特别适用于定量分析。此外，它还能用于红外吸收很强、用液膜法不能得到满意谱图的液体样品的定性分析。在使用溶液法时，必须特别注意红外溶剂的选择，要求溶剂在较大范围内无吸收，样品的吸收带尽量不被溶剂吸收带所干扰，同时还要考虑对样品吸收带的影响（如形成氢键等溶剂效应）。

（2） 固体试样

① 压片法　1～2mg 样品＋100～200mgKBr→干燥处理→研细（粒度小于 2μm）（散射小）→混合压成透明薄片→直接测定。

② 石蜡糊法　样品→磨细→与液体石蜡混合→夹于窗片间（石蜡为高碳数饱和烷烃，因此该法不适于测定饱和烷烃）。

③ 薄膜法

a. 样品→加热熔融→涂制或压制成膜。

b. 样品→溶于低沸点溶剂→涂渍于窗片→挥发除溶剂。

④ 熔融成膜法　样品置于晶面上，加热熔化，合上另一晶面。该法适用于熔点较低的固体样品。

⑤ 漫发射法　样品加分散剂研磨，然后将样品加到专用漫反射装置中。该法适用于某些在空气中不稳定、高温下能升华的样品。

(3) 气体试样　气体样品一般都灌注于玻璃气槽内进行测定。

(4) 聚合物试样　根据聚合物物态和性质不同主要有以下几种类型：①黏稠液体，可用液膜法、溶液挥发成膜法、加液加压液膜法、全反射法、溶液法；②薄膜状样品，可用透射法、镜面反射法、全反射法；③能磨成粉的样品，可用漫反射法、压片法；④能溶解的样品，用溶解成膜法、溶液法；⑤纤维、织物等，用全反射法；⑥单丝或以单丝排列的纤维样品，可用显微测量技术；⑦不熔、不溶的高聚物，如硫化橡胶、交联聚苯乙烯等，可用热裂解法。

四、 红外光谱仪辅助设备的使用

(一) 压片机

1. 压片机的结构

压片机的结构如图 4-14 所示，仪器依据液压原理设计而成。摇动压油手柄时可以向工作台施加向上的压力。固体压片模具如图 4-15 所示，制备样品试片时将样品和溴化钾粉末研细后放入压片模具中，将该模具置于工作台上加压，压片模具的顶模片和底模片具有较高的光洁度，以保证压出的薄片表面光滑。

操作扫一扫

二维码4-5
压片机的结构及使用

2. 压片操作

将模具顺序放好后，将研细烘干后的试样粉末均匀地撒在

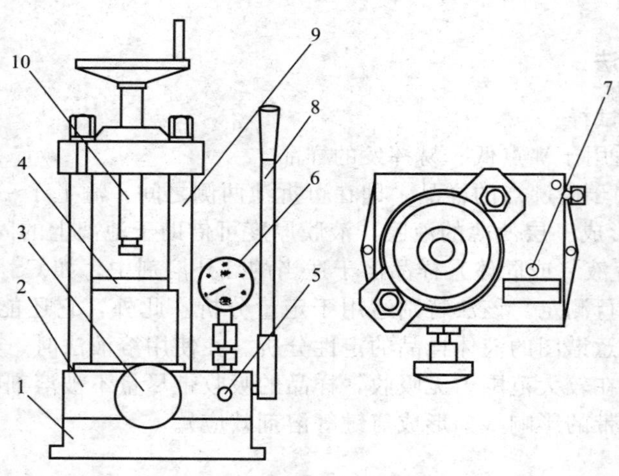

图 4-14　压片机的结构

1—底座；2—阀体；3—放油阀；4—工作台（大柱塞）；5—高压单向阀；6—压力表；7—低压单向阀；8—压油手柄；9—立柱；10—压紧丝杠

模具的底座上。手压并旋转上压头使试样粉末均匀并平铺。将模具放在压片机工作台中心，

图 4-15 固体压片模具

一般只需加压到 8～10t，压力表示值小于 20MPa，保持压力 1～2min 即可。从压片机上取下模具，拿掉上压头和压片套筒，取下样品架。

3. 压片机的维护与保养

以 769YP-15A 型手动粉末压片机（如图 4-16 所示）为例来介绍压片机的维护与保养，它在使用过程中应注意以下事项：

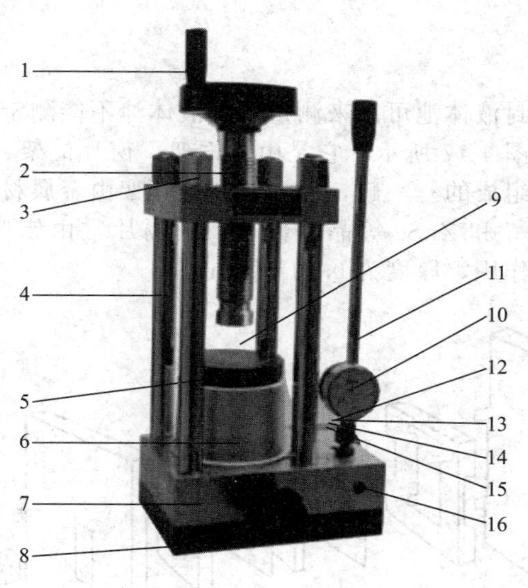

图 4-16 769YP-15A 型手动粉末压片机

1—手轮；2—丝杠；3—螺母；4—立柱；5—顶盖；6—大油缸；7—大板；8—油池；9—工作空间；10—压力表；11—手动压把；12—柱塞泵；13—注油孔螺钉；14—限位螺钉；15—吸油阀；16—出油阀

① 使用前必须先松开注油孔螺钉 13，压片机才能正常工作。

② 定期在丝杠 2 及柱塞泵 12 处加润滑油。

③ 加压决不允许超过机器的压力范围，否则会发生危险。

④ 压片机使用清洁的 46 号机油为宜，绝不可用刹车油。

⑤ 加压时感觉手动压把 11 有力，但压力表 10 无指示，应立即卸荷检查压力表 10。

⑥ 新机器或较长一段时间没有使用的机器，在用之前稍紧放油阀，加压到 20～25MPa 即卸荷，连续重复 2～3 次，即可正常使用。

⑦ 大活塞行程不要超过 20mm。

4. 压片机常见故障及排除

769YP-15A 型手动粉末压片机常见故障及排除方法如表 4-6 所示。

表 4-6 769YP-15A 型手动粉末压片机常见故障及排除方法

故障	原因	排除方法
无压	① 出油阀内阀口钢珠密封不严或有异物 ② 无油	① 用 6mm 内六角扳手旋开出油阀螺钉，取出弹簧，再用一根 6mm 左右的铁棒或螺钉，一头顶住钢珠，另一头附磁铁，吸出钢珠，清洗铁屑或异物，再依次复位 ② 旋开吸油阀螺钉，注入油后，用手指按住阀口，开动机器，感到非常有力时，再拧紧吸油阀螺钉即可 ③ 从注油孔加 30 号清洁机油
上压不稳且慢	① 漏油 ② 放油阀拧紧力不够 ③ 小柱塞泵内有残留气体 ④ 大活塞内有残余气体	① 检查漏油处，拧紧或排除 ② 拧紧放油阀手轮 ③ 将整机后仰 90°向上摆动手柄若干次（后仰时要拧紧注油孔螺钉） ④ 拧开顶部大螺钉，关紧放油阀打压至油液溢出，再拧上顶部螺钉
丝杠弯曲	① 769YP-15A 加压超过 25MPa ② 立柱大螺母松动	① 调直或更新丝杠 ② 及时拧紧大螺母

（二） 液体池

1. 液体池的组成

（1）密封液体池　密封液体池可用来测量可拆液体池不能测定的挥发性液体样品。

密封液体池的构造如图 4-17 所示，它是由后框架、窗片框架、垫片、后窗片、间隔片、前窗片和前框架 7 个部分组成的。一般，后框架和前框架由金属材料制成；前窗片和后窗片为氯化钠、溴化钾、KRS-5 和 ZnSe 等晶体薄片；间隔片常由铝箔和聚四氟乙烯等材料制成，起着固定液体样品的作用，厚度为 0.01～2mm。

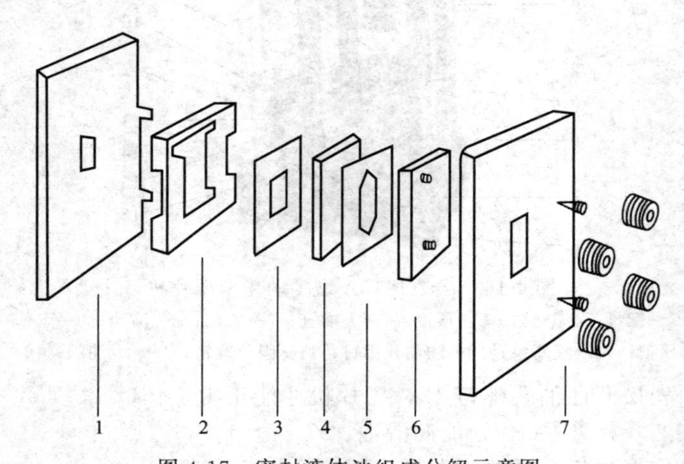

图 4-17　密封液体池组成分解示意图

1—后框架；2—窗片框架；3—垫片；4—后窗片；5—间隔片；6—前窗片；7—前框架

（2）可拆液体池　HF-7 型可拆液体池采用直径为 25mm 的窗片，可进行 0.1mm、0.2mm、0.5mm 几种液体厚度的红外测量。

可拆液体池的构造如图 4-18 所示。

2. 液体池的装样操作

(1) 密封液体池的操作　吸收池应倾斜30°，用注射器（不带针头）吸取待测样品，由下孔注入直到上孔看到样品溢出为止，用聚四氟乙烯塞子塞住上、下注射孔，用高质量的纸巾擦去溢出的液体后，便可进行测试。

(2) 可拆液体池的操作　可拆液体池必须在干燥的场合操作，如在带有除湿机的房间，或在工作台上放置一红外照明灯，手戴指套。

① 先把池座平放在桌面上，大面朝下。放一片橡胶垫于孔中央并对齐。

② 放置一窗片与橡胶垫对齐。注意不要直接用手指拿以防手上汗水侵入窗片。

③ 选择所需厚度（0.1mm、0.2mm、0.5mm）的某种垫片放于窗片上对齐，并把适量的无水的测试样滴在窗片中央。

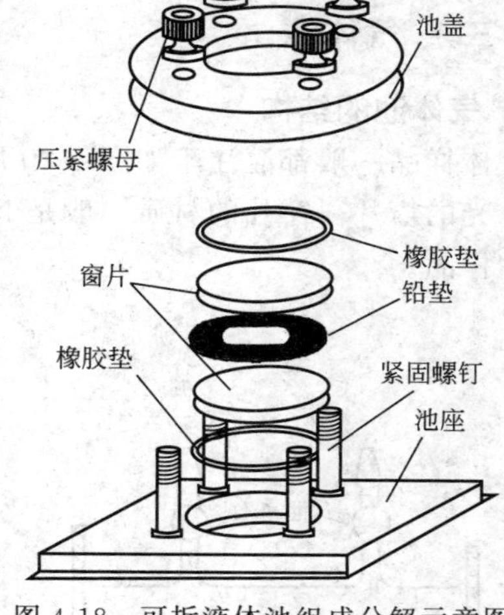

图4-18　可拆液体池组成分解示意图

④ 盖上另一块窗片，再放另一橡胶垫与之对齐。

⑤ 压上上方池盖，拧入四个压紧螺母（对角渐进拧入，不宜用力过大，液体基本不漏即可，以防压裂窗片）。

3. 液体池的清洗

(1) 密封液体池的清洗　测试完毕，取出塞子，用注射器吸出样品，由下孔注入溶剂，冲洗2～3次。冲洗后，用洗耳球吸取红外灯附近的干燥空气吹入液体池内以除去残留的溶剂，然后放在红外灯下烘烤至干，最后将液体池存放在干燥器中。注意，液体池在清洗过程中或清洗完毕时，不要因溶剂挥发而致使窗片受潮。

(2) 可拆液体池的清洗　分析完毕后，应及时拆开，用四氯化碳清洗残余的试样，并在干燥后置入玻璃器中存放。再次使用前，窗片若透明度较差，可用麂皮吸附少许乙醇进行研磨后再使用。

4. 液体池厚度的测定

根据均匀的干涉条纹的数目可测定液体池的厚度。测定的方法是：将空的液体池作为样品进行扫描，由于两盐片间的空气对光的折射率不同而产生干涉，根据干涉条纹（如图4-19所示）的数目计算池厚。一般选1500～600cm^{-1}的范围较好，计算式如下：

$$b=\frac{n}{2}\times\left(\frac{1}{\bar{\sigma}_1-\bar{\sigma}_2}\right)$$

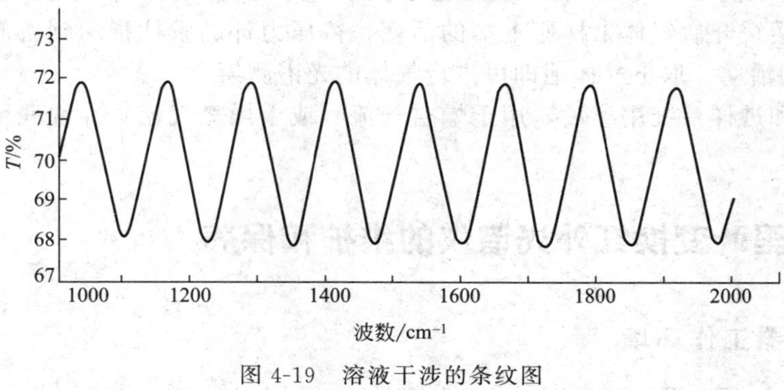

图4-19　溶液干涉的条纹图

式中，b 为液体池厚度，cm；n 为两波数间所夹的完整波形个数；$\bar{\sigma}_1$、$\bar{\sigma}_2$ 分别为起始波数和终止的波数，cm^{-1}。

（三）气体池

1. 气体池的结构

气体样品一般都灌注于如图 4-20 所示的玻璃气体池内进行测定。它的两端黏合有可透过红外光的窗片。窗片的材质一般是 NaCl 或 KBr。进样时，一般先把气体池抽真空，然后再灌注样品。

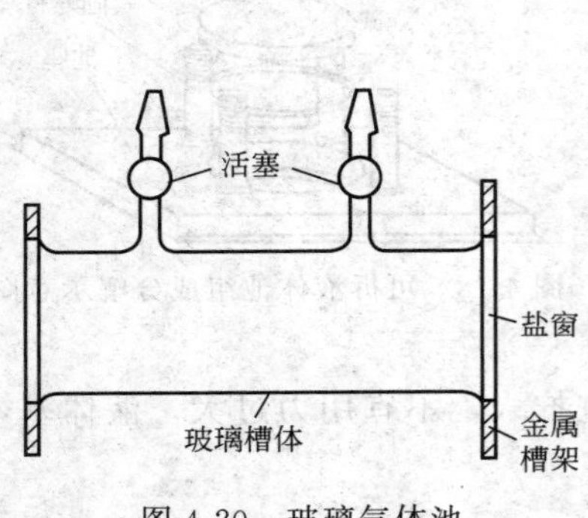

图 4-20　玻璃气体池

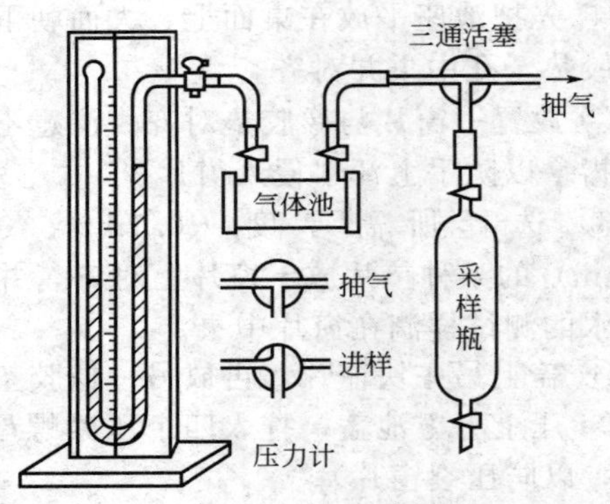

图 4-21　气体池进样装置

2. 气体池的装样操作

气体池进样装置如图 4-21 所示。必要时可在采样瓶和气体池之间再串接气体干燥装置。装样的操作步骤如下：

① 先用干燥空气流冲洗气体池。

② 按图 4-21 将装置连接好。

③ 关闭采样活塞，开启气体池的进出口活塞，使三通活塞处于抽气的位置。

④ 用真空泵抽去系统中的空气和水蒸气，在保护样品的情况下（例如将采样瓶预先置于冷阱中使待测气体充分冷却），间歇地稍微打开采样瓶上端活塞 1～2 次，以抽去气样中及管道接口中的杂质气体。

⑤ 当水银压力计指示到泵的极限真空值时，将三通活塞转换至进样位置，并停止抽气。观察压力计的指示值 1～2min，如压力计指示值不下降则说明系统中不漏气。

⑥ 进样时缓缓开启气体采样瓶上端的活塞，待压力计的汞柱指示到所需压力时，关闭气体和采样瓶的活塞，取下气体池即可进行气体的光谱测绘。

⑦ 气体池和进样系统用毕后，用干燥空气流（或干燥氮气流）冲洗残留气体，以免影响下次测定结果。

五、傅里叶变换红外光谱仪的维护和保养

（一）仪器工作环境

傅里叶变换红外光谱仪属于大型精密仪器，由于其部件的特殊性，所以对环境的要求也

很高。

1. 实验室环境和通风要求

二维码4-6
红外光谱仪的日常维护与保养

实验室应保持洁净，无灰尘和烟雾。实验室室温应保持在15～30℃之间，相对湿度的允许范围是20%～80%。室内一般要求安装除湿机。

实验室内和周围环境中应无可燃或易爆气体，无腐蚀性气体或其他有毒物质，以避免仪器的损坏及由此产生的氢卤酸的腐蚀。

仪器四周至少应保留10cm的空隙，以使空气流通，保持仪器通风口和通风窗的正常工作，利于电学元器件、电源等散热。

2. 对实验台的要求

光谱仪应单独放置在一个稳定的台面上，应与电扇、电机等持续振动物体分隔开来，以避免仪器受到振动或撞击。如果环境振动比较严重，应考虑安装一个声阻尼底座。

3. 对电源和电缆的要求

① 配置一个电源稳压器，确保电源稳定在220V±22V的范围之内。

② 光谱仪系统应有专用的电源插座，不要与其他电气设备共用插座。

③ 仪器电源必须接地，不要取消保护接地或使用没有接地导体的延电缆。

④ 如果周围铺有地毯，应在仪器之下放置一块防静电的橡皮垫子。

（二） 日常维护和保养

微课扫一扫
二维码4-7
傅里叶变换红外光谱仪的结构及维护保养

① 仪器应定期保养，保养时注意切断电源。

② 经常检查仪器存放地点的温度、湿度是否在规定范围内。一般要求实验室装配空调和除湿机。

③ 仪器中所有的光学镜面都无保护层，绝对禁止用任何东西擦拭镜面，镜面若有积灰，应用洗耳球吹。

④ 仪器不使用时用软布遮盖整台机器；长期不用，再用时需先对其性能进行全面检查。

（三） 主要部件的维护和保养

① 干涉仪是FTIR光谱仪的关键部件，且价格昂贵，尤其是干涉仪中的分束器，对环境湿度有很严格的要求，因此要特别注意保护干涉仪。当仪器第一次使用或搁置很长一段时间再使用时，首先应让仪器预热几个小时。若干涉仪工作不正常应送厂方维修，不可自己打开干涉仪盖。

② 应定时清扫（每30天清扫一次）电器箱背面的空气过滤器，因为一旦它被灰尘阻塞，影响热交换，电学元器件就会因过热而损坏。当过滤器脏了以后，把它取下来用吸尘器清扫或直接水洗，待干燥之后重新装上。

③ 用清洁、干燥的气体吹扫仪器，可消除空气中的物质（如水蒸气和CO_2）的影响。吹扫气体必须采用干燥的压缩空气（很干净且露点为40℃）或干燥的氮气，其压力不应超

过 0.2MPa。

④ 红外光源应定期更换，连续 24h 工作 3～6 个月，应更换一次。否则从红外光源中挥发出的物质会溅射到附近的光学元件表面，从而降低系统的能量。

六、 仪器常见故障及排除方法

典型 FTIR 仪器常见故障分析及排除方法如表 4-7 所示。

表 4-7 典型 FTIR 仪器常见故障分析及排除方法

常见故障	产生故障原因	处理方法
干涉仪不扫描，不出现干涉图	计算机与红外仪器信号连接失败	检查计算机与仪器的连接线是否连接好，重新启动计算机和光学台
	更换分束器后没有固定好或没有到位	将分束器重新固定
	红外仪器电源输出电压不正常	检查仪器面板上灯和各种输出电压是否正常
	分束器已损坏	请仪器维修工程师检查、更换分束器
	控制电路板元件损坏	请仪器公司维修工程师检查
	空气轴承干涉仪未通气或气体压力不够高	通气并调节气体压力
	主光学台和外光路转换后，棱镜未移动到位	光路反复切换，重试
	室温太低或太高	用空调调节室温
	He-Ne 激光器不亮或能量太低	检查激光器是否正常
	软件出现问题	重新安装红外操作软件
干涉图能量太低	分束器出现裂缝	请仪器维修工程师检查、更换分束器
	光阑孔径太小	增大光阑孔径
	光路未准直好	自动准直或动态准直
	光路中有衰减器	取下光路衰减器
	检测器损坏或 MCT 检测器无液氮	请仪器维修工程师检查、更换检测器或添加液氮
	红外光源能量太低	更换红外光源
	各种红外光反射镜太脏	请仪器维修工程师清洗
	非智能红外附件位置未调节好	调整红外附件位置
干涉图能量溢出	光阑孔径太大	缩小光阑孔径
	增益太大或灵敏度太高	减小增益或降低灵敏度
	动镜移动速度太慢	重新设定动镜移动速度
	使用高灵敏度检测器时未插入红外光衰减器	插入红外光衰减器
干涉图不稳定	控制电路板元件损坏或疲劳	请仪器维修工程师检查
	水冷却光源未通冷却水	通冷却水
	液氮冷却检测器(MCT 检测器)真空度降低，窗口有冷凝水	MCT 检测器重新抽真空
空气背景单光束光谱有杂峰	光学台中有污染气体	吹扫光学台
	使用红外附件时，附件被污染	清洗红外附件
	反射镜、分束器或检测器上有污染物	请仪器维修工程师检查
空光路检测时基线漂移	开机时间不够长，仪器不稳定	开机 1h 后重新检测
	高灵敏度检测器(如 MCT 检测器)工作时间不够长	等检测器稳定后再测试

思考与交流

1. 说明 WQF-520A 型傅里叶变换红外光谱仪的组成结构。

2. 说明压片机的构造及使用方法。

3. 如何对傅里叶变换红外光谱仪进行日常维护？

任务实施

操作 4　苯甲酸的红外吸收光谱测绘

一、目的要求

① 掌握一般固体样品的制样方法以及压片机的使用方法。

② 了解红外光谱仪的工作原理。

③ 掌握红外光谱仪的一般操作。

二、技术要求（方法原理）

不同的样品状态（固体、液体、气体以及黏稠样品）需要相应的制样方法。制样方法的选择和制样技术的好坏直接影响谱带的频率、数目和强度。

对于像苯甲酸这样的粉末样品常采用压片法。实际方法是：将研细的粉末分散在固体介质中，并用压片机压成透明的薄片后测定。固体分散介质一般是金属卤化物（如KBr），使用时要将其充分研细，颗粒直径最好小于 2μm（因为中红外区的波长是从 2.5μm 开始的）。

三、仪器与试剂

（1）仪器　WQF-520A 型傅里叶变换红外光谱仪或其他型号的红外光谱仪；压片机、模具和样品架；玛瑙研钵、不锈钢药匙、不锈钢镊子、红外干燥箱。

（2）试剂　分析纯的苯甲酸、光谱纯的 KBr 粉末、分析纯的无水乙醇、擦镜纸。

四、检验步骤

1. 准备工作

① 打开红外光谱仪主机电源，打开显示器的电源，仪器预热 20min；点击桌面上 WQF-520A 型傅里叶变换红外光谱仪的“MainFTOS”图标；程序启动进入主菜单界面。

② 用分析纯的无水乙醇清洗玛瑙研钵，用擦镜纸擦干后，再用红外灯烘干。

2. 试样的制备

取 2～3mg 苯甲酸与 200～300mg 干燥的 KBr 粉末，置于玛瑙研钵中，在红外灯下混匀，充分研磨（颗粒粒度 2μm 左右）后，用不锈钢药匙取 70～80mg 置于压片机模具的两片压舌中。将压力调至 20MPa 进行压片，约 5min 后，取出压制好的试样薄片，置于样品架中待用。

3. 试样的分析测定

① 背景的扫描　在未放入试样前，扫描背景 1 次。

② 试样的扫描　将放入试样薄片的样品架置于样品室中，扫描试样 1 次。

二维码4-8
苯甲酸样品的制样

4. 结束工作

① 实验完毕后，先关闭红外工作软件，然后关闭显示器电源，最后关闭红外光谱仪的电源。

② 用无水乙醇清洗玛瑙研钵、不锈钢药匙、镊子。

③ 清理台面，填写仪器使用记录。

五、 数据记录与处理

① 标出试样谱图上各主要吸收峰的波数值，然后打印出试样的红外吸收光谱图。

② 选择试样苯甲酸的主要吸收峰，指出其归属。

六、 操作注意事项

① 制得的晶片，必须无裂痕，局部无发白现象，如同玻璃般完全透明，否则应重新制作。

② 晶片局部发白，表示压制的晶片厚薄不匀；晶片模糊，表示晶体吸潮，水在 $3450cm^{-1}$ 和 $1640cm^{-1}$ 处有吸收峰。

③ 注意用电安全，合理处理、排放实验废物。

任务评价

序号	作业项目	考核内容		记录	分值	扣分	得分
一	仪器开机及调试（5 分）	仪器外表检查	检查		2		
			未检查				
		仪器功能键检查	检查		3		
			未检查				
二	压片操作（25 分）	玛瑙研钵清洗	已洗		2		
			未洗				
		玛瑙研钵干燥	合格		2		
			不合格				
		苯甲酸的称量	规范		4		
			不规范				
		溴化钾的称量	规范		4		
			不规范				
		样品干燥	合格		2		
			不合格				
		取样操作	合格		2		
			不合格				
		压片操作	合格		4		
			不合格				
		样品外观	合格		5		
			不合格				

续表

序号	作业项目	考核内容		记录	分值	扣分	得分
三	样品谱图的扫描（20分）	开机预热	正确		5		
			不正确				
		扫描本底	正确		5		
			不正确				
		扫描样品	正确		5		
			不正确				
		工作站操作	正确		5		
			不正确				
四	关机操作（15分）	谱图打印	正确		5		
			不正确				
		模具后处理	擦净		10		
			未擦净				
			不正确				
五	样品谱图吸收峰的归属（20分）	谱图分析	正确		15		
			不正确				
		报告清晰完整	清晰完整		5		
			不清晰完整				
六	文明操作结束工作（10分）	实验过程台面	整洁有序		2		
			脏乱				
		废纸/废液	按规定处理		2		
			乱扔乱倒				
		结束后清洗仪器	清洗		3		
			未清洗				
		结束后仪器处理	盖好防尘罩,放回原处		3		
			未处理				
七	总时间（5分）	完成时间	符合规定		5		
			不符合规定				

思考与交流

1. 用压片法制样时，为什么要求研磨到颗粒粒度在 $2\mu m$ 左右？研磨时不在红外灯下操作，谱图上会出现什么情况？

2. 对于一些高聚物材料，很难研磨成细小的颗粒，采用什么制样方法比较好？检查和安装电极时，应注意哪些问题？

项目小结

红外光谱仪是对样品进行定性或定量分析的仪器，本项目中介绍了红外光谱仪的基本结构、色散型红外光谱仪的使用及维护、傅里叶变换型红外光谱仪的使用及维护，学习内容归纳如下：

① 红外光谱仪的原理、分类、结构、性能和主要技术指标。

② TJ270-30A 型红外分光光度计的结构、使用、维护和故障处理。

③ WQF-520A 型傅立叶变换红外光谱仪的结构、使用、维护和故障处理。

④ 红外光谱仪辅助设备的结构、使用和维护。

练一练 测一测

练一练测一测四

一、单项选择题

1. 红外光谱是（　　）。

A. 分子光谱　　B. 离子光谱　　C. 电子光谱　　D. 分子电子光谱

2. FTIR光谱仪中的核心部件是（　　）。

A. 硅碳棒　　B. 迈克尔逊干涉仪　　C. DTGS　　D. 光楔

3. 高聚物多用（　　）法制样后再进行红外吸收光谱测定。

A. 薄膜　　B. 糊状

C. 压片　　D. 溶液

4. 红外光谱仪不同于紫外-可见分光光度计，其样品处于（　　）。

A. 单色器和检测器之间　　B. 光源和检测器之间

C. 光源和单色器之间　　D. 光源之后

5. 压片法制样时所使用光谱纯溴化钾的作用是（　　）。

A. 混合物　　B. 光学性能好

C. 透光好　　D. 分散剂

6. 傅里叶红外光谱仪是根据（　　）原理设计的。

A. 朗伯-比尔定律　　B. 相干性

C. 光的色散　　D. 光电转换

7. 不适合作为红外吸收池的材料是（　　）。

A. 氯化钠　　B. 溴化钾

C. 石英　　D. 碘化铯

8. 下列红外光源中可用于近红外区的是（　　）。

A. 碘钨灯　　B. 高压汞灯　　C. 能斯特灯　　D. 硅碳棒

9. 傅里叶转换是将（　　）。

A. 干涉图转换为光谱图　　B. 干涉图转换为色谱图

C. 光谱图转换为干涉图　　D. 光谱图转换为能量图

10. 红外仪器间和操作间的相对湿度最好维持在（　　）。

A. 40%　　B. 50%　　C. 60%　　D. 70%

二、填空题

1. 色散型红外光谱仪按测量方式的不同，可以分为________与________两类。

2. 色散型红外光谱仪主要由________、________、________、________以及记录显示装置几个部分组成。

3. 红外光谱仪中常用的检测器有________、________、________等。

4. 在迈克尔逊干涉仪中，核心部分是________，简称________。

项目五

电化学分析仪器的结构及维护

项目引导

电化学分析仪器种类很多，对应的电化学分析的方法有电位分析仪（包括酸度计、离子计、电位滴定仪等）、库仑分析仪、电导率仪、电解分析仪、伏安分析仪及极谱分析仪等。电化学分析仪器设备简单，价格低廉，仪器的调试和操作都较简单，其在能源、材料、环境等领域发挥了不可低估的作用。

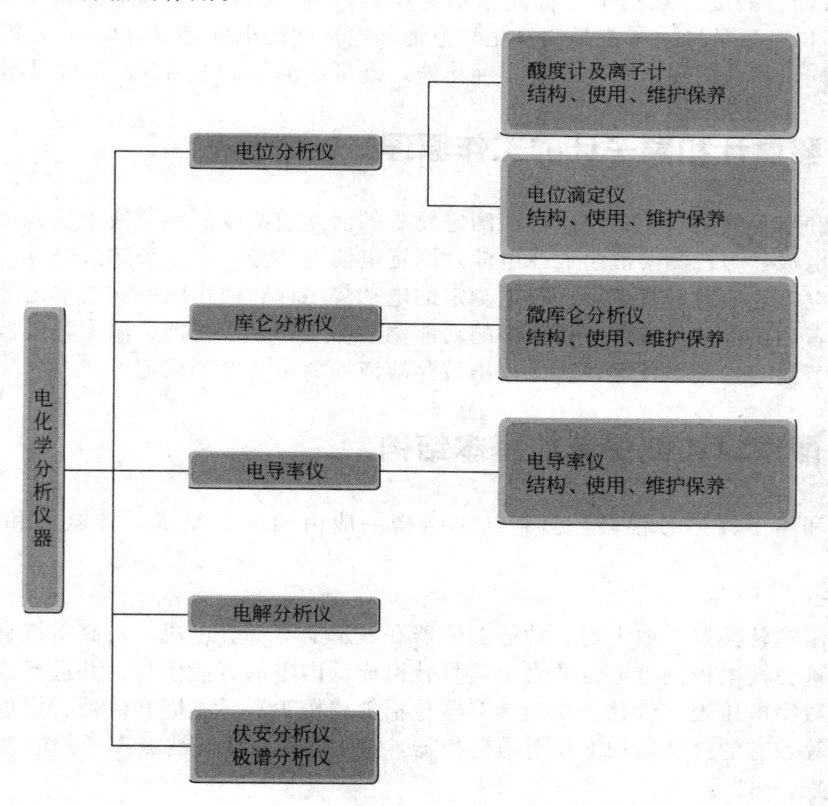

1. 如果要测定水样的 pH，可以用什么仪器完成测定？

2. 在滴定分析中如果溶液有色则无法完成滴定分析，那么是否可以借助电化学分析仪器完成有色溶液的滴定分析？

任务一
酸度计和离子计的使用及维护

任务要求

（1）熟悉酸度计及离子计的结构。

（2）了解酸度计及离子计的主要性能技术指标。

（3）能够完成酸度计及离子计的安装。

（4）能够使用酸度计及离子计完成分析测定。

（5）熟悉酸度计及离子计的维护方法。

（6）了解酸度计及离子计的故障排除方法。

酸度计是一种常用的仪器设备，酸度计又称为 pH 计，是用来精密测量溶液 pH 的仪器，广泛用于工业、农业、环保、科研等领域。离子计是用来测定溶液中待测离子的活（浓）度的仪器。酸度计和离子计都属于小型仪器，其结构简单，体积较小。酸度计（pH 计）和离子计（pX 计）由于都是测量化学电池两电极间的电动势（电位差），因此其结构和原理基本相同，往往同一台仪器具有多种功能，既可以测量 pH、pX，又可以测量电动势。

一、 酸度计和离子计的工作原理

酸度计和离子计是利用直接电位法测定物质的活度或浓度。在溶液中插入一支指示电极和一支参比电极，与待测溶液组成原电池，测定电池电动势，电动势输入电计，经放大电路放大后，由电流表或数码管显示。根据测定的电动势用计算或作图的方法求出溶液中待测离子的量；或者利用标准溶液调节仪器中的功能调节器（斜率校正器、温度补偿器、定位调节器和电位调节器等）校正仪器，直接读出被测溶液的离子活度和浓度。

二、 酸度计和离子计的基本结构

酸度计和离子计型号很多，但其基本结构一般由两部分组成，即电计和电极系统两部分。

1. 电计

电计由阻抗转换器、放大器、功能调节器和显示器等部分组成。由高阻抗直流放大器把高内阻离子选择性电极测量电池的直流信号转换成低内阻的直流信号，并进行放大，供显示器（电表或数字电压表）读数。功能调节器包括斜率校正器、温度补偿器、定位调节器和等电位调节器等，有的仪器还加上反对数转换器，把 pX 值换算成被测离子的浓度值由显示器直接显示出来。

2. 电极

电极包括指示电极和参比电极，其中指示电极的电极电位随待测离子活度的变化而改变；而参比电极的电极电位基本恒定，与待测离子的活度无关。在电位分析中最常用的指示电极为 pH 玻璃电极等各种离子选择性电极，常用的参比电极为甘汞电极或银-氯化银电极。

离子选择性电极是一种电化学传感器，它是由对溶液中某种特定离子具有选择性响应的敏感膜及其他辅助部分组成。离子选择性电极由于具有结构简单、测量范围宽、响应速度快、适用范围广、不要求复杂的仪器设备、操作简便、易于实现在线自动分析等特点而得到了广泛的应用。离子选择性电极最基本的组成部分包括敏感膜、电极管、内参比电极、内参比溶液等，如图 5-1 所示。

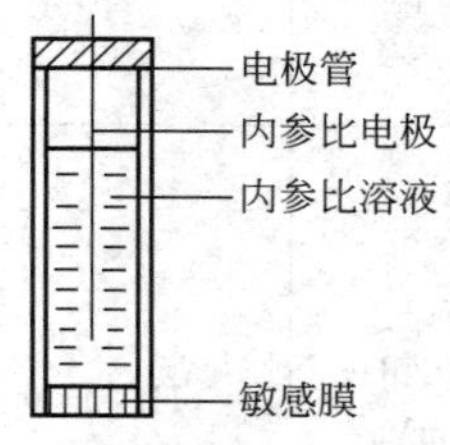

图 5-1　离子选择性电极

在测定溶液中离子浓度时，为缩短电极的响应时间，测量过程中应不断搅拌溶液。常用的搅拌装置是电磁搅拌器。

三、 酸度计和离子计的主要技术指标

1. 酸度计的主要技术指标

酸度计是根据电池电动势与溶液 pH 的关系，专门设计用来测定溶液 pH 的电子仪器。酸度计型号很多，按测量精度分为 0.1 级、0.01 级、0.001 级；按用途分为实验室用 pH 计、工业在线 pH 计等；按显示方式分为指针式 pH 计、数显式 pH 计；按先进程度分为经济型 pH 计、智能型 pH 计、精密型 pH 计；按便携性可分为便携式 pH 计、台式 pH 计和笔式 pH 计。其中笔式 pH 计，一般制成单一量程，测量范围小，为专用简便仪器；便携式 pH 计和台式 pH 计测量范围较广，且便携式采用直流供电，可携带到现场；实验室 pH 计测量范围广、功能多、测量精度高。选择酸度计时，仪器的精度级别是根据测量所需的精度决定的，各种形状的 pH 计是根据方便使用而进行选择。常用酸度计型号及主要技术指标见表 5-1。

表 5-1　常用酸度计型号及主要技术指标

型号	产地	量程	分辨率	精度	主要特点
pHS-3C	上海	0.00～14.00pH；±1999mV	0.01pH；1mV	pH：± 0.01pH；mV：±0.1%FS	显示形式：大屏幕带背光液晶屏显示；自动识别 3 种标准缓冲溶液(4.00pH、6.86pH、9.18pH)；二点校准，具有手动温度补偿功能
PHSJ-4F	上海	−2.000～20.000pH；±1999mV；−5～110℃	0.001pH；0.1mV；0.1℃	pH：± 0.002pH；mV：± 0.03% FS；±0.2℃	显示形式：大屏幕点阵式液晶显示，3 种读数模式；支持电极性能提醒功能和电极标定提醒功能；支持自动温度补偿，自动识别 5 种缓冲溶液，支持 1～3 点校准
pH620	上海	0.00～14.00pH；±2000mV；−5.0～105.0℃	0.01pH；1mV；0.5℃	pH：± 0.01pH；mV：± 0.1% FS；±0.5℃	自动校正和自动(手动)温度补偿功能；自动判断电极测量状态的自动终点功能；自动判断 pH 复合电极性能

续表

型号	产地	量程	分辨率	精度	主要特点
pH610	新加坡	0～14.00pH； ±1999mV； 0.0～80.0℃	0.01pH； 10.1mV； 0.1℃	pH：± 0.02pH； mV：±2mV；±0.5℃	背光的宽大高清晰液晶显示屏；pH/mV/温度三合一测量功能；更高的测量精度和显示分辨率；多达五点校准功能，
FE20	瑞士	0.00～14.00pH； ±1999mV； 0.0～100.0℃	0.01pH； 1mV； 0.1℃	pH：± 0.01pH； mV：±1mV；±0.5℃	大屏幕液晶显示所有测量数据；一键完成校准、测量以及不同测量模式的切换，简化操作流程；自动校准、自动识别缓冲液、自动/手动锁定终点、自动/手动温度补偿、仪表自检；电极状态图标，随时提醒电极使用情况
310P-01A	美国	−2.000～20.000pH； ±2000mV； −5.0～105.0℃	0.01pH； 1mV； 0.1℃	pH：± 0.001pH； mV：±0.1mV；±0.1℃	可自动识别 USA/NIST/DIN 缓冲液；可编辑 pH/ISE 校准结果，优化校准曲线，避免重复校准
PP 系列	德国	−2.000～20.000pH； ±1800mV	±0.001pH	pH：± 0.001pH； mV：±0.1mV	全自动温度补偿；简明的菜单操作提示；自动识别 22 种标准缓冲液（NIST、European 和 DIN 等），最多 5 种用户自定义缓冲液；自动检查复合电极；自动校准提醒
SX700	上海	−2.000～19.99pH	0.01pH	±0.01pH	便携式测量；自动校准、自动温度补偿、数据储存、功能设置、自诊断信息、自动关机和低电压显示等智能化功能；自动识别 13 种 pH 标准缓冲溶液，有三个系列的标准缓冲溶液可以选择：欧美系列、NIST 系列和中国系列
Seven2 GoProS8	瑞士	−2.000～20.000pH	0.001pH	±0.002pH	便携式测量；能够承受恶劣和苛刻的环境；提供高效准确的数据、单手操作设计和耐用性
OrionStarA	新加坡	−2.000～ 20.000pH； ±2000.0mV； −5～105℃	0.1pH、 0.01pH、 0.001pH	pH：± 0.001pH； mV：±0.1mV； ±0.1℃	便携式测量；可将读数锁定；定时读数功能；温度校准和温度自动补偿；可自动识别 USA/NIST/DIN 缓冲液；可保存多至 2000 组测量数据

需注意的是酸度计的级别和仪器的准确度是不同的两个概念，仪器级别与其准确度并不完全一致。酸度计的级别是按其电计的分度值（分辨率或最小显示值）表示的，例如：分度为0.1pH的仪器称为0.1级仪器；最小显示值为0.001pH的仪器称为0.001级仪器；等等。而仪器的准确度是电计与电极配套测试标准溶液的综合误差，它不仅与毫伏计有关，而且与玻璃电极和参比电极有关。

2. 离子计的主要技术指标

离子计是用于测量溶液中离子浓度的电化学分析仪器。一般人们指的离子计是测量除H^+以外其他离子的电化学仪器。离子计是根据溶液中待测离子的浓度与电池电动势的关系而设计的，仪器上可以显示电位值和pX值，选用不同的指示电极可以用来测定各种离子的浓度。离子计的种类很多，按其用途可分为通用型离子计和专用型离子计两大类。如DWS-295型钠离子计，专门测量钠的浓度；通用型离子计则可以与各种离子选择性电极配用，测量溶液中相应离子的浓度，如PXS-270型离子计。随着离子选择性电极的广泛应用和电子技术迅猛发展，新型离子计仍在不断出现，但其设计原理与pH计基本相似。表5-2列出了一些离子计的型号和主要技术指标。

表5-2　一些离子计的型号和主要技术指标

型号及类别	产地	测量范围	分辨率	精度	主要特点
PXS-270(通用型)	上海	0.00～14.00pX；±1999mV	0.01pX；1mV	±0.02pX	大屏幕LCD段码式液晶显示
PXSJ-216F(通用型)	上海	0.000～14.000pX；±1999mV；−5～110℃	0.001pX；0.1mV；0.1℃	±0.002pX；±0.03%FS；±0.2℃	采用点阵式液晶；支持测量pH/pX值、离子浓度、电位值、温度值；允许测量多种常规的离子
DWS-295F(专用型)	上海	pNa值：0.00～9.00；mV值：±1999mV；Na^+浓度：$2.3\times10^{-2}\sim2.3\times10^{7}$；温度值：−5～110℃	0.01pX；1mV	±0.01pNa	具有自动温度补偿、自动校准、自动计算电极的百分理论斜率等功能
Eutech Ion700(通用型)	新加坡	−2.00～16.00pH；$0.01\times10^{-6}\sim2000\times10^{-6}$；±2000mV；0～100℃	0.01pH；0.01×10^{-6}/0.1×10^{-6}/1×10^{-6}；0.1mV；0.1℃	±0.1pH；0.1mV；±0.52℃	使用不同的离子选择性电极，可直接测量溶液中离子的浓度；自动识别校准缓冲液，多至5点校准
PHM240/250离子分析仪(通用型)	法国	−9.00～23.00pH 离子浓度：$1\times10^{-12}\sim9.9\times10^{11}$；±1999mV；−9.9～99.9℃	0.001pH；0.1mV；0.1℃	0.002pH；0.1%mV；0.5℃；±0.5%的量程(单价离子)；±1.0%的量程(双价离子)	PHM250离子计可进行多点校准(多达9点)，并有自动校准、固定缓冲溶液校准、自由调整缓冲溶液值等3种校准方式

四、酸度计和离子计的使用

（一）酸度计的使用

酸度计使用前，先要进行校正，才可用于测量样品的pH。校正酸度计的方法有“一点校正法”“二点校正法”和“多点校正法”。一般常用的校正方法是“二点校正法”，它需要用两种标准缓冲液进行校正。一般先用混合磷酸盐标准缓冲溶液进行校正，再用接近被测溶液 pH 的标准缓冲溶液进行校正，如被测溶液为酸性时，标准缓冲溶液应选邻苯二甲酸氢钾溶液；如被测溶液为碱性时则选硼砂标准缓冲溶液。当测量对精度及准确度要求不高时，可以使用一点校正，校正时一般选择混合磷酸盐标准缓冲溶液。当准确度要求较高时可以采用多点校正，多点校正用得相对要少一些。

1. 酸度计的外形结构

酸度计目前常见的主要是 pHS 系列酸度计，下面以实验室常用的 pHS-3C 型酸度计（图 5-2）为例说明酸度计的使用方法。pHS-3C 型酸度计可以用于测定水溶液的 pH 和电动势（mV 值）。

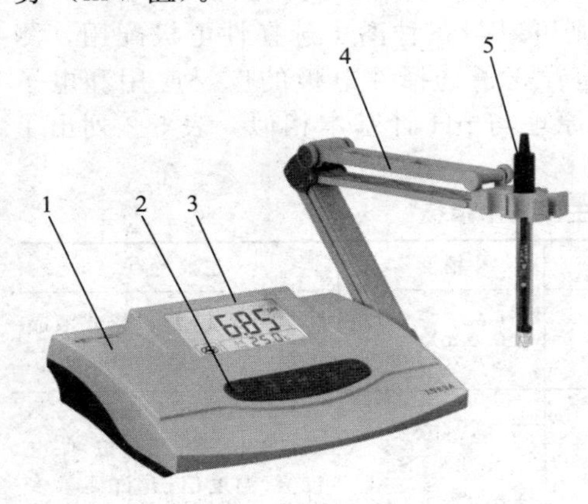

(a) 仪器外形结构

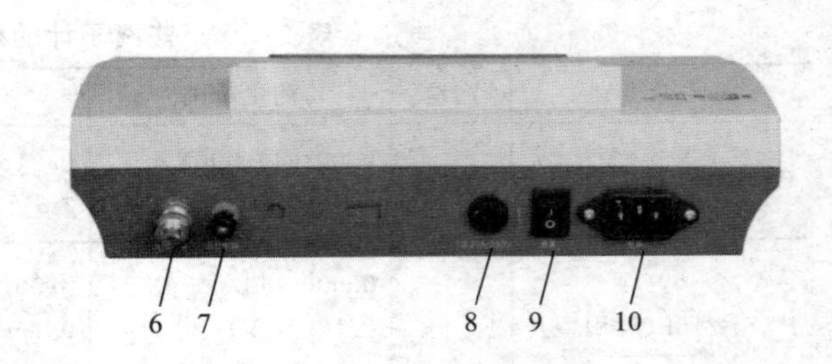

(b) 仪器后面板示意图

图 5-2　pHS-3C 型酸度计

1—机箱；2—键盘；3—显示屏；4—多功能电极架；5—电极；
6—测量电极插座；7—参比电极接口；8—保险丝；9—电源开关；10—电源插座

2. 酸度计上各部件的作用

（1）“pH/mV”键　此键为功能键，为 pH、mV 选择键。当选择“pH”时，仪器进入“pH”测量状态；当选择“mV”时，仪器进入“mV”测量状态。

（2）“定位”键　此键为定位选择键，它的作用是抵消待测离子活度为零时的电极电位，即抵消 E-pH 曲线在纵坐标上的截距。

（3）“斜率”键　此键为斜率选择键，用它补偿电极本身斜率与理论值的偏差，使仪器能更精确地测量溶液的 pH。

（4）“温度”键　此键为温度选择键，用来补偿溶液温度对斜率所引起的偏差，使用时将调节器调至所测溶液的温度数值。

3. 酸度计的安装

① 将多功能电极架插入多功能电极架插座中。

② 将 pH 复合电极安装在电极架上。

③ 在测量电极插座处拔掉 Q9 短路插头。

④ 在测量电极插座处插入 pH 复合电极。如不用 pH 复合电极，则在测量电极插座处插入玻璃电极插头，参比电极接入参比电极接口处。

⑤ 连接电源线。

4. 酸度计的操作

（1）校正仪器（也可称为标定仪器）

① 仪器安装好后，打开电源开关，预热。

② 仪器预热后按“pH/mV”按钮，使仪器进入 pH 测量状态。

③ 调节温度：按“温度”按钮，调节至溶液温度值。

④ 定位：先用蒸馏水清洗电极，并用滤纸吸干电极外壁的水分，将电极插入第一种标准缓冲溶液中，待读数稳定后按“定位”键，使读数为该溶液当时温度下的 pH，然后按“确认”键，仪器进入 pH 测量状态。

操作扫一扫

二维码5-1
酸度计的基本结构

微课扫一扫

二维码5-2
酸度计的使用

⑤ 调斜率：清洗电极，并用滤纸吸干，将电极插入第二种标准缓冲溶液中，待读数稳定后按“斜率”键，使读数为该溶液当时温度下的 pH，然后按“确认”键。

至此，仪器校正完成，不可再按“定位”键及“斜率”键，以免影响精度。

(2) 测量 pH　经校正的仪器，即可用来测量被测溶液。测定根据被测溶液与校正溶液温度是否相同分为以下两种情况：

① 被测溶液与校正溶液温度相同：用蒸馏水清洗电极头部，并用滤纸吸干；将电极浸入被测溶液内，轻摇试杯，使溶液均匀后读出该溶液的 pH。

② 被测溶液与校正溶液温度不同：用蒸馏水清洗电极头部，并用滤纸吸干；用温度计测出被测溶液的温度值，按“温度”键，使仪器显示被测溶液温度值；将电极浸入被测溶液内，轻摇试杯，使溶液均匀后读出该溶液的 pH。

(3) 测量电动势（mV 值）　酸度计除了可以测定溶液的 pH，也可用于测定溶液的电动势。

① 选择一定的离子选择电极（或金属电极）和参比电极安装在电极架上，把离子选择电极的插头插入测量电极插座处，把参比电极接入仪器后部的参比电极接口处。

② 用蒸馏水清洗电极头部，并用滤纸吸干；把两种电极浸入被测溶液内，将溶液搅拌均匀后，即可在显示屏上读出该离子选择电极的电极电位（mV 值）。

（二）离子计的使用

离子计以 PXS-270 为例，PXS-270 型离子计具有定位调节、等电位调节、温度补偿、斜率校正等功能。该仪器的工作原理、使用方法与维护和 pHS-3C 型酸度计基本相似，使用方法和维护请参见 pHS-3C 型酸度计的使用和维护。

（三）电极的使用

1. pH 玻璃电极

(1) pH 玻璃电极的构造　pH 玻璃电极是应用最早的离子选择性电极。它的主要部分是电极下端的球泡，见图 5-3，球泡是特殊成分玻璃制成的薄膜，泡内装有 pH 一定的缓冲溶液（通常为 0.1mol/L HCl 溶液），溶液内插入一支银-氯化银电极作为参比电极，这样就构成了 pH 玻璃电极。

(2) pH 玻璃电极的使用

① 初次使用或久置重新使用时，应将电极玻璃球泡浸泡在蒸馏水中活化 24h。

② 使用前要仔细检查所选电极的球泡是否有裂纹，内参比电极是否浸入内参比溶液中，内参比溶液内是否有气泡。有裂纹或内参比电极未浸入内参比溶液的电极不能使用。若内参比溶液内有气泡，应稍晃动以除去气泡。在安装玻璃电极时，注意不要碰坏电极球泡。

③ 玻璃电极不宜放置在温度剧烈变化之处，也不能烘烤，以防止玻璃球泡破裂和内部溶液蒸发。

④ 电极的插头和导线应保持清洁干燥，要避免与污物接触，防止漏电现象发生。

⑤ 玻璃电极使用时，玻璃膜应全部浸没在测量溶液中，并轻轻摇动溶液，以促使电极反应达到平衡；测量另一溶液时，应先用蒸馏水冲洗干净，并用吸水纸小心吸去黏附液，以免杂质带进溶液和被测溶液被稀释。

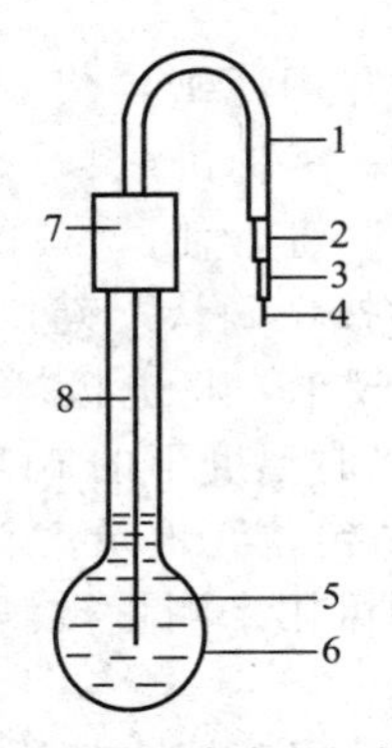

图 5-3　pH 玻璃电极构造

1—外套管；2—网状金属屏；3—绝缘体；
4—导线；5—内参比溶液；
6—玻璃膜；7—电极帽；8—银-氯化银内参比电极

2. pH 复合电极

（1）pH 复合电极的结构　把 pH 玻璃电极和饱和甘汞电极组合在一起的电极就是 pH 复合电极，其主要由电极球泡、玻璃支持杆、内参比电极、内参比溶液、外壳、外参比溶液、液接界、电极帽、电极导线、插口等组成，如图 5-4 所示。根据外壳材料的不同 pH 复合电极可分为塑壳和玻璃两种。相对于两个电极而言，复合电极最大的好处就是使用方便。

pH 复合电极的外参比溶液为 3.0mol/L 的氯化钾溶液或氯化钾凝胶电解质。根据外参比溶液存在状态，pH 复合电极分为可充式和非可充式两种。可充式 pH 复合电极即在电极外壳上有一加液孔，当电极的外参比溶液流失后，可将加液孔打开，重新补充 KCl 溶液。其特点是参比溶液有较高的渗透速率，液接界电位稳定重现，测量精度较高。而非可充式 pH 复合电极内装凝胶状 KCl，不易流失也无加液孔。其特点是维护简单，使用方便，但在长期和连续使用条件下，液接界处的 KCl 浓度会减小，影响测试精度。

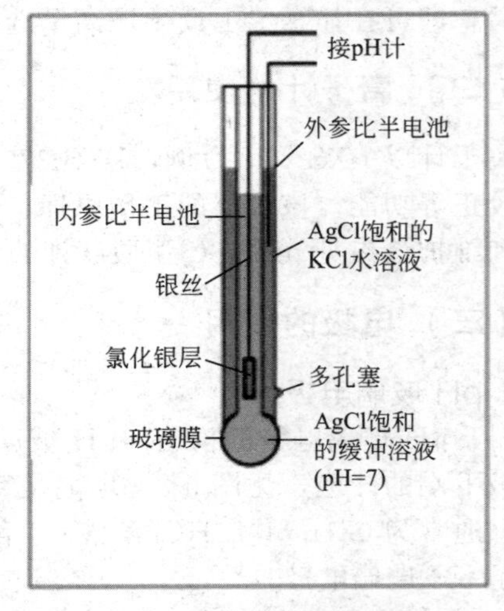

图 5-4　pH 复合电极的结构

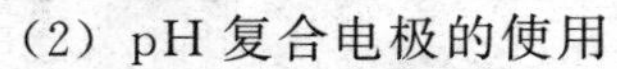
（2）pH 复合电极的使用

① 使用前要仔细检查玻璃膜是否有刻痕、裂缝；对于可充式 pH 复合电极检查外参比溶液的液面距离加液孔不得超过 45mm，不足时要补加溶液；检查电极的引出线及插头是否完好，特别是电极的插头应该干燥、清洁。

② 使用时，对于可充式 pH 复合电极将电极加液口上所套的橡胶套和下端的电极保护瓶以及电极保护瓶盖全取下，以保持电极内氯化钾溶液的液压差。

③ 对于可充式 pH 复合电极，使用时电极球泡测量端向下，捏住电极帽部分空甩数次，

使球泡内充满溶液并且没有气泡。对于不可充式 pH 复合电极，应将电极平缓地移至垂直位置，以防玻璃膜内存有气泡，玻璃电极的内参比部分必须浸在无气泡的内缓冲液中，内缓冲液必须充满玻璃膜。

④ 电极从浸泡瓶中取出后，应用去离子水冲洗干净，用吸水纸轻轻吸干，不要用吸水纸擦拭玻璃膜，否则由于静电感应电荷转移到玻璃膜上，会延长电势稳定时间，更好的方法是使用被测溶液冲洗电极。

⑤ 将电极接头接入 pH 计相应接口处，pH 复合电极插入溶液至少 1cm 以下，同时外参比溶液的液面不得低于被测液面。要搅拌晃动几下电极再静止放置，使溶液均匀与球泡接触，这样会加快电极的响应。尤其是使用塑壳 pH 复合电极时，搅拌晃动要厉害一些，因为球泡和塑壳之间会有一个小小的空腔，电极浸入溶液后有时空腔中的气体来不及排出会产生气泡，使球泡或液接界与溶液接触不良，因此必须用力搅拌晃动以排除气泡。

⑥ 测量另一溶液时，应先用蒸馏水冲洗玻璃膜、陶瓷芯（液络部分）和电极体，并用吸水纸轻轻吸干，这样电极就可以进行测量了。

⑦ 测量结束后，必须清洗电极，将电极插入盛有三分之一 3mol/L KCl 溶液的电极保护瓶中，使电极测量端完全浸没于 KCl 溶液中，然后将电极保护瓶盖与电极保护瓶相互旋紧。切勿将电极放在蒸馏水中，否则将缩短电极的使用寿命。

3. 氟离子选择性电极

（1）氟离子选择性电极的结构　氟离子选择性电极的电极膜为 LaF_3 单晶，掺入少量的 EuF_2 和 CaF_2。管内装有 0.1mol/L NaF-0.1mol/L NaCl 溶液作内参比溶液，以 Ag-AgCl 电极作为内参比电极，其结构见图 5-5。

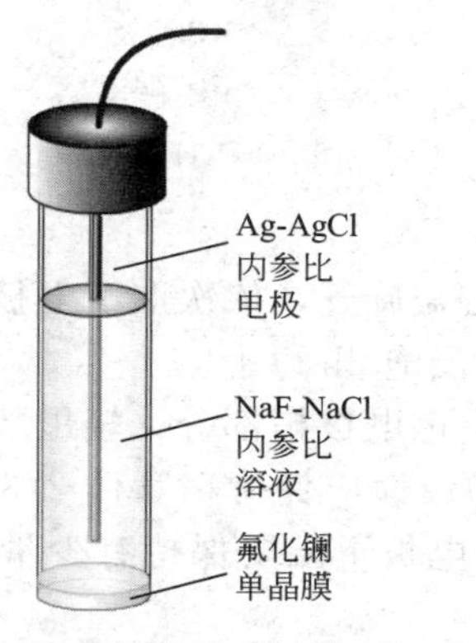

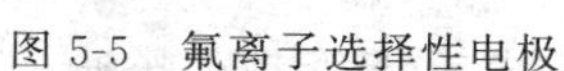
图 5-5　氟离子选择性电极

操作扫一扫

二维码5-5
氟离子选择性电极的使用

（2）氟离子选择性电极的使用

① 将电极保护瓶盖旋开，依次取下电极保护瓶和电极保护瓶盖（注意不要碰伤敏感膜片）。

② 氟离子选择性电极在使用前应在蒸馏水中浸泡数小时或过夜，或在 10^{-3} mol/L NaF 溶液中浸泡活化 1～2h，再用去离子水反复清洗至空白电位值，方能正常使用。

③ 为了防止晶片内侧附着气泡，测量前，让晶片朝下，轻击电极杆，以排除晶片上可能附着的气泡。

④ 测量时，氟电极的单晶片应充分浸没在被测溶液中。

⑤ 为了避免 OH^- 的干扰，测定时需要控制 pH 值在 4～8 之间。

⑥ 更换样品测量时，氟离子选择性电极和参比电极应先用去离子水充分清洗，然后用滤纸轻轻吸干电极上的残留水迹，再将电极浸入下一样品中进行测量，这样可以避免试样间交叉污染。

⑦ 电极使用完毕，用去离子水清洗至空白值，然后用滤纸吸干电极表面水分，套上电极保护瓶盖和电极保护瓶，放回包装盒干燥保存。间歇使用可浸泡在水中。

4. 甘汞电极

（1）甘汞电极的结构　甘汞电极由纯汞、Hg_2Cl_2-Hg 混合物和 KCl 溶液组成，其结构如图 5-6 所示。

甘汞电极有两个玻璃套管，内套管封接一根铂丝，铂丝插入纯汞中，汞下装有甘汞和汞（Hg_2Cl_2-Hg）的糊状物；外套管大多数装入饱和 KCl 溶液，有时为避免过多的 Cl^- 或 K^+ 影响正确测量，也可用双盐桥参比电极（如 217 型甘汞电极），在第二盐桥中加入适宜的电解质溶液（如 NH_4Cl、KNO_3 或 NH_4NO_3 等）；电极下端与待测溶液接触处是熔接陶瓷芯或玻璃砂芯等多孔物质。

微课扫一扫

二维码5-6
饱和甘汞电极

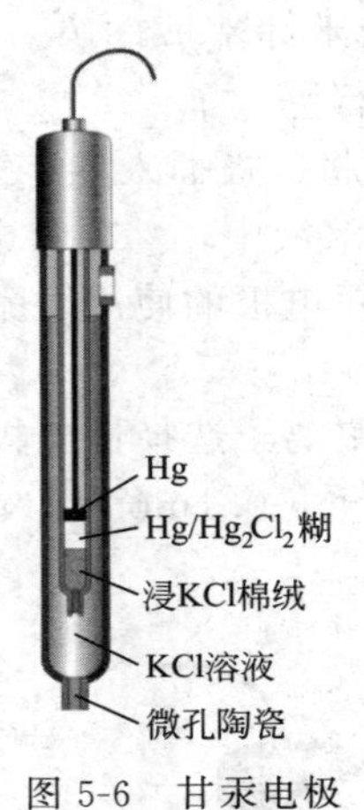

图 5-6　甘汞电极

（2）饱和甘汞电极的使用

① 使用前应先将电极保护瓶盖旋开，依次取下电极保护瓶和电极保护瓶盖。打开加液塞，并将电极在对应的浸泡液中浸泡 2h 以上。

② 电极测量端向下，捏住黑色电极帽部分，轻甩数次，检查盐桥处均应充满溶液，没有气泡。电极内饱和 KCl 溶液的液面应保持在管体 2/3 高度以上，不足时要补加溶液。为了保证内参比溶液是饱和溶液，电极下端要保持有少量 KCl 晶体存在，否则必须由上加液口补加少量 KCl 晶体。

③ 使用前要检查电极下端陶瓷芯毛细管是否畅通。检查方法是：先将电极外部擦干，然后用滤纸紧贴陶瓷芯下端片刻，若滤纸上出现湿印，则证明毛细管未堵塞。

④ 安装电极时，电极应垂直置于溶液中，内参比溶液的液面应较待测溶液的液面高，以防止待测溶液向电极内渗透。

⑤ 饱和甘汞电极在 80℃以上时电位值不稳定，此时应改用银-氯化银电极。

⑥ 当待测溶液中含有 Ag^+、S^{2-}、Cl^- 及高氯酸等物质时，应加置 KNO_3 盐桥。

五、 酸度计和离子计的维护

对仪器进行日常的定期维护，可保证仪器正常、可靠地使用，也会使仪器的使用寿命更长，特别是对于 pH 计和离子计这一类的仪器，具有很高的输入阻抗，而且使用环境需经常接触化学药品，所以更需合理维护。

1. 酸度计和离子计的维护

① 仪器应存放于干燥、无腐蚀性气体的场所。

② 仪器的输入端必须保持干燥清洁。仪器不用时，将短路插头插入插座，防止灰尘及水汽进入。

③ 测量时，电极的引入导线应保持静止，否则会引起测量不稳定。

④ 仪器所使用的电源应有良好的接地。

⑤ 用缓冲溶液校正仪器时，要保证缓冲溶液的可靠性，不能配错缓冲溶液，否则将导致测量结果产生误差。

⑥ 仪器不使用时，一定要关闭电源，擦净仪器。

2. 电极维护

（1）pH 玻璃电极的维护

① 玻璃膜的保护　玻璃膜很薄，玻璃电极在使用过程中，要注意避免玻璃膜与坚硬物体擦碰，以免碰破玻璃膜。

② 电极的清洗　电极用完后应立即用蒸馏水清洗，以免溶液干结在电极表面。玻璃电极的玻璃膜被沾污将影响对 H^+ 的正常响应，此时应对其进行清洗。玻璃电极上若有油污，可用 5%～10%的氨水或丙酮清洗；无机盐类污物可用 0.1mol/L 盐酸溶液清洗；钙、镁等不溶物积垢可用乙二胺四乙酸二钠盐溶液予以清洗；在含胶质溶液或含蛋白质溶液（如血液、牛奶等）中测定后，可用 1mol/L 盐酸溶液清洗。清洗玻璃电极不能用脱水溶剂（如重铬酸钾溶液、无水乙醇和浓硫酸等）。

③ 使用环境　玻璃电极一般在空气温度 0～40℃、试液温度 5～60℃、相对湿度≤85%的环境中使用。玻璃电极不宜置于温度剧烈变化的地方，更不能烘烤，以免玻璃膜胀裂和内部溶液蒸发。

④使用寿命　玻璃电极的内阻随着电极使用时间的增长而加大，使用数年可增大数倍。内阻增大会使测定 pH 的灵敏度降低，所以玻璃电极“老化”到一定程度便不宜再用，而应更换新的电极。

⑤ 保存　暂时不用的玻璃电极，可将玻璃膜部分浸在蒸馏水中，以便下次使用时容易达到平衡，长期不用的玻璃电极应放入盒内存放于干燥之处。

（2）pH 复合电极的维护

① 玻璃电极球泡必须用 3.0mol/L KCl 溶液浸泡；不可浸泡在蒸馏水中。浸泡方法不对，好的电极性能会变坏。如果电极长时间干放，使用前应浸泡在 3mol/L KCl 溶液中 24h 以上。浸泡液配制方法：称取 55.9g 分析纯 KCl，用去离子水配成 250mL 溶液，摇匀后使用。

② 勿将电极长时间浸泡于被测溶液内，电极使用完毕要认真对电极进行清洗。

③ 避免接触强酸强碱或腐蚀性溶液，如果测试此类溶液，应尽量减少浸入时间，用后仔细清洗干净；避免在无水乙醇、浓硫酸等脱水性介质中使用，它们会损坏球泡表面的水合凝胶层。

④ 塑壳 pH 复合电极的外壳材料是聚碳酸酯（PC）塑料，PC 塑料在有些溶剂中会溶解，如四氯化碳、三氯乙烯、四氢呋喃等，如果测试中含有以上溶剂，就会损坏电极外壳，此时应改用玻璃外壳的 pH 复合电极。

⑤ 被测溶液中如含有易污染敏感球泡或者堵塞液接界的物质会使电极钝化，会出现斜率降低，发生这种现象应根据污染物的性质，选择适当的溶液进行清洗，使电极复原。污染

物质和清洗剂参考表 5-3。

表 5-3 pH 复合电极污染物和清洗剂

污染物	清洗剂
金属离子	0.5mol/L 盐酸
有机物	乙醇或能够溶解该有机物的溶剂
无机物	0.1mol/L EDTA 溶液或 0.1mol/L HCl 溶液
油脂类物质	弱碱性洗涤剂
树脂高分子物质	酒精、丙酮、乙醚
蛋白质沉淀物	5%胃蛋白酶+0.1mol/LHCl 溶液

⑥ 经长期使用后，如发现斜率有所降低，可将电极下端浸泡在 4%HF 溶液中 3～5s，然后用 1∶10 HCl 清洗 10s，最后用蒸馏水清洗，储存在 3.0mol/L KCl 溶液中 24h，使玻璃膜再生。

（3）氟离子选择性电极的维护

① 电极晶片勿与坚硬物碰擦和强烈振动，晶片上如有油污，用脱脂棉依次用酒精、丙酮轻拭，再用蒸馏水洗净，不建议用纱布或卷筒纸直接擦拭电极，这样有可能造成敏感膜片脱落或损坏。

② 电极引线和插头要保持清洁干燥，避免锈蚀、污染。

③ 电极保存：电极应储存在温度为 5～45℃、相对湿度不大于 85%的干燥通风的常压室内，空气中不应含有腐蚀性气体。

（4）甘汞电极的维护

① 甘汞电极的上部绝缘管应保持干净，以避免因 KCl 溶液沾污而造成漏电。

② 使用过程中饱和 KCl 溶液不断消耗，必须定期添加。

③ 甘汞电极的陶瓷芯忌与油脂等物质接触，以防止堵塞。如果电极的漏液孔堵塞，应放在蒸馏水中浸泡畅通后才能使用。

④ 甘汞电极不用时，应将其加液管的橡皮塞塞紧，将下端的保护套套上，或浸泡在饱和 KCl 溶液内。

⑤ 电极长期不使用，装回保护瓶和加液塞，干燥保存。

⑥ 当甘汞电极内的汞及甘汞发黑后，应更换电极。

六、 酸度计和离子计的检定

按照《实验室 pH（酸度）计检定规程》（JJG 119—2005）规定，使用中和修理后的实验室酸度计要定期进行检定和检验，检定和检验合格后，方可继续使用，检定周期一般不超过 1 年。根据检定结果，检定合格的仪器，检定单位发给检定证书；鉴定结果为不合格的仪器，允许降级使用，降到下一级时，必须符合该级别仪器的各项要求；不符合要求的仪器，发给检定结果通知书，并注明不合格项目。离子计检定按检定规程（JJG 757—2007）进行。

七、 酸度计和离子计常见故障的排除

使用酸度计和离子计时一般电极容易出问题，所以通常酸度计和离子计出现故障时首先检查该仪器配套的电极是否有问题，可以通过更换新电极进行检查并进行相应处理。如果不是电极的问题，就要检查酸度计或离子计是否出现问题，表 5-4 列出了常见故障及排除方法。

表 5-4 酸度计和离子计常见故障及排除方法

故障现象	原因	排除方法
电源接通,显示屏不亮	电源器未接	重新连接
电源接通,仪器显示数字乱跳	输入端断开	旋上 Q9 短路插头
测量结果不准确	电极失效	更换新电极
定位或斜率调节不起作用	可能定位或斜率电位器损坏	更换

若上述各种情况排除后，仪器仍不能正常工作，则与有关部门联系。

思考与交流

1. 说明酸度计及离子计的结构。
2. 从哪些技术指标可以对比酸度计及离子计的优劣？
3. 如何进行酸度计的校准？
4. 如何对酸度计及离子计进行日常维护？

任务二
电位滴定仪的使用及维护

任务要求

（1）熟悉电位滴定仪的结构。
（2）了解电位滴定仪的主要技术指标。
（3）能够完成电位滴定仪的安装。
（4）能够使用电位滴定仪完成分析测定。
（5）熟悉电位滴定仪的维护方法。
（6）了解电位滴定仪的故障排除方法。

早在 19 世纪末，人们就将合适的指示电极和参比电极放入滴定分析的试液中，通过滴定过程中观察到的电位突跃确定滴定终点，这种根据滴定过程电位差的变化来确定终点的方法就是电位滴定法。电位滴定法具有分析准确度高、适应范围广等优点，广泛用于酸碱滴定、氧化还原滴定、沉淀滴定及配位滴定等方法中，特别是对于有色或浑浊，找不到合适指示剂的滴定分析，用电位滴定法可获得理想的结果。在电位滴定法中，用来测量、记录、显示电极电位突变的仪器称为电位滴定仪。

一、电位滴定仪的基本原理

电位滴定仪是以指示电极、参比电极和试液组成工作电池，用标准滴定溶液进行滴定，在滴定过程中待测离子的浓度不断变化，指示电极的电极电势随之变化，工作电池的电动势也发生变化，根据电池电动势（电位差）的变化来指示滴定反应的终点。

二、电位滴定仪的基本结构

电位滴定仪根据滴定控制的方法不同，分为手动电位滴定仪和自动电位滴定仪等。

1. 手动电位滴定仪

应用酸度计或离子计等常用的电位测定仪器，选择合适的电极系统，再配合滴定管、电磁搅拌器等即可组装成一台手动电位滴定装置。如图 5-7 所示。

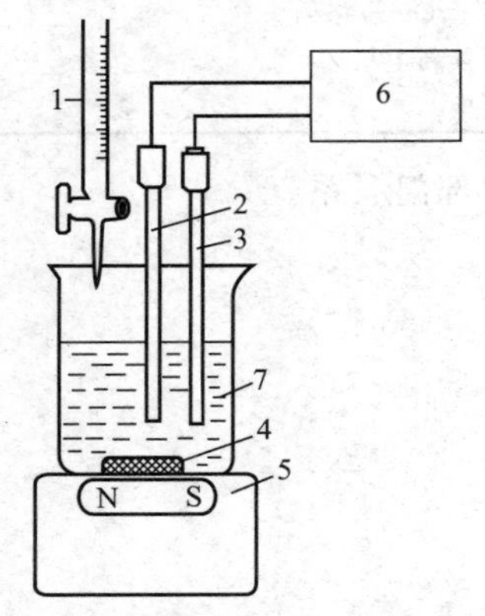

图 5-7　电位滴定用基本仪器装置

1—滴定管；2—指示电极；3—参比电极；4—铁芯搅拌棒；5—电磁搅拌器；6—高阻抗毫伏计；7—试液

2. 自动电位滴定仪

一般的自动电位滴定仪是在手动电位滴定仪的基础上增加一些控制装置而成。自动电位滴定仪是由计算机控制的全自动化仪器，仪器分为电计系统、滴定系统和电极系统三大部分。电计系统由电位放大、控制线路组成，通过测量指示电极与参比电极间的电位，进行信号处理，自动控制滴定系统的滴液速度，判断滴定终点后，仪器自动停止滴定。滴定系统分为数字式和刻度式两大类。电极系统包括示电极和参比电极。

三、 电位滴定仪的主要技术指标

国产的自动电位滴定仪，主要有 ZD 系列，其中 ZD-2 型是由 pHs-2 型酸度计加上电磁阀控制的滴定管构成，适于手动滴定；ZD-3 型则更先进一些，配有数字显示和记录仪；ZDJ-4A 型是全新的自动电位滴定仪，由微机控制，通过人机对话设定滴定参数，是一种分析精度高的实验室分析仪器，除了进行自动电位滴定外，还具有斜率标定、直读浓度、滴定管自动清洗、自动打印报告等功能。电位滴定仪可以从测量范围、分辨率、最小进液量、滴定方法等方面来进行选择。表 5-5 列了一些常用自动电位滴定仪的型号和主要技术指标等相关信息，以供参考。

表 5-5　常用自动电位滴定仪的型号和主要技术指标

仪器型号	产地	主要技术指标	主要特点
ZDJ-4A	上海	测量范围：0.00～14.00pH；－1800.0～1800.0mV；－5.0～105.0℃ 分辨率：0.01pH；0.1mV；0.1℃ 精度：±0.01pH±1 个字；±0.3mV±1 个字；0.3℃±1 个字 滴定分析的重复性：0.2%	采用微处理技术，点阵式液晶显示；用预滴定、预设终点滴定、空白滴定或手动滴定功能可生成专用滴定模式；选用不同的电极可进行酸碱滴定、氧化还原滴定、沉淀滴定、络合滴定、非水滴定等多种滴定及 pH 测量；滴定系统采用抗高氯酸腐蚀的材料
ZDJ-2D	北京	测量范围：0～＋14.00pH；－1400～±1400mV 分辨率：0.01pH；0.1mV 滴定最小进液量：0.005mL 重现性：优于±0.02	可存储多个滴定方法，并快速启动滴定；具有动态滴定、等量滴定、终点滴定、pH 测量等多种测量模式；随机配有滴定监控软件，可监控全部滴定过程
T860	山东	测量范围：0～＋14.00pH；－1999～1999mV；0～100℃ 分辨率：0.01pH；0.1mV；0.1℃ 最大的可能误差：0.02pH；±0.2mV 滴定分析重现性：0.2% 电子单元重复性误差：≤0.2mV	无死体积电磁阀，对添加体积的精确闭环控制；高精度滴定管精确到 0.005mL；宽电压范围设计（110～240V）

续表

仪器型号	产地	主要技术指标	主要特点
TX 系列 T50 标准型	瑞士	mV/pH 测量电极测量范围：－2000～2000mV/0～200μA 分辨率：0.1mV/0.1μA 最大的可能误差：0.2mV/0.3μA	根据型号不同，可同时连接多个滴定管和传感器，进行自动多步滴定、返滴定等各种复杂滴定测试。高度智能化，自动识别和智能查找电极、滴定剂和各种附件
Titrando 智能电位滴定仪 905/907	瑞士	测量范围：－13～＋20pH；－1200～1200mV 分辨率：0.001pH；0.1mV；0.1℃ 重现性：0.15% 测量间隔：100ms	采用智能加液单元电位滴定，卡氏水分滴定和 STAT 滴定多种功能基于合适的接口适配器，加液单元可直接安装在任何规格试剂瓶上，加液单元的更换只需非常短的时间即可完成，加液单元的冲洗和准备是完全自动进行的，不需手工拆卸来进行清洗
GT-200	日本	测量范围：0～14pH；－2000～2000mV 分辨率：0.01pH；0.1mV 重现性：0.2% 稳定性：±0.3mV	大屏幕彩色液晶显示器，滴定过程中变化曲线图及滴定情况随时显示；自动浓度计算、统计计算、自动 pH 校正
AT-710M	日本	测量范围：－2000.0～＋2000.0mV；－20.000～20.000pH；0～100℃ 滴定管准确度：±0.02mL(20mL 滴定管) 重复性：±0.01mL 分辨率：0.001mL(20mL 滴定管)	搭载 1/20000 高分辨率滴定管，气泡不易附着管壁；内置一组滴定管，不增加空间的情况下可扩充为两组；连接多样品自动进样器，执行全自动化多样品的测量
Titroline6000	德国	测量范围：－3.0～18.00pH；－2000～2000mV；0～100μA；－75～175℃ 分辨率：0.001pH；0.1mV；0.1μA；0.1℃ 重现性：0.05%～0.07% 稳定性：0.1%～0.15%	拥有极高的解析度、精确的 pH/mV 和永停测量界面，可以快速、可靠、准确测量一个较宽范围的参数值

四、电位滴定仪的使用

目前国产自动电位滴定仪中以 ZDJ-4A 型应用较多，如图 5-8 所示。下面就以 ZDJ-4A 型自动电位滴定仪为例，介绍自动电位滴定仪的使用和维护。

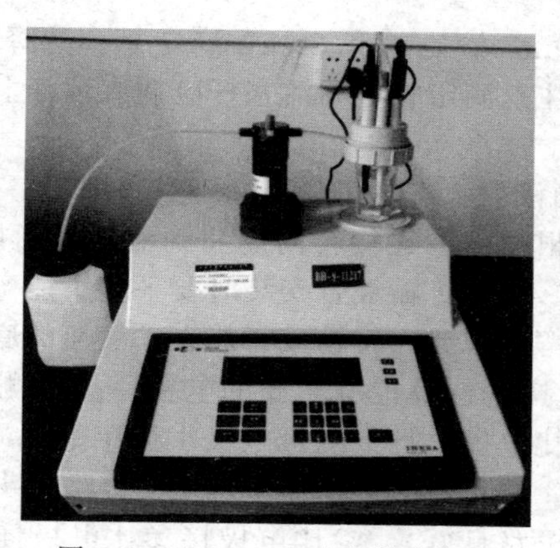

图 5-8　ZDJ-4A 自动电位滴定仪

（一）ZDJ-4A 自动电位滴定仪的结构

ZDJ-4A 自动电位滴定仪的结构如图 5-9 所示。

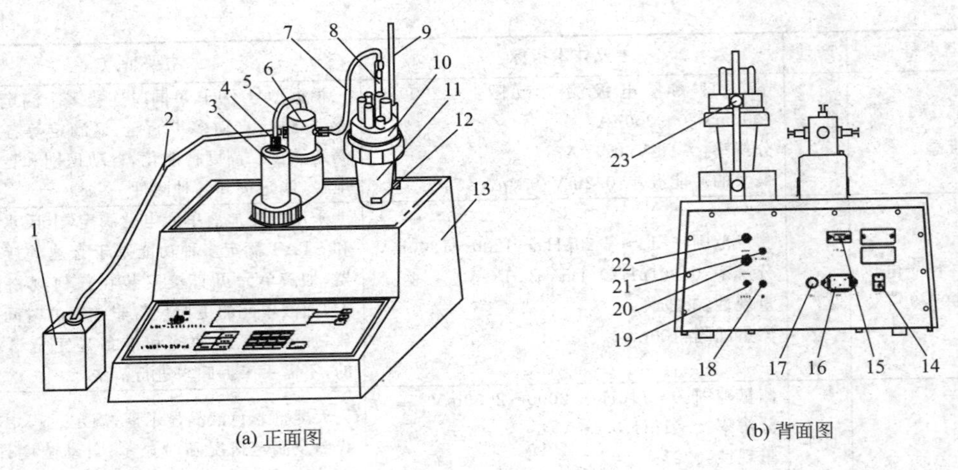

(a) 正面图

(b) 背面图

图 5-9　ZDJ-4A 自动电位滴定仪的结构

1—贮液瓶；2，5，7—输液管；3，8—滴定管；4—接口螺母；6—转向阀；9—电极梗；
10—溶液杯支架；11—溶液杯；12—搅拌珠；13—主机；14—电源开关；
15—RS232 插座；16—电源插座；17—保险丝座；18—接地插座；19—温度传感器插座；
20—测量电极 2 插座；21—参比电极插座；22—测量电极 1 插座；23—紧固螺钉

（二）仪器的安装

① 仪器安装的环境要求　环境温度为 5.0～35.0℃；相对湿度不大于 80%；供电电源为（220±22）V；频率为（50±1）Hz；除地磁场外，周围无电磁场干扰。

② 详细阅读仪器说明书，按仪器说明书检查仪器零部件是否齐全。

③ 安装

a. 安装溶液杯　将主机放在试验台上，将电极梗插入主机面板右上角螺孔内，旋紧。装入溶液杯支架和溶液杯，在溶液杯中放入搅拌子，调整好位置，使之置于搅拌器中央，并用紧固螺钉锁紧。

b. 安装滴定管　滴定管有两种：10mL 滴定管和 20mL 滴定管。选择一定体积的滴定管，将清洗后的滴定管安装在主机上，注意滴定管上的活塞杆应插入顶杆上的燕尾槽内，然后旋紧滴定管上的螺母。

c. 连接输液管　在溶液杯中插入滴液管；输液管有三根，将最长的一根作为进液管，最短的一根连接转向阀和滴定管，另一根输液管连接转向阀和滴液管，用接口螺母连接好，接口螺母一定要旋紧，以防止液体泄漏。注意，输液管安装时要平整不能弯折，应呈现自然弯曲状态，旋紧时输液管不能有位移和弯折现象。将输液管放入贮液瓶的底部。

d. 安装电极　按具体分析需要，选择电位滴定所需要的电极。拔去测量电极和参比电极上的电极套，然后插入测量电极和参比电极，拧下测量电极 1 插座上的 Q9 短路插头，将测量电极插入测量电极 1 插座内（注意，测量电极 2 插座上的 Q9 短路插头不能拔去，必须保证测量电极 2 插座上的 Q9 短路插头短路良好）。参比电极接参比电极插座，小心移动溶液杯支架，将电极浸入试杯溶液中。

e. 连接仪器电源。

仪器安装好后，即可以用于分析测量。

（三）ZDJ-4A 自动电位滴定仪的使用

1. 仪器操作键的功能和使用

仪器共有 22 个键，如图 5-10 所示，分别为：数字键（0～9）、负号键、小数点键、F1 键、F2 键、F3 键、mV/pH 键、标定键、模式键、设置键、搅拌键、打印键和退出键。其中有些键为复用键。下面简要介绍主要键的功能和使用方法。

图 5-10 仪器操作键盘示意图

操作扫一扫

二维码5-9
电位滴定仪的使用

① 2/▼、3/PgDn、4/◀、5/Input、6/▶、8/▲和 9/PgUp 是复用键。◀、▶、▲和▼键，在许多功能状态下，用于移动高亮条或调节数值。PgDn 和 PgUp 键用于菜单翻页。Input 键用于模式名称的输入。

② F1 键、F2 键、F3 键：仪器主要的功能操作由这三个键来实现。其含义由显示屏右端方格中对应的文字提供。显示的文字不仅指出了 F1 键、F2 键、F3 键的含义，而且提示了仪器下一步的主要操作。如仪器在起始状态下，如图 5-11 所示，“F1”即对应“滴定”，按“F1”键，仪器进入滴定功能；“F2”即对应“补液”，按“F2”键，仪器进入补液功能；“F3”即对应“清洗”，按“F3”键，仪器进入清洗功能。

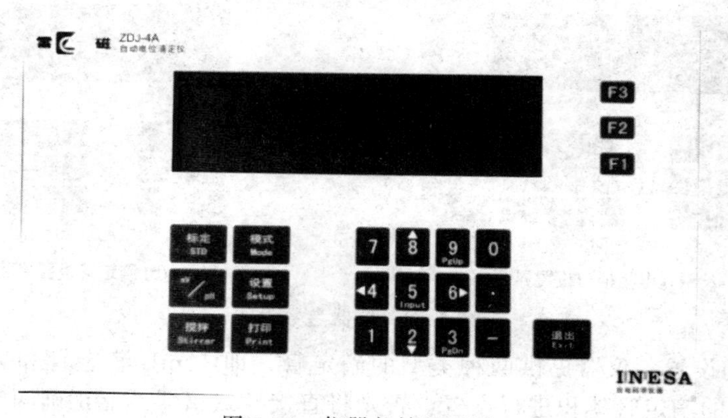

图 5-11 仪器起始界面图

③ 模式键：按下此键，仪器即进入模式滴定功能，包括模式的载入、模式参数的修改、模式的删除以及模式的生成等。

仪器主要滴定模式有预滴定、预设终点滴定、模式滴定、手动滴定和空白滴定。

a. 预滴定 预滴定是仪器的主要滴定模式之一，许多模式滴定都可由预滴定模式产生。仪器可以通过预滴定模式自动找到滴定终点，从而生成专用滴定模式。

b. 预设终点滴定 如果使用者已知 pH 或电位的滴定终点值，就可以用预设终点滴定功能进行滴定。只要输入终点数、终点 pH 或电位值和预控点值（预控点是快速滴定到慢速滴定的切换点），即可进行滴定。

c. 模式滴定　仪器提供两种专用模式滴定。a 模式为 HCl→NaOH；b 模式为 $K_2Cr_2O_7$→Fe^{2+}；其余模式滴定需要用户做预滴定后而生成。使用者经过预滴定后得到滴定参数，通过按“模式”键，可将此参数储存于仪器中，从而生成专用滴定模式。以后使用者只要载入此模式，即可进行滴定。

d. 手动滴定　使用者通过设定添加体积，进行手动滴定。该滴定模式可帮助使用者寻找滴定终点。

e. 空白滴定　该模式适用于滴定剂消耗少（1mL 以下）的滴定体系。在此模式中，仪器每次添加体积为 0.02mL（使用者可以修改此参数），使用者也可设置预加体积参数，以便加快滴定速度，从而使仪器自动寻找滴定终点生成专用滴定模式。

④ 设置键：用于设置参数，包括设置测量电极插口、滴定管、滴定管系数、日期、时间、预滴定参数、预控滴定参数等。

2. 滴定

下面以预滴定模式并生成专用滴定模式为例说明仪器的使用方法。

① 根据滴定要求准备好电极，安装好，打开“电源开关”，预热。

② 准备工作　按 F3（清洗）键，按“▲”或“▼”键选择清洗次数后，再按 F2（确认）键，用滴定剂反复冲洗滴定管，赶走管内气泡，使溶液充满整个滴定管道。

③ 参数设置　按设置键设置电极接口、滴定管、滴定管系数、搅拌器开始速度等。

a. 电极插口的设置　当电极插在电极插口 1 时，必须相应地将电极插口设置为“插口 1”；当电极插在电极插口 2 时，必须相应地将电极插口设置为“插口 2”。操作如下：在仪器的起始状态下，按“设置”键，仪器进入设置模块，仪器高亮条显示在“电极插口”上，见图 5-12（a），按“F2”（设置）键，再按“PgUp”或“PgDn”键使仪器显示“电极插口 1”，然后按“F2”（确认）键即可。

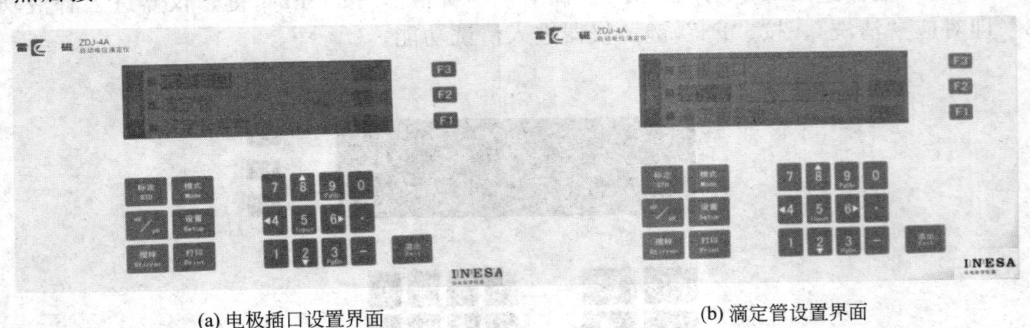

(a) 电极插口设置界面　　(b) 滴定管设置界面

图 5-12　仪器参数设置

b. 滴定管的设置　仪器提供两种类型的滴定管，即 10mL 滴定管和 20mL 滴定管，操作时应根据使用的滴定管体积进行设置，否则将直接导致仪器不能正确滴定。例如：将滴定管设置为 10mL 滴定管。在仪器起始状态下，按“设置”键，仪器进入设置模块，移动高亮条至“滴定管”上，如图 5-12（b）所示，按“F2”（设置）键，再按“PgUp”或“PgDn”键使仪器显示“滴定管 10mL”，然后按“F2”（确认）键即可。

c. 滴定管系数的设置　每支滴定管都标有滴定管系数。例如，滴定管系数为 99.98%，操作如下：在仪器起始状态下，按“设置”键，仪器进入设置模块，移动高亮条至“滴定管系数”上，按“F2”（设置）键，再按“▲”或“▼”键，使显示为“滴定管系数 99.98%”，然后按“F2”（确认）键即可。

d. 搅拌器速度的设置　在被测溶液中放入搅拌子，将溶液放在搅拌器上，在仪器的起始状态下按“搅拌”键，进入搅拌器速度设置状态。有两种方法可以设置搅拌器的速度：第一，直接按“▲”或“▼”键逐步增加或降低搅拌器的速度；第二，按“F2”（设置）键，仪器显示一空白的输入框，使用者可以直接输入搅拌器的速度值（0～90），输入后按“F2”（确认）键，退出输入状态，搅拌器将以新的速度开始搅拌。

④ 滴定　在仪器起始状态下，按“F1”（滴定）键，仪器进入滴定模式选择菜单，移动高亮条至“预滴定”上，按“F2”（确认）键，则可进入预滴定模式，仪器开始自动进行预滴定，找到终点时仪器自动长声提示，按“F1”（终止）键，再按“F2”（确认）键，终止滴定。滴定结束后，仪器自动完成补液，结束后显示终点。

⑤ 生成模式　按“F1”（模式）键，按“F2”（确认）键，仪器显示模式说明输入界面，输入必要的模式说明，按“F1”（确认）键，仪器自动按顺序储存模式，结束后回到滴定结束状态，按“退出”键结束本次分析。

⑥ 模式滴定　选择“模式滴定”进行滴定分析。也可以用预滴定模式方法一直进行滴定分析。

⑦ 结束工作　用蒸馏水清洗仪器滴定管、输液管，关闭仪器电源开关，清洗电极。

3. 电极标定

在各种 pH 滴定模式开始滴定前可以进行电极斜率的标定。标定有两种方法：一点标定和两点标定。二点标定可以提高 pH 的测量精度，下面说明二点标定的方法，二点标定是选用两种 pH 标准缓冲溶液对电极系统进行标定，测得 pH 复合电极的实际百分斜率和定位值。操作步骤如下：

① 将 pH 复合电极及温度电极插入仪器的测量电极插座内，正确设置电极插口，将该电极用蒸馏水清洗干净，放入规定的三种 pH 标准缓冲溶液（pH＝4.00、pH＝6.86 及 pH＝9.18，25℃）中的任意一种 pH 标准缓冲溶液中。

② 在仪器的起始状态下，按“标定”键，仪器即进入一点标定工作状态，此时，仪器显示当前测得的 pH 和温度值。

③ 在完成一点标定后，将电极取出重新用蒸馏水清洗干净，放入另一种 pH 标准缓冲溶液中。

④ 再按确认键，使仪器进入二点标定工作状态，仪器显示当前的 pH 和温度值。

⑤ 当显示的 pH 读数趋于稳定后，按下确认键，仪器显示“标定结束!”以及标定好的电极斜率值和 E_0 值，说明仪器已完成二点标定。至此标定结束。

4. pH 测量

在仪器的起始状态下，如果当前显示的是电位值和温度值，则按“mV/pH”键，仪器即切换到 pH 测量状态，显示当前的 pH 和当前使用的电极百分斜率值。

五、ZDJ-4A 自动电位滴定仪的维护

① 仪器的插座必须保持清洁、干燥，切忌与酸、碱、盐溶液接触，防止受潮，以确保仪器绝缘和高输入阻抗性能。仪器不用时，将 Q9 短路插头插入测量电极的插座内，防止灰尘及水汽进入。在环境湿度较高的场所使用时，应用干净纱布把电极插头擦干。

② 整个滴定管最好经常用蒸馏水清洗，特别是会产生沉淀或结晶的滴定剂（如 $AgNO_3$），在使用完毕后应及时清洗，以免破坏阀门。

③ 在用高氯酸、冰醋酸作滴定剂时，应保持环境温度不低于 16℃，否则会产生结晶，损坏阀门。

④ 在更换滴定管之前，要先让仪器完成补液动作。

⑤ 关机以后，至少要等 1min 以上的时间再开机，以使计算机系统和控制系统可靠地复位。

六、电位滴定仪的检定

按照《自动电位滴定仪检定规程》(JJG 814—2015) 规定，使用中的自动电位滴定仪要定期进行检定，检定合格后，方可继续使用，检定周期一般不超过 1 年。仪器检定项目有电计示值误差、电计示值重复性、电计输入电流、电计输入阻抗、滴定管容量误差、仪器示值误差、仪器示值重复性等。仪器级别分为 0.05 级、0.1 级和 0.5 级，仪器级别不同，其检定项目有不同的要求。

七、ZDJ-4A 自动电位滴定仪常见故障排除

ZDJ-4A 自动电位滴定仪常见故障排除方法见表 5-6。

表 5-6 ZDJ-4A 自动电位滴定仪常见故障排除方法

现象	故障原因	排除方法
开机没有显示	a. 没有接通电源 b. 保险丝坏	a. 检查电源 b. 更换同一型号保险丝
mV 测量不正确	a. 电极性能不好 b. 另一电极接口短路不好	a. 更换好的电极 b. 更换 Q9 短路插头
pH 测量不正确	a. 电极性能不好 b. 另一电极接口短路不好 c. 电极插口设置错误	a. 更换好的电极 b. 更换 Q9 短路插头 c. 设置正确的电极插口
打印机不打印或不正确	a. 打印机电源没接 b. 打印线没连接 c. 打印机设置错误 d. 打印机选择错误	a. 连接打印机电源 b. 连接好打印机连线 c. 设置正确的打印机型号 d. 更换打印机
预滴定找不到终点	a. 终点突跃太小 b. 滴定剂或样品错误 c. 终点体积较小 d. 电极选择错误	a. 将突跃设置为“小” b. 更换滴定剂或正确取样 c. 改用“空白滴定”模式 d. 正确选择电极
预滴定找到假终点	预滴定参数设置不合适	将突跃设置为“大”
模式滴定错误 a. 找到假终点 b. 滴定结果为 0.000mL c. 找不到终点	a. 预滴定找到假终点 b. 电极插口选择错误 c. 模式选择错误	a. 将假终点关闭 b. 设置正确的电极插口 c. 选择正确的滴定模式
预设终点滴定错误 a. 两个以上终点时，参数设置完毕后，无法进行滴定 b. 滴定时，显示“预控点设置错误”	a. 参数设置错误 b. 参数设置错误或电极插口设置错误	a. 重新设置正确的参数 b. 重新设置正确的预控点或设置正确的电极插口
搅拌器不转	a. 搅拌器没连接 b. 搅拌设置错误 c. 搅拌器坏 d. 溶液杯内没放搅拌子	a. 连接好搅拌器 b. 加快搅拌速度 c. 更换搅拌器 d. 放置搅拌子
输液管有气泡	输液管接口漏液	安装好输液管
机械动作不正常	滴定管安装不正确	安装好滴定管
电极标定错误	a. pH 电极性能差 b. 缓冲液配制错误 c. 电极插口选择错误	a. 更换 pH 电极 b. 重新配制缓冲液 c. 设置正确的电极插口

思考与交流

1. 说明自动电位滴定仪的结构组成。
2. 从哪些技术指标可以对比不同电位滴定仪的优劣？
3. 如何对自动电位滴定仪进行日常维护？

任务三
微库仑分析仪的结构和维护

任务要求

(1) 熟悉微库仑分析仪的基本结构。
(2) 了解微库仑分析仪的基本原理。
(3) 能够使用微库仑分析仪完成分析测定。
(4) 熟悉微库仑分析仪的维护方法。
(5) 了解微库仑分析仪的故障排除方法。

微库仑分析仪采用微库仑分析法进行分析。微库仑分析法又称为动态库仑分析法，与库仑滴定法类似，也是利用电生滴定剂滴定被测物质，但在测定过程中，其产生的电流是根据被测物质的含量由指示系统电信号的变化自动调节的，是一种动态的库仑分析技术，其准确度、灵敏度和自动化程度更高，更适合做微量分析。目前该方法已广泛地应用于石油化工、有机元素分析和环境监测及医学临床化验等各个方面。

一、仪器工作原理

微库仑分析仪主要由微库仑滴定池、微库仑放大器和积分器等部分组成，其工作原理如图 5-13 所示。滴定池（或称电解池）中放入电解质溶液和两对电极，一对为指示电极和参比电极，另一对为工作电极和辅助电极。在被测物质进入滴定池之前，预先使滴定池中的电解质溶液含有一定浓度的库仑滴定剂。指示电极对滴定剂发生响应，并建立一定的电极电位 $E_{指}$，$E_{指}$ 为定值。偏压源提供的偏压 $E_{偏}$ 与 $E_{指}$ 大小相等，方向相反，两者之差 $\Delta E=0$，此时电路上放大器的输入为零，因此放大器输出也为零，处于平衡状态。当被测组分进入滴定池后，由于被测组分与电生滴定剂发生反应，使滴定剂浓度降低，此时指示电极的电极电位发生变化，$E_{偏}$ 与 $E_{指}$ 的差值 $\Delta E\neq0$，放大器中就有电流输出，此时工作电极开始电解产生滴定剂，与被测物质作用，当滴定剂浓度恢复到原来的浓度时，ΔE 也随之恢复为零，指示终点到达，电解自动停止。利用电子技术，通过电流对时间积分，得出电解所消耗的电量。根据电量，利用法拉第电解定律求出被测组分的含量。

$$m=\frac{Q}{F}\times\frac{M}{n}$$

式中　m——析出物质的质量，g；
Q——电解时通过电极的电量，C（库仑）；
F——1 法拉第电量，1F=96487C/mol；
M——电极上析出的物质的分子或原子摩尔质量；
n——电解反应的电子转移数。

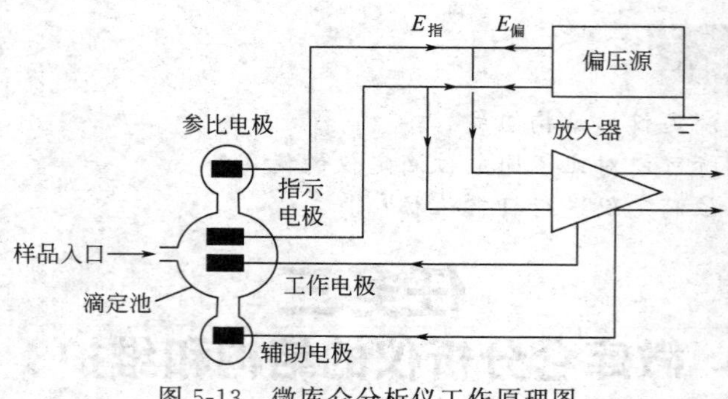

图 5-13 微库仑分析仪工作原理图

二、 微库仑分析仪的基本组成部件

微库仑分析仪型号很多，但基本上主要由滴定池、裂解管、裂解炉、微库仑放大器、进样器、记录仪和积分仪等部件组成。

1. 滴定池

微库仑分析仪常用的滴定池是特殊设计的。其结构如图 5-14 所示，滴定池用硬质玻璃烧制而成，中心池内可以盛 10～20mL 电解液。滴定池有两对电极，其中一对为指示电极和参比电极，另一对为工作（发生）电极和辅助电极。从顶部插入两支电极，其中一支为指示电极，另一支为工作（发生）电极。参比电极和辅助电极则分别安置在池的两个边臂中，边臂内也充满电解液，用毛细管束与中心池导通。毛细管束的作用是使中心池与边臂导通，但阻止边臂的溶液与中心池溶液因对流而混合。中心池底部有电磁搅拌子。

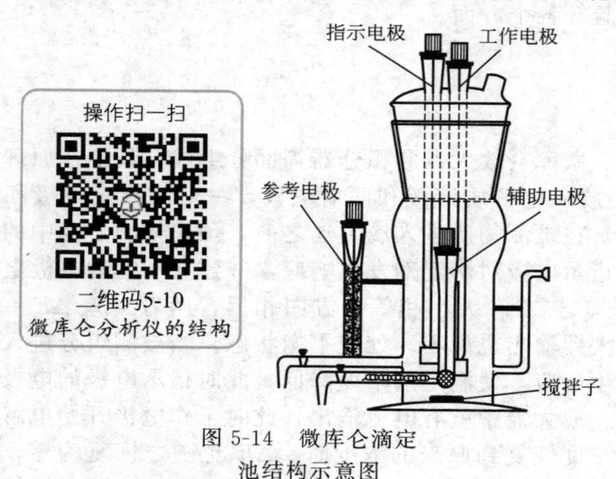

图 5-14 微库仑滴定池结构示意图

根据电生滴定剂的类型不同，目前常用的微库仑滴定池可分为三种：碘滴定池主要用于测定二氧化硫、硫化氢等；滴定银滴定池主要用于测定氯离子、溴离子、碘离子等；酸碱滴定池主要用于氮的测定。这三种微库仑滴定池虽基本结构相同，但电极种类、电解液的组成、电极反应及测定对象有所不同。

2. 裂解管和裂解炉

样品必须先通过裂解反应，使待测组分（如 S、N、Cl 等）转化为能与电生滴定剂起反应的物质，才能进行测定。裂解反应在石英裂解管中进行，裂解炉是高温管式炉，专供加热裂解管的。裂解反应可通过氧化法和还原法实现。氧化法是样品与 O_2 混合燃烧生成氧化物（如 C、H 转化成 CO_2、H_2O，S 转化为 SO_2 和 SO_3，N 转化成 NO 和 NO_2，P 转化为 P_2O_5 等）后进入滴定池。还原法是样品在 H_2 存在下通过裂解管中的镍或钯催化剂被还原（如 C、H 被还原为 CH_4 和 H_2O，硫被还原为 H_2S，N 转化为 NH_3 和 HCN，P 被还原为 PH_3 等）后进入滴定池。

3. 微库仑放大器

微库仑放大器是一个电压放大器，其放大倍数在数十倍至数千倍间可调。

由指示电极对产生的信号与外加偏压反向串联后加到微库仑放大器的输入端，放大器输出端加到滴定池的电解电极对上，使之产生对应的电流并流过滴定池，电解产生滴定剂。微库仑放大器的输出同时输入到记录仪数据处理器上。

4. 进样器

液体样品多采用微量注射器进样，裂解管入口处用耐热的硅橡胶垫密封以便进样。气体样品可用压力注射器，固体或黏稠液体样品可用样品舟进样。

5. 记录仪和积分仪

微库仑放大器的输出信号可用记录仪记录下来，记录电流-时间曲线（曲线所包围的面积即为消耗的电量），并用电子积分仪积分出曲线所包围的面积，结果以数字显示。

三、 微库仑分析仪的使用

微库仑分析仪由于构造简单、维修方便、灵敏度高、易于实现自动控制和连续测量而得到广泛应用，一些专门用于定硫、定碳及二氧化硫检测的微库仑分析仪也大量涌现。常见的型号有 WK-2 型系列微库仑分析仪、KLT-1 型通用库仑仪、CLS-1 型库仑测硫仪、YS-3 型微库仑仪、RPP-200A 微库仑元素分析仪等，但各种微库仑仪的基本结构和原理均相仿。下面以 RPP-200A 微库仑元素分析仪为例进行说明。

RPP-200A 微库仑元素分析仪主要用于石油产品中固态、液态、气态样品硫和氯含量分析。

1. 仪器原理

样品被载气带入裂解管中和氧气充分燃烧，其中的硫或氯定量地转化为 SO_2 或 HCl。SO_2 或 HCl 被电解液吸收并发生如下反应：

$$SO_2+H_2O+I_2 = SO_3+2H^++2I^-$$

$$HCl+Ag^+ = AgCl\downarrow +H^+$$

反应消耗电解液中的 I_2 或 Ag^+，引起电解池测量电极电位的变化，仪器检测出这一变化并给电解池电解电极一个相应的电解电压，在电极上电解出 I_2 或 Ag^+，直至电解池中 I_2 或 Ag^+ 恢复到原先的浓度，使指示电极对的值又重新等于给定的偏压值，仪器恢复平衡，仪器检测出这一电解过程所消耗的电量，依据法拉第定律计算出反应消耗的 I_2 或 Ag^+ 的量，从而得到样品中 S 或 Cl 的浓度。

仪器原理如图 5-15 所示。

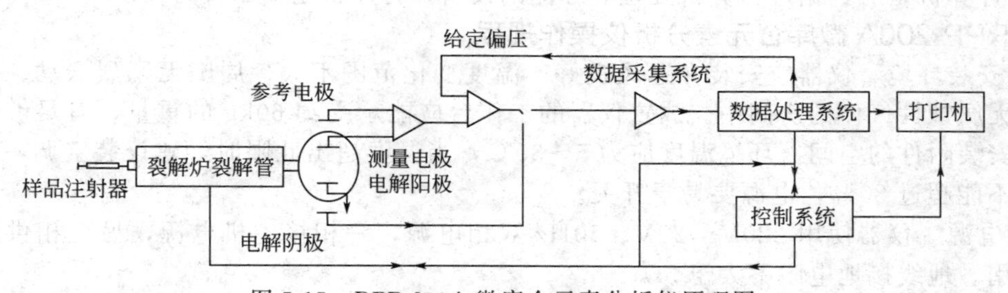

图 5-15　RPP-200A 微库仑元素分析仪原理图

用已知浓度的标准样品来标定仪器，调整仪器到正常的工作状态，将已知浓度的样品注入裂解炉，根据标准样品的转化率即可算出样品的浓度。

2. RPP-200A 微库仑元素分析仪的技术参数

（1）测量范围

① S：0.02～10000mg/L。

② Cl：0.1～10000mg/L。

（2）仪器准确度

① 浓度为 0.1～1.0mg/L 的样品绝对误差：≤±0.1mg/L。

② 浓度为 1.0～10mg/L 的样品相对误差：≤10%。

③ 浓度为 10mg/L 以上的样品相对误差：≤5%。

3. 仪器的基本组成

仪器主要由主机、温度气体流量控制单元、搅拌器、进样器、计算机、打印机等部分组成。如图 5-16 所示。

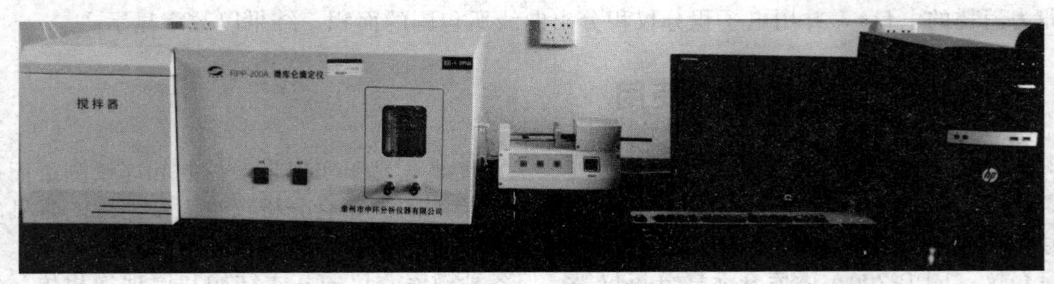

图 5-16　RPP-200A 微库仑元素分析仪

① 主机是进行数据采集、计算和分析控制的单元，是整个仪器的核心，要求接地良好。

② 搅拌器是放置电解池的装置，样品的裂解产物被气流带入滴定池后，要保证其与电解液中的滴定剂进行快速和充分接触，这项工作是通过磁力搅拌器来完成的。

③ 进样器能自动把样品注入石英裂解管中，它可以自由调节进样速度和行程，满足不同样品的分析要求。固态样品和气态样品的分析需选配相对应的进样器。

④ 石英裂解管结构示意图如图 5-17 所示。电解池根据不同测量要求分为 S 电解池和 Cl 电解池。

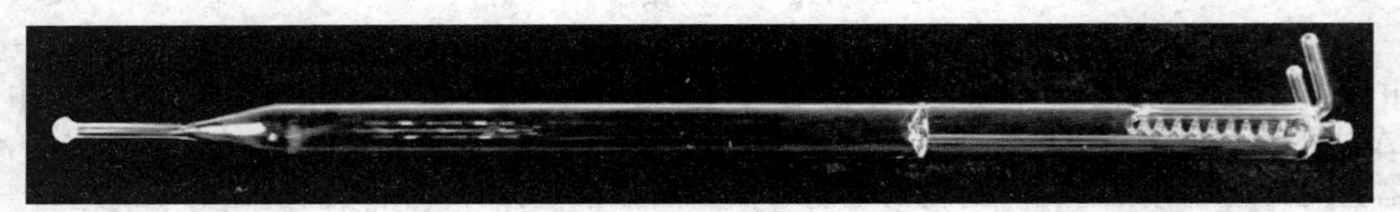

图 5-17　石英裂解管结构示意图

⑤ 计算机是对数据进行分析处理和存储的设备，打印机是输出设备。

4. RPP-200A 微库仑元素分析仪操作规程

① 安装环境　仪器应安装在通风良好、温度变化范围不大、周围无剧烈振动、无阳光直射、无腐蚀性气体的房间中。放置仪器的工作台应能承受约 60kg 的重量，有足够的操作仪器及安装附件的空间。环境温度应为 5～30℃，当温度超出此限时，建议装空调，最大相对湿度不能超过 80%，电源要易于开关。

② 电源　仪器使用 220V±22V、50Hz 双相电源，一相接主机电源，另一相供温控裂解炉使用。地线接地电阻不大于 5Ω。

③ 气源　仪器所用气体为普通氮气和氧气，气体管道使用不锈钢管或聚四氟乙烯管，用丙酮清洗后，再用氮气吹扫 10min，以确保气体管道的清洁。

④ 确认仪器的电气连接正常后，依次打开温控电源、主机电源、搅拌器电源、进样器电源和计算机电源。打开应用程序，出现如图 5-18 所示界面。

根据提示按下联机键，使工作状态处于平衡挡（如图 5-19 所示），采集电解池偏压，待显示稳定后调至工作挡，使仪器进入工作状态，仪器的工作站界面如图 5-20 所示。

注意：如果电解池偏压很稳定则进入下面的操作；如果电解池偏压不稳应检查搅拌器或

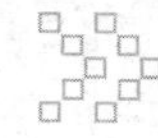

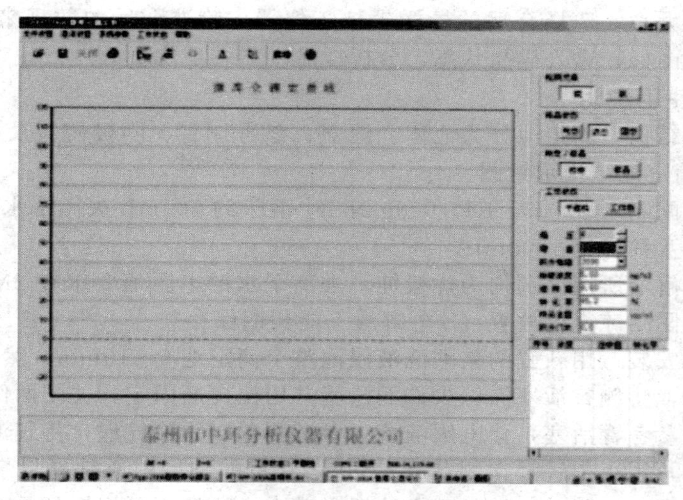

图 5-18 工作站初始界面图

主机地线是否可靠连接。

在图 5-19 所示的参数栏中设定好参数。

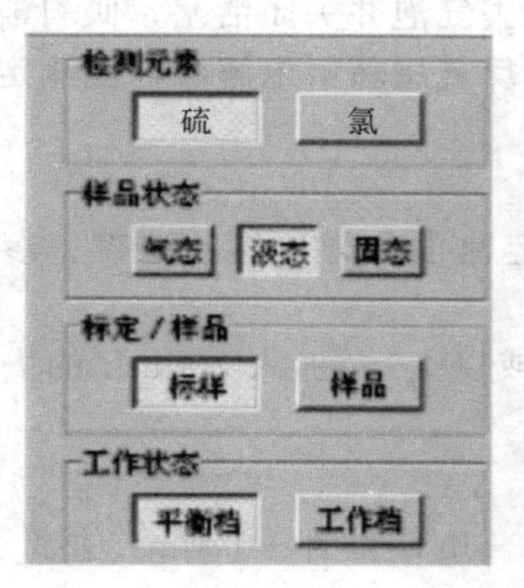

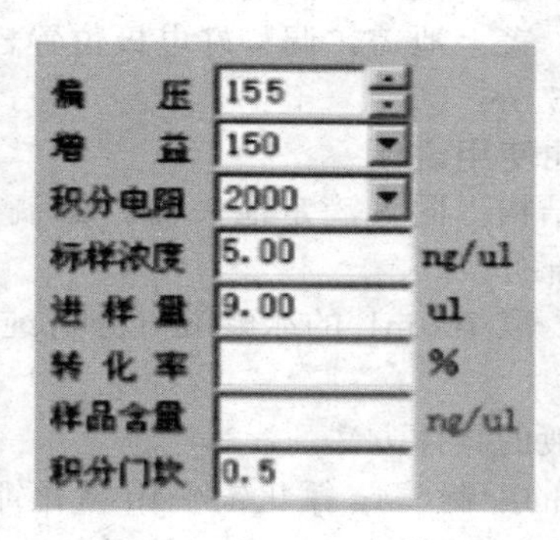

图 5-19 参数设置图

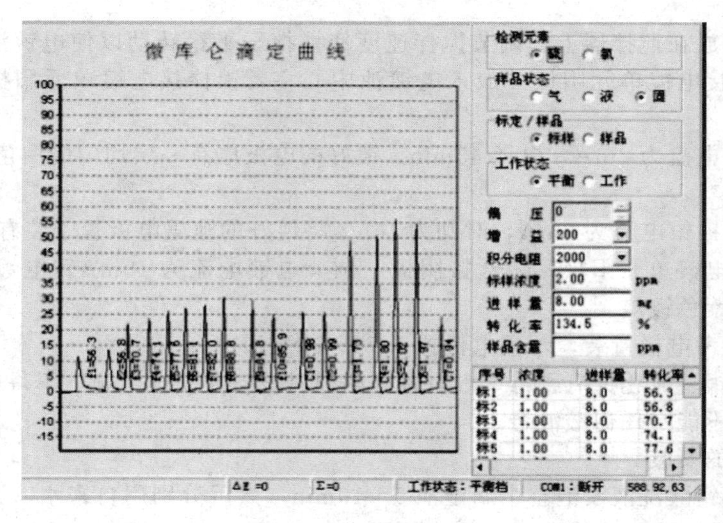

图 5-20 工作站界面图

根据样品量的大小，选择合适的标样来校正仪器，筛选合适的数据来确定仪器的转化率。然后点击样品图标，进入样品状态，分析样品。

5. S滴定池使用说明

（1）滴定池的结构　滴定池分为池体、池盖、参考侧臂、阴极侧臂及搅拌子五个部分，如图5-14微库仑滴定池结构示意图。

（2）电解液的配制　取0.5g KI、0.6g NaN_3 溶于约500mL去离子水中，加入5mL冰醋酸，再用去离子水稀释至1000mL。

注意：配制电解液所用试剂均为优级纯，去离子水的电阻值要求在2MΩ以上，配好的电解液用棕色瓶在阴暗凉爽处放置（S电解液不能长期保存）。

（3）滴定池的安装　用新鲜的铬酸洗液浸泡整个滴定池5～10min，然后分别用自来水、去离子水洗净吹干，将侧臂活塞涂以少许润滑脂并用橡皮筋固定，关闭两侧活塞，将滴定池充满电解液，打开参考臂活塞，让电解液流入参考侧臂以驱除气泡，待气泡除尽后，让电解液充满参考电极室，用小勺轻轻在侧臂放入20～40目的碘，用通针赶尽气泡，在参考电极的磨口上涂以少许真空硅脂并将铂丝小心地插入碘中，注意不要把铂丝弄弯。此时要仔细检查参考电极室，保证参考电极的铂丝全部埋在碘中，并保证整个参考电极侧臂没有残留气泡，否则必须重装，确定无误后，用橡皮筋固定好。参考电极静置24h后方可使用。

打开阴极室活塞，使电解液充满阴极室，除去气泡并关闭活塞，倾斜池体，小心地顺着池壁放入搅拌子，盖上池盖，调整好电极位置，反复用新鲜电解液冲洗滴定池，使电解液的液面高出铂片约5mm。

6. Cl滴定池使用说明

（1）滴定池结构　同S滴定池一样，Cl滴定池也分为池体、池盖、参考侧臂、阴极侧臂及搅拌子五个部分。

（2）电解液　取700mL的冰醋酸（分析纯或以上），加入300mL的去离子水，混合摇匀即可。

（3）电极电镀的具体方法

① 银电镀液的配制　4g氰化银＋4g氰化钾＋6g碳酸钾＋100mL去离子水。

② 将电镀池用洗液浸泡10min，然后依次用自来水、去离子水冲洗，最后用丙酮洗净吹干。

③ 把电镀池放在搅拌器上，调节搅拌速度使搅拌子平稳转动以使电镀液产生轻微旋涡为宜，参考电极接电镀单元阴极并放入电镀池中心室，银棒接电镀单元阳极并放入电解池侧臂。

④ 调节电镀电流为2mA，电镀45min。镀好的电极应有一层均匀的白色发亮的沉淀物，如露铂应重镀。

⑤ 池盖电极镀银电流为2mA，时间为16h。将镀好的池盖电极置于装有10%NaCl溶液的电镀池中并接电镀单元阳极，铂丝接阴极，调节电镀电流为10mA，电镀4min，此时电极表面出现一层紫色镀层。

⑥ 镀好的参考电极待装，池盖电极置于70%冰醋酸中。

注意：氰化银、氰化钾有剧毒，没有良好的通风设备及安全措施，不得进行电镀。氰化银、氰化钾绝对不能与任何酸混合。

（4）滴定池的安装

① 用新鲜的铬酸洗液浸泡整个滴定池5～10min，然后分别用自来水、去离子水洗净吹干，将侧臂活塞涂以少许润滑脂并用橡皮筋固定。

② 参考臂装乙酸银，所用乙酸银应为白色或浅灰色，深灰色的乙酸银不能用。

③ 滴定池的安装，关闭两侧活塞，将滴定池充满电解液，打开参考臂活塞，让电解液流入参考侧臂以驱除气泡，待气泡除尽后，让电解液充满参考电极室，用小勺轻轻在侧臂加入乙酸银，装满后让乙酸银慢慢沉淀，在参考电极的磨口上涂以少许真空硅脂并将铂丝小心地插入乙酸银中，注意不要把铂丝弄弯。此时要仔细检查参考电极室，保证参考电极的铂丝全部埋在乙酸银中，并保证整个参考电极侧臂没有残留气泡，否则必须重装，确定无误后，用橡皮筋固定好。参考电极静置24h后方可使用。

四、 微库仑分析仪的维护

1. 微库仑分析仪维护

① 仪器所用的电源及工作场所应符合安装条件要求。

② 裂解管和滴定池系易损件，使用时应注意轻拿、轻放。

③ 搅拌器开关门要小心，切勿振动过大损坏裂解管或电解池。

④ 气体压力不宜过大，一般分压在0.2MPa即可。

⑤ 多次分析样品后，要用新鲜电解液冲洗电解池，防止污染，裂解管隔一段时间要反烧。

⑥ 电解池在没有通气之前不可以给加热带加热。

⑦ 做完分析后要等到裂解炉温度降到300℃以下才能关闭风扇，以免因温度太高损坏仪器。

2. 滴定池维护

① 滴定池应在阴凉无空气污染处保存。AgAc见光分解，氯电解池一定要严格避光保存。

② 电解池内要时刻保持储有一定量的电解液，并使铂片在液面以下。

③ 切不可拨动参考电极。

④ 电解液要经常配制，保持新鲜。

⑤ 要时刻保持电解池清洁。

⑥ 参考电极臂应无气泡。

⑦ 任何情况下，不得用手碰铂电极。

⑧ 清洗时不要让洗液或丙酮渗入参考侧臂，否则要重新安装电解池。

⑨ 长期不用，应用硅胶垫堵住排气口，取出搅拌子。

五、 微库仑分析仪的故障排除

RPP-200A微库仑元素分析仪常见故障排除方法见表5-7。

表5-7 RPP-200A微库仑元素分析仪的常见故障排除方法

故障现象	原因分析	排除方法
裂解炉不升温	热电偶损坏或温度控制器损坏 电路丝烧坏 固态继电器损坏	维修或更换 更换 更换
裂解炉超温	固态继电器损坏 热电偶损坏	更换 更换
搅拌器不搅拌	电源未接通或保险丝断 搅拌器转动磁体是否脱落 电机和调节电位器也可能损坏	检查电源或更换保险丝 锁紧 维修或更换

续表

故障现象	原因分析	排除方法
基线不好	未接地线，或地线接触不良 测量电极、参考电极两电极引线虚焊、氧化、断开等 干簧继电器老化，内部接触不良 滴定池参考臂有气泡 滴定池污染 搅拌速度太快，搅拌子碰壁	重新接好 重新接好 维修或更换 排除气泡 清洗滴定池 重新调整搅拌速度
放大器无电解电流	“参考电极”“测量电极”“阴极”“阳极”四根电极线中的屏蔽线与信号线是否发生了短路	仔细检查或更换
流量控制系统	漏气，管道不清洁，不畅通 气源接错	检查 重接
偏压	偏压显示 0mV 或 500mV	检查参考电极与测量电极并重新连接，检查有无虚焊
电解池达不到预定的偏压	电解液被污染	重新配制新鲜的电解液
拖尾	偏压太低 加热带不热 进样速度太慢 出口段温度偏低 反应气/载气比例不当 样品吸附在石英管上	升高偏压或重冲滴定池 连接加热带 提高进样速度 提高温度 重新调节比例 反烧石英管
超调	偏压或增益太高 搅拌速度太快 载气流量太大 进样量太大	降低偏压或增益 减慢搅拌速度 减小流量 减小进样量
双峰	出口段温度太低 加热带接触不好或电压偏低 环境温度过低 进样速度不均匀 样品有干扰	提高温度 重新调整 提高环境温度 调整速度 去除干扰
转化率偏低	偏压太低或太高 增益不够 氧气流量太高或载气流量太低 裂解系统或注射器漏气 炉区燃烧端温度偏低 石英管失去光泽、吸附严重 裂解管或电解池积炭	重新调整 提高增益 重新调整 检查并更换 提高温度 清洗石英管 清洗裂解管或电解池
转化率偏高	增益太高，偏压太高或太低 硅胶垫污染	重新调整 更换硅胶垫
结果不重复	样品不均匀 进样针或系统漏气 炉温波动 参考电极失效 硅胶垫漏气 电解液太少 进样量不准确	换样品 检查气路 重新调整 更换电极 更换硅胶垫 补充电解液 准确进样

思考与交流

1. 简要说明微库仑分析仪的原理。
2. 微库仑分析仪的基本结构包括哪几部分？
3. 如何使用微库仑元素分析仪？
4. 如何对微库仑元素分析仪进行日常维护？

任务四
电导率仪的结构和维护

任务要求

(1) 熟悉电导率仪的结构。
(2) 了解电导率仪的工作原理和主要性能技术指标。
(3) 能够完成电导率仪的安装。
(4) 能够使用电导率仪完成分析测定。
(5) 熟悉电导率仪的维护方法。
(6) 了解电导率仪的故障排除方法。

电导率仪是电化学分析仪器的一个重要组成部分，也是一种比较经典的分析仪器，可用于电厂、化工、冶金、医学和污水处理等部门的水质监测中溶液电导率的测量。它是根据被测溶液的电导率的大小或电导率的变化来测量溶液浓度的。电导率仪根据电子线路不同，可分为电桥式电导率仪、直读式晶体管电导率仪、具有相敏检波的直读式电导率仪、微处理机控制的实验室电导率仪等。根据测量电导的原理不同，电导率仪可分为电极式电导率仪、电磁感应式电导率仪。

一、 电导率仪的工作原理

在电解质溶液中，带电离子在电场的作用下产生移动而传递电子，因此具有导电作用。导电能力的强弱称为电导，以符号 G 表示，单位为西门子，以符号 S 表示。电导是电阻的倒数，即

$$G=1/R$$

导体的电阻越小，电导越大。

测量电导的大小，用两个电极插入溶液中，测出两极间的电阻即可。根据欧姆定律，温度一定时，测得的电阻 R 与电极的间距 L（cm）成正比，与电极的横截面积 A（cm^2）成反比，即

$$R=\rho\frac{L}{A}$$

式中，ρ 为电阻率，Ω·m。对于一个给定的电极而言，电极横截面积 A 与间距 L 是固定不变的，故 L/A 是个常数，称为电极常数，以 K_{cell} 表示，故上式可写成：

$$G=\frac{1}{R}=\frac{1}{\rho K_{cell}}$$

式中，$1/\rho$ 称为电导率，以 k 表示，它表示长度（L）为 1cm、横截面积（A）为 $1cm^2$ 的导体的电导，其单位为 S/cm。即

$$G=\frac{k}{K_{\text{cell}}}$$

$$k=GK_{\text{cell}}$$

电导率表示物质导电的性能，电导率越大则导电性能越强，反之越小。在电解质溶液中，带电的离子在电场的作用下产生移动而具有导电作用。导电能力的强弱与电导率成正比。

溶液的电导率与离子的种类和浓度有关。通常是强酸的电导率最大，其次是强碱与强酸生成的盐类，而弱酸和弱碱的电导率最小。溶液的电导率与其所含酸、碱、盐的量有一定关系，当它们的浓度较低时，电导率随浓度的增大而增大。因此，电导率常用于推测水（包括自来水、工业废水）中离子的总浓度或含盐量。

二、 电导率仪的结构

电导率仪由电导池（传感器）、变送器和显示器三部分组成。

1. 电导池

电导池也称为电导电极，是用来测量溶液电导的电极。电导池的作用是把被测电解质溶液的电导率转换为易于测量的电导（或电阻）。电导池按工作原理可分为电极式和电磁感应式两种。电极式电导池一般是两片截面积相同的切片以一定距离镶嵌在绝缘的支架上，如图 5-21 所示。电磁感应式电导池是根据电磁感应原理制成的，是一种非接触式仪表，尤其适合测量腐蚀性溶液。二者相比，电极式电导池原理简单而且造价低廉，技术成熟，稳定性、精密度都很好；电磁感应式电导池可避免电极式电导池因极化而造成的精密度下降、工作不稳定的问题，而且精密度高、耐用、使用方便，但因其造价很高应用不是很广。

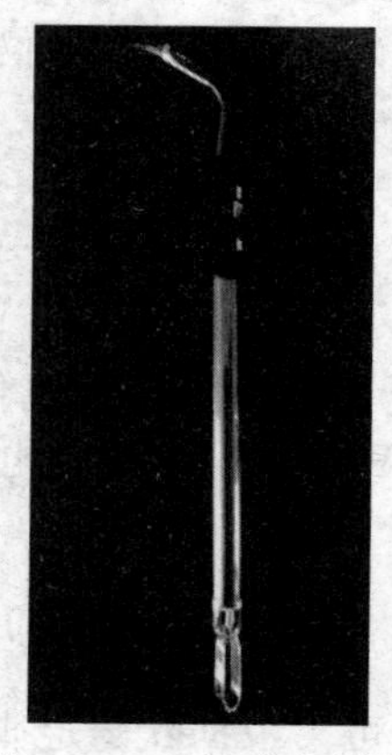

图 5-21 电极式电导池

电极式电导池目前使用广泛，它把两个电极固定起来就构成电导池，是测量溶液电导的关键部件，它应满足两电极要平行、两电极的面积要相等、两电极要牢固地固定这样几点要求。制作电极的材质一般选用铂，根据溶液组成的具体情况，也可选用石墨、镍或不锈钢等。固定电极的材质通常为玻璃、有机玻璃或硬质塑料，其形状根据需要而定。

通常在铂电极表面镀上一层“铂黑”，铂黑是颗粒极细的铂，是通过电解氯铂酸和乙酸铅溶液镀在铂片表面上的。镀上的铂呈黑色，故称“铂黑”。铂黑大大增加了电极与溶液的接触面积、降低了电流密度、减少了极化、降低了干扰、提高了测量的准确度和灵敏度，在电极使用过程中要小心，防止铂黑被摩擦脱落，如果脱落了要重新电镀。由于铂黑电极表面积大也增加了对离子的吸附作用，在测量稀溶液时可能带来测量误差。因此在测量低电导率的稀溶液时，宜采用不镀铂黑的光亮铂电极，测量高电导率的浓度较高的溶液时用铂黑电极。

2. 变送器

变送器的作用是把电导池的电阻转换成显示装置所要求的信号形式。变送器常包括前置放大、测量电路、放大器、信号转换部分、校正电路、模数转换等，要视需要而定。变送器中测量电路主要有电桥平衡式、欧姆计式、分压式等。

3. 显示器

显示部分主要是把检测的信号按被测参数数值显示出来，有模拟显示、数字显示、打印、记录、报警、控制等。最通用的显示器是指针式电表和数字显示器。

三、 电导率仪的性能和主要技术指标

电导率仪可以从测量范围、分辨率等方面来进行选择。表 5-8 列了一些常用电导率仪的型号、性能和主要技术指标等相关信息，以供参考。

表 5-8　常用电导率仪的性能和主要技术指标

仪器型号	产地	性能和主要技术指标	主要特点
DDSJ-308F	上海	最小分辨率 0.001μS/cm；温度测量范围 －5.0～110.0℃；电阻率测量范围 5.00Ω·cm ～ 20.0MΩ·cm；电导率测量范围 0.000μS/cm ～ 199.9mS/cm；精确度 ±0.5%FS；盐度测量范围 0.00%～8.00%；TDS 测量范围 0.000mg/L～99.9g/L	采用点阵式液晶，新型材料 PC 面板，带有背光设计；支持标定功能；支持智能变频；多种平衡条件可选；定时终止测量和定时自动间隔测量 2 种定时读数模式可选；清晰掌握样品的连续变化过程；在全量程范围内，具有自动温度补偿、自动校准、自动量程、自动频率切换等功能；支持存储 200 套测量数据
DDSJ-319L	上海	最小分辨率 0.001μS/cm；温度测量范围 －5.0～130.0℃；电阻率测量范围 5.00Ω·cm～ 100.0MΩ·cm；电导率测量范围 0.000μS/cm～3000mS/cm；精确度±0.5% FS；盐度测量范围 0.00%～8.00%；TDS 测量范围 0.000mg/L～1000g/L	智能操作系统；支持电极管理功能，最多可管理 5 支电导电极，每支电极可保存 20 套校正记录；支持电极校正功能；支持智能变频；3 种读数模式可选；多种平衡条件可选；定时终止测量和定时自动间隔测量 2 种定时读数模式可选；支持电导标准溶液的自动识别，默认 4 种 JJG 标准的标液，支持最多 5 点的多点校正
HI2315	美国	电导率测量范围 0.0～199.9μS/cm、0～1999μS/cm、0.00 ～ 19.99mS/cm、0.0 ～ 199.9mS/cm；电阻率测量范围 0～0.1MΩ·cm；温度 0.0～50.0℃；最小分辨率 0.1μS/cm、1μS/cm、0.01mS/cm、0.1mS/cm；电导率精度 ±1% FS；盐度测量范围 0～0.1×10^{-12}；TDS 测量范围 0～0.1g/L；温度补偿分为手动温度补偿（0.0～50.0℃）和自动温度补偿（0.0～50.0℃）	自动或手动温度补偿，手动选择量程
SC72-11-E-AA 便携式电导率仪	日本	液体温度 0～80℃；电导率测量范围 0～2μS/cm、0～2S/cm（取决于所用传感器）；电阻率测量范围 0～40.0MΩ·cm；温度 0～80℃；电导率精度 0.05%FS；电阻率精度 0.1MΩ·cm；温度精度 0.1℃；重复性（电导率）±2%	这款便携式电导率仪具有数据存储、报警和自诊断功能等先进特性；小型轻量；具有防水结构（IP67）；0～2000mS/cm 自动可调；大屏 LCD 显示；自动温度补偿

四、电导率仪的使用

DDSJ-308F型电导率仪，如图5-22所示，适用于实验室精确测量水溶液的电导率、电阻率、总溶解固态量（TDS）、盐度值，也可用于测量纯水的纯度与温度，以及海水淡化处理中的含盐量的测定。下面以DDSJ-308F型电导率仪为例介绍电导率仪的使用。

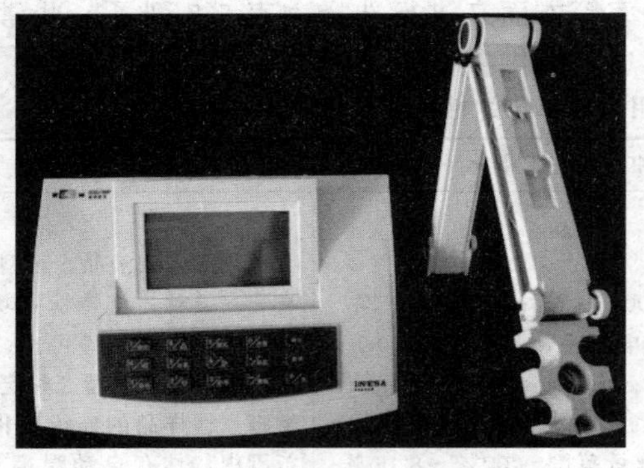

图5-22　DDSJ-308F型电导率仪

操作扫一扫

二维码5-11
电导率仪的结构

1. 仪器结构

DDSJ-308F型电导率仪由电子单元和电极系统组成，电极系统由电导电极、温度电极构成。其结构图见图5-23。

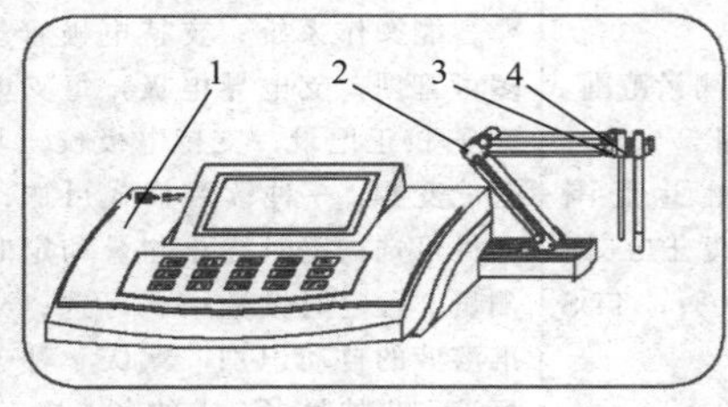

(a) 仪器正面图

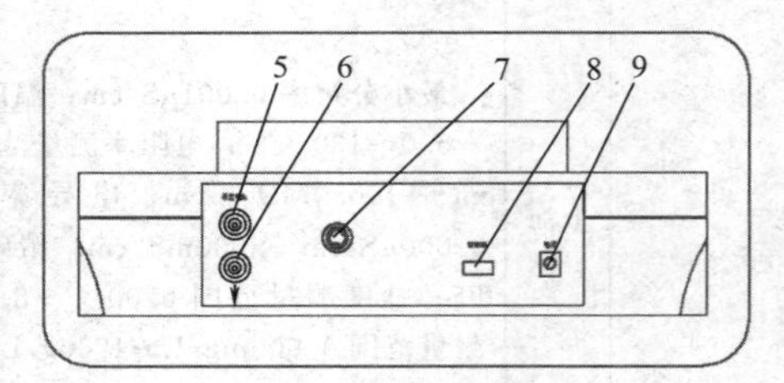

(b) 仪器背面板

图5-23　DDSJ-308F型电导率仪结构图

1—电子单元；2—REX-3型电极架；3—温度电极；4—电导电极；5—温度电极插座；6—接地插座；7—电导电极插座；8—USB接口；9—电源插座

2. 仪器的安装

① 把仪器平放于桌面上。

② 电极支架的安装　拉出仪器右侧电极架插座，将多功能电极架插入多功能电极架插座中，并拧好电极架下部的固定螺钉。

③ 电极系统的连接

a. 将电导电极和温度电极安装在电极架上。

b. 根据表5-9中的电导率范围及对应电极常数，按照实际测量溶液的电导率范围选择合适的电导电极。在电导率仪的背面找到电导电极插座，将电导电极的插头插入电导电极插座上。

操作扫一扫

二维码5-12
电导率仪的安装

表5-9　电导率范围及对应电极常数推荐表

电导率范围/(μS/cm)	电阻率范围/Ω·cm	推荐使用电极常数/cm^{-1}
0.05～2	20M～500k	0.01,0.1
2～200	500k～5k	0.1,1.0
200～2×10^5	5k～5	1.0

c. 在电导率仪的背面找到温度电极插座，将温度电极接在温度电极插座上。

d. 连接电源线。

3. 电导率的测定

① 仪器在开机前，全面检查安装是否妥善、牢固，接口是否正确，连接插头是否插紧。仪器插入电源后开机，预热 30min，方可开始测量。

② 在起始状态，按“设置”键，仪器显示设置菜单，可以按方向键选择合适的菜单项，按“确认”键选择相应的功能模块，按“取消”键退出功能菜单选择。

a. “设置测量模式”　按方向键选择设置测量模式。按“设置”键，再按“确认”键后，即可设置测量模式，仪器界面显示如图 5-24 所示，左面为测量参数列表，包括电导率、TDS、盐度；右面为测量模式列表，包括连续测量模式、定时测量模式、平衡测量模式；按方向键移动光标位置，选择测量参数中的电导率，按“设置”键确定。连续测量模式是最常使用的一种测量模式，开始测量后，仪器始终连续测量、计算和显示测量结果，选择连续测量模式，按设置键确定。显示“√”的表示为当前选中的测量参数和测量模式。按“确认”键，仪器自动保存当前的所有设置，返回起始状态。

b. 设置手动温度　当仪器不接温度电极时，需手动设置温度；如果连接有温度电极，仪器自动采用温度电极的温度值，则无须设置温度。

二维码5-13
电导率仪的使用

c. 系统设置　按“设置”键，选择“系统设置”项，按“确认”键，仪器即进入系统设置模块。系统设置包括电极标定间隔提示、操作者编号、系统时间等。

d. 设置电极常数　在仪器的起始状态下，按“设置”键，选择设置电极常数项并确认后，仪器弹出输入窗口，用户输入新的电极常数值即可。通常公司出品的每一支电导电极上面都有相应的电极常数值（参考值），使用时只需要将电极上面的常数值设置一遍即可正常测量。

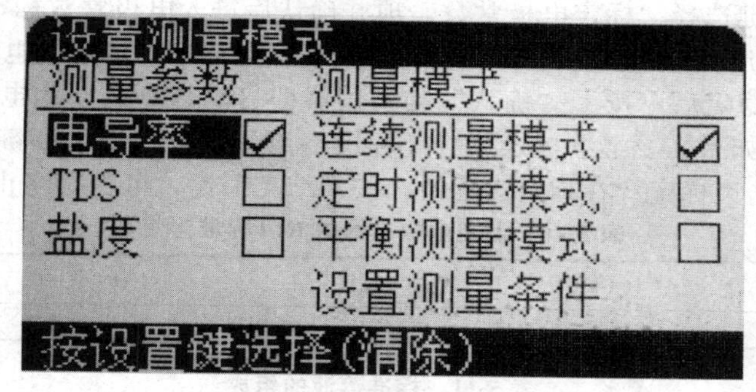

图 5-24　设置测量模式对话框

③ 电导率的测量

a. 用蒸馏水清洗电极两次。

b. 然后用被测样品清洗电极三次。

c. 将电导电极和温度电极插入待测样品溶液中，直接按“测量”键，稳定后读数。

d. 测量完毕后，清洗电极。

e. 使用完毕，按仪器的“开/关”键关闭仪器，此时可以断开电源适配器电源。

4. 电导率仪电极的标定

（1）电导电极使用说明

① 电极常数　电导电极出厂时，每支电极都标有电极常数值。由于测量溶液的浓度和

温度不同，测量仪器的精度和频率也不同，电导电极常数也可能会发生变化。因此，新购的电导电极以及使用一段时间后的电导电极的电极常数应重新标定。电导电极常数标定时应注意以下几点：

a. 标定时应采用配套使用的电导率仪，不要采用其他型号的电导率仪。

b. 标定电极常数的 KCl 溶液的温度，以接近实际被测溶液的温度为宜。

c. 标定电极常数的 KCl 溶液的浓度，以接近实际被测溶液的浓度为宜。

② 电极的选择　按被测介质电导率的高低，可按照表 5-9 中的电导率范围及对应电极常数选用不同常数的电极。通常当电导率为 0～10μS/cm 时，选用光亮铂电极；当电导率为 $10\sim10^5$ μS/cm 时，选用铂黑电极。

(2) 电导电极常数的标定　准备一种或者两种标准溶液。通常只需要一种标准溶液即可完成所有测量范围内的测量，但是，对于高电导率（大于 50mS/cm）溶液的精确测量，最好先使用两种标准溶液标定后再开始测量。两种标准溶液其中一种为低电导率的标准溶液，另一种为与被测溶液相接近的标准溶液。根据电极常数，参看表 5-10 选择合适的标准溶液，标准溶液的配制方法见表 5-11，标准溶液近似浓度与电导率值的关系见表 5-12，标定步骤如下：

① 将电导电极接入仪器，断开温度电极（仪器不接温度传感器），仪器以手动温度作为当前温度值，设置手动温度为 25.0℃，此时仪器所显示的电导率值是未经温度补偿的绝对电导率值。

② 用蒸馏水清洗电导电极。

③ 将电导电极浸入标准溶液中。

④ 控制溶液温度恒定为 (25.0±0.1)℃或者设为 (20.0±0.1)℃、(18.0±0.1)℃或 (15.0±0.1)℃。

⑤ 按“标定”键选择“标定电极常数”项并确认后进入电极常数标定状态。

⑥ 按“设置”键，输入表 5-12 中相应的数据，即当前标准溶液的电导率值。

⑦ 待仪器读数稳定后，按下“确认”键，仪器即自动计算出新的电极常数值。仪器提示“继续标定吗”，如果需要继续标定第二个标准溶液，则按“继续”键，重复标定；否则直接按“结束”键结束标定。在标定过程中，按“结束”键，可随时终止标定。

表 5-10　测定电极常数的 KCl 标准溶液

电极常数/cm^{-1}	0.01	0.1	1	10
KCl 溶液近似浓度/(mol/L)	0.001	0.01	0.01 或 0.1	0.1 或 1

表 5-11　标准溶液的组成

近似浓度/(mol/L)	KCl 溶液的质量体积浓度(20℃空气中)/(g/L)
1	74.2650
0.1	7.4365
0.01	0.7440
0.001	将 100mL0.01mol/L 的溶液稀释至 1L

表 5-12　KCl 溶液近似浓度与电导率值的关系

近似浓度/(mol/L)	电导率/(μS/cm)				
	15.0℃	18.0℃	20.0℃	25.0℃	30.0℃
1	92120	97800	101700	111310	131100
0.1	10455	11163	11644	12852	15353
0.01	1141.4	1220.0	1273.7	1408.3	1687.6
0.001	118.5	126.7	132.2	146.6	176.5

五、电导率仪使用注意事项

1. 电导电极的使用注意事项

① 镀铂黑的铂电极使用前必须浸入蒸馏水中数小时，经常使用的可以储存在蒸馏水中。

② 测量低电导率溶液（如蒸馏水或极稀的溶液）时，可采用光亮电导电极，因铂黑对电解质有强烈的吸附作用。

③ 电导电极要轻拿轻放，每次测量后用蒸馏水冲洗。

④ 为保证仪器的测量精度，必要时在仪器使用前，对电导电极常数进行重新标定。

⑤ 可以用含有洗涤剂的温水冲洗电极上的有机成分沾污，也可以用乙醇冲洗。钙、镁沉淀物最好用10%枸橼酸冲洗。

⑥ 光亮的铂电极，可以用软刷子机械清洗。但在电极表面不可以产生刻痕，绝对不可以使用硬物清洗电极表面，甚至在用软刷子机械清洗时也要特别注意。

⑦ 对于镀铂黑的铂电极，只能用化学方法清洗，用软刷子机械清洗时会破坏镀在电极表面的镀层（铂黑）。

⑧ 如发现镀铂黑的电极失灵，可浸入10%硝酸或盐酸中几分钟，然后用蒸馏水洗净，再进行测量。

⑨ 铂黑电导电极电镀的方法是：将镀铂黑的电极浸入王水中，每分钟改变电流方向一次，电解数分钟后，铂黑慢慢溶解，铂片恢复光亮，然后用重铬酸钾溶液清洗，再用蒸馏水清洗干净后电镀铂黑。镀铂黑的溶液是用3%的氯铂酸加0.01%的乙酸铅配制而成的。

2. 电导率仪的使用注意事项

① 仪器通电后，预热30min，再开始测量。

② 盛溶液的容器必须清洁，无离子沾污。测量低电导率溶液时，应选择溶解度极小的容器，如中性玻璃、石英或塑料制品等。

③ 为确保精度，电极使用前应用电阻率小于0.5μS/cm的蒸馏水（或去离子水）清洗两次，然后用被测样品清洗三次后方可测量。

④ 温度对电导测定影响较大，在测量过程中应进行温度补偿并保持温度恒定。

⑤ 在测量高纯水时应避免污染，正确选择电导电极的常数并且最好采用密封、流动的测量方式，避免空气中 CO_2 的影响。

六、电导率仪的维护

① 仪器必须有良好的接地，仪器在干燥、无腐蚀性气体、无显著振动和强电磁场干扰的环境中使用。

② 仪器的电极插座必须保持清洁、干燥，切忌与酸、碱、盐溶液接触。

③ 仪器可供长期稳定使用。测试完样品后，所用电极应浸在蒸馏水中。

④ 电导电极的不正确使用常引起仪器工作不正常。应使电导电极完全浸入溶液中。电导电极安装地点应注意，避免安装在“死”角，要安装在水流循环良好的地方。

⑤ 光亮的铂电极、镀铂黑的铂电极（长期不使用）一般储存在干燥的地方。

⑥ 为保证仪器的测量精度，应定期进行电导电极常数标定。

⑦ 长期不使用的仪器，每隔7～15天通电预热一次，以防止电气元件受潮损坏。

⑧ 每隔一年应对仪器性能进行一次全面检定。

七、电导率仪的常见故障与排除方法

电导率仪的常见故障与排除方法见表5-13。

表5-13 电导率仪的常见故障与排除方法

常见故障	可能原因	排除方法
仪表无显示	电源没接通	检查电源是否有误，应为220V电压
	仪表故障	请专业人员维修
显示不稳定	电极接线接触不良	重新连接电极
读数偏差大	常数设置有误	重新设置电极常数
	电极常数发生改变	更换新电极

思考与交流

1. 说明电导率仪的工作原理。
2. 电导率仪的基本结构包括哪几部分？
3. 如何使用电导率仪？
4. 电导电极及电导率仪使用时的注意事项有哪些？
5. 如何对电导率仪进行日常维护？

任务实施

操作5 酸度计示值总误差与示值重复性的检验（JJG 119—2005）

一、目的要求

① 能够熟练使用酸度计。

② 掌握酸度计检验的方法。

二、技术要求（方法原理）

按照酸度计分度值（或最小显示值）不同，仪器的级别可分为0.1级、0.01级、0.001级等。仪器的示值总误差和示值重复性应不超过表5-14中的规定。

表5-14 酸度计计量性能要求

计量性能	仪器级别				
	0.2级	0.1级	0.02级	0.01级	0.001级
分度值或最小显示值(pH)	0.2	0.1	0.02	0.01	0.001
仪器示值总误差(pH)	±0.2	±0.1	±0.02	±0.02	±0.01
仪器示值重复性(pH)	0.1	0.05	0.01	0.01	0.005

三、仪器与试剂

① 仪器 酸度计和pH复合电极。

② 试剂　邻苯二甲酸氢钾标准物质、磷酸氢二钠和磷酸二氢钾标准物质以及硼砂标准物质。

四、 检验步骤

1. 外观检查

仪器外表应光洁平整、色泽均匀，仪器各功能键应能正常工作，各紧固件无松动，显示应清晰完整。

仪器铭牌应标明其制造厂名、商标、名称、型号、规格、出厂编号以及出厂日期，铭牌应清晰完整。

2. 电极的检查

pH 复合电极应无裂纹，电极插头应清洁、干燥。

3. pH 标准溶液的配制

① 配制 0.05mol/L 的邻苯二甲酸氢钾溶液。

② 配制 0.025mol/L 磷酸氢二钠和 0.025mol/L 磷酸二氢钾混合溶液。

③ 配制 0.01mol/L 的硼砂溶液。

4. 仪器示值误差的检验

当待测溶液的 pH 在 3～10 范围内，在仪器正常工作条件下，选用标准溶液对仪器进行校准，校准后测量另一种标准溶液。重复“校准”和“测量”操作三次，用平均值作为仪器示值$\overline{pH}_{仪器}$，此示值与该溶液在测定温度下的标准值之差为仪器示值误差 $\Delta pH_{仪器}$。

5. 仪器示值重复性的检验

仪器用标准溶液校准后，测量另一种标准溶液，重复“校准”和“测量”操作六次，以单次测量的标准偏差表示重复性。

五、 数据处理

1. 仪器示值误差计算公式

$$\Delta pH_{仪器} = \overline{pH}_{仪器} - pH_{标准}$$

式中　$\Delta pH_{仪器}$——仪器示值误差；

$\overline{pH}_{仪器}$——3 次测量的 pH_i 平均值；

$pH_{标准}$——标准溶液 pH 的标准值。

2. 仪器示值重复性计算公式

$$s = \sqrt{\frac{\sum (pH_i - \overline{pH})^2}{5}}$$

式中　s——单次测量的标准偏差；

$\overline{pH}$——6 次测量的 pH_i 平均值；

pH_i——第 i 次测量的仪器示值。

六、 数据记录与处理

1. 仪器示值总误差的检验

仪器示值总误差的检验记录

标准溶液	液温/℃	$pH_{标准}$	示值 pH_i				误差 $\Delta pH_{仪器}$	备注
			1	2	3	平均		

2. 仪器示值重复性的检验

仪器示值重复性的检验记录

标准溶液	液温/℃	$pH_{标准}$	示值 pH_i							s	备注
			1	2	3	4	5	6	平均		

3. 检验结果

仪器示值总误差________；仪器示值重复性________；结论________。

操作人：　　　　　　审核人：　　　　　　日期：

七、 操作注意事项

① 酸度计的输入端（即测量电极插座）必须保持干燥清洁。在环境湿度较高的场所使用时，应将电极插座和电极引线用干净纱布擦干。读数时电极引入导线和溶液应保持静止，否则会引起仪器读数不稳定。

② 标准缓冲溶液配制要准确无误，否则将导致测量结果不准确。

③ pH 复合电极使用前要活化，操作要仔细。

④ 注意用电安全，合理处理、排放实验废液。

任务评价

序号	作业项目	考核内容		记录	分值	扣分	得分
一	仪器及电极检查（10分）	仪器检查	检查		3		
			未检查				
		铭牌检查	检查		3		
			未检查				
		电极检查	检查		4		
			未检查				
二	试液配制（20分）	容量瓶试漏	已试		2		
			未试				
		容量瓶洗涤	合格		2		
			不合格				
		标准物质溶解	完全溶解		2		
			未完全溶解				
		定量转移	规范		2		
			不规范				
		溶液转移	无洒落		2		
			有洒落				
		小烧杯洗涤	不少于三次		2		
			少于三次				
		容量瓶三分之二处水平摇动	摇动		2		
			未摇动				
		容量瓶准确稀释至刻线	准确		3		
			不准确				
		摇匀操作	规范		3		
			不规范				

续表

序号	作业项目	考核内容		记录	分值	扣分	得分
三	仪器校准（20分）	电极的预处理	正确		3		
			不正确				
		电极的安装（进入液面高度）	正确		2		
			不正确				
		标准溶液选择	正确		5		
			不正确				
		测量过程电极的处理	正确		3		
			不正确				
		烧杯的润洗	正确		2		
			不正确				
		仪器校准操作	正确		5		
			不正确				
四	测量（15分）	标准溶液的选择	正确		3		
			不正确				
		仪器测量操作	正确		5		
			不正确				
		读数(仪器稳定读数)	正确		2		
			不正确				
		测量后电极处理	正确		5		
			不正确				
五	数据记录处理及报告（20分）	原始数据记录不用其他纸张记录	正确		1		
			不正确				
		原始数据及时记录	及时		2		
			不及时				
		原始记录规范完整	完整、规范		2		
			欠完整、不规范				
		有效数字计算	符合规则		3		
			不符合规则				
		计算方法及结果	正确		5		
			不正确				
		检验结果	正确		5		
			不正确				
		报告清晰完整	清晰完整		2		
			不清晰完整				
六	文明操作结束工作（10分）	实验过程台面	整洁有序		2		
			脏乱				
		废纸/废液	按规定处理		2		
			乱扔乱倒				
		结束后清洗仪器	清洗		3		
			未清洗				
		结束后仪器处理	盖好防尘罩，放回原处		3		
			未处理				
七	总时间(5分)	完成时间	符合规定时间		5		
			不符合规定时间				

思考与交流

1. 检查和安装电极时，应注意哪些问题？
2. 测量过程中，读数前轻摇试杯起什么作用？读数时是否还要继续晃动溶液？为什么？

操作6　自动电位滴定仪示值误差及重复性的检验（JJG 814—2015）

一、目的要求

① 能够熟练使用自动电位滴定仪。
② 掌握自动电位滴定仪的检验方法。

二、技术要求（方法原理）

自动电位滴定仪的级别可分为0.05级、0.1级、0.5级等。仪器的示值总误差和示值重复性应不超过表5-15中的规定。

表5-15　自动电位滴定仪的计量性能要求

仪器级别	计量性能	
	仪器示值最大允许误差/%	仪器示值重复性/%
0.05级	±1.5	≤0.2
0.1级	±2.0	≤0.2
0.5级	±2.5	≤0.3

三、仪器与试剂

① 仪器　自动电位滴定仪、pH复合电极和分析天平。
② 试剂　0.1mol/L的NaOH容量分析用标准物质和0.1mol/L的HCl容量分析用标准物质。

四、检验步骤

① 选用pH复合电极，按仪器说明书标定仪器，并设定“中和滴定”模式和滴定终点pH=7。

② 用吸量管吸取10mL c_s 为0.1mol/L的NaOH容量分析用标准物质与一定体积的蒸馏水，溶液的总体积不超过反应杯容量的2/3，选择适当的搅拌速度进行搅拌。

③ 用0.1mol/L的HCl容量分析用标准物质进行中和滴定，得到NaOH浓度的仪器测量值 c。

④ 重复测定6次，计算平均值 $\bar{c}$、仪器示值误差 Δc、仪器示值重复性 s_R。

五、数据处理

计算公式：$\Delta c=\dfrac{\bar{c}-c_s}{c_s}\times 100\%$

$$s_R = \frac{\sqrt{\frac{\sum_{i=1}^{n}(c-\bar{c})^2}{n-1}}}{\bar{c}} \times 100\%$$

式中　Δc——仪器示值误差；

c——NaOH 容量分析用标准物质浓度的仪器测量值，mol/L；

$\bar{c}$——仪器测量值 c 的平均值，mol/L；

c_s——NaOH 容量分析用标准物质浓度的标准值，mol/L；

n——测量次数，$n=6$；

s_R——仪器示值重复性，%。

六、数据记录与结果

1. 仪器示值总误差及仪器示值重复性的检验

仪器示值总误差及仪器示值重复性的检验记录

NaOH 标准物质浓度的标准值 c_s /(mol/L)	NaOH 标准物质浓度的仪器测量值 c/(mol/L)						$\bar{c}$	Δc	s_R
	1	2	3	4	5	6			

2. 检验结果

仪器示值总误差__________；仪器示值重复性__________；结论__________。

操作人：　　　　　　审核人：　　　　　　日期：

七、操作注意事项

① pH 复合电极使用前要活化，操作要仔细。

② 注意用电安全，合理处理、排放实验废液。

任务评价

序号	作业项目	考核内容		记录	分值	扣分	得分
一	仪器准备及电极检查(15分)	仪器准备	预热		3		
			未预热				
		电极检查	检查		4		
			未检查				
		输液管清洗	清洗		4		
			未清洗				
		输液管排除气泡	赶走气泡		4		
			未赶走气泡				

续表

序号	作业项目	考核内容		记录	分值	扣分	得分
二	移取试液（20分）	吸量管洗涤	干净		2		
			不干净				
		吸量管润洗	规范		4		
			不规范				
		吸溶液	吸空		2		
			未吸空				
		调刻线前擦干外壁	擦干外壁		2		
			未擦干外壁				
		调节液面操作	熟练		4		
			不熟练				
		放溶液移液管竖直	规范		2		
			不规范				
		移液管尖与盛器位置	靠壁成30℃		2		
			未靠壁				
		放液后停留约15s	停留		2		
			未停留				
三	仪器检验（30分）	电极的预处理	正确		5		
			不正确				
		电极的安装（进入液面高度）	正确		2		
			不正确				
		参数设置	正确		4		
			不正确				
		搅拌速度	适当		2		
			不适当				
		测量过程中电极的处理	正确		5		
			不正确				
		仪器测量操作	正确		5		
			不正确				
		读数	正确		2		
			不正确				
		测量后电极的处理	正确		5		
			不正确				
四	数据记录处理及报告（20分）	原始数据记录（不用其他纸张记录）	正确		1		
			不正确				
		原始数据及时记录	及时		2		
			不及时				
		原始记录规范、完整	完整、规范		2		
			欠完整、不规范				
		有效数字计算	符合规则		3		
			不符合规则				
		计算方法及结果	正确		5		
			不正确				
		检验结果	正确		5		
			不正确				
		报告清晰完整	清晰完整		2		
			不清晰完整				

续表

序号	作业项目	考核内容		记录	分值	扣分	得分
五	文明操作结束工作（10分）	实验过程台面	整洁有序		2		
			脏乱				
		废纸/废液	按规定处理		2		
			乱扔乱倒				
		结束后清洗仪器	清洗		3		
			未清洗				
		结束后仪器处理	盖好防尘罩，放回原处		3		
			未处理				
六	总时间（5分）	完成时间	符合规定时间		5		
			不符合规定时间				

思考与交流

1. 电极在使用过程中应注意哪些问题？
2. 检验前，为什么要对仪器进行标定？

项目小结

电化学分析仪器具有分析速度快、灵敏度高、仪器简单、易于自动控制等特点，在很多领域发挥着重要的作用。电化学分析仪器的种类很多，本项目中介绍了酸度计、离子计、电位滴定仪、微库仑分析仪、电导率仪，学习内容归纳如下：

① 酸度计和离子计的结构、性能技术指标、校准使用、维护和故障处理。

② 电位滴定仪的结构、性能技术指标、使用、维护和故障处理。

③ 微库仑分析仪的结构、使用、维护和故障处理。

④ 电导率仪的结构、性能技术指标、使用、维护和故障处理。

⑤ 离子选择性电极——pH 玻璃电极、pH 复合电极、氟离子选择性电极的结构、使用和维护；参比电极——饱和甘汞电极的结构、使用和维护。

练一练 测一测

练一练测一测五

一、单项选择题

1. 玻璃电极在使用前一定要在水中浸泡几小时，目的在于（　　）。

A. 清洗电极　　B. 活化电极　　C. 校正电极　　D. 检查电极好坏

2. 玻璃电极的内参比电极是（　　）。

A. 银电极　　B. 氯化银电极　　C. 铂电极　　D. 银-氯化银电极

3. pH 计在测定溶液的 pH 时，选用温度为（　　）。

A. 25℃　　B. 30℃　　C. 任何温度　　D. 被测溶液的温度

4. 离子选择性电极在一段时间内不用或新电极在使用前必须进行（　　）。

A. 活化处理　　B. 用被测溶液浸泡

C. 在蒸馏水中浸泡 24h 以下　　D. 在 NaF 溶液中浸泡 24h 以上

5. 实验室用酸度计结构一般由（　　）组成。

A. 电极系统和高阻抗毫伏计　　B. pH 玻璃电极和饱和甘汞电极

C. 显示器和高阻抗毫伏计　　D. 显示器和电极系统

6. 通常组成离子选择性电极的部分为（　　）。

A. 内参比电极、内参比溶液、敏感膜、电极管

B. 内参比电极、饱和 KCl 溶液、敏感膜、电极管

C. 内参比电极、pH 缓冲溶液、敏感膜、电极管

D. 电极引线、敏感膜、电极管

7. 下列（　　）不是饱和甘汞电极使用前的检查项目。

A. 内装溶液的量够不够　　B. 溶液中有没有 KCl 晶体

C. 液络体有没有堵塞　　D. 甘汞体是否异常

8. 微库仑法测定氯元素的原理是根据（　　）。

A. 法拉第电解定律　　B. 牛顿第一定律　　C. 牛顿第二定律　　D. 朗伯-比尔定律

9. 在使用酸度计前必须熟悉使用说明书，其目的在于（　　）。

A. 掌握仪器性能，了解操作规程　　B. 了解电路原理图

C. 掌握仪器的电子构件　　D. 了解仪器结构

10. pH 计的校正方法是将电极插入一标准缓冲溶液中，调好温度值。调节（　　）至仪器显示 pH 与标准缓冲溶液相同。取出冲洗电极后，再插入另一标准缓冲溶液中，定位旋钮不动，调节（　　）至仪器显示 pH 与标准缓冲溶液相同。此时，仪器校正完成，可以测量。但测量时，定位旋钮和斜率旋钮不能再动。

A. 定位旋钮、斜率旋钮　　B. 斜率旋钮、定位旋钮

C. 定位旋钮、定位旋钮　　D. 斜率旋钮、斜率旋钮

二、判断题

1. pH 标准缓冲溶液应储存于烧杯中密封保存。（　　）

2. 电位滴定法与化学分析法的区别是终点指示方法不同。（　　）

3. 使用甘汞电极时，为保证其中的氯化钾溶液不流失，不应取下电极上、下端的胶帽和胶塞。（　　）

4. 用酸度计测定水样 pH 时，读数不正常，原因之一可能是仪器未用 pH 标准缓冲溶液校准。（　　）

5. 玻璃电极在使用前要在蒸馏水中浸泡 24h 以上。（　　）

6. 修理后的酸度计，须经检定，并对照国家标准计量局颁布的《酸度计检定规程》技术标准合格后方可使用。（　　）

7. 酸度计的结构一般都由电极系统和高阻抗毫伏计两部分组成。（　　）

8. 清洗电极后，不要用滤纸擦拭玻璃膜，而应用滤纸吸干，避免损坏玻璃膜，防止交叉污染，以免影响测量精度。（　　）

9. 用酸度计测 pH 时定位器能调 pH 6.86，但不能调 pH 4.00 的原因是电极失效。（　　）

10. DDS-11A 电导率仪在使用时高低周的确定是以 300μS/cm 为界限的，大于此值为高周。（　　）

三、简答题

1. 用酸度计测 pH 时，为什么必须用标准缓冲溶液校正仪器？应如何进行？

2. pH 复合电极的维护中用什么溶液作为玻璃球泡的浸泡液？是否可以使用蒸馏水浸泡？

3. 酸度计和离子计维护时，仪器的输入端必须保持干燥清洁，仪器不用时应如何处理？

4. 简述电位滴定仪的基本原理。

5. 自动电位滴定仪滴定过程中出现预滴定找不到终点，可能的原因是什么？如何处理？

项目六

气相色谱仪的结构及维护

项目引导

气相色谱仪，是指用气体作为流动相的色谱分析仪器。其原理主要是利用物质的沸点、极性及吸附性质的差异实现混合物的分离。待分析样品在汽化室汽化后被惰性气体（即载气，亦称流动相）带入色谱柱内，柱内含有液体或固体固定相，样品中各组分都倾向于在流动相和固定相之间形成分配或吸附平衡。随着载气的流动，样品组分在运动中进行反复多次的分配或吸附/解吸，在载气中分配浓度大的组分先流出色谱柱，而在固定相中分配浓度大的组分后流出。组分流出色谱柱后进入检测器被测定，常用的检测器有电子俘获检测器（ECD）、氢火焰离子化检测器（FID）、火焰光度检测器（FPD）及热导检测器（TCD）等。气相色谱仪广泛地应用于石油化工、生物化学、医药卫生、环境保护、食品检验和临床医学等行业。

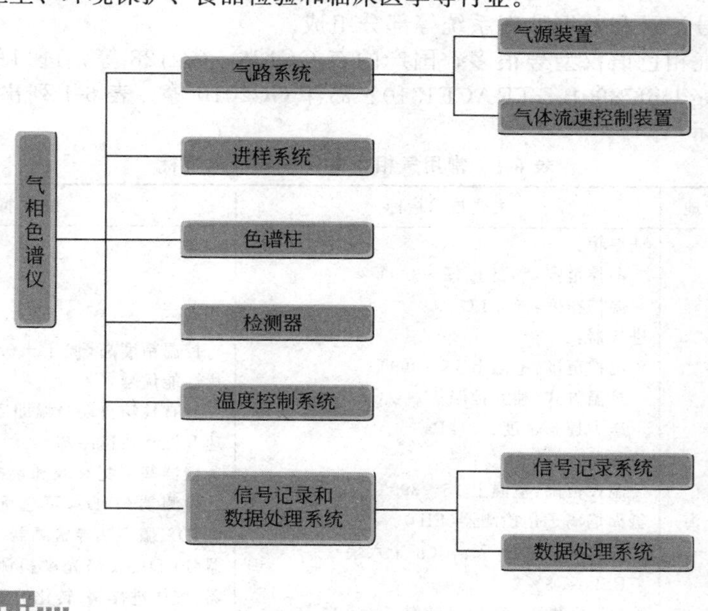

想一想

1. 如果要测定土壤中热稳定且沸点不超过500℃的有机物，如有机氯、有机磷、多环芳烃、邻苯二甲酸酯等，可以用什么仪器完成测定？

2. 气相色谱仪在分析时，如果不出峰，该如何处理呢？

任务一
气相色谱仪的基本结构

任务要求

（1）熟悉气相色谱仪的结构。

（2）了解气相色谱仪的分类。

（3）掌握气相色谱仪各组成部分的结构、工作原理。

气相色谱仪将分析样品在进样口中汽化，由载气带入色谱柱，通过对欲检测混合物中组分有不同保留性能的色谱柱使各组分分离，依次导入检测器，以得到各组分的检测信号。按照导入检测器的先后次序，经过对比，可以区别出是什么组分，根据峰高度或峰面积可以计算出各组分含量。通常采用的检测器有：热导检测器、火焰离子化检测器、氦离子化检测器、超声波检测器、光离子化检测器、电子俘获检测器、火焰光度检测器、电化学检测器、质谱检测器等。

一、气相色谱仪的结构和分类

随着气相色谱法的发展，气相色谱仪的应用十分广泛。根据载气流路的连接方式，气相色谱仪大致可分为单柱单气路气相色谱仪、双柱双气路气相色谱仪两类。不管采取哪一种载气流路形式，仪器的基本结构是相同的，主要由气路系统、进样系统、色谱柱、检测器、温度控制系统、信号记录和数据处理系统等部分组成。

目前常用的气相色谱仪型号很多，国产的有 GC126、GC128 等，进口的有 Agilent（安捷伦）7890A、Agilent7890B、TRACE1310、岛津 GC2010 等。表 6-1 列出了常用气相色谱仪的主要技术指标。

表 6-1　常用气相色谱仪主要技术指标

仪器型号	产地	主要技术指标	主要特点
GC126	上海	柱温箱： 温控范围：室温上 15～399℃ 温控精度：±0.1℃ 进样器： 温控范围：室温上 15～399℃ 控温方式：独立控温 压力控制精度：0.1kPa 检测器： 温控范围：室温上 15～399℃ 氢火焰离子化检测器(FID)： 检测限：4×10^{-12}g/s(正十六烷) RSD：≤3% 热导检测器(TCD)灵敏度：5000mV · mL/mg(正十六烷) 电子捕获检测器(ECD)检测限：≤8×10^{-14}g/s(r-666) 火焰光度检测器(FPD)检测限：≤2×10^{-12}g/s(P)，≤4×10^{-11}g/s(S)(样品：甲基对硫磷)	控温精度高(优于±0.1℃)，可靠性和抗干扰性能优越 具有柱箱自动降温即后开门功能，可实现快速升温和快速冷却 仪器基型配有双和单高灵敏度氢火焰离子化检测器(FID)，可选配氢火焰离子检测器(FID)、微型热导检测器(TCD)、电子捕获检测器(ECD)、火焰光度检测器(FPD)、氮磷检测器、气体进样阀、转化炉等附件，可同时安装两种检测器，且检测器灵敏度高(如 FID 的测试结果为：FID≤3×10^{12}g/s)，稳定时间短，喷口的清洗和安装方便

续表

仪器型号	产地	主要技术指标	主要特点
Agilent7890B	美国	柱温箱： 温控范围：室温上 4～450℃ 温控精度：±0.1℃ 顶空进样器： 进样重复性：≤1.5%RSD 检测器： 氢火焰离子化检测器(FID)检测限：<1.4pg·C/s 电子捕获检测器(ECD)检测限：<6×10^{-15}g/mL(六氯化苯)	快速柱箱降温、新的反吹功能和先进的自动化性能使分析时间更短，使每个样品分析的成本降到最低 采用先进光电倍增管，并对部件进行脱活处理，使得 FID 最高耐温从 250℃提升至 400℃，检测限也获得提高

二、气相色谱系统

(一) 气路系统

气路系统是指载气和辅助气体流经的管路和相关的一些部件，具体包括气源装置，气体流速的控制、测量装置等，其作用是提供气体并对进入仪器的载气或辅助气体进行稳压、稳流、控制和指示流量。

1. 气源装置

气相色谱分析中所用的气体，除空气可由空气压缩机供给外，一般由高压钢瓶供给。近年来，某些气体越来越多地采用气体发生器作为气源，如氢气发生器、氮气发生器等，这些附加设备将在项目八中加以介绍。

2. 气体流速的控制装置

稳定而可调节的载气及辅助气流不仅是气相色谱仪正常运转的保证，而且直接影响色谱分析结果的准确度。气源（如高压钢瓶）必须与减压阀、稳压阀、针形阀、稳流阀等部件配合才能提供稳定而具有一定流量（流速）的气流。

(1) 减压阀　高压钢瓶中气体压力很高（10MPa 以上），需用减压阀将其衰减至 0.5MPa 以下。减压阀的结构如图 6-1 所示。

(2) 稳压阀　又称为压力调节器，其功能是为它之后的针形阀提供稳定的气压，为它之后的稳流阀提供恒定的参考压力。稳压阀通常采用橡胶膜片和金属波纹管双腔式的结构，如图 6-2 所示。

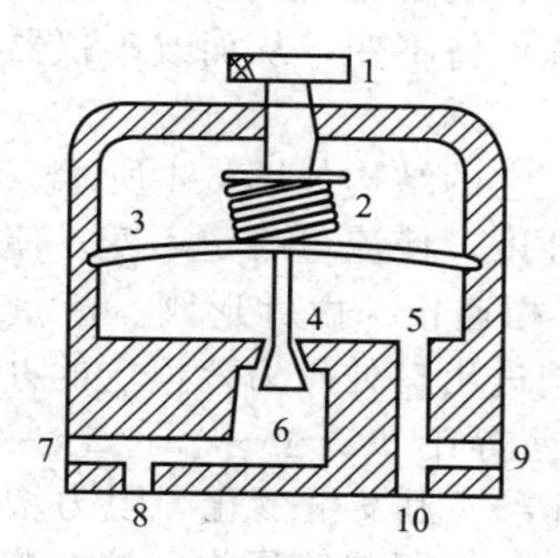

图 6-1 减压阀结构示意图

1—调节手柄；2—弹簧；3—隔膜；4—提升针形阀；5—出口腔；6—入口腔；7—气体入口；8—高压压力表；9—气体出口；10—低压压力表

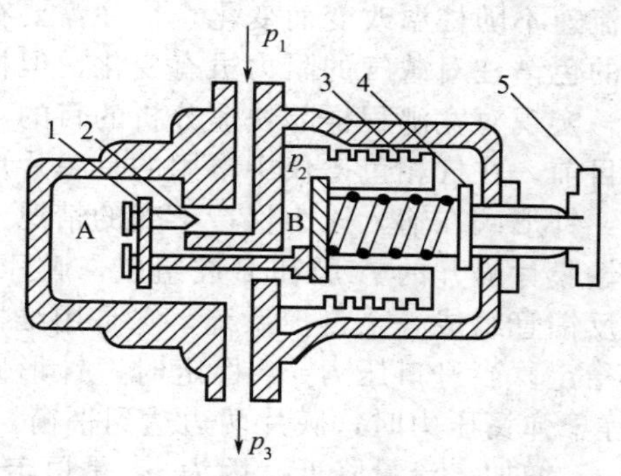

图 6-2 稳压阀结构示意图

1—阀座；2—针形阀（或平面阀）；3—波纹管；4—弹簧；5—阀针

图 6-2 中空腔 A 和金属波纹管的空腔 B 通过三根连动杆的间隙互相连通，针形阀用三根连动杆（图中只画出一根）连在波纹管底座上。若将手柄右旋，向左压缩弹簧，波纹管被压缩，阀体左移，增大阀针与阀座间隙，出口流速加大，即输出压力升高；反之，手柄左旋，过程相反，输出压力下降。这是稳压阀可以调节输出压力的原因。

稳压阀的稳压原理是：用调节手柄通过弹簧把针形阀旋到一定的开度，当压力达到一定值时就处于平衡状态，达到平衡后当气体进口压力 p_1 微有增加产生波动时，针形阀的结构必然导致 p_2 也增加，B 腔压力增大，迫使弹簧向右压缩，波纹管就向右移动而伸长，并带动三根连动杆也向右移动，使阀针与阀体的间隙减小，气流阻力增加，使出口压力 p_3 保持不变。同理，当输入压力 p_1 有微小的下降时，由于压力负反馈自动调节的作用，系统可以自动恢复到原有平衡状态，从而达到稳定出口压力的效果。

（3）针形阀　针形阀是气体流量的调节装置，它通过改变阀针和阀门之间的接触程度，达到改变流量大小的目的。在气相色谱仪中，常用的是锥式针形阀，阀针和阀体由不锈钢制成，其结构如图 6-3 所示。

应该指出的是，针形阀在气路中只能起连续调节气体流量大小的作用，既不能起稳定出口压力的作用，也无法维持出口流量的恒定。

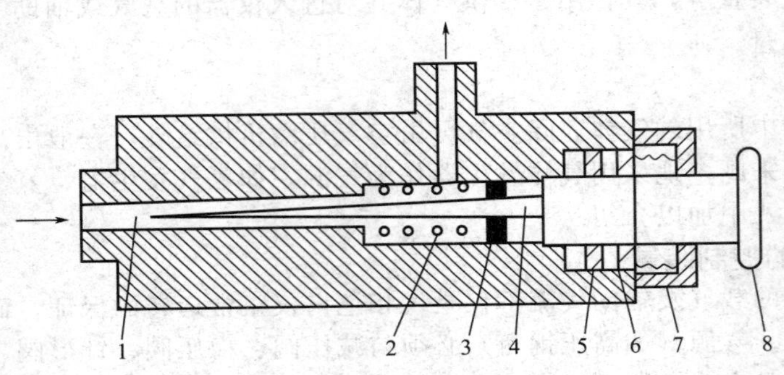

图 6-3　针形阀结构示意图

1—阀门；2—压缩弹簧；3—阀针密封圈；4—阀针；
5—密封环；6—密封垫圈；7—螺母；8—调节手柄

（4）稳流阀　在程序升温气相色谱仪中，色谱柱对载气的阻力随着柱温的上升而增加，使得柱后载气的流速也发生变化，从而引起基线漂移。为了使仪器在程序升温操作过程中的载气流速不随柱温改变而变化，往往需要在稳压阀的后面加装稳流阀。这样，柱温的改变而引起的色谱柱对载气的阻力虽有变化，但柱后载气的流速保持不变，从而改善仪器基线的稳定性，实现对宽沸程样品快速分析的目的。

目前，在气相色谱仪中常用的是膜片反馈式稳流阀，它的结构如图 6-4 所示。其工作原理是：针形阀在输入压力保持不变的情况下旋到一定的开度，使流量稳定不变。流量控制器由弹性膜片隔开的 A 腔和 B 腔组成，膜片中心与球阀 C 相连接。由针形阀、流量控制器和上游反馈管组成一个自控系统，它是用维持气流在针形阀进出口处压力差恒定的办法使气流速度稳定。当进口压力 p_1 稳定时，针形阀两端的压力差等于 p_3-p_2，即 $\Delta p=p_1-p_2$，Δp 等于弹簧压力时，膜片两边达到平衡。当柱温升高时，气阻发生变化，阻力增加，出口压力 p_4 增加，流量降低，因为 p_1 是恒定的，所以 p_1-p_2 小于弹簧压力，这时弹簧向上压动膜片，球阀开度增加，出口压力 p_4 增大，流量增加，p_2 也相应下降，直到 p_1-p_2 等于弹簧压力时，膜片又处于平衡状态，从而使载气流速维持不变。

调节针形阀的开度大小，可以选择载气流量。

3. 气体流速的测量装置

气体的流速是以单位时间内通过色谱柱或检测器的气体体积大小来表示，单位一般为

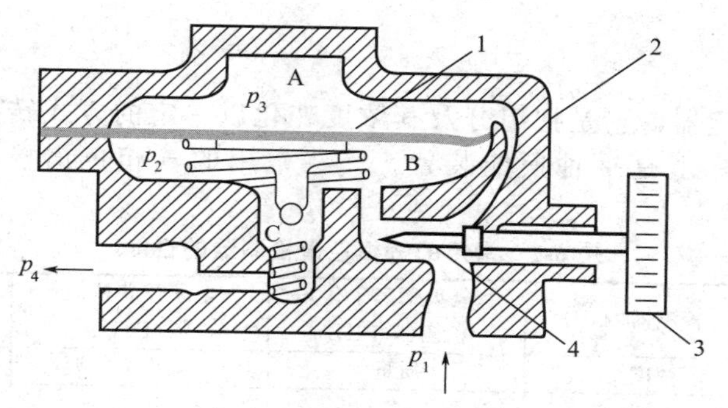

图 6-4 稳流阀结构示意图

1—弹性膜片；2—上游反馈管；3—手柄；4—针形阀

mL/min。在气相色谱仪中，常用的气体流速测量装置是转子流量计或皂膜流量计，其中测出的流速要经过温度、压力及水蒸气压力的校正，才是色谱柱后的载气平均流速。

（二）进样系统

1. 液体进样装置

在气相色谱仪中，液体样品必须经汽化室将其瞬间汽化后，才可进入色谱柱进行分离。

(1) 汽化室 汽化室实际上是一个温度连续可调并能恒定控制的加热炉。一种金属式汽化室的结构如图 6-5 所示。载气通常在进入汽化室之前应经过盘旋在加热器外壳上的预热管进行预热，使载气温度接近汽化室的温度，预热后的载气经过进样口和汽化管直接进入色谱柱。注射器针头在进样口刺破硅橡胶垫后进样，样品在汽化管中瞬时汽化，然后被载气携带进入色谱柱。汽化管被外部电加热器加热，加热器由温度控制器控制，以满足汽化温度连续可调和恒定操作的要求。

(2) 微量注射器 液体进样多采用微量注射器，进样的重复性一般在 2.0%左右。

2. 气体进样装置

气体进样常采用六通阀，也可以用 0.25mL、1mL、2mL、5mL 的医用注射器。六通阀由于进样重复性好，且可进行自动操作而得到广泛使用。目前，在气相色谱仪中经常采用的六通阀有两种：一种是推拉式六通阀；另一种是平面旋转式六通阀。

（三）色谱柱

色谱柱的结构较为简单，由一根柱管及填装在管内的固定相组成。

柱管制作材料很多，如不锈钢、铜、玻璃、塑料等，其中不锈钢柱由于质地坚固、化学稳定性好而使用十分广泛。色谱柱常制成 U 形或螺旋形等形状，常用的色谱柱基本上可分为填充柱和毛细管柱两类。

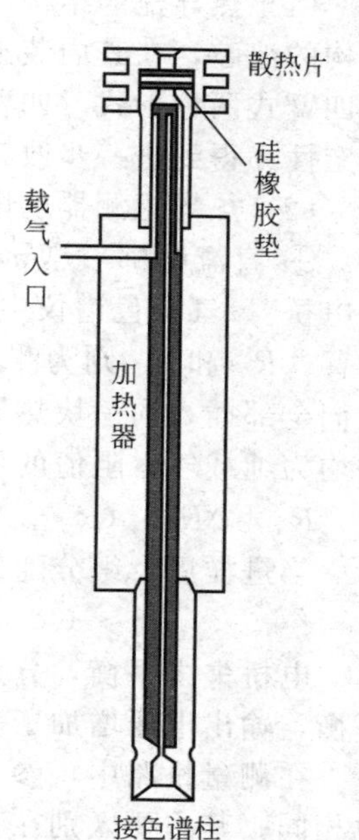

图 6-5 汽化室结构示意图

色谱柱一般放置在柱箱中使用。柱箱亦称为恒温箱或层析室，是使色谱柱处于一定温度环境的装置，一般采用空气浴，由鼓风电机强制空气对流，以减少热辐射等造成的温度分布不均匀的现象，加快升温速度。

（四）检测器

检测器又称为鉴定器，它是把组分及其浓度变化以一定的方式转换为易于测量的电信号。因此，检测器实际上是一种换能装置。一些常用的气相色谱检测器的性能如表 6-2 所示。

表 6-2　常用的气相色谱检测器的性能

检测器	热导检测器(TCD)	氢火焰离子化检测器(FID)	电子俘获检测器(ECD)	火焰光度检测器(FPD)
响应特征	浓度	质量	一般为浓度型	质量
噪声水平/A	0.005～0.01mV	$(1\sim5)\times10^{-14}$	$1\times10^{-11}\sim1\times10^{-12}$	$1\times10^{-9}\sim1\times10^{-10}$
检测限/(g/s)	$1\times10^{-6}\sim1\times10^{-10}$g/mL	$<2\times10^{-12}$	1×10^{-14}g/mL	磷：$<1\times10^{-12}$ 硫：$<1\times10^{-12}$
线性范围	10^4	10^7	10^4	10^3
响应时间/s	<1	<0.1	<1	<0.1
适用范围	通用型	含碳有机化合物	多卤及其他电负性强的化合物	含硫、磷的化合物
设备要求	流速、温度要恒定，测量电桥用高精度供电电源	气源要求严格净化，放大器能测 10^{-14}A，无干扰	载气要除 O_2，采用脉冲供电	采用质量好的滤光片和光电倍增管、合适的 O/H 比

1. 热导检测器

热导检测器是气相色谱法中出现最早并且应用最广泛的一种通用型检测器，其特点是结构简单、性能稳定、线性范围较宽、操作方便，灵敏度虽然不算太高，但对无机气体和各种有机物均有响应，且对样品无破坏性，适宜于常量分析以及含量在几个 μg/mL 以上的组分分析。目前，热导检测器是气相色谱仪的常备检测器之一，它由热导池及电气线路组成。

（1）热导池的结构　热导池由热敏元件和金属池体构成，通常在金属池体上加工成一定结构的池腔，在其内装上合适的热敏元件即构成热导池的一个臂。热导池一般可分为双臂式和四臂式两种形式。四臂式热导池由于相对于双臂式其输出信号增大一倍，提高了灵敏度，稳定性亦得到进一步改善，从而被气相色谱仪普遍采用。

（2）热导检测器的电气线路

① 直流电桥　热导池电气测量线路就是一个简单的稳压供电的直流电桥，亦即“惠斯登电桥”。气相色谱仪中广泛采用四臂式热导池，其测量桥路如图 6-6 所示。R_2 和 R_4 为参考臂，R_1 和 R_3 则为测量臂，由于采用四个完全相同的热敏元件，故 $R_1=R_2=R_3=R_4$，它们全部插入同一块热导池体的四个池腔（两两相通）中，未进样时，参考臂与测量臂通过的均为纯载气，阻值的变化为 ΔR_1、ΔR_2、ΔR_3 及 ΔR_4，且 $\Delta R_1=\Delta R_2=\Delta R_3=\Delta R_4$，此时 $(R_1+\Delta R_1)(R_3+\Delta R_3)=(R_2+\Delta R_2)(R_4+\Delta R_4)$，电桥平衡无输出电压。

当进样后，组分随载气进入测量臂，此时 $\Delta R_1=\Delta R_3\neq\Delta R_2=\Delta R_4$，所以：

$$(R_1+\Delta R_1)(R_3+\Delta R_3)\neq(R_2+\Delta R_2)(R_4+\Delta R_4)$$

电桥失去平衡，分别造成 M 点、N 点的电位升高和降低，由于变化相反，导致电桥不平衡，输出电压增加了一倍，相应地使热导池灵敏度也提高了一倍。

在测量桥路中，参考臂和测量臂不仅热敏元件的形状、阻值大小一致，所处池腔的体积也相同，其主要区别在于通过的气体组成不同。因此，不同形式的载气气路，它们的放置方法有差别。

单柱单气路：参考臂应该连接在汽化室前，测量臂应该连接在色谱柱后。

双柱双气路：参考臂和测量臂均应连接在色谱柱后。在哪一个支路上进样，其热敏元件

就作为测量臂，对应的另一支路的热敏元件作为参考臂。显然，对于双臂式热导池，某一热敏元件为测量臂，另一热敏元件则为参考臂。对于四臂式热导池，R_1、R_3 与 R_2、R_4 互为测量，互为参考。

安装时应注意，在图 6-6 中，不能把 R_1、R_3，R_2、R_4 接成邻臂，否则在进样后，虽然样品气进入测量臂，但由于 R_1 和 R_3 在同一个气路中，阻值变化相同，结果电桥仍处于平衡状态，造成桥路没有信号输出。此时应按照气路和电路的安装要求，重新进行正确地连接。

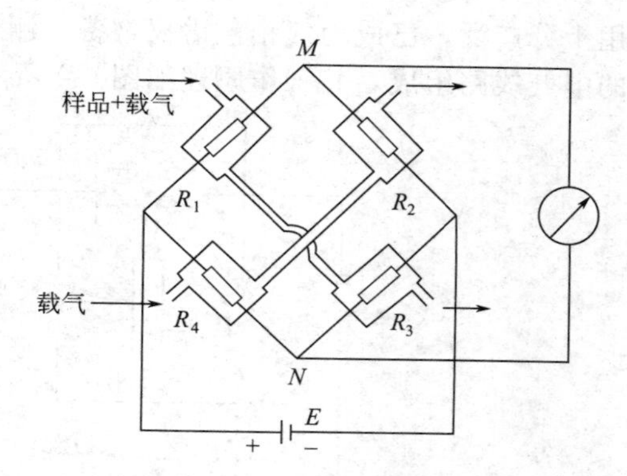

图 6-6　四臂式直流电桥

② 调零线路　由于电桥的调零电位器的接法不同，组成的电桥线路就有差异。目前，在热导池桥路中常采用串联式调零法和并联式调零法，它们的线路示意图如图 6-7 所示。其中，并联式的调零接法使热导检测器具有更大的线性范围而应用较多。

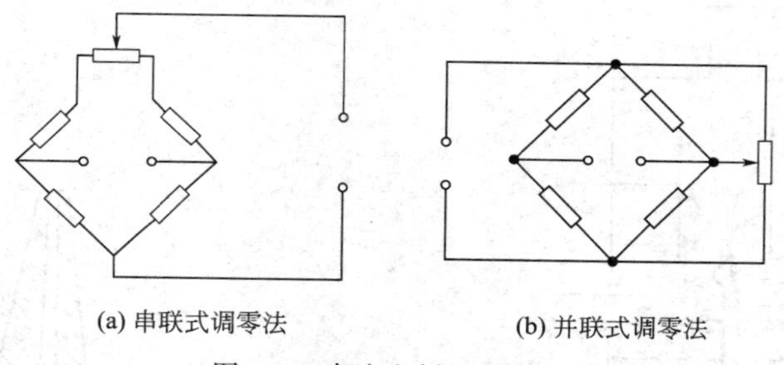

(a) 串联式调零法　　(b) 并联式调零法

图 6-7　直流电桥调零方法

③ 电桥的供电方式　目前，热导检测器多采用直流电桥，因此，桥路两端的供电电源就是直流电源，其形式可以是稳压电源或稳流电源两种。电桥供电电源主要由整流滤波、调整电路、比较放大、取样电路、基准电压以及辅助电源等几部分组成，其方框图如图 6-8 所示。

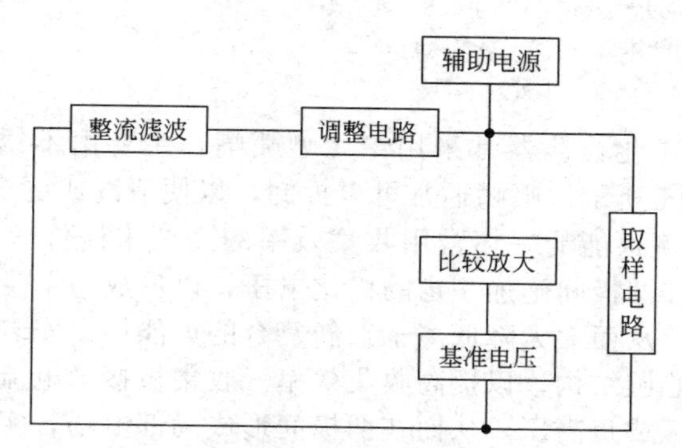

图 6-8　电桥供电电源方框图

稳压电源和稳流电源均采用串联调整线路，基本环节也相同，不同点在于两者取样电路方式有所不同。

2. 氢火焰离子化检测器

氢火焰离子化检测器是离子化检测器的一种，其特点是灵敏度高，结构简单，响应快，线性范围宽，对温度、流速等操作参数的要求不甚严格，操作比较简单、稳定、可靠，因而应用十分广泛，已成为气相色谱仪常备检测器之一。氢火焰离子化检测器主要由离子室和相应的电气线路组成，其工作原理如图 6-9 所示。

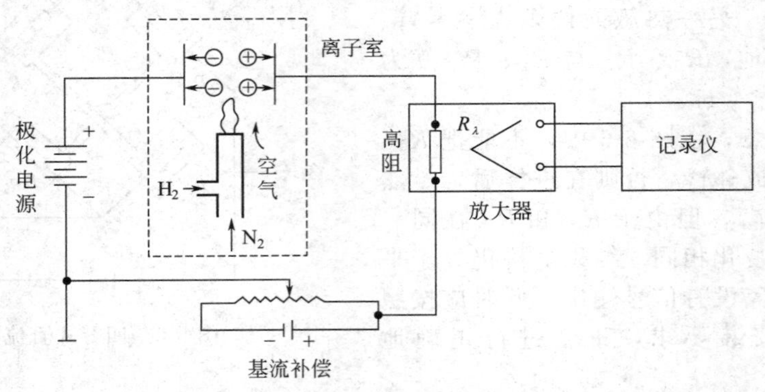

图 6-9　氢火焰离子化检测器工作原理

（1）离子室的结构　氢火焰离子化检测器的核心是离子室，其结构如图 6-10 所示。它主要由喷嘴、电极和气体入口通路等部分组成。

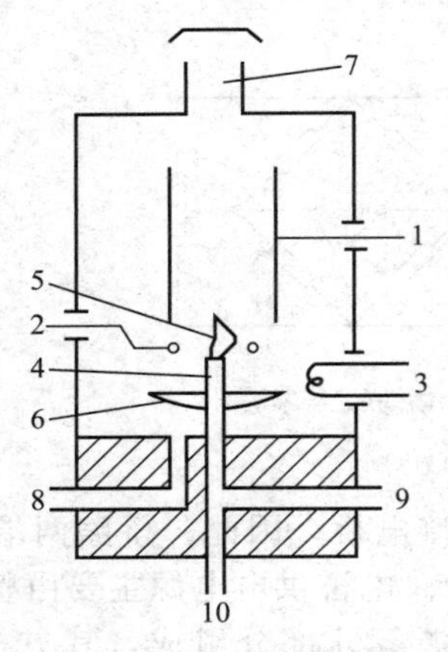

图 6-10　FID 离子室结构示意图

1—收集极；2—极化极；3—点火热丝；4—喷嘴；5—氢火焰；6—空气分配挡板；7—气体出口；8—空气入口；9—氢气入口；10—（载气＋组分）入口

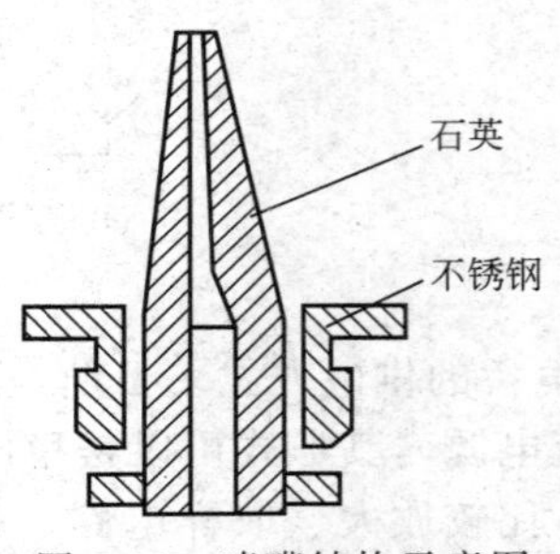

图 6-11　喷嘴结构示意图

① 喷嘴　氢火焰离子化检测器常采用绝缘型喷嘴，主要由不锈钢及石英等材料制成，某种喷嘴的结构如图 6-11 所示。喷嘴通常可以拆卸，以便清洗或更换。

② 电极　一个离子室性能的好坏常用收集效率的高低来评价，这就需要一对电极，即收集极和极化极，并要在两极间施加一定的极化电压，以形成一个足够强的电场，使生成的正负离子迅速到达两极，从而大大降低离子重新复合的可能性。安装时，应让收集极、极化极、喷嘴的截面构成同心圆结构，以提高收集效率。收集极接微电流放大器输入端，电位接近零，极化极则加正高压或负高压，从而在两极间形成局部电场，实现对离子流的收集。制作电极的材料应具有良好的高温稳定性，收集极多用优质的不锈钢材料制作，极化极多用铂制成。

③ 气体入口通路　氢火焰离子化检测器采用以 H_2 为燃气、空气为助燃气构成的扩散型火焰。氢气从入口管进入喷嘴，与载气混合后由喷嘴流出进行燃烧，助燃空气由空气入口进入，通过空气扩散器均匀分布在火焰周围进行助燃，补充气从喷嘴管道底部通入。如图 6-10 所示。

（2）氢火焰离子化检测器的电气线路 氢火焰离子化检测器的电气线路主要包括离子室的极化电压、微电流放大器以及基始电流补偿电路等。

① 极化电压 离子室的极化电极所需±（250～300）V 的直流电压，可通过初级硅稳压管线路供给。典型的线路如图 6-12 所示，它由稳流、滤波和硅稳压管组成，稳定度可达 1% 左右，完全可满足氢焰离子室对电场的要求。

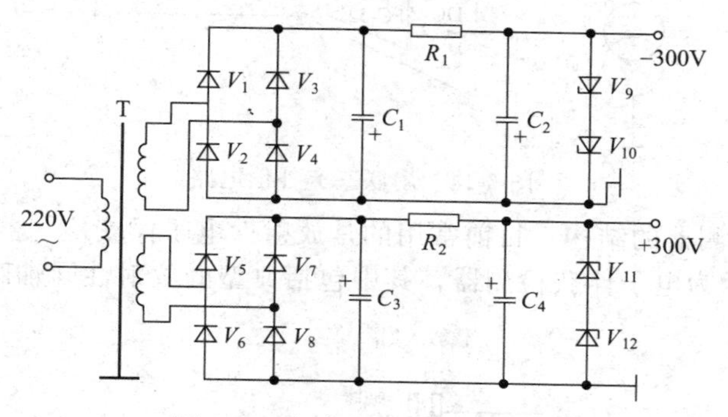

图 6-12 极化电压供给电路图

② 微电流放大器 经氢火焰的作用离解成的离子在外加定向电场中所形成的离子流十分微弱，必须经过一个直流微电流放大器放大后才能由记录仪记录。微电流放大器的工作原理方框图如图 6-13 所示。

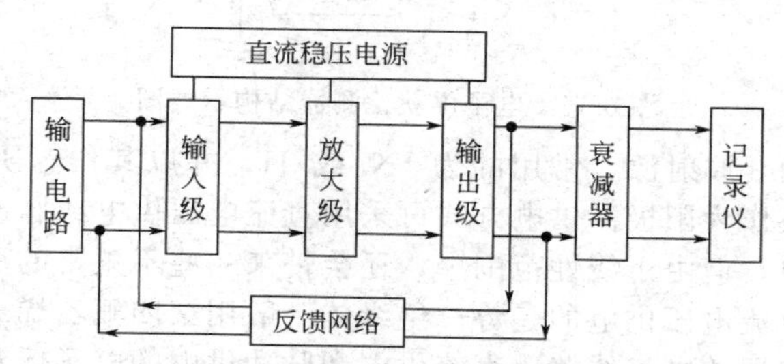

图 6-13 直耦型微电流放大器原理方框图

③ 基始电流补偿电路 当色谱柱固定液存在微量的流失或气源纯度不够时，离子室在未进样之前，只要火焰被燃着，总有一定数量的本底电流存在，这种本底电流通常称为“基始电流”，简称“基流”。基流的存在显然会影响痕量分析的灵敏度和 FID 的基线稳定性。因此，除了尽可能老化色谱柱或纯化气源外，在单柱单气路气相色谱仪的放大器中还必须采取基流补偿的措施。显然，这种措施也适合于电子俘获检测器及火焰光度检测器等。

基流补偿法根据在放大器中的连接方法不同，可分为串联基流补偿法和并联基流补偿法。图 6-14 所示为通常采用的“串联基流补偿法”的简化示意图。该连接方法的优点是对输入的电流无分流作用，即不损失待测信号，而且省掉了并联补偿法需用的另一高值电阻，补偿所用的电源电压也较低。考虑到电子俘获检测器的需要，一般选择其补偿电压为 10～15V。该法的缺点是电源电压必须对地悬浮，不利于消除电源的交流干扰。

3. 电子俘获检测器

电子俘获检测器是一种具有高灵敏度、高选择性的检测器，其应用范围之广仅次于热导检测器、氢火焰离子化检测器而占第三位。电子俘获检测器也是一种离子化检测器，故可与氢火焰离子化检测器共用同一个放大器，所不同的是它对操作条件的选择要求更加严格。

与氢火焰离子化检测器相似，电子俘获检测器主要由能源、电极、气体供应及相应的电气线路等部分组成。

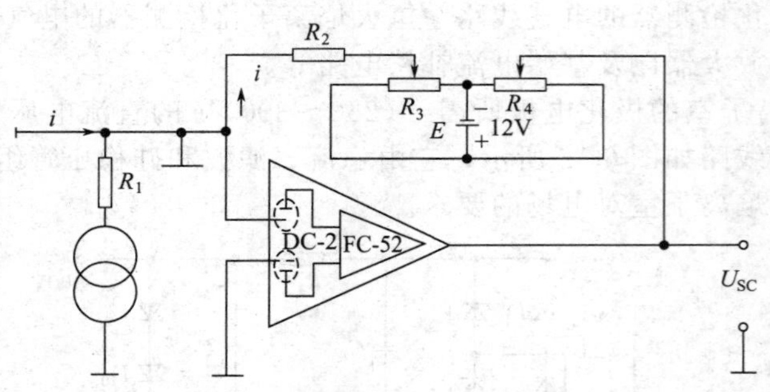

图 6-14 串联基流补偿电路

(1) 电子俘获检测器的结构 目前常用的是放射性电子俘获检测器，其常采用同轴圆筒式电极。图 6-15 所示为电子俘获检测器，其中包括典型的放射性同轴圆筒式电极结构。

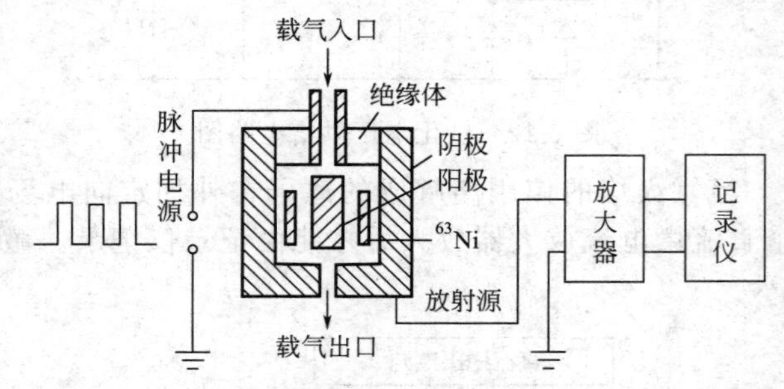

图 6-15 电子俘获检测器结构示意图

能源采用圆筒状的β放射源，常用的为^{63}Ni或^{3}H，并以其作为阴极，同时组成载气的出口；另一不锈钢电极作为阳极。供电方式可采用直流电压供电或脉冲电压供电两种。直流电压供电虽然比较简单，但由于线性范围窄，还会带来一些不正常的反应，因此呈现出以脉冲电压供电逐渐取代直流电压供电的趋势。绝缘体一般用聚四氟乙烯或陶瓷等材料制作。

(2) 电子俘获检测器的电气线路 直流供电和脉冲供电的电子俘获检测器所需要的电气线路主要包括三部分：连续可变的直流电压源、脉冲周期可调的脉冲电压源以及直流放大器。

① 连续可变的直流电压源 直流供电的ECD，需要－50～0V的直流电压，其电气线路与FID极化电压一样，主要由整流、滤波和硅稳压管组成。这种初级硅稳压线路如图 6-16 所示。

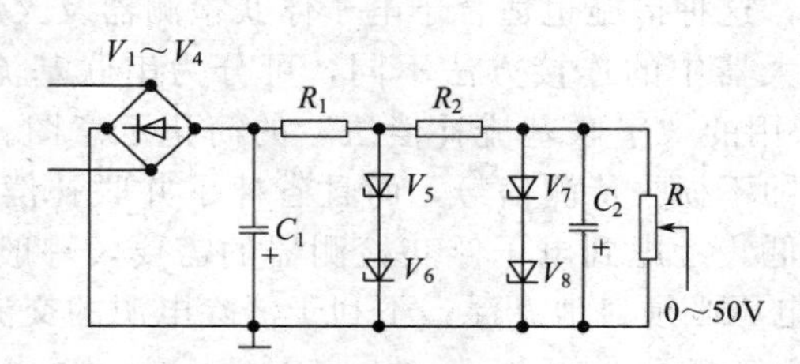

图 6-16 ECD 的直流供电线路

其指标是：直流输出电压为－50～0V且连续可调，输出电流为1mA，电压在220V±22V之间变化时，电压稳定度为1%左右。

② 脉冲周期可调的脉冲电压源 脉冲式（也叫恒脉冲式）ECD所需要的脉冲电源多采用多谐振荡器，并经放大后输出。它的典型线路如图 6-17 所示。

上述线路所产生的脉冲的参数如下：脉冲宽度为0.75～1μs；脉冲电压幅值为45V；脉

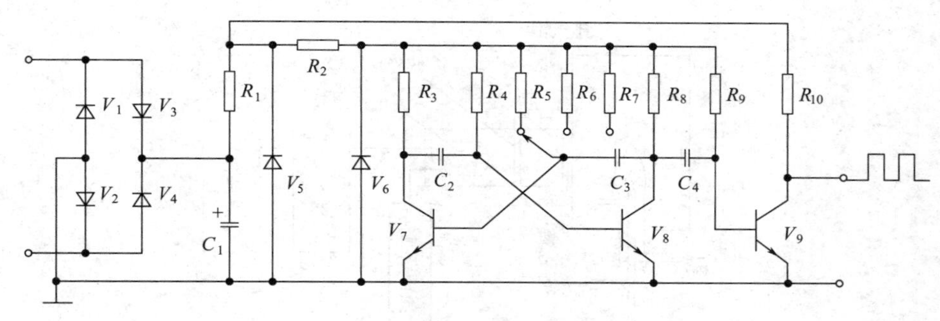

图 6-17　ECD 的脉冲供电线路

冲周期为 15μs、75μs、150μs 三挡可调。

③ 直流放大器　由于 ECD 和 FID 机理不一样，虽然同属离子化检测器，但在使用同一个直流放大器时还是有一定差别的。

众所周知，ECD 的基流为 10^{-9}～10^{-8}A，FID 要求的基流最好在 10^{-12}A 以下。这就是说，ECD 有效的基流比 FID 大近三个或四个数量级。因此，ECD 信号源的内阻就比 FID 信号源的内阻低三个或四个数量级。显然，采用同一个直流放大器时，对放大器的输入阻抗的要求就不同。FID 可以在放大器 10^6～10^{10}Ω 灵敏挡使用；ECD 一般只能在 10^6～10^8Ω 挡，并根据实际基流大小加以选择使用。当载气流速、检测室温度、供电电压一定时，基流大小便一定，可以采用的放大器的最大高阻挡也就确定。不能无限制地利用放大器的高阻挡来提高响应值。因为到了一定程度后，ECD 信号源内阻与放大器输入阻抗失去合理的匹配，放大器中“基流补偿调节”便不起作用，无法建立起正常的工作状态。

当检测器所需的最大高阻挡确定后，放大器中输出衰减最小挡如何确定呢？一般来说，为了满足痕量分析的要求，采用的最小输出衰减挡应由基线所能允许的噪声水平确定。

为了实现对高浓度样品的分析，最小高阻挡如何确定呢？一般来说，在相应选定的高阻挡上，以检测器加或不加直流电压或脉冲电压时记录仪指针可达到满刻度偏转来确定。达不到要求，就说明上述两者必有其一选择不佳，在此情况下进样分析，会产生样品色谱峰的平头故障。

4. 火焰光度检测器

火焰光度检测器是继热导检测器、氢火焰离子化检测器及电子俘获检测器之后的第四种在气相色谱中得到广泛使用的检测器。它对硫、磷的选择性强，灵敏度高，结构紧凑，工作可靠，因此成为检测硫、磷化合物的有力工具。

(1) 火焰光度检测器的结构　从结构来看，火焰光度检测器可视为 FID 和光度计的结合体。其结构如图 6-18 所示，它主要包括燃烧系统和光学系统两部分。燃烧系统相当于一个氢火焰离子化检测器，若在火焰上方附加一个收集极，就成了氢火焰离子化检测器。该部分包括火焰喷嘴、遮光环、点火装置及用作氢火焰离子化检测器的离子化收集电极环。其喷嘴一般比 FID 的粗，常采用内径为 1～2mm 的不锈钢或铂管做成。在单火焰形式的 FPD 中，为了消除烃类干扰，可采用遮光环，以将杂散光挡住，减小基流和噪声，使基线进一步稳定。此外，在火焰的上方同时安装一个 FID 的收集环，以收集有机硫化物、有机磷化物中的烃类物质。

光学系统由光源、富氢火焰反射镜、石英窗、干涉滤光片和光电倍增管组成。石英窗的作用是保护滤光片不受水汽和其他燃烧产物的侵蚀。为使滤光片和光电倍增管不超过使用温度，避免热的影响，常在滤光片前安装金属散热片或水冷却系统降温。光电倍增管是将发射光能转变成电能的元件，产生的光电流经放大后由记录仪记录出相应的色谱峰。按其入射光

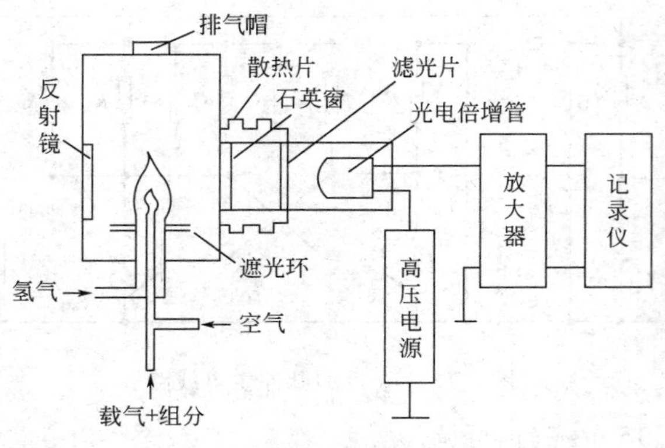

图 6-18 火焰光度检测器结构示意图

接收方式不同，光电倍增管可分为顶窗型和侧窗型两种。无论哪种受光窗口，当光线射入时，便从阴极上溅射出光电子，再经过若干个倍增电极的倍增作用，最后阳极收集到的电子数量将是阴极发出光电子数的 $10^5 \sim 10^8$ 倍。可见，光电倍增管比普通光电管的灵敏度高数百万倍，即使微弱的光照亦能产生较大的光电流。

（2）火焰光度检测器的电气线路　光电倍增管将从滤光片来的微弱的硫、磷信号转变成相应的电信号，再经过放大器放大后由记录仪记录。从 FPD 的工作原理与放大器连接线路来看，放大器的性质及其作用与 FID 相同。特殊的条件是：光电倍增管的暗电流（指不点燃火焰时，光电倍增管在使用高压下所测得的电流）为 10^{-9} A；点燃火焰后的基流为 $10^{-9} \sim 10^{-8}$ A。FPD 多采用单柱单气路操作，因此与 ECD 对放大器的要求相同。通常使用在 $10^6 \sim 10^8 \Omega$ 挡，也必须采用基流补偿装置。至于放大器的灵敏度挡和输出衰减挡的选择一般以基线允许的噪声或进样量的大小来决定。这一点又与 FID 的使用要求相同。

光电倍增管所需的 500～1000V 高压，一般采用将稳定输出的低电压、大电流经过直流电压变换器变成高电压、低电流，然后供给管子使用。其指标是：输出电流在 1mA 以下，电压稳定度为 0.5%左右。这种形式的实用线路如图 6-19 所示。

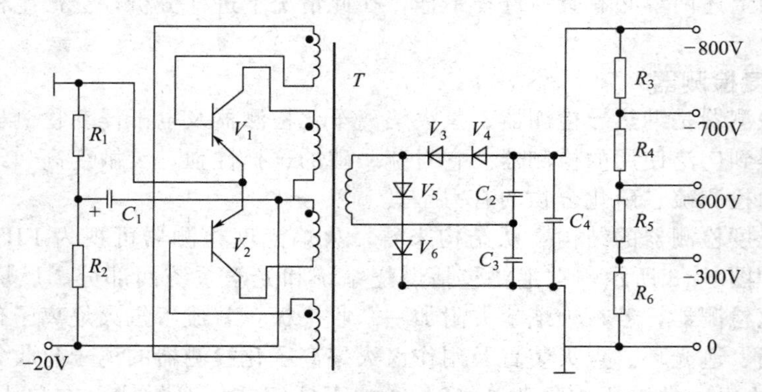

图 6-19 高压电源线路

（五）温度控制系统

温度控制系统是气相色谱仪的重要组成部分。该系统的作用是对色谱柱、检测器及汽化室等分别进行加热并控制其温度。由于汽化室、色谱柱和检测器的温度所起作用不同，故采取的温度控制方式也不同。温控方式有恒温和程序升温两种，汽化室和检测器一般采用恒温控制，色谱柱温度可根据分析对象的要求采用恒温或程序升温控制。

1. 色谱柱的温度控制

柱温是色谱柱分离物质时各种色谱操作条件中最重要的影响因素，因此，色谱柱的温度控制在色谱系统中要求最高。对色谱柱的温度控制一般要求如下：

① 控温范围要宽，对于恒温色谱分析，一般可控范围为室温至500℃。

② 控温精度要好，一般为±(0.1～0.5)℃。

③ 置放色谱柱的柱箱容积要大，热容量要小，以便有良好的保温效果。

④ 加热功率要大，以满足快速升温的要求。

色谱柱的温度控制是通过适量的热源及时地补充柱箱散失的热量来实现的。当供给的热量和失去的热量平衡时，温度就维持在一个恒温点上，从而达到控制温度的目的。气相色谱仪主要采用电加热控制法，并在柱箱的四壁使用优质保温材料来隔热。常用的保温材料有玻璃棉或毡、陶瓷纤维棉或毡、石膏玻璃棉复合材料保温块等。为了保证柱箱内温度均匀，普遍采用电风扇，强制空气对流，以消除温度梯度。图6-20所示为色谱柱温度控制原理方框图。

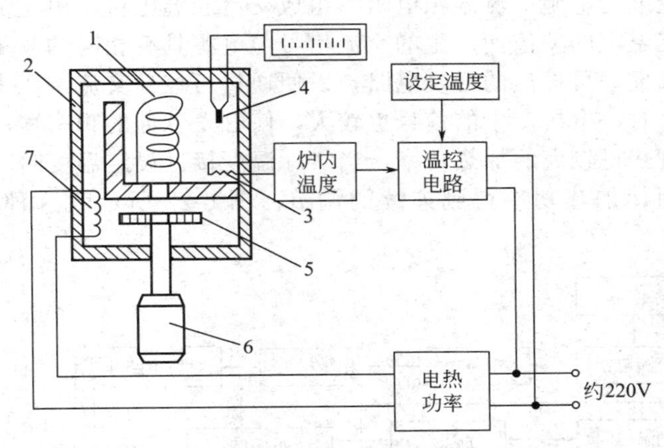

图6-20 色谱柱温度控制原理方框图

1—色谱柱；2—柱恒温箱；3—铂电阻温度计；4—热电偶；5—风扇；6—电机；7—加热丝

(1) 恒温控制 一般来说，一个已知电加热丝阻值R_T的柱箱，要想产生不同的热量即控制不同的温度，可以改变通过加热丝的电流（I）或改变加热丝通电流的时间（t）来实现。根据这两种电功率控制方式的不同，气相色谱仪的温控线路相应地有通断式和连续式两种。

① 通断式温度控制电路 这种控制方式的原理是：当柱箱温度低于设定温度时，控制电路自动接通加热丝，系统加热；达到控制温度后，电路断开加热丝电源，系统停止加热。重复上述过程，就可以在所需控制温度上下波动。所以这种电路叫作通断式或开关式温控电路。

在这种电路中，多采用固定式水银接点温度计为敏感元件，控制元件采用性能可靠的可控硅。图6-21所示为用于恒温色谱的最简单的通断式温度控制电路。

由于这种方式主要是控制通过加热电流的时间而不是均匀地提供加热功率，所以它的控温精度不够高。为了提高控温精度，常把加热丝分为两组，一组为主加热丝，一组为控制加热丝（副加热丝）。升温时采用主加热丝；温度恒定后，采用控制加热丝。采用这种主副加热的办法可以使控制精度达到±0.3℃。

② 连续式温度控制电路 这种控制方式能按照柱箱温度和设定温度的差值连续地供给加热功率，温度差大时，加热功率大（通过加热丝的电流大）；温度差小时，加热功率亦小（通过加热丝的电流小）。这种连续式温控电路显然比通断式温控电路具有更高的控温精度。

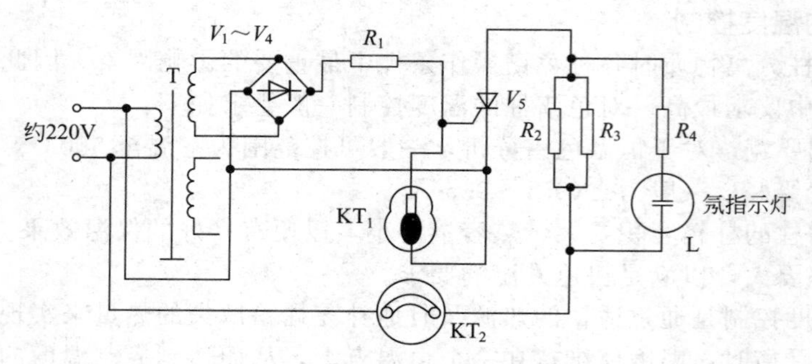

图 6-21 通断式温度控制电路

KT_1—固定式水银接点温度计（110℃）；KT_2—110℃温度保护继电器

因此，在气相色谱仪中主要采用交流电桥测温的可控硅连续式温度控制电路。

交流电桥测温的可控硅温控方式可以防止直流放大器的零点漂移，增强温度控制的稳定性，其电路由设定温度的电阻、测温铂电阻等组成交流测温电桥，由交流电源供电。由于柱箱的实际温度与设定温度的差值而产生的交流信号与电源具有相同的频率，需经交流放大和相敏检波后才能用来推动可控硅的触发电路，以便通过可控硅交流调压来调节加热功率。当需要升温且温差较大时，电桥产生的信号也较大，使触发脉冲的频率增高，可控硅控制角随之增大，加热丝便可获得较大的加热功率。当实际温度接近设定温度时，脉冲频率减小，加热功率也减小，从而使加热功率得到连续的调节。图 6-22 所示为这种控制方式的原理方框图。

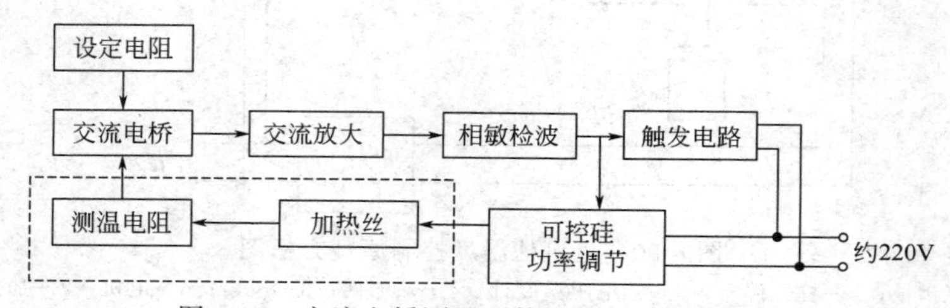

图 6-22 交流电桥测温可控硅温控原理方框图

（2）程序升温控制 从以上恒温控制方式可看出，它们都是通过柱箱实际温度与预先设定温度的比较进行工作的，而程序升温的控制只要能够按一定的程序来改变设定温度的数值，就有可能达到程序升温的目的。总之，程序升温控制电路与恒温控制电路的区别仅在于前者具有程序给定功能，而后者的温度设定值为一常量。所以，程序升温控制电路的特点和性能是由程序控制装置决定的。常用的程序控制器有以下两种：

① 机电式 通常利用步进电机带动电位器改变测温电桥中设定电阻的阻值实现程序升温。

② 电子式 全部采用电子电路进行程序控制，通过电路来改变设定电阻的数值而实现程序升温，并随时用数码管显示升温过程中的温度数值，去掉了机电式装置中的旋转驱动部件。它是一种较先进的电子式装置。

2. 汽化室的温度控制

一般气相色谱仪对汽化室温度的控制精度要求不是太高，汽化温度即使有些波动，对定性和定量分析的影响也不显著。因此可以采用可控硅交流调压方式来控制加热丝的加热功率，以实现温度的调节和控制，典型的电路如图 6-23 所示。

3. 检测室的温度控制

检测器一般要求在恒温下操作，对于较低挡恒温操作的气相色谱仪，通常是将检测器与

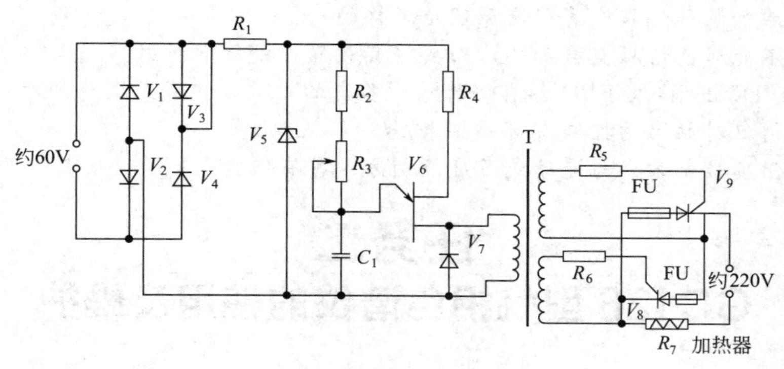

图 6-23　汽化温度控制电路

色谱柱一起置于柱箱内，同步进行温度控制；对于较高挡或程序升温气相色谱仪，对检测器温度控制的精度要求较高，一般单设检测室进行温度控制。温度控制的电路原理与柱箱温度的控制相同，而且还要采用惰性大的加热金属块间接加热，这样才能达到一定的控温精度，尤其是热导检测器，其控温精度的要求需更高一些。

（六）信号记录和数据处理系统

1. 信号记录系统

在气相色谱仪中，由检测器产生的电信号可以用记录仪来显示记录。早期记录仪是一台长方形自动平衡式电子电位差计，它可以直接测量并记录来自检测器或放大器的直流输出电压值。其结构原理如图 6-24 所示。补偿电压 U_{AB} 是由一个不平衡电桥的输出提供的。U_X 和 U_{AB} 串接相减后的差值 ΔU 由检零放大器放大，然后去控制可逆电机的正转或反转。电机转动又带动电桥中的滑线电阻器 R_W 的动点和记录笔左右移动。当 $U_X=U_{AB}$ 时，可逆电机不转；当 $U_X>U_{AB}$、$\Delta U>0$ 时，可逆电机正转，带动滑线电阻 R_W 的动点向 U_{AB} 增加方向移动，最后使 $\Delta U=0$；当 $U_X<U_{AB}$、$\Delta U<0$ 时，可逆电机反转，带动滑线电阻 R_W 的动点向 U_{AB} 减小的方向移动，最后也使 $\Delta U=0$。总之，U_{AB} 随着 U_X 的变化而变化，U_{AB} 的数值就是 U_X 的值，用与电阻器 R_W 的动点同步的记录笔指示其确切的被测 U_X 的大小。

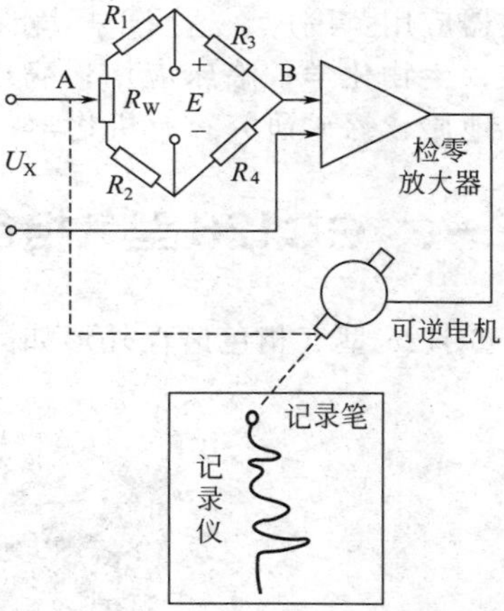

图 6-24　自动电子电位差计的工作原理

2. 数据处理系统

数据处理系统的作用是当仪器将被测气体成分量转换成电信号之后，把电信号变成测定结果数据。气相色谱仪的数据处理方式目前常用的是色谱工作站：先将被测成分的量转换成电信号，然后再把电信号测定结果数据。同时设备具有存储功能。如果需要仪器在线监测或自动进样进行重复多项测定，色谱工作站可以具有自动按程序控制取样及切换阀门的功能，实现无人操作自动分析。

思考与交流

1. 气相色谱仪由哪些主要部分组成？各部分的作用是什么？
2. 稳压阀是怎样达到稳压目的的？

3. 为什么要加装稳流阀？其稳流原理是怎样的？
4. 为什么不能对色谱柱直接加热，而要将其放置在柱箱中使用？
5. TCD、FID、ECD及FPD各有何特点？各自的结构、组成是怎样的？
6. 气相色谱仪对柱温的控制有哪些要求？
7. 通断式温度控制方式与连续式温度控制方式各有何特点？

任务二
GC126型气相色谱仪的使用及维护

任务要求

（1）熟悉GC126型气相色谱仪的结构。
（2）能够熟练使用GC126型气相色谱仪。
（3）掌握GC126型气相色谱仪的维护方法。

气相色谱仪作为常用的大型分析检验设备应用十分广泛，其型号和类别繁多，不同气相色谱仪的使用方法也各具特点。这里以常见的GC126型气相色谱仪为例说明其一般使用方法。

GC126型气相色谱仪系微机化、高性能、低价格、全新设计的通用型气相色谱仪。GC126型气相色谱仪具有高稳定性、可靠、结构简洁合理、操作方便、外形美观等优点。该仪器应用范围广，适用于环境保护、大气、水源等污染的痕量检测；毒物的分析、监测、研究；生物化学；临床应用；病理和病毒研究；食品发酵；石油化工；石油加工；油品分析；地质、探矿研究；有机化学；合成研究；卫生检疫；公害检测分析和研究。

一、GC126型气相色谱仪的使用方法

GC126型气相色谱仪外形如图6-25所示。

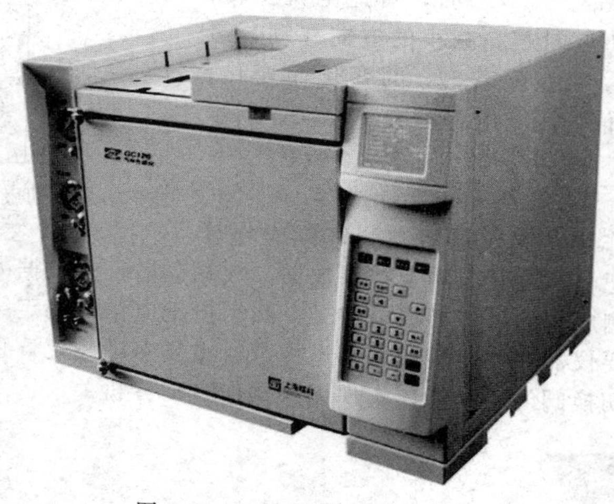

图6-25　GC126型气相色谱仪

（一）电源的要求

GC126 型气相色谱仪的电源（约 220V）应根据所需功率（约 2kW）敷设，而且该仪器使用的电源避免与大功率耗电负载或经常大幅度变化的用电设备共用一条线路。若电网电压超出 220V±22V 范围或干扰严重的场合，建议配备一个 3kW 的交流电子稳压器。仪器电源接地必须良好。

（二）气源的准备和处理

1. 气源

GC126 型气相色谱仪的 FID 需三种气，即载气（一般为氮气）、氢气和空气。氮气纯度不低于 99.99%，氢气纯度不低于 99.9%，空气中不应含有水、油及污染性气体。

2. 气源处理

三种气体进入仪器前须先经过严格净化处理，如图 6-26 所示。净化器由净化管及开关阀组成，接在仪器与气源之间。净化管中加入活化的“5A”分子筛及硅胶。若要输入气源到色谱仪，则将开关阀旋钮置于“开”位置。

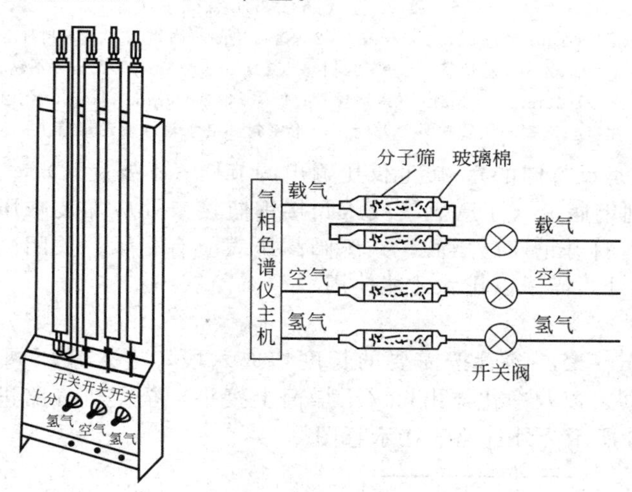

图 6-26　净化器

（三）外气路的连接

1. 连接输气管到气路接头

GC126 型气相色谱仪的气路输气管主要是 ϕ3mm×0.5mm 聚乙烯管或 ϕ2mm×0.5mm 不锈钢导管。螺母为“M8mm×1mm，ϕ3.2mm”或“M8mm×1mm，ϕ2.1mm”。这两种导管与接头的连接示意图如图 6-27 所示。图 6-27 中 ϕ3mm×0.5mm 聚乙烯管采用密封衬垫的目的是增强导管在密封点的强度，以保证气体通畅和密封性能。如采用 ϕ2mm×0.5mm 不锈钢连接管可不用 ϕ2mm×0.5mm×20mm 的密封衬垫。图 6-27 中密封环也可用 ϕ5mm×1mm 聚四氟乙烯管切成长 5mm 一段替代。密封环在使用中必须用 2 个，不然将不能保证密封性能。密封的最大压力为 0.5～0.8MPa（5～8kgf/cm^2）。检查气路接头是否漏气，不可用碱性较强的普通肥皂水，以免腐蚀零件，最好使用十二烷基硫酸钠的稀溶液作为试漏液。

2. 减压阀安装

载气、氢气和空气钢瓶的减压阀安装步骤如下：

① 将二个氧气减压阀和一个氢气减压阀的低压出口头分别拧下，接上减压阀接头（注

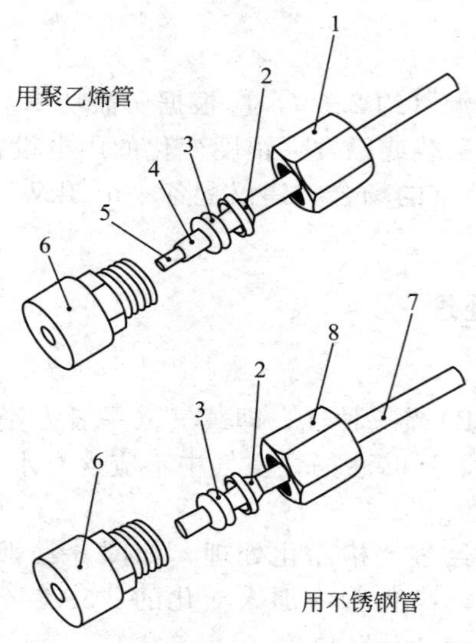

图 6-27 外气路接头示意图

1—螺帽（M8mm×1mm，ϕ3.2mm）；2—密封垫圈（磷铜）；3—密封环 2 个，
4—ϕ3mm×0.5mm 聚乙烯管；5—密封衬垫（ϕ2mm×0.5mm×20mm 不锈钢管）；
6—接头； 7—ϕ2mm×0.5mm 不锈钢导管；8—螺帽（M8mm×1mm，ϕ2.1mm）
注：当用聚乙烯管接外气路时，O 形密封圈必须箍在聚乙烯管上。

意：氢气减压阀螺纹是反方向的)，旋上低压输出调节杆（不要旋紧）。

② 将减压阀装到钢瓶上（注意氢气减压阀接钢瓶接口处应加装减压阀包装盒内所附塑料圈)，旋紧螺母后，打开钢瓶高压阀，减压阀高压表应有指示；关闭高压阀后，压力不应下降，否则就有漏气处，需予以排除才能使用。

3. 连接外气路

将 ϕ3mm×0.5mm 聚乙烯管按需要的长度切成六段，连入减压阀接头至净化器进口（开关阀上接头）之间，以及净化器出口（干燥筒上接头）至主机气路进口之间，即完成外气路的连接。图 6-28 所示为外气路连接示意图。

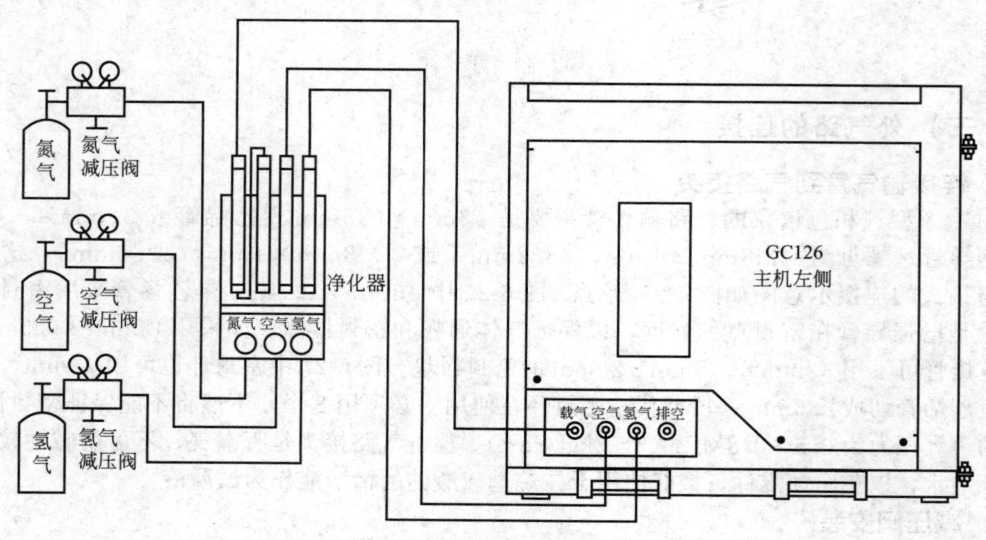

图 6-28 外气路连接示意图

4. 外气路检漏

外气路连接完成后，需进行检漏。操作步骤如下：

① 将主机填充柱气路上的载气稳流阀、氢气针形阀、空气针形阀全部关闭（刻度指示约“1”）。

② 开启钢瓶高压阀（开启钢瓶高压阀前低调节杆一定要处于放松状态），缓慢旋动低压调节杆，直至低压表指示为 0.3MPa。

③ 关闭各钢瓶高压阀。此时减压阀上低压指示值不应下降；否则，外气路中存在漏气处，需予以排除。

（四）安装填充柱

对于柱头进样，在进样口一端应留出足够的一段空柱（至少 50mm）以便进样时注射器针能全部插入汽化器。

由于柱的刚性，ϕ5.7mm 填充玻璃柱必须同时在进样口和检测器进口两端安装，各端安装程序一样。

当填充柱用于汽化进样时，在进样口一端不需留出一段空柱，但在填充柱的前端需要加衬里（石英衬管）。

（五）连接记录仪或色谱数据处理设备

GC126 型气相色谱仪的 FID 放大器的输出信号内部已连至主机电箱右侧下方的“检测器信号”插座。从仪器外部用信号导线部件可连接记录仪或数据处理机或色谱工作站的信号端，该信号受控于面板上的调零旋钮。不论是接记录仪或接数据处理机及色谱工作站，FID 放大器灵敏度（量程）、极性改变均由 GC126 主机微机面板控制。但信号衰减功能则由记录仪或数据处理机或色谱工作站来完成设定。连接步骤如下：

① 将记录仪信号导线部件的任何一端口或数据处理机信号导线部件的带插头端口插入主机电箱右侧下方印有“检测器信号”字样的插座上（请注意：端口 3 号针芯为地线，1、2 号针芯为色谱信号）。

② 两根导线部件的另一端口，分别连接相应记录仪或数据处理机的信号输入端，对于色谱工作站则接至色谱工作站输入信号线的接线端上。参见图 6-29。

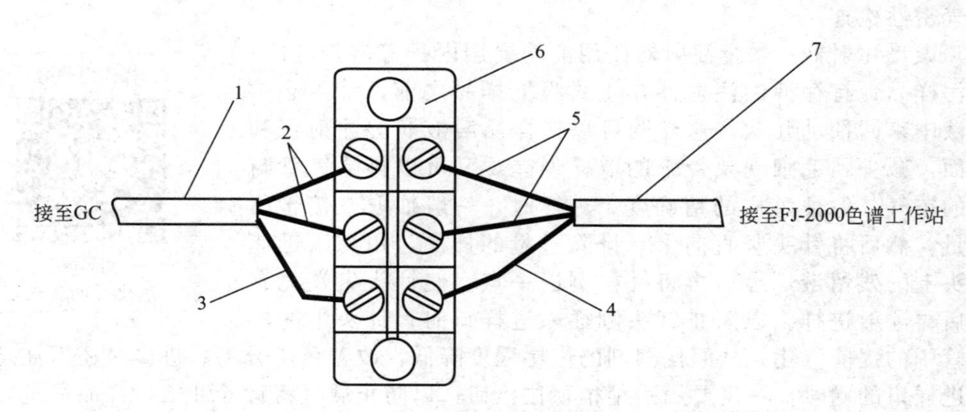

图 6-29　GC126 型气相色谱仪与色谱工作站信号连接示意图

1—GC126 数据处理机信号导线部件；2,5—塑料导线（传送色谱信号）；3,4—金属屏蔽线（接地）；6—接线端子（色谱工作站附件）；7—色谱工作站信号导线部件（色谱工作站附件）

二、 气相色谱仪的维护

气相色谱仪的工作性能与仪器在使用中是否精心维护与保养密切相关，由于气相色谱仪结构复杂，其维护保养可分为各使用单元的维护保养及整机的维护保养两部分。

（一） 各使用单元的维护保养

1. 气路各部件的维护

（1）阀　稳压阀、针形阀及稳流阀的调节须缓慢进行；在稳压阀不工作时，必须放松调节手柄（顺时针转动），以防止波纹管因长期受力疲劳而失效；针形阀不工作时则相反，应将阀门处于“开”的状态（逆时针转动），以防止压缩弹簧长期受力而失效，及防止阀针密封圈粘贴在阀门口上；对于稳流阀，当气路通气时，必须先打开稳流阀的阀针，流量的调节应从大流量调到所需要的流量；稳压阀、针形阀及稳流阀均不可作开关阀使用；各种阀的进、出气口不能接反，输入压力应达到 392.3～588.4kPa（4～6kgf/cm^2），因为这样才能使阀的前后压差大于 49kPa（0.5kgf/cm^2），以获得较好的使用效果。

（2）转子流量计　使用转子流量计时应注意气源的清洁，若由于对载气中的微量水分干燥净化不够，在玻璃管壁吸附一层水雾造成转子跳动，或由于灰尘落入管中将转子卡住时，应对转子流量计进行清洗。其方法是：旋松上下两只大螺钉，小心地取出两边的小弹簧（防止转子吹入管道）及转子，用乙醚或酒精冲洗锥形管（也可将棉花浸透清洗液后塞入管内通洗）及转子，用电热吹风机把锥形管吹干，并将转子烘干，重新安装好。安装时应注意转子和锥形管不能放倒，同时要注意锥形管应垂直放置，以免转子和管壁产生不必要的摩擦。

（3）皂膜流量计　使用皂膜流量计时要注意保持流量计的清洁、湿润，皂水要用澄清的皂水，或其他能起泡的液体（如烷基苯磺酸钠等），使用完毕应洗净、晾干（或吹干）放置。

2. 进样装置的维护

（1）汽化室进样口　由于仪器的长期使用，硅橡胶微粒积聚造成进样口管道阻塞，或气源净化不够使进样口沾污，此时应对进样口进行清洗。其方法是：首先从进样口出口处拆下色谱柱，旋下散热片，清除导管和接头部件内的硅橡胶微粒（注意接头部件千万不能碰弯），接着用丙酮和蒸馏水依次清洗导管和接头部件，并吹干。然后按拆卸的相反程序安装好，最后进行气密性检查。

（2）微量注射器　微量注射器使用前均要用丙酮等溶剂洗净，以免沾污样品；有存液的注射器在正式吸取样品之前，针尖必须浸在溶液中来回抽动几次，这样既可以使样品溶液润湿注射器和针栓表面，减少因毛细现象带来的取样误差，又可以排除针管与针头中的空气，保证进样的精确度。进样时，一般抽取二倍于所进样品量，然后将针头竖直向上，排除过量的样品，用滤纸迅速擦掉针头上的残留液，最后再将针栓倒退一点，使针头尖端充有空气之后再注射进样，以防止针头刚插入进样口时，针头中的样品比针管中的提前汽化，从而使溶剂的拖尾程度降低，改善色谱分离。进样时还需注意在针头插入进样口的同时，一定要用手稍稍顶住栓钮，以防止载气将针栓冲出，样品注进后要稍等片刻再把针头从进样口拔出，以保证样品被载气带走。微置注射器使用后应立即清洁处理，以免芯子受沾污而阻塞；切忌用重碱性溶液洗涤，以免玻璃受腐蚀失重和不锈钢零件受腐蚀而漏水漏气；对于注射器针尖为固定式者，不得拆下；由于针尖内孔极为微小，所以注射器不宜吸取有较粗悬浮物质的溶液；一旦针尖堵塞，可用 ϕ0.1mm 不锈钢丝通一下；注

操作扫一扫

二维码6-1
汽化管的清理

射器不得在芯、套之间湿度不足时（将干未干时）将芯子强行多次来回拉动，以免发生卡住或磨损而造成损坏；如发现注射器内有不锈钢氧化物（发黑现象）影响正常使用时，可在不锈钢芯子上蘸少量肥皂水塞入注射器内，来回抽拉几次就可去掉，然后再洗清即可；注射器的针尖不宜在高温下工作，更不能用火直接烧，以免针尖退火而失去穿戳能力。

（3）六通阀　六通阀在使用时应绝对避免带有小颗粒固体杂质的气体进入，否则，在拉动阀杆或转动阀盖时，固体颗粒会擦伤阀体，造成漏气。六通阀使用时间长了，应该按照结构装卸要求卸下进行清洗。

3. 色谱柱的维护

色谱柱的温度必须低于柱子固定相允许的最高使用温度，严禁超过；色谱柱暂时不用时，应将两端密封，以免被污染；当柱效开始降低时，会产生严重的基线漂移、拖尾峰等现象，此时应低流速、长时间用载气对其老化再生，待性能改善后再正常使用，若性能改善不佳，则应重新制备色谱柱。

4. 检测器的维护

（1）热导检测器

① 使用注意事项

ⅰ. 尽量采用高纯度气源；载气与样品气中应无腐蚀性物质、机械性杂质或其他污染物。

ⅱ. 载气至少通入0.5h，保证将气路中的空气赶走后，方可通电，以防热丝元件被氧化。未通载气严禁加载桥电流。

ⅲ. 根据载气的性质，桥电流不允许超过额定值。当载气用氮气时，桥电流应低于150mA；用氢气时，则应低于270mA。

ⅳ. 不允许有剧烈的振动。

ⅴ. 热导池高温分析时，如果停机，除首先切断桥电流外，最好等检测室温度低于100℃以下时再关闭气源，这样可以提高热丝元件的使用寿命。

② 热导检测器的清洗　当热导池使用时间长或沾污脏物后，必须进行清洗。清洗的方法是：将丙酮、乙醚、十氢萘等溶剂装满检测器的测量池，浸泡一段时间（20min左右）后倾出，如此反复进行多次，直至所倾出的溶液比较干净为止。

当选用一种溶剂不能洗净时，可根据污染物的性质先选用高沸点溶剂进行浸泡清洗，然后再用低沸点溶剂反复清洗。测量池洗净后加热使溶剂挥发，然后冷却到室温后装到仪器上，最后加热检测器并通载气数小时即可使用。

二维码6-2
热导检测器的清洗

（2）氢火焰离子化检测器

① 使用注意事项

ⅰ. 尽量采用高纯气源（如纯度为99.99%的N_2或H_2），空气必须经过5A分子筛充分净化。

ⅱ. 在最佳的N_2/H_2比以及最佳空气流速的条件下操作。

ⅲ. 色谱柱必须经过严格的老化处理。

ⅳ. 离子室要注意外界干扰，保证使它处于屏蔽、干燥和清洁的环境中。

ⅴ. 使用硅烷化或硅醚化的载体以及类似的样品时，长期使用会使喷嘴堵塞，因而造成火焰不稳、基线不佳、校正因子不重复等故障，应及时进行维修。

ⅵ. 应特别注意氢气的安全使用，切不可使其外逸。

② 氢火焰离子化检测器的清洗　若检测器沾污不太严重时，只需将色谱柱取下，用一根管子将进样口与检测器连接起来，然后通载气将检测器恒温箱升至120℃以上，再从进样

口中注入 20μL 左右的蒸馏水，接着再用几十微升丙酮或氟利昂（Freon-113 等）溶剂进行清洗，并在此温度下保持 1～2h，检查基线是否平稳。若仍不理想则可再洗一次或卸下清洗（在更换色谱柱时必须先切断氢气源）。

当沾污比较严重时，则必须卸下检测器进行清洗。其方法是：先卸下收集极、正极、喷嘴等。若喷嘴是石英材料制成的，则先将其放在水中进行浸泡过夜；若喷嘴是不锈钢等材料制成的，则可将喷嘴与电极等一起先小心地用 300～400 号细砂纸磨光，再用适当溶液（如 1∶1 甲醇-苯）浸泡（也可用超声波清洗），最后用甲醇清洗后置于烘箱中烘干。注意勿用卤素类溶剂（如氯仿、二氯甲烷等）浸泡，以免溶剂与卸下零件中的聚四氟乙烯材料发生反应，导致噪声增加。洗净后的各个部件要用镊子拿取，勿用手摸。各部件烘干后在装配时也要小心，否则会再度沾污。部件装入仪器后，要先通载气 30min，再点火升高检测室温度，最好先在 120℃的温度下保持数小时后，再升至工作温度。

（3）电子俘获检测器

① 使用注意事项

二维码6-3
氢火焰离子化检测器的清洗

ⅰ. 必须采用高纯度（99.99%以上）的气源，并要经过 5A 分子筛净化脱水处理。

ⅱ. 经常保持较高的载气流速，以保证检测器具有足够的基流值。一般来说，载气流速应不低于 50mL/min。

ⅲ. 色谱柱必须充分老化，不允许将柱温达到固定液最高使用温度时操作，以防止少量固定液的流失使基流减小，严重时可将放射源污染。

ⅳ. 若每次进样后基流有明显的下降，表明检测器被样品污染。最好使用较高的载气流速在较高温度下冲洗 24h，直到获得原始基流为止。

ⅴ. 对于多卤化合物及其他对电子的亲和能力强的物质，进样时的浓度一定要控制在 0.1×10^{-6}～0.1×10^{-9} 范围内，进样浓度不宜过大。否则，一方面会使检测器发生超负荷饱和（此效应会持续数小时），另一方面则会污染放射源。

ⅵ. 一些溶剂也有电子俘获特性，例如，丙酮、乙醇、乙醚及含氯的溶剂，即使是非常小的量，也会使检测器饱和。色谱柱固定相配制时应尽可能不采用上述溶剂，非用不可时，一定要将色谱柱在通氮气的条件下连续老化 24h。老化时，不可将色谱柱出口接至检测器上，以防止污染放射源。

ⅶ. 空气中的 O_2 易沾污检测器，故当汽化室、色谱柱或检测器漏入空气时，都会引起基流的下降，因此，要特别注意气路系统的气密性，在更换进样口的硅橡胶垫时要尽可能快。

ⅷ. 一旦检测器较长时间使用，建议中间停机时不要关掉氮气源，要保持正的氮气压力，即氮气保持 10mL/min 的流速一直通过色谱柱和检测器为佳。

ⅸ. 一定要保证检测室温度在放射源允许的范围内（要按说明书的要求操作）。检测器的出口一定要接至室外，最后的出气口还应架设在比房顶高出 1m 的地方，以确保人身的安全。

② 电子俘获检测器的清洗　电子俘获检测器中通常有 ^{3}H 或 ^{63}Ni 放射源，因此，清洗时要特别小心。这种检测器的清洗方法如下：先拆开检测器，用镊子取下放射源箔片，然后用 2∶1∶4 的硫酸、硝酸、水溶液清洗检测器的金属及聚四氟乙烯部分。当清洗液干净时，改用蒸馏水清洗，然后再用丙酮清洗，最后将清洗过的部分置于 100℃左右的烘箱中烘干。

^{3}H 源箔片应先用己烷或戊烷淋洗（绝不能用水洗），清洗的废液要用大量的水稀释后弃去或收集后置于适当的地方。

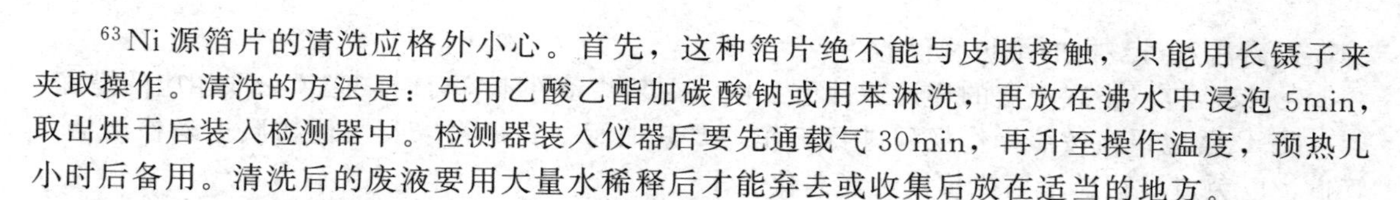

^{63}Ni 源箔片的清洗应格外小心。首先，这种箔片绝不能与皮肤接触，只能用长镊子来夹取操作。清洗的方法是：先用乙酸乙酯加碳酸钠或用苯淋洗，再放在沸水中浸泡 5min，取出烘干后装入检测器中。检测器装入仪器后要先通载气 30min，再升至操作温度，预热几小时后备用。清洗后的废液要用大量水稀释后才能弃去或收集后放在适当的地方。

（4）火焰光度检测器

①使用注意事项

ⅰ. 使用高纯度的气源，确保仪器所需的各项流速值，特别应保证 O_2/H_2 之比有利于测硫或测磷。

ⅱ. 色谱柱要充分老化。柱温绝对不能超过固定相的最高使用温度，否则会产生很高的碳氢化合物的背景，影响检测器对有机硫或有机磷的响应。

ⅲ. 色谱柱的固定液一定要涂渍均匀，没有载体表面的暴露，否则会引起样品的吸附，影响痕量分析。

ⅳ. 要经常地使检测器比色谱柱保持一个较高的温度（例如 50℃），这对于易冷凝物质的分析尤其重要。

ⅴ. 注意烃类物质对测硫的干扰。使用单火焰光度检测器时，色谱柱应保证烃类物质与含硫物质能分离。

ⅵ. 为了防止损坏检测器中的光电倍增管，延长其寿命，确保安全操作，还必须注意以下几点：未点火前不要打开高压电源；如果在实验过程中灭火，必须先关掉高压电源之后方可重新点火；当冷却装置失去作用，不能保证光电倍增管在 50℃以下工作时，最好停止实验；开启高压电源，最好从低到高逐渐调至所需数值；检测室温度低于 120℃时不要点火，以免积水受潮，影响滤光片和光电倍增管的性能；实验完毕，首先关掉高压电源，并将其值调至最小，等检测室温度降到 50℃以下，再将冷却水关掉。

② 火焰光度检测器的清洗　正常操作时，在检测筒体内仅产生很少的污染物（如 SiO_2），甚至积累了大量污染物时也不影响检测器性能，此时把筒体卸下刮去内部污染物即可。

当检测器的任何光学部件上留有沉积物时，将减弱发射光，影响检测器的灵敏度。所以应避免在检测器窗、透镜、滤光片和光电倍增管上留下污染（如指印）。尽管如此，即使正常操作检测器，在检测器筒体窗内侧也会慢慢积聚脏物。此时可用一块清洁的软绒布蘸丙酮对检测器窗、透镜等被污染处进行清洗。

当火焰喷嘴的上部被污染时，在较高灵敏挡会引起基线不稳定。此时可在带烟罩的良好通风场所，把喷嘴放在加热至 50℃、50%的硝酸中清洗 20min。

5. 温度控制系统的维护

相对来说，温度控制器和程序控制器是比较容易保养的，尤其是当它们是新型组件时。一般来说，每月保养一次或按生产者规定的校准方法进行检查，就足以保证其工作性能。校准检查的方法可参考有关仪器说明书。

6. 记录仪的维护

要注意记录仪的清洁，防止灰尘等脏物落入测量系统中的滑线电阻上，应定期（如每星期一次）用棉花蘸酒精或乙醚轻微仔细擦去滑线电阻上的污物，不宜用力横向揩拭，更不能用硬的物件在滑线电阻上洗擦，以免在滑线电阻上划出划痕而影响精度。相关的机械部位应注意润滑，可以定期滴加仪表油，以保证活动自如。

（二）整机的维护保养

为了使气相色谱仪的性能稳定良好并延长其使用寿命，除了对各使用单元进行维护保养，还需注意对整机的维护和保养。

① 仪器应严格在规定的环境条件下工作，在某些条件不符合时，必须采取相应的措施。

② 仪器应严格按照操作规程进行工作，严禁油污、有机物以及其他物质进入检测器及管道，以免造成管道堵塞或仪器性能恶化。

③ 必须严格遵守开机时先通载气后开电源，关机时先关电源后断载气的操作程序；否则在没有载气散热的条件下热丝极易氧化烧毁。在换钢瓶、换柱、换进样密封垫等操作时应特别注意。

④ 仪器使用时，钢瓶总阀应旋开至最终位置（开足），以免总阀不稳，造成基线不稳。

⑤ 使用氢气时，仪器的气密性要得到保证；流出的氢气要引至室外。这些不仅是仪器稳定性的要求，也是安全的保证。

⑥ 气路中的干燥剂应经常更换，以及时除去气路中的微量水分。

⑦ 使用氢火焰离子化检测器时，“热导”温控必须关断，以免烧坏敏感元件。

⑧ 使用“氢火焰”时，在氢火焰已点燃后，必须将“引燃”开关扳至下面，否则放大器将无法工作。

⑨ 要注意放大器中高电阻的防潮处理。因为高电阻阻值会因受潮而发生变化，此时可用硅油处理。方法如下：先将高电阻及附近开关、接线架用乙醚或酒精清洗干净，放入烘箱（100℃左右）烘干，然后把1g硅油（201～203）溶解在15～20mL乙醚中（可大概按此比例配制），用毛笔将此溶液涂在已烘干的高电阻表面和开关、接线架上，最后再放入烘箱烘片刻即可。

⑩ 汽化室进样口的硅橡胶密封垫片使用前要用苯和酒精擦洗干净。若在较高温度下老化2～3h，可防止使用中的裂解。经多次使用（20～30次）后，就需更换。

⑪ 气体钢瓶压力低于1471kPa（$15kgf/cm^2$）时，应停止使用。

⑫ 220V电源的零线与火线必须接正确，以减少电网对仪器的干扰。

⑬ 仪器暂时不用，应定期通电，以保证各部件的性能良好。

⑭ 仪器使用完毕，应用仪器布罩罩好，以防止灰尘的沾污。

思考与交流

1. 稳压阀、针形阀及稳流阀的使用要注意哪些方面？这些阀为什么要求输入压力达到392.3～588.4kPa（$4\sim6kgf/cm^2$）？

2. 怎样对微量注射器进行维护？用微量注射器进样，如何操作其效果才比较理想？

3. 对色谱柱的维护应注意哪些？

4. TCD、FID、ECD及FPD的使用应注意哪些方面？如何对检测器进行清洗？

5. 如何对气相色谱仪进行维护？仪器整机的维护与各使用单元维护的关系是什么？

任务三

安捷伦7890B型气相色谱仪的使用及维护

任务要求

（1）熟悉安捷伦7890B型气相色谱仪的结构。

（2）能够熟练使用安捷伦7890B型气相色谱仪。

（3）掌握安捷伦 7890B 型气相色谱仪的维护方法。

安捷伦 7890B 型气相色谱仪适用于气态有机化合物或较易挥发的液态、固态有机化合物样品的分析。该仪器所有进样口和检测器气路均采用电子气路控制（EPC），从而提供更好的保留时间和峰面积的精准度。仪器使用者可以通过软件设置气体流速，保存分析方法的所有参数。数字电路使得每次运行、不同操作人员之间的设置值都保持一致。因此，可以获得更好的保留时间重现性和更一致可靠的结果。

一、 安捷伦 7890B 型气相色谱仪的使用

安捷伦 7890B 型气相色谱仪的外形如图 6-30 所示。

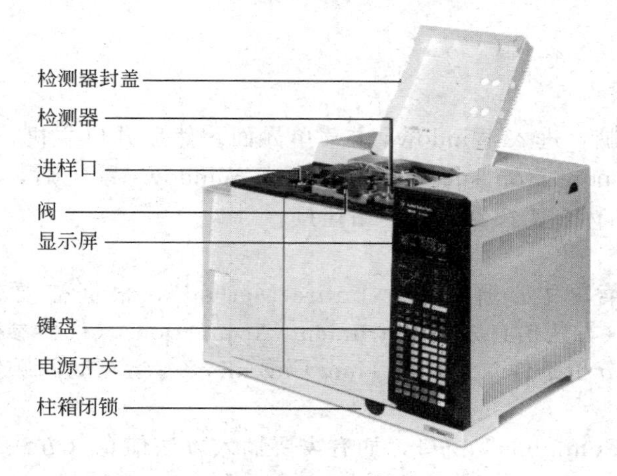

(a) 正面

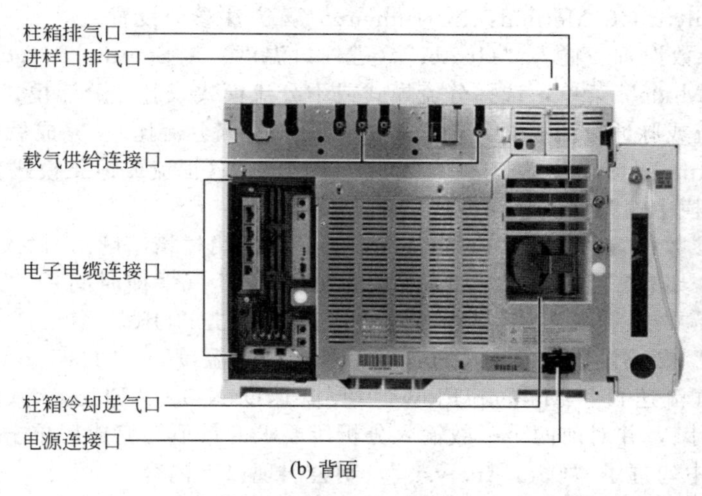

(b) 背面

图 6-30　安捷伦 7890B 型气相色谱仪

（一）操作前的准备

1. 色谱柱的检查与安装

首先打开柱箱门看是否是所需的色谱柱，若不是则旋下毛细管柱、进样口和检测器的螺母，卸下毛细管柱。取出所需毛细管柱，放上螺母，并在毛细管柱两端各放一个石墨环，然后将两侧柱端截去 1～2mm，进样口一端石墨环和柱末端之间长度为 4～6mm，检测器一端

将柱插到底，轻轻回拉 1mm 左右，然后用手将螺母旋紧，不需用扳手，新柱老化时，将进样口一端接入进样器接口，另一端放在柱箱内，检测器一端封住，新柱在低于最高使用温度 20～30℃以下通过较高流速载气连续老化 24h 以上。

2. 气体流量的调节

① 载气（氮气） 开启氮气钢瓶高压阀前，首先检查低压阀的调节杆应处于释放状态，打开高压阀，缓缓旋动低压阀的调节杆，调节至约 0.4～0.6MPa。

② 氢气 打开氢气钢瓶，调节输出压至约 0.4MPa。

③ 空气 打开空气钢瓶，调节输出压至约 0.4MPa。

3. 检漏

用检漏液检查柱及管路是否漏气。

（二）主机操作

1. 开机

接通电源，打开电脑，进入 Windows 主菜单界面。然后开启主机，主机进行自检，自检通过主机屏幕显示“power on successful”，进入 Windows 系统后，双击电脑桌面上的“Instrument Online”图标，使仪器和工作站连接。

2. 编辑新方法

① 从“Method”菜单中选择“Edit Entire Method”，根据需要勾选项目，主要有“Method Information”（方法信息）、“Instrument/Acquisition”（仪器参数/数据采集条件）、“Data Analysis”（数据分析条件）、“Run Time Checklist”（运行时间顺序表），确定后单击“OK”。

② 出现“Method Commons”窗口，如有需要输入方法信息（方法用途等），完成后单击“OK”。

③ 进入“Agilent GC Method：Instrument 1”（方法参数设置）。

④“Inlet”参数设置。输入“Heater”（进样口温度）、“Septum Purge Flow”（隔垫吹扫速度）；拉下“Mode”菜单，选择分流模式或不分流模式或脉冲分流模式或脉冲不分流模式；如果选择分流或脉冲分流模式，输入“Split Ratio”（分流比）。完成后单击“OK”。

⑤“CFT Setting”参数设置。选择“Control Mode”（恒流或恒压模式），如选择恒流模式，在“Value”栏中输入柱流速。完成后单击“OK”。

⑥“Oven”参数设置。选择“Oven Temp On”（使用柱箱温度）；输入恒温分析或者程序升温设置参数；如有需要，输入“Equilibration Time”（平衡时间）、“Post Run Time”（后运行时间）和“Post Run”（后运行温度）。完成后单击“OK”。

⑦“Detector”参数设置。勾选“Heater”（检测器温度）、“H_2 Flow”（氢气流速）、“Air Flow”（空气流速）、“Makeup Flow”（尾吹速度 N_2）、“Flame”（点火）和“Electrometer”（静电计），并对前四个参数输入分析所要求的量值。完成后单击“OK”。

⑧ 如果在①中勾选了“Data Analysis”，则会出现以下内容：

a. 出现“Signal Detail”窗口。接受默认选项，单击“OK”。

b. 出现“Edit Integration Events”（编辑积分事件），根据需要优化积分参数。完成后单击“OK”。

c. 出现“Specify Report”（编辑报告），选择“Report Style”（报告类型）、“Quantitative Results”（定量分析结果）选项。完成后单击“OK”。

⑨ 如果在①中勾选了“Run Time Checklist”，出现“Run Time Checklist”，至少勾选“Data Acquisition”（数据采集）。完成后单击“OK”。

3. 储存方法

单击“Method”菜单，选中“Save Method As”，输入新建方法名称，单击“OK”完成。

4. 单个样品的方法信息编辑及样品运行

从“Run Control”菜单中选择“Sample Info”选项，输入操作者名称，在“Data File”—“Subdirectory”（子目录）中输入保存文件夹名称，选择“Manual”或者“Prefix/Counter”，并输入相应信息；在“Sample Parameters”中输入样品瓶位置、样品名称等信息。完成后单击“OK”。

注意：Manual——每次做样之前必须给出新名字，否则仪器会将上次的数据覆盖掉。Prefix——在Prefix框中输入前缀，在Counter框中输入计数器的起始位（自动计数）。一般已保存的方法，只要在工作站中调出即可，不用每次重新设定。

5. 采集数据

待工作站提示“Ready”，且仪器基线平衡稳定后，从“Run Control”菜单中选择“RunMethod”选项，开始做样品采集数据。

（三）数据处理

双击电脑桌面上的“Instrument1 Offline”图标，进入工作站。

1. 查看数据

① 选择数据　单击“File”—“Load Signal”，选择要处理的数据的“File Name”，单击“OK”。

② 选择方法　单击打开图标，选择需要的方法的“File Name”，单击“OK”。

2. 积分

① 单击菜单“Integration”—“Auto Integrate”。积分结果不理想，再从菜单中选择“Integration”—“Integrationevents”选项，选择合适的“Slope sensitivity”“Peak Width，Area Reject”“Height Reject”。

② 从“Integration”菜单中选择“Integrate”选项，则按照要求，数据被重新积分。

③ 如积分结果不理想，则重复步骤①和②，直到满意为止。

3. 建立新校正标准曲线

① 调出第一个标样谱图。单击菜单“File”—“Load Signal”，选择标样的“File Name”，单击“OK”。

② 单击菜单“Calibration”—“New Calibration Table”。

③ 弹出“Calibrate”窗口，根据需要输入“Level”（校正级）和“Amount”（含量），或者接受默认选项，单击“OK”。

④ 如果③中没有输入“Amount”（含量），则在此时输入，并输入“Compound”（化合物名称）。

⑤ 增加一级校正。单击菜单“File”—“Load Signal”，选择另一标样的“File Name”，单击“OK”。然后单击菜单“Calibration”—“Add Level”。并重复步骤④。

⑥ 若使用多级（点）校正表，重复步骤⑤。

⑦ 方法储存。单击“Method”菜单，选中“Save Method As”，输入新键方法名称，单击“OK”完成。

注意：Agilent Chemstation软件的功能强大、灵活，这里仅做简单介绍。

（四）关机

① 仪器在测定完毕后，运行关机方法，将检测器熄火，关闭空气、氢气，将炉温降至

50℃以下，检测器温度降至100℃以下，关闭进样口、炉子、检测器加热开关，关闭载气。将工作站退出，然后关闭主机，最后将载气钢瓶阀门关闭，切断电源。

② 做好使用登记。

（五）顶空自动进样器的操作

① 首先将顶空进样器部分与GC部分连接，即顶空进样器传输线与GC进样口连接。

② 打开氮气瓶后，将GC主机与顶空进样器电源开关打开。

③ 将GC部分的参数设置好后，进行顶空进样器部分参数设置。

④ 进入顶空进样器参数设置面板，进入状态面板“Staus Tab”。

⑤ 状态面板“Staus Tab”参数设置

a. 在温度面板“Temp Tab”上进行取样针温度、传输线温度、加热炉温度以及载气压力参数设置。

b. 在时间面板“Timing Tab”上进行炉温平衡时间、加压时间、取样时间、GC循环时间、拔针时间等参数设置。

c. 在选项面板“Option Tab”上进行操作模式、进样模式等的设置。

d. 在PPC面板上进行柱压设置。

⑥ 将状态面板“Staus Tab”参数设置完后，保存方法。

⑦ 进入运行面板“Run Tab”，设置进样瓶号范围，并选择方法。

⑧ 待“Start”按钮变为绿色时，按下“Start”按钮开始分析。

二、系统日常维护保养程序

① 气相在使用时应当严格按要求操作，注意保养维护。

② 样品处理　用0.45μm的滤膜过滤样品，确保样品中不含固体颗粒；进样量尽量小。

③ 色谱柱的维护　新柱或放置比较久的色谱柱在使用前需预先老化以除去柱中残留的溶剂，选择老化温度时应考虑以下几点：a. 温度足够高以除去不挥发物质；b. 温度足够低以延长柱寿命和减小柱流失；c. 老化温度越低老化时间应越长；d. 按实际工作时的柱温程序重复升温，以使柱得以较好老化。色谱柱在使用过程中，一般检测完毕柱温应升至比检测温度高20～30℃以除去柱中残留的溶剂，使用结束或柱子长时间不使用时，应堵上柱子两端以保护柱子中的固定液不被氧气或被其他污染物所污染。

三、注意事项

① 保持气相色谱仪工作环境温度在5～35℃，相对湿度小于等于80%，保持环境清洁干净。每次使用时应保持室温、相对湿度恒定。

② 各种色谱柱的连接必须保证良好的气密性，经常检查氢气钢瓶主阀是否漏气，色谱室应通风良好，禁止吸烟，避免氢气泄漏引起爆炸。

③ 关机操作时，要使仪器各部分温度降到100℃以下，最后关闭氮气。

④ 如突然停电，要立即关闭氢气主阀和机内氢气压力表，并打开柱箱门散热，氮气保留一段时间再关。

⑤ FID点火不燃时，可将FID升到300℃，并检查氢气钢瓶低压表是否大于400kPa。

⑥ 顶空进样操作分析时，为了获得更好的重现性，取样针温度与传输线温度应比加热炉温度高5℃。

⑦ 顶空进样操作分析时，传输线温度不应高于 GC 进样口温度。

⑧ 顶空进样操作分析时，取样针、传输线以及加热炉最大使用温度≤210℃。

⑨ 顶空进样操作分析时，取样时间一般不超过 0.1min。

⑩ 顶空进样操作分析时，进样模式最好选用时间进样，体积进样重现性不好。

四、仪器维护与保养

定期维护项目：玻璃衬管、进样垫、石墨环、毛细管色谱柱、流量控制器、氢火焰离子化检测器。

五、期间核查

① 在两次检定之间，应对安捷伦 7890B GC 气相色谱仪进行一次期间核查。

② 安捷伦 7890B GC 气相色谱仪的核查采用使用有证标准物质的方式进行。结果依据标准样品的标准值及不确定度进行评价，测定值偏差不超过不确定度的两倍时，判定仪器期间核查合格。

六、气相色谱仪常见故障的排除

气相色谱仪属于结构、组成较为复杂的大型分析仪器，一旦发生故障往往比较棘手，不仅某一故障可以由多种原因造成，而且不同型号的仪器情况也不尽相同。这里仅就各种仪器之故障的共同之处加以介绍，为了叙述方便，将仪器的故障现象和排除方法从以下两方面来说明。

（一）根据仪器运行情况判断故障

表 6-3 和表 6-4 列出了仪器运行时主机、温度控制系统与程序升温系统常见故障及其排除方法。

表 6-3　仪器运行时主机常见故障及其排除方法

故障	故障原因	排除方法
温控电源开关未开，但主机启动开关打开后温度控制器加热指示灯就亮，并且柱恒温箱或检测室也开始升温	① 恒温箱可控硅管中的一支或两支已击穿，呈现短路状态 ② 温度控制器中的脉冲变压器漏电 ③ 电热丝与机壳互碰	① 判明已损坏可控硅管，更换同规格的管子 ② 更换脉冲变压器 ③ 排除相碰处
主机开关及温度控制器开关打开后，加热指示灯亮，但柱恒温箱不升温	① 加热丝断了 ② 加热丝引出线或连接线已断	① 更换同规格加热丝 ② 重新连接好
打开温控开关，柱温调节电位器旋到任何位置时，主机上加热指示灯都不亮	① 加热指示灯灯泡坏了 ② 铂电阻的铂丝断了 ③ 铂电阻的信号输入线已断 ④ 可控硅管失效或可控硅管引出线断 ⑤ 温度控制器失灵	① 更换灯泡 ② 更换铂电阻或焊接好铂丝 ③ 接好输入线 ④ 更换同规格可控硅管或将断线部分接好 ⑤ 修理温度控制器
打开温度控制器开关，将柱温调节电位器逆时针旋到底，加热指示灯仍亮	① 铂电阻短路或电阻与机壳短路 ② 温度控制器失灵	① 排除短路处 ② 修理温度控制器

续表

故障	故障原因	排除方法
热导池电源电流调节偏低或无电流(最大只能调到几十毫安)	① 热导池钨丝部分烧断或载气未接好 ② 热导池钨丝引出线已断 ③ 热导池引出线与热导池电源插座连接线已断 ④ 热导池稳压电源失灵	① 根据线路检查各臂钨丝是否断了,若断了,予以更换;接好载气 ② 将引出线重新焊好(需银焊,若使用温度在150℃以下,亦可用锡焊) ③ 将断线处接好 ④ 修理热导池稳压电源
热导池电源电流调节偏高(最低只能调到120mA)	① 钨丝、引出线或其他元件短路 ② 热导池电源输出电压太高	① 检查并排除短路处 ② 修理热导池电源
仪器在使用热导检测器时,"电桥平衡"及"调零"电位器在任何位置都不能使记录仪基线调到零位(拨动"正""负"开关时,记录仪指针分别向两边靠)	① 仪器严重漏气(特别是汽化室后面的接头、色谱柱前后的接头严重漏气) ② 热导池钨丝有一臂短路或碰壳 ③ 热导池钨丝不对称,阻值偏差太大	① 检漏并排除漏气处 ② 断开钨丝连接线,用万用表检查各臂电阻是否相同,在室温下各臂之间误差不超过0.5Ω时为合格。若短路或碰壳应拆下重装 ③ 更换钨丝,如偏差大于0.5Ω而小于3Ω,可在阻值较大的一臂并联一只电阻(采用稳定性好的线绕电阻),使其阻值在0.3~3kΩ之间,阻值不宜过低,以免影响灵敏度
氢火未点燃时,"放大器调零"不能使放大器的输出调到记录仪的零点	① 放大器失调 ② 放大器输入信号线(同轴电缆)短路或绝缘不好(同轴电缆中心线与外包铜丝网绝缘电阻应在1000MΩ以上) ③ 离子室的收集极与外罩短路或绝缘不好 ④ 放大器的高阻部分受潮或污染 ⑤ 收集极积水	① 修理放大器 ② 把同轴电缆线两端插头拆开,用丙酮或乙醇清洗后烘干 ③ 清洗离子室 ④ 用乙醇或乙醚清洗高阻部分,并用电吹风吹干,然后再涂上一薄层硅油 ⑤ 更换收集极
当氢火焰点燃后,"基始电流补偿"不能把记录仪基线调到零点	① 空气不纯 ② 氢气或氮气不纯 ③ 若记录仪指针无规则摆动,则大多是由于离子室积水所致。检查积水情况时,可旋下离子室露在顶板的圆罩,直接用眼睛观察 ④ 氢气流量过大 ⑤ 氢火焰燃到收集极 ⑥ 进样量过大或样品浓度太高 ⑦ 色谱柱老化时间不够 ⑧ 柱温过高,使固定液蒸发而进入离子室	① 若降低空气流量时情况有好转,说明空气不纯。这时可在流路中加过滤器或将空气净化后再通入仪器 ② 流路中加过滤器或将气体净化后再通入仪器 ③ 加大空气流量,增加仪器预热时间使离子室有一定的温度后再点火工作。尽量避免在柱恒温箱温度未稳定时就点火工作。此外,也可采用旋下离子室的盖子,待温度较高后再盖上的办法 ④ 降低氢气流量 ⑤ 重新调整位置 ⑥ 减少进样量或更换样品试验 ⑦ 充分老化色谱柱 ⑧ 降低柱温,清洗柱后面的所有气路管道

续表

故障	故障原因	排除方法
氢火焰点不燃	① 空气流量太小或空气大量漏气 ② 氢气漏气或流量太小 ③ 喷嘴漏气或被堵塞 ④ 点火极断路或碰圈 ⑤ 点火电压不足或连接线已断 ⑥ 废气排出孔被堵塞	① 增大空气流量，排除漏气处 ② 排除漏气处，加大氢气流量 ③ 更换喷嘴或将堵塞处疏通 ④ 排除点火极断路或碰圈故障 ⑤ 提高点火电压或接好导线 ⑥ 疏通废气排出孔
氢火焰已点燃或用热导检测器时，进样不出峰或灵敏度显著下降	① 灵敏度选择过低 ② 进样口密封垫漏气 ③ 柱前汽化室漏气或检测器管道接头漏气 ④ 注射器漏气或被堵塞 ⑤ 汽化室温度太低 ⑥ 氢火焰同轴电缆线断路 ⑦ 收集极位置过高或过低 ⑧ 极化极负高压不正 ⑨ 更换热导池钨丝时，接线不正确 ⑩ 喷嘴漏气 ⑪ 使用高沸点样品时，离子室温度太低	① 提高灵敏度 ② 更换硅橡胶密封垫 ③ 检漏并排除漏气处 ④ 排除漏气处或疏通堵塞处 ⑤ 提高汽化室温度 ⑥ 更换同轴电缆线 ⑦ 调整好收集极位置 ⑧ 调整极化电压 ⑨ 重新接线，桥路中对角线的钨丝应在热导池的同一腔体内 ⑩ 将喷嘴拧紧 ⑪ 提高温度，防止样品在离子室管道中凝结，并提高氢气流量

表 6-4 温度控制系统和程序升温系统常见故障及其排除方法

故障	故障原因	排除方法
检测器不加热	① 主电源、柱恒温箱或程序控制器保险丝已坏 ② 加热器元件已断 ③ 连接线脱落 ④ 上限控制开关调得太低或有故障 ⑤ 温度敏感元件有缺陷 ⑥ 检测器恒温箱控制器中有的管子已坏	① 更换损坏的保险丝 ② 更换加热器元件 ③ 焊好脱落的连接线 ④ 调高上限控制开关，或用细砂纸磨光开关触点，然后用酒精清洗 ⑤ 更换温度敏感元件 ⑥ 检测出已损坏的管子并更换
不管控制器调节处于什么位置上，检测器(或色谱柱)恒温箱都处于完全加热状态	① 温度补偿元件有故障 ② 控制器中的管子有故障	① 检修并更换已损坏的元件 ② 更换已损坏的管子
样品注入口需加热时，温度升不上去	① 保险丝已断 ② 加热器元件损坏 ③ 注入口加热器中的控制器已坏	① 更换保险丝 ② 更换已损坏的元件 ③ 修理注入口部分的恒温控制器
恒温箱中温度不稳定	① 温度敏感元件有缺陷 ② 控制器中有的管子已损坏 ③ 恒温箱的热绝缘器有间隙或有空洞 ④ 高温计有故障或高温计连接线松脱	① 更换已损坏的元件 ② 检测并更换已损坏的管子 ③ 调整热绝缘装置 ④ 更换高温计或重新接好高温计的连线

（二）根据色谱图判断仪器故障

气相色谱仪在工作过程中发生的各种故障往往可以从色谱图上表现出来。通过对各种不正常色谱图的分析可以帮助初步判断出仪器故障的性质及发生的大致部位，从而达到尽快进行修理的目的。现将对各种色谱图的分析列于表6-5，供参考。

表 6-5　根据色谱图检查分析和排除故障

可能现象	可能原因	排除方法
没有峰	① 检测器(或静电计)电源断路	① 接通检测器或静电计电源，并调整到所需要的灵敏度
	② 没有载气流	② 接通载气，调到合适的流速。检查载气管路是否堵塞，并除去障碍物；检查载气钢瓶是否已空，并及时换瓶
	③ 记录器连接线接错	③ 检查输入线路并按说明书所示正确接线
	④ 进样器汽化温度太低，使样品不能汽化；或柱温太低，使样品在色谱柱中冷凝	④ 如果当进低沸点物质样时有峰出现，则应根据样品性质适当升高汽化温度及柱温
	⑤ 进样用的注射器有泄漏或已堵塞，使样品注射不进进标管	⑤ 更换或修理注射器
	⑥ 进样口橡皮垫漏气，色谱柱入口接头处漏气或堵塞	⑥ 更换橡胶垫或拧紧柱接头，排除堵塞现象
	⑦ 记录仪已损坏	⑦ 用电位差计检查记录仪，进行修理
	⑧ 氢火焰离子化检测器火焰熄灭或极化电压未加上	⑧ 检查氢气火焰并重新点火；或将极化电压开关拨到“开”位置，检查检测器电缆是否已损坏，并用电子管电压表检查极化电压是否已加上
	⑨ 记录仪或检测器的输出衰减倍数太高	⑨ 调节衰减至更灵敏的挡位
保留值正常，灵敏度太低	① 衰减过分	① 重新调节衰减比值
	② 进样量太小或在进样过程中样品漏掉	② 仔细检查进样操作或增加进样量
	③ 注射器漏气、堵塞或进样器橡皮垫漏气	③ 更换注射器或排除注射器的堵塞物；拧紧进样器使其不漏气或更换橡皮垫
	④ 载气泄漏	④ 检查载气所经管路并排除一切泄漏处
	⑤ 热导检测器灵敏度低	⑤ 增加桥路电流，降低检测器温度；改善热敏元件或更换载气
	⑥ 火焰电离检测器灵敏度低	⑥ 清洗检测器，使收集极更靠近火焰；升高极化电压并增加氢气和空气的流量
随着保留值增加，灵敏度降低	① 载气流速太低	① 检查载气流过的管路。若管道有堵塞现象，应判明原因后再排除，同时要检查钢瓶压力是否太小
	② 进样口橡胶垫漏气	② 更换橡胶垫
	③ 进样口以后的部分有泄漏处	③ 判明泄漏部位并排除
	④ 柱温降低	④ 检查柱温控制器并排除其故障。如控制器正常，则升高柱温至额定温度

续表

可能现象	可能原因	排除方法
出负峰  或 	① 记录仪输入线接反，倒相开关位置改变 ② 在双色谱柱系统中，进样时弄错了色谱柱 ③ 热导检测器电源接反，电流表指针方向不对 ④ 离子化检测器的输出选择开关的位置有错	① 纠正记录仪输入线或拨对倒相开关的位置 ② 重新进样 ③ 改正电源接线 ④ 改正输出开关的位置
拖尾峰 	① 进样器温度太高 ② 进样器内不干净或被样品中高沸点物质及橡皮垫残渣所沾污 ③ 柱温太低 ④ 进样技术差 ⑤ 色谱柱选择不当，试样与固定相间有作用 ⑥ 同时有两个峰流出	① 重新调整进样器温度 ② 可先用2∶1∶4的硫酸∶硝酸∶水的混合溶液清洗，接着用蒸馏水清洗，然后用丙酮或乙醚等溶剂清洗。烘干后，装上仪器通气30min，加热至120℃左右，数小时后即可进行正常工作 ③ 适当升高柱温 ④ 提高进样技术 ⑤ 更换色谱柱，换用高稳定固定相的色谱柱或极性更大的固定液和惰性更大的载体 ⑥ 改变操作条件，必要时更换色谱柱
前延峰 	① 色谱柱超载，进样量太大 ② 样品在色谱柱中凝聚 ③ 进样技术欠佳 ④ 两个峰同时出现 ⑤ 载气流速太低 ⑥ 试样与固定相中的载体有作用 ⑦ 进样口不干净	① 换用直径较粗的色谱柱或减小进样量 ② 适当提高进样器、色谱柱和检测器的温度 ③ 检查并改进进样技术后再进样，改变操作条件(如降低柱温等) ④ 必要时可更换色谱柱 ⑤ 适当提高载气流速，必要时在检测器处引入清除气，以减少试样的保留时间 ⑥ 换用惰性载体或增加固定液含量 ⑦ 按本表“拖尾峰”条目中所述办法清洗进样器
峰未分开 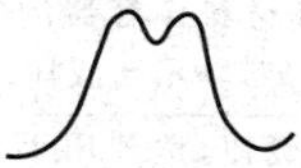 或 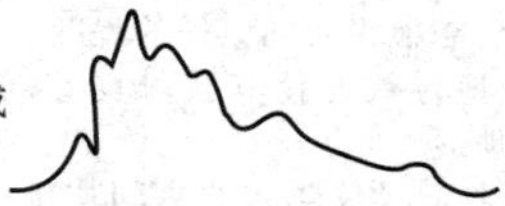	① 色谱柱温度太高 ② 色谱柱长度不够 ③ 色谱柱固定相流失过多，使载体裸露 ④ 色谱柱固定相选择不适当 ⑤ 载气流速太快 ⑥ 进样技术不佳	① 适当降低柱温 ② 增加柱长 ③ 更换色谱柱 ④ 另选适当的固定相 ⑤ 适当降低载气流速 ⑥ 提高进样技术
圆头峰 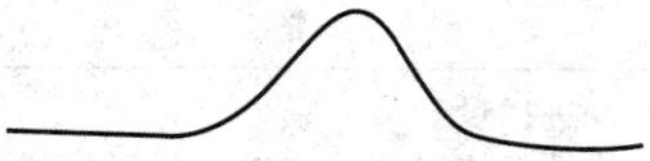	① 进样量过大，超过检测器的线性范围(用电子俘获检测器时尤其如此) ② 检测器被污染 ③ 记录仪灵敏度太低 ④ 载气有大漏的预兆	① 减少进样量或将样品用适当的溶剂加以稀释后再进样 ② 参考前面检测器的清洗方法清洗 ③ 适当调节、提高记录仪的灵敏度 ④ 可仔细检查泄漏之处
平顶峰 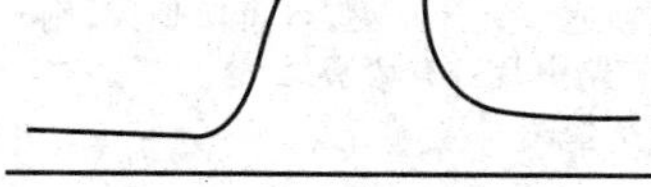	① 离子检测器所用的静电计输入达到饱和 ② 记录仪滑线电阻或机械部分有故障 ③ 超过记录仪测量范围	① 减少进样量，适当调节衰减比例 ② 用电位差计检查记录仪，再参考表6-3进行修理 ③ 改变记录仪量程或减少进样量

续表

可能现象	可能原因	排除方法
出现怪峰（多余的峰）  (a) 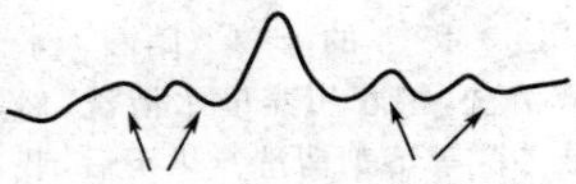 (b) 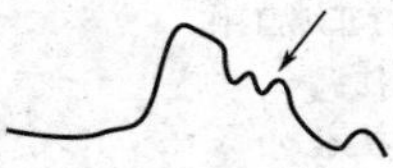 (c)	① 因进样间隔时间短，前一次进样的高沸点物质也流出而出峰[第(a)种情况] ② 载气不施，在程序升温期间载气中水分或其他杂质在柱温低时冷凝，而当温度高时就会出现第(a)种情况 ③ 液体样品中出现空气峰[第(b)种情况] ④ 试样使色谱柱上吸附的物质解吸出来 ⑤ 试样在进样口或色谱柱中有分解，从而出现第(b)、(c)种怪峰 ⑥ 样品不干净 ⑦ 玻璃器皿、注射器等带来的污染 ⑧ 样品与色谱柱填充物的固定液或担体发生作用 ⑨ 系统漏气 ⑩ 载气不纯，含有杂质 ⑪ 进样口橡皮垫上的沾污物流出来	① 加长进样的时间间隔，使进样后所有的峰都流出后，再进下一次样 ② 安装、更改或再生载气过滤器（在使用热导检测器时特别容易出现这种现象） ③ 在使用注射器进样时，这是正常现象 ④ 多进几次样，使吸附的物质全部解吸出来 ⑤ 降低进样口温度并更换色谱柱 ⑥ 在进样前，要对样品进行适当的净化 ⑦ 注意清洗玻璃器皿和注射器等 ⑧ 换用其他色谱柱 ⑨ 检查各处接头及进样口橡皮垫处，如有漏气应及时排除 ⑩ 更换或活化净化剂，必要时换用更纯的载气 ⑪ 在高于操作温度下老化橡皮垫，必要时应更换
在峰后出现负的尖端 	① 电子俘获检测器被沾污 ② 电子俘获检测器负载过多	① 清洗电子俘获检测器 ② 减少进样量或稀释试样
出峰前出现负的尖端 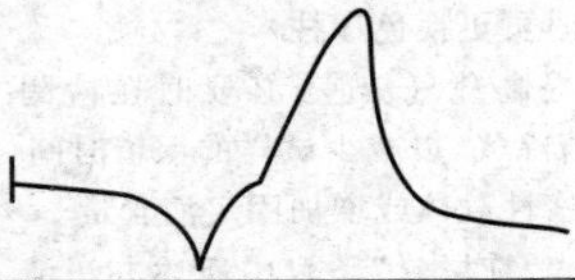	① 载气有大量漏气的预兆 ② 检测器被沾污 ③ 进样量太大	① 检查漏气处并注意观察 ② 清洗检测器 ③ 减少进样量或稀释试样
大拖尾峰 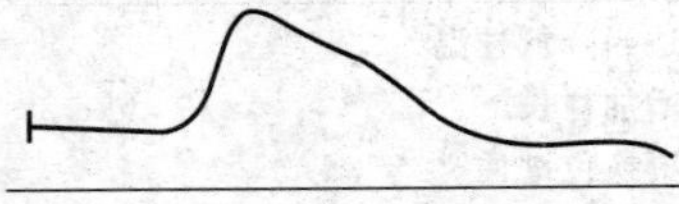	① 柱温太低 ② 汽化温度过低 ③ 样品被沾污（特别是被样品容器的橡皮帽所沾污）	① 适当提高柱温 ② 适当提高汽化温度 ③ 改用玻璃、聚乙烯等材料作容器的塞子或用金属箔包裹橡胶塞，并重新取样
基线呈台阶状、不能回到零点，峰呈平顶状，当记录笔用手拨动后不能回原处 	① 记录仪灵敏度调节不当 ② 仪器或记录仪接地不良 ③ 有交流电信号输入记录仪 ④ 由于样品中含有卤素、氧、硫等成分，所以使热导检测器受到腐蚀	① 调节记录仪灵敏度旋钮，达到用手拨动记录笔后能很快回到原处的程度 ② 检查接地导线并使其接触良好，必要时可另装地线 ③ 在地线与记录仪输入线之间加接一个 0.25μF、150V 的滤波电容器 ④ 更换热敏元件或检测器
出峰后，记录笔降到正常基线 	① 进样量太大 ② 由于样品中氧的含量大，所以氢火焰离子化检测器的火焰熄灭 ③ 氢气或空气断路，使氢焰熄灭 ④ 载气流速过高 ⑤ 氢气流因受冲击而阻断灭火 ⑥ 氢火焰离子化检测器被沾污	① 减少进样量 ② 用惰性气体稀释试样或用氧气代替空气供氢焰燃烧 ③ 重新调节空气及氢气的流速比 ④ 降低载气流速 ⑤ 重新通入氢气点火，若再次熄灭，则应检查管路中是否有堵塞处 ⑥ 清洗检测器

续表

可能现象	可能原因	排除方法
程序升温时，基线上升	① 温度上升时，色谱柱固定相流失增加 ② 色谱柱被沾污 ③ 载气流速不平衡	① 使用参考柱，并将色谱柱在最高使用温度下进行老化，或改在较低温度下使用低固定液含量的色谱柱 ② 重新老化色谱柱，并按前面所介绍的方法清洗色谱柱 ③ 调节两根色谱柱的流速，使之在最佳条件下平衡
程序升温时，基线不规则移动	① 色谱柱固定相有流失 ② 色谱柱老化不足 ③ 色谱柱被沾污 ④ 载气流速未在最佳条件下平衡	① 将色谱柱进行老化，或改在较低温度下用低固定液含量的色谱柱 ② 再度老化色谱柱 ③ 清洗色谱柱并重新老化，必要时应进行更换 ④ 按说明书规定平衡载气流速
保留值不重复	① 进样技术差 ② 漏气(特别是有微漏) ③ 载气流速没调好 ④ 色谱柱温度未达到平衡 ⑤ 柱温控制不良 ⑥ 程序升温过程中，升温重复性差 ⑦ 色谱柱被破坏 ⑧ 程序升温过程中载气流速变化较大 ⑨ 进样量太大 ⑩ 柱温过高，超过了柱材料的温度上限，或太靠近温度下限 ⑪ 色谱柱材料性能改变，如固定相流失，固定液涂渍不良，载体表面有裸露部分，载体、管壁材料变化(吸附性能改变)等	① 提高进样技术 ② 进样口的橡胶垫要经常更换，在高温操作下进样频繁时更应勤换；同时，检查各处接头，排除漏气处 ③ 增加载气入口处的压力 ④ 柱温升到工作温度后，还应有一段时间(约 20min)才能使温度达到平衡 ⑤ 检查恒温箱的封闭情况，箱门要关严，恒温控制用的旋钮位置要放得合适 ⑥ 每次重新升温前，都应有足够的时间使起始温度保持一致，特别是当从室温条件下开始升温时，一定要有足够的等待时间，使起始温度保持一致 ⑦ 更换色谱柱 ⑧ 在使用温度的上下限处测流速，使两者间的差值不得超过 2mL/s(当柱内径为 4mm 时) ⑨ 此时峰出现拖尾现象，应减少进样量，或用适当的溶剂将样品进行稀释，必要时应换用内径较粗的色谱柱 ⑩ 重新调节柱温 ⑪ 根据具体情况逐一检查并处理

续表

可能现象	可能原因	排除方法
连续进样中，灵敏度不重复	① 进样技术欠佳，表现为面积忽大忽小 ② 注射器有泄漏或堵塞现象 ③ 载气漏气 ④ 载气流速变化 ⑤ 记录仪灵敏度发生改变，衰减位置发生变化 ⑥ 色谱柱温度发生变化，并伴有保留值变化 ⑦ 对样品的处理过程不一致 ⑧ 检测器沾污(此时氢火焰离子化检测器噪声增加或电子俘获检测器零电流增加) ⑨ 检测器过载，即进样量超过了线性范围(此时会出现圆头色谱峰) ⑩ 在氢火焰离子化检测器火焰喷嘴处，各种气体管道的连接弄错，或收集极的电压太低 ⑪ 电子俘获检测器正电极对地电压太低(正电极对地电压应为2～4V)	① 认真掌握注射器进样技术，使注射器进样重复性小于5% ② 修复或更换注射器 ③ 检查所有管路接头并消除漏气处 ④ 仔细观察系统流速变化情况并设法稳定之 ⑤ 重新调节记录仪灵敏度及衰减挡 ⑥ 重新调节柱温，必要时应更换温控及程序升温装置 ⑦ 检查处理样品的各步操作，使操作条件严格保持一致，并应防止样品沾污 ⑧ 清洗检测器 ⑨ 减小进样量或稀释样品 ⑩ 按使用说明书检查并改正管道的连接情况；或熄灭火焰，检查收集极电压，并按说明书进行检修 ⑪ 拔下接头，单检查电源，若此时电源正常，则是检测器与地短路；若检测器与地短路已排除而电压仍太低，则是电源的故障，应参照说明书进行检修
基线噪声  或 	① 导线接触不良 ② 接地不良 ③ 开关不清洁，接触不良 ④ 记录仪滑线电阻脏(此现象常在记录笔移动到一定位置时出现) ⑤ 记录仪工作不正常 ⑥ 交流电路负载过大 ⑦ 电子积分仪的回输电路接错 ⑧ 色谱柱填充物或其他杂物进入了载气出口管道或检测器内 ⑨ 用氢气发生器作载气时，管道中有积水	① 清洗并紧固电路各接头处，必要时进行更换 ② 检查记录仪、静电计和积分仪等的接地点，并加以改进 ③ 检查各波段开关或电位器的触点，用细砂纸磨光、清洗，使之接触良好，必要时应进行更换 ④ 清洗滑线电阻 ⑤ 先将记录仪输入端短路，若仍有此现象，则应调记录仪灵敏度旋钮 ⑥ 将仪器的电源线与其他耗电量大的电路分开，或将仪器所用的交流电改由稳压电源供给 ⑦ 按说明书要求连接线路 ⑧ 可加大载气流速，把异物吹去，必要时卸下柱后管道，对检测器进行清洗，排除异物 ⑨ 卸下管道，排除积水，或在载气进入色谱系统前加接具有阻力的干燥塔

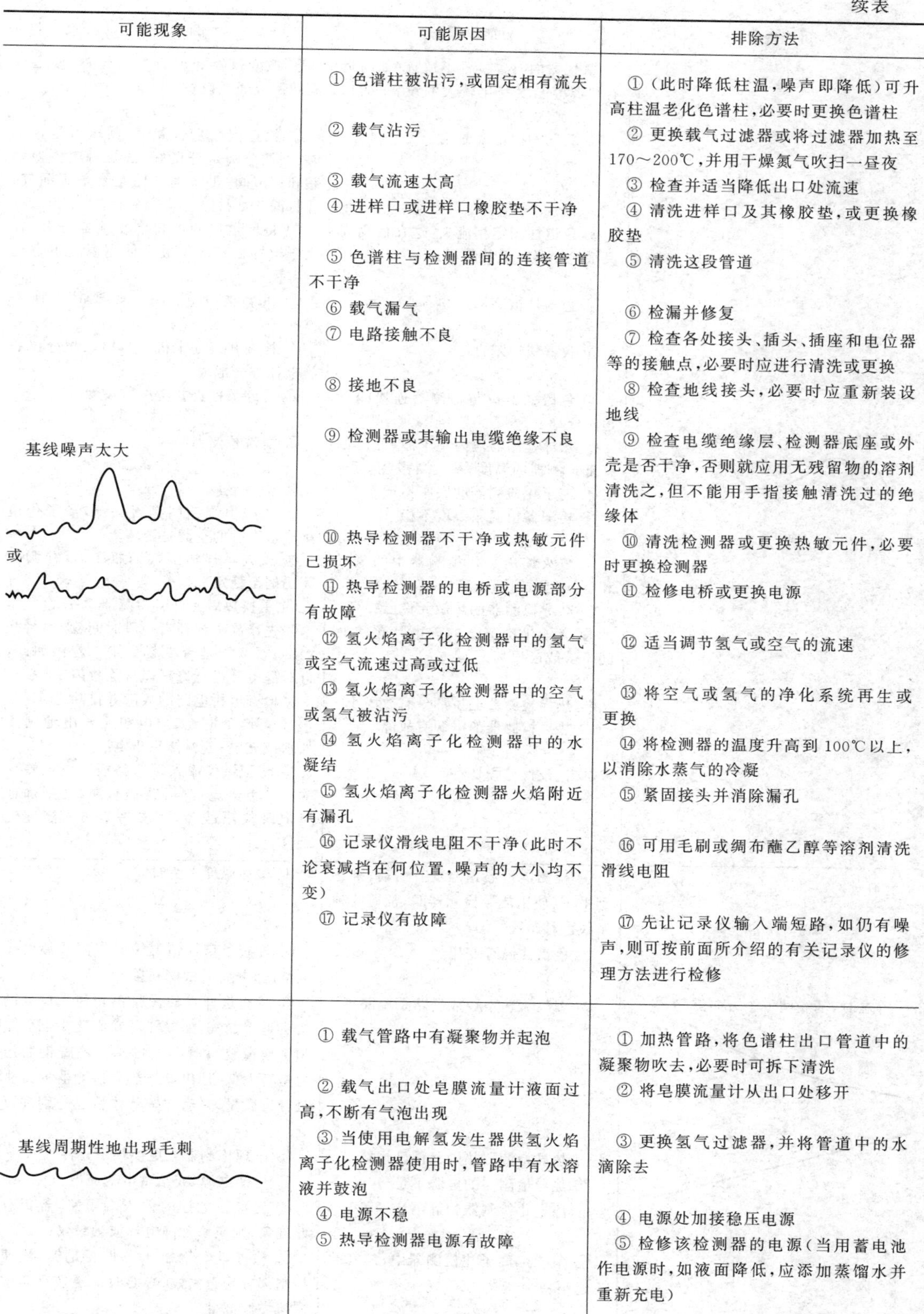

续表

可能现象	可能原因	排除方法
基线噪声太大 或	① 色谱柱被沾污，或固定相有流失	①（此时降低柱温，噪声即降低）可升高柱温老化色谱柱，必要时更换色谱柱
	② 载气沾污	② 更换载气过滤器或将过滤器加热至170～200℃，并用干燥氮气吹扫一昼夜
	③ 载气流速太高	③ 检查并适当降低出口处流速
	④ 进样口或进样口橡胶垫不干净	④ 清洗进样口及其橡胶垫，或更换橡胶垫
	⑤ 色谱柱与检测器间的连接管道不干净	⑤ 清洗这段管道
	⑥ 载气漏气	⑥ 检漏并修复
	⑦ 电路接触不良	⑦ 检查各处接头、插头、插座和电位器等的接触点，必要时应进行清洗或更换
	⑧ 接地不良	⑧ 检查地线接头，必要时应重新装设地线
	⑨ 检测器或其输出电缆绝缘不良	⑨ 检查电缆绝缘层、检测器底座或外壳是否干净，否则就应用无残留物的溶剂清洗之，但不能用手指接触清洗过的绝缘体
	⑩ 热导检测器不干净或热敏元件已损坏	⑩ 清洗检测器或更换热敏元件，必要时更换检测器
	⑪ 热导检测器的电桥或电源部分有故障	⑪ 检修电桥或更换电源
	⑫ 氢火焰离子化检测器中的氢气或空气流速过高或过低	⑫ 适当调节氢气或空气的流速
	⑬ 氢火焰离子化检测器中的空气或氢气被沾污	⑬ 将空气或氢气的净化系统再生或更换
	⑭ 氢火焰离子化检测器中的水凝结	⑭ 将检测器的温度升高到100℃以上，以消除水蒸气的冷凝
	⑮ 氢火焰离子化检测器火焰附近有漏孔	⑮ 紧固接头并消除漏孔
	⑯ 记录仪滑线电阻不干净（此时不论衰减挡在何位置，噪声的大小均不变）	⑯ 可用毛刷或绸布蘸乙醇等溶剂清洗滑线电阻
	⑰ 记录仪有故障	⑰ 先让记录仪输入端短路，如仍有噪声，则可按前面所介绍的有关记录仪的修理方法进行检修
基线周期性地出现毛刺	① 载气管路中有凝聚物并起泡	① 加热管路，将色谱柱出口管道中的凝聚物吹去，必要时可拆下清洗
	② 载气出口处皂膜流量计液面过高，不断有气泡出现	② 将皂膜流量计从出口处移开
	③ 当使用电解氢发生器供氢火焰离子化检测器使用时，管路中有水溶液并鼓泡	③ 更换氢气过滤器，并将管道中的水滴除去
	④ 电源不稳	④ 电源处加接稳压电源
	⑤ 热导检测器电源有故障	⑤ 检修该检测器的电源（当用蓄电池作电源时，如液面降低，应添加蒸馏水并重新充电）

续表

可能现象	可能原因	排除方法
等温时，基线不规则漂移	① 仪器的放置位置不适宜（如附近有热源等温度变化较大的设备，或出口处遇到大风等）	① 改变仪器和出口处的位置，使之远离热源或通风设备
	② 载气不稳定或漏气	② 检查钢瓶是否漏气，其压力是否足够大；调节阀是否良好，必要时应更换钢瓶和调节阀；再检查气路系统是否漏气，并将漏气处排除
	③ 色谱柱固定相流失（这在使用高灵敏检测器时尤其明显）	③ 将色谱柱的出口与检测器分开，在高于原柱温和低于最高使用温度下老化色谱柱
	④ 色谱柱被高沸点物质所沾污	④ 重新老化色谱柱，必要时更换色谱柱
	⑤ 仪器接地不良	⑤ 检查并接好主机、记录仪、积分仪和静电计等处地线
	⑥ 色谱柱出口与检测器连接的管道不干净	⑥ 可卸下检查并清洗这段管道
	⑦ 热导检测器池内不干净（此时如降低检测器的温度，基线漂移会减小）	⑦ 清洗检测器
	⑧ 离子化检测器的底座不干净	⑧ 清洗底座
	⑨ 检测器恒温箱温度不稳	⑨ 检查恒温箱门是否关严，离子化检测器移去后的空洞是否堵上
	⑩ 氢火焰离子化检测器中的氢气和空气的比例不稳定	⑩ 检查氢气和空气钢瓶压力，并调节其比例至稳定
	⑪ 热导检测器的热敏元件已损坏	⑪ 更换热敏元件或检测器
	⑫ 离子化检测器的静电计预热时间不够或已损坏	⑫先让静电计开启一段时间（必要时开24h），看基线是否恢复稳定。若仍如此，可对静电计进行修理以排除故障
	⑬ 热导检测器电桥部分有故障	⑬检查电桥电路的故障并排除之
	⑭ 热导检测器的电源有故障	⑭ 更换干电池；如电源用蓄电池则要加水或充电；或检修稳压电源
	⑮ 记录仪已损坏	⑮ 将记录仪输入端短路或用电位差计输入一个恒定信号，若仍有漂移，则确证是记录仪出故障，可参考表 6-3 修理记录仪
等温时，基线朝一个方向漂移 或	① 检测器恒温箱温度有变动，未达到平衡（使用热导检测器时，常遇此种基线漂移情况）	① 增加温度平衡时间
	② 色谱柱温有变化	② 检查色谱柱恒温箱的保温及温度控制情况，并将其故障排除
	③ 载气流速不稳或气路系统漏气	③ 检查进样口的橡胶垫和柱入口处的接头是否漏气，如漏气可紧固接头部分或用更换橡胶垫等办法排除。检查钢瓶压力是否太低，柱出口与热导检测器的接头是否有微量漏气，并按具体情况分别加以处理
	④ 热导检测器热敏元件已损坏	④ 修理检测器或更换热敏元件
	⑤ 热导检测器的电源不足	⑤ 更换电源，或给蓄电池充电
	⑥ 离子化检测器的静电计不稳	⑥ 先将静电计的输入端短路，若仍有此现象，则应修理静电计或记录仪
	⑦ 氢火焰离子化检测器中，氢气的流速不稳	⑦ 检查氢气钢瓶压力是否足够，流速控制部分是否失效，必要时应更换钢瓶或流速控制部件

续表

可能现象	可能原因	排除方法
基线波浪状波动	① 检测器恒温箱绝热不良	① 改善保温条件,增加保温层
	② 检测器恒温箱温度控制不良	② 检查检测器恒温箱的控制器及探头,必要时更换
	③ 检测器恒温箱选择盘上给定的温度过低	③ 升高检测器恒温箱的温度
	④ 色谱柱恒温箱的温度控制不良	④ 检查色谱柱的热敏元件和温度控制情况,必要时加以更换
	⑤ 载气钢瓶内压力过低或载气控制不良	⑤ 若钢瓶压力过低,应更换钢瓶;若是载气压力调节阀的故障则应更换压力调节阀
	⑥ 双柱色谱仪的补偿不良	⑥ 检查两色谱柱的流速并加以调节,使之互相补偿
基线不能从记录仪的一端调	① 记录仪的零点调节得不合适或记录仪已损坏	① 将记录仪输入端短路,若不能回零,则应按说明书重新调整零点,若这样仍不能调至零点,则应进行修理
	② 记录仪接线有错	② 检查记录仪接线并加以纠正
	③ 热导检测器的热敏元件不匹配	③ 更换选择好的匹配的热敏元件,必要时更换热导检测器
	④ 热导检测器的电桥有开路、匹配不良或电源有故障	④ 检查电桥电路,排除电桥开路或电源故障,必要时应更换
	⑤ 氢火焰离子化检测器或电子俘获检测器不干净	⑤ 清洗检测器
	⑥ 电子俘获检测器基流补偿电压不够大	⑥ 增加基流补偿电压
	⑦ 静电计有故障	⑦ 修理静电计
	⑧ 固定相消失并产生信号(特别是在使用氢火焰离子化检测器等高灵敏度检测器时)	⑧ 另选一种流失少的固定相作色谱柱,或降低柱温
基线出现不规则的尖刺 或	① 载气出口压力变化太快	① 检查载气出口处是否挡风或有异物进入出口管道处,并采取适当措施排除影响因素
	② 载气不干净	② 直接将载气(不通过色谱柱)与检测器相连,若色谱峰基线仍如此,则应进一步更换载气
	③ 色谱柱填充物松动	③ 将色谱柱填充紧密
	④ 电子部件有接触不良处	④ 轻轻拍敲各电子部件,以确定接触不良处的位置,然后加以修复
	⑤ 受机械振动的影响	⑤ 将仪器远离振动源或排除振动干扰
	⑥ 灰尘或异物进入检测器	⑥ 用清洁的气体吹出检测器中的异物
	⑦ 电路部分接线柱绝缘物不干净	⑦ 清洁接线柱及绝缘物,保证绝缘良好
	⑧ 电源波动	⑧ 检查电源或加接稳压电源,必要时应更换电源
	⑨ 热导检测器电源有故障	⑨ 参考前面所述的内容检查热导检测器电源,必要时应更换有关部件
	⑩ 离子化检测器静电计有故障	⑩ 修理静电计
	⑪ 调零电路有故障	⑪ 按照使用说明书进行检修

思考与交流

1. 气相色谱仪在运行时，主机可能会出现哪些故障？产生故障的可能原因有哪些？如何排除故障？

2. 温度控制系统和程序升温系统会出现哪些故障？其产生的原因是什么？如何排除？

3. 通过对各种不正常色谱图的分析，怎样判断仪器的故障？

任务实施

操作7 气相色谱仪的气路连接、安装和检漏

一、目的要求

① 学会连接色谱气路中的各部件。

② 学会气路的检漏和排漏方法。

③ 学会用皂膜流量计测定载气流量。

④ 能熟练使用气相色谱仪。

二、技术要求（方法原理）

随着国家检测标准的不断完善和进步，气相色谱仪无论是在工业生产过程中还是日常生活中都得到了广泛应用，为使使用者正确操作和保养，专业的仪器调试非常重要，仪器在安装好后应先经过专业的调试才能使用，否则不能达到理想的效果，而且这样还能避免不必要的对仪器的消耗。

三、仪器与试剂

① 仪器　气相色谱仪、气体钢瓶、减压阀、净化器、色谱柱、聚四氟乙烯管、垫圈、皂膜流量计。

② 试剂　肥皂水。

四、实验内容与操作步骤

1. 准备工作

① 根据所用气体选择减压阀。

使用氢气选用氢气减压阀（氢气减压阀与钢瓶连接的螺母为左螺纹）；使用氮气、空气等气体钢瓶选用氧气减压阀（氧气减压阀与钢瓶连接的螺母为右螺纹）。

② 装备净化器。

③ 准备一定长度的不锈钢管（或尼龙管、聚四氟乙烯管）。

2. 连接气路

① 连接钢瓶与减压阀接口。

② 连接减压阀与净化器。

③ 连接净化器与仪器载气接口。

④ 连接色谱柱（柱一头接汽化室，另一头接检测器）。

3. 气路检漏

① 钢瓶至减压阀之间的检漏 关闭钢瓶减压阀上的气体输出节流阀，打开钢瓶总阀门（此时操作者不能面对压力表，应位于压力表右侧），用肥皂水（洗涤剂饱和溶液）涂在各接头处（钢瓶总阀门开关、减压阀接头、减压阀本身），若有气泡不断涌出，则说明这些接口处有漏气现象。

② 汽化密封垫的检查 检查汽化密封垫是否完好，如有问题应更换新垫圈。

③ 气源至色谱柱间的检漏（此步在连接色谱柱之前进行） 用垫有橡胶垫的螺母封死汽化室出口，打开减压阀输出节流阀并调节至输出表压 0.025MPa；打开仪器的载气稳压阀（逆时针方向打开，旋转至压力表值是一定值）；用肥皂水涂各个管接头处，观察是否漏气，若有漏气，须重新仔细连接。关闭气源，待半小时后，仪器上压力表指示的压力下降小于 0.005MPa，则说明汽化室前的气路不漏气；否则，应该仔细检查找出漏气处，重新连接，再行试漏。

④ 汽化室至检测器出口间的检漏 接好色谱柱，开启载气，输出压力调至 0.2～0.4MPa。将转子流量计的流速调至最大，再堵死仪器主机左侧载气出口处，若浮子能下降至底，表明该段不漏气；否则要用肥皂水逐点检查各接头，并排除漏气（或关载气稳压阀，待半小时后，仪器上压力表指示的压力下降小于 0.005MPa，说明此段不漏气，反之则漏气）。

4. 转子流量计的校正

① 将皂膜流量计接在仪器的载气排出口（柱出口或检测器出口）。

② 用载气稳压阀调节转子流量计中的转子至某一高度，如 0、5、10、15、20、25、30、35、40 等值处。

③ 轻捏一下胶头，使肥皂水上升封住支管，产生一个皂膜。

④ 用秒表测量皂膜上升至一定体积所需要的时间。

⑤ 计算与转子流量计转子高度相应的柱后皂膜流量计流量 $F_{皂}$。

5. 结束工作

① 关闭气源。

② 关闭高压钢瓶。关闭钢瓶总阀，待压力表指针回零后，再将减压阀关闭（T 字阀杆逆时针方向旋松）。

③ 关闭主机上的载气稳压阀（顺时针旋松）。

④ 填写仪器使用记录，做好实验室整理和清洁工作，并进行安全检查后，方可离开实验室。

五、 注意事项

① 高压钢瓶和减压阀螺母一定要匹配，否则可能导致严重事故。

② 安装减压阀时应先将螺纹凹槽擦净，然后用手旋紧螺母，确认入扣后再用扳手扳紧。

③ 安装减压阀时应小心保护好表舌头，所用工具忌油。

④ 在恒温室或其他近高温处的接管，一般用不锈钢管和紫铜垫圈而不用塑料垫圈。

⑤ 检漏结束应将接头处涂抹的肥皂水擦拭干净，以免管道受损，检漏时氢气尾气应排至室外。

⑥ 用皂膜流量计测流速时每改变流量计转子高度后，都要等一段时间，约 0.5～1min，然后再测流速。

六、 数据处理

依据实验数据在坐标纸上绘制 $F_{转}$-$F_{皂}$ 的校正曲线，并注明载气种类和柱温、室温及大气压力等参数。

【任务评价】

<table>
<tr><th>序号</th><th>作业项目</th><th colspan="2">考核内容</th><th>记录</th><th>分值</th><th>扣分</th><th>得分</th></tr>
<tr><td rowspan="6">一</td><td rowspan="6">准备工作
(10分)</td><td rowspan="2">减压阀选择</td><td>正确</td><td></td><td rowspan="2">2</td><td rowspan="2"></td><td rowspan="2"></td></tr>
<tr><td>不正确</td><td></td></tr>
<tr><td rowspan="2">装备净化器</td><td>是</td><td></td><td rowspan="2">4</td><td rowspan="2"></td><td rowspan="2"></td></tr>
<tr><td>否</td><td></td></tr>
<tr><td rowspan="2">准备不锈钢管</td><td>准备</td><td></td><td rowspan="2">4</td><td rowspan="2"></td><td rowspan="2"></td></tr>
<tr><td>未准备</td><td></td></tr>
<tr><td rowspan="8">二</td><td rowspan="8">连接气路
(25分)</td><td rowspan="2">连接钢瓶与减压阀接口</td><td>连接</td><td></td><td rowspan="2">5</td><td rowspan="2"></td><td rowspan="2"></td></tr>
<tr><td>未连接</td><td></td></tr>
<tr><td rowspan="2">连接减压阀与净化器</td><td>连接</td><td></td><td rowspan="2">5</td><td rowspan="2"></td><td rowspan="2"></td></tr>
<tr><td>未连接</td><td></td></tr>
<tr><td rowspan="2">连接净化器
与仪器载气接口</td><td>连接</td><td></td><td rowspan="2">5</td><td rowspan="2"></td><td rowspan="2"></td></tr>
<tr><td>未连接</td><td></td></tr>
<tr><td rowspan="2">连接色谱柱</td><td>连接</td><td></td><td rowspan="2">10</td><td rowspan="2"></td><td rowspan="2"></td></tr>
<tr><td>未连接</td><td></td></tr>
<tr><td rowspan="8">三</td><td rowspan="8">气路检漏
(30分)</td><td rowspan="2">钢瓶至减压阀
之间的检漏</td><td>检漏</td><td></td><td rowspan="2">7</td><td rowspan="2"></td><td rowspan="2"></td></tr>
<tr><td>未检漏</td><td></td></tr>
<tr><td rowspan="2">汽化密封垫的检查</td><td>检漏</td><td></td><td rowspan="2">7</td><td rowspan="2"></td><td rowspan="2"></td></tr>
<tr><td>未检漏</td><td></td></tr>
<tr><td rowspan="2">气源至色谱柱间的检漏</td><td>检漏</td><td></td><td rowspan="2">8</td><td rowspan="2"></td><td rowspan="2"></td></tr>
<tr><td>未检漏</td><td></td></tr>
<tr><td rowspan="2">汽化室至检测器
出口间的检漏</td><td>检漏</td><td></td><td rowspan="2">8</td><td rowspan="2"></td><td rowspan="2"></td></tr>
<tr><td>未检漏</td><td></td></tr>
<tr><td rowspan="10">四</td><td rowspan="10">转子流量计的校正
(20分)</td><td rowspan="2">皂膜流量计的连接</td><td>正确</td><td></td><td rowspan="2">3</td><td rowspan="2"></td><td rowspan="2"></td></tr>
<tr><td>不正确</td><td></td></tr>
<tr><td rowspan="2">转子高度调节</td><td>正确</td><td></td><td rowspan="2">5</td><td rowspan="2"></td><td rowspan="2"></td></tr>
<tr><td>不正确</td><td></td></tr>
<tr><td rowspan="2">是否产生皂膜</td><td>是</td><td></td><td rowspan="2">2</td><td rowspan="2"></td><td rowspan="2"></td></tr>
<tr><td>否</td><td></td></tr>
<tr><td rowspan="2">测量皂膜上升一
定体积所需时间</td><td>正确</td><td></td><td rowspan="2">5</td><td rowspan="2"></td><td rowspan="2"></td></tr>
<tr><td>不正确</td><td></td></tr>
<tr><td rowspan="2">流量计算</td><td>正确</td><td></td><td rowspan="2">5</td><td rowspan="2"></td><td rowspan="2"></td></tr>
<tr><td>不正确</td><td></td></tr>
<tr><td rowspan="8">五</td><td rowspan="8">文明操作结束工作
(10分)</td><td rowspan="2">关闭气源</td><td>关闭</td><td></td><td rowspan="2">2</td><td rowspan="2"></td><td rowspan="2"></td></tr>
<tr><td>未关闭</td><td></td></tr>
<tr><td rowspan="2">关闭高压钢瓶、稳压阀</td><td>关闭</td><td></td><td rowspan="2">2</td><td rowspan="2"></td><td rowspan="2"></td></tr>
<tr><td>未关闭</td><td></td></tr>
<tr><td rowspan="2">实验过程台面</td><td>整洁有序</td><td></td><td rowspan="2">3</td><td rowspan="2"></td><td rowspan="2"></td></tr>
<tr><td>脏乱</td><td></td></tr>
<tr><td rowspan="2">结束后仪器处理</td><td>盖好防尘罩,放回原处</td><td></td><td rowspan="2">3</td><td rowspan="2"></td><td rowspan="2"></td></tr>
<tr><td>未处理</td><td></td></tr>
<tr><td rowspan="2">六</td><td rowspan="2">总时间
(5分)</td><td rowspan="2">完成时间</td><td>符合规定时间</td><td></td><td rowspan="2">5</td><td rowspan="2"></td><td rowspan="2"></td></tr>
<tr><td>不符合规定时间</td><td></td></tr>
</table>

思考与交流

1. 为什么要进行气路系统的检漏试验?
2. 如何打开气源? 如何关闭气源?

课堂拓展

培养大国工匠精神

分析仪器在日常使用过程中的维修是不可避免的。分析仪器的维修可分为事前检修和事后维修。事前检修是有预见性的维修即维护，而事后维修则因事先始料不及，可能造成维修时间长而影响正常工作。以气相色谱仪的使用为例，气相色谱仪进样口的进样垫，在使用一定次数后应定期更换，这是气相色谱仪维护的重要一项，如果等到漏气再处理，就会影响分析检测工作的正常进行。负责仪器管理的分析检测人员要能够做到仪器的日常定期维护，平时不断学习研究，熟悉仪器使用过程中可能出现的各种故障情况，做到严谨细致，精益求精，不断培养大国工匠精神，做一名技术能力强的分析仪器维护管理人员。

项目小结

气相色谱仪是一种多组分混合物的分离、分析工具，它是以气体为流动相，采用冲洗法的柱色谱技术。当多组分的分析物质进入色谱柱时，由于各组分在色谱柱中的气相和固定液液相间的分配系数不同，因此各组分在色谱柱中的运行速度也就不同，经过一定的柱长后，各组分顺序离开色谱柱进入检测器，经检测后转换为电信号送至数据处理工作站，从而完成了对被测物质的定性定量分析。气相色谱仪器的种类很多，本项目中介绍了 GC126 型和安捷伦 7890B 型，学习内容归纳如下：

① 气相色谱仪的结构、分类、工作原理。

② GC126 型气相色谱仪的结构、使用、维护方法。

③ 安捷伦 7890B 型气相色谱仪的结构、使用、维护和故障处理。

练一练 测一测

练一练测一测六

一、填空题

1. 气相色谱仪主要由__________、__________、__________、__________、__________、__________等部分组成。

2. 气路系统包括__________、__________、__________。

二、单项选择题

1. 能使分配比发生变化的因素是（　　）。

A. 增加柱长　　B. 增加流动相流速　　C. 增大相比　　D. 减小流动相流速

2. 在气相色谱中，色谱柱的使用上限温度取决于（　　）。

A. 样品中沸点最高组分的沸点　　B. 样品中各组分沸点的平均值

C. 固定液的沸点　　D. 固定液的最高使用温度

3. 若分析甜菜萃取液中痕量的含氯农药，宜采用（　　）。

A. 氢火焰离子化检测器　　B. 电子俘获检测器　　C. 火焰光度检测器　　D. 热导检测器

三、判断题

1. 气相色谱仪的开机顺序是先开机后开气，而关机顺序正好跟开机顺序相反。（　　）

2. 用非极性的固定液分离非极性的混合物，出峰次序规律是按组分沸点顺序分离，沸点低的组分先流出。（　　）

3. 气相色谱实验室应宽敞、明亮，室内不应有易燃、易爆和腐蚀性气体。（　　）

四、简答题

1. 气相色谱仪有哪些特点？

2. 请叙述气相色谱仪器开关机的注意事项。

3. 什么是噪声？噪声有哪几种形式？

4. 气相色谱的分离原理为何？

5. 请画出气相色谱法简单流程图，并说明其工作过程。

6. 气相色谱分析中色谱柱在使用过程中有哪些注意点？

项目七

液相色谱仪的结构及维护

项目引导

液相色谱是一类分离与分析技术，其特点是以液体作为流动相，固定相可以有多种形式，如纸、薄板和填充床等。在色谱技术发展的过程中，为了区分各种方法，根据固定相的形式产生了各自的命名，如纸色谱、薄层色谱和柱液相色谱。

经典液相色谱的流动相是依靠重力缓慢地流过色谱柱，因此固定相的粒度不可能太小（100～150μm 左右）。分离后的样品是被分级收集后再进行分析的，使得经典液相色谱不仅分离效率低、分析速度慢，而且操作也比较复杂。直到 20 世纪 60 年代，发展出粒度小于 10μm 的高效固定相，并使用了高压输液泵和自动记录的检测器，克服了经典液相色谱的缺点，发展成高效液相色谱，也称为高压液相色谱。

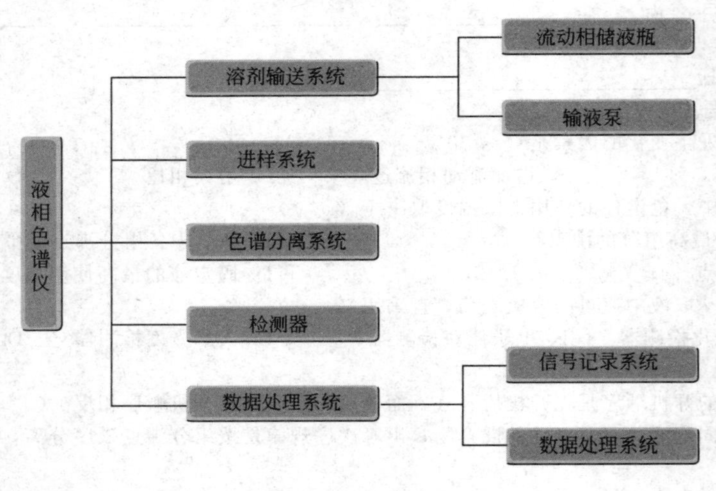

想一想

1. 环境中有机氯农药残留量分析，可以用什么仪器完成测定？
2. 高效液相色谱仪主要由哪些部分组成？
3. 高效液相色谱仪的工作流程是怎样的？

任务一
液相色谱仪的基本结构

任务要求

（1）熟悉液相色谱仪的结构。

（2）了解液相色谱仪的分类。

（3）掌握液相色谱仪各组部分的结构、工作原理。

高效液相色谱是一种以液体作为流动相的新颖、快速的色谱分离技术。近年来，随着这一技术的迅猛发展，高效液相色谱分析已逐渐进入“成熟”阶段。在生命科学、能源科学、环境保护、有机和无机新型材料等前沿科学领域以及传统的成分分析中，高效液相色谱法的应用占有重要的地位。高效液相色谱的仪器和装备也日趋完善和“现代化”，高效液相色谱仪必将和气相色谱仪一起，成为用得最多的分析仪器。

一、液相色谱仪的结构、原理及流程

高效液相色谱仪的基本组件包括五个部分，即溶剂输送系统、进样系统、色谱分离系统、检测器及数据处理系统。其工作流程如图 7-1 所示。

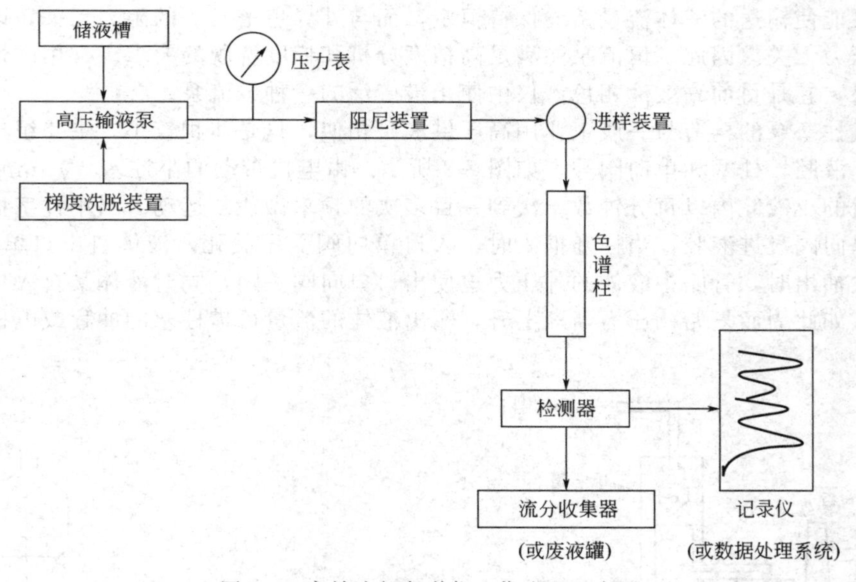

图 7-1 高效液相色谱仪工作流程示意图

储液槽中的溶剂经脱气、过滤后，用高压泵以恒定的流量输送至色谱柱的入口，欲分析样品由进样装置注入，在洗脱液（流动相）携带下在色谱柱内进行分离，分离后的组分从色谱柱流出，进入检测器，产生的电信号被记录仪记录或经数据处理系统进行处理，借以定性和定量。废液罐收集所有流出的液体。

二、 液相色谱系统

高效液相色谱仪的基本组件如上所述。其中最重要的工作单元是高压泵、色谱柱、检测器和数据处理系统。

（一） 高压泵

高压泵是高效液相色谱仪中最重要的部件之一。在气相色谱中，是利用高压钢瓶来提供一定压力和流速的载气；而在高效液相色谱中，则是利用高压泵来获得一定压力和流速的载液。因为在高效液相色谱中，所用色谱柱较细（1～7mm），固定相颗粒又很小（粒度只有几至几十微米），因此色谱柱对流动相的阻力很大。为了使洗脱液能较快地流过色谱柱，达到快速、高效分离的目的，就需要用高压泵提供较高的柱前压力，以输送洗脱液。

高压泵通常应满足下列要求：

① 提供高压。一般为 1.47×10^4～3.43×10^4kPa。

② 压力平稳，无脉冲波动。

③ 流速稳定，有一定的可调范围。

④ 能连续输液，适于进行梯度洗脱操作。

⑤ 密封性能好，死空间小，易于清洗，能抗溶剂的腐蚀。

高压泵的种类很多，分类方法也不相同，通常按照输送洗脱液的性质可分为恒流泵和恒压泵两类。

1. 恒流泵

这种泵能使输送的液体流量始终保持恒定，而与外界色谱柱等的阻力无关，即洗脱液的流速与柱压力无关。因此，恒流泵能满足高精度分析和梯度洗脱的要求。常用的恒流泵是往复式柱塞泵，它是目前高效液相色谱仪中使用最广泛的一种恒流泵。

往复式柱塞泵的构造与一般工业用高压供液泵相似，只是体积较小，主要组成包括电机传动机构、液腔、柱塞和单向阀等，如图 7-2 所示。由电机带动的小柱塞（ϕ3mm 左右）在密封环密封的小液腔内以每分钟数十次到一百多次的频率做往复运动。当小柱塞抽出时，液体自入口单向阀吸进液腔；当柱塞推入时，入口单向阀受压关死，液体自出口单向阀输出。当柱塞再次抽出时，管路中液体的外压力迫使出口单向阀关闭，同时液体又自入口单向阀吸入液腔内。如此周而复始，压力渐渐上升，输出液体的流量可借柱塞的冲程或电机的转速来控制。

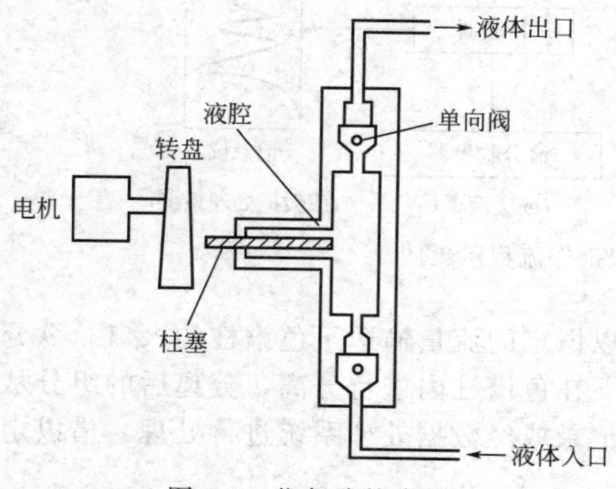

图 7-2 往复式柱塞泵

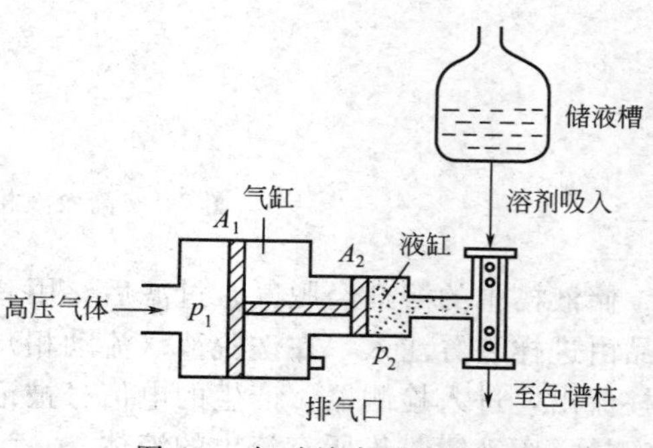

图 7-3 气动放大泵示意图

往复式柱塞泵的优点是泵的液腔体积小（约 1/3～1/2mL），输液连续，输送液体的量不受限制，因此十分适合于梯度洗脱，而且泵的液腔清洗方便，更换溶剂非常容易。其缺点是随柱塞的往复运动而有明显的压力脉动，因此液流不稳定，易引起基线噪声，克服的方法是外加压力阻滞器，使液流平稳。

2. 恒压泵

与恒流泵不同，恒压泵保持输出压力恒定，液流的流速不仅取决于泵的输出压力，还取决于色谱柱的长度、固定相的粒度、填充情况以及流动相的黏度等。因此，恒压泵的流速不如恒流泵精确，适用于对流动相流速要求不高的场合。这种泵通常具有结构简单、价格低廉的特点。其中较为重要的是气动放大泵。

气动放大泵是最常用的恒压泵，它以高压气瓶为动力源，由气缸和液缸两部分组成，其结构原理如图 7-3 所示。

气动放大泵的优点是容易获得高压，能输出无脉动的流动相，对检测器噪声低，通过改变气源压力即可改变流速，流速可调范围大，泵结构简单，操作和换液、清洗方便。其缺点是流动相流速与流动相黏度及柱渗透性有关，故流速不够稳定，保留值的重现性较差，不适于梯度洗脱（除非使用两台泵）操作。因此，目前这种泵主要适用于匀浆法填装色谱柱。

3. 梯度洗脱装置

在高效液相色谱法中，对于极性范围很宽的混合物的分离，为了改善色谱峰的峰形，提高分离效果和加快分离速度，可采用梯度洗脱操作方法。所谓梯度洗脱，就是将两种或两种以上不同极性的溶剂混合组成洗脱液，在分离过程中按一定的程序连续改变洗脱液中溶剂的配比和极性，通过洗脱液中极性的变化来达到提高分离效果，缩短分析时间目的的一种分离操作方法。它与气相色谱中的程序升温有着异曲同工之处，不同点在于前者连续改变流动相的极性，后者是连续改变温度，其目的都是为了改善峰形和提高分辨率。

梯度洗脱可分为外梯度洗脱和内梯度洗脱两种方法。

（1）外梯度洗脱　将溶剂在常压下，通过程序控制器使之按一定的比例混合后，再由高压泵输入色谱柱的洗脱方式叫作外梯度洗脱。图 7-4 所示是一种较简单的外梯度洗脱装置。

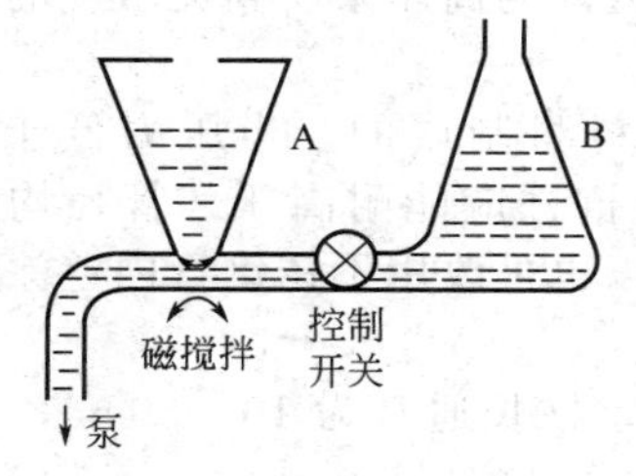

图 7-4　固定容器外梯度洗脱装置

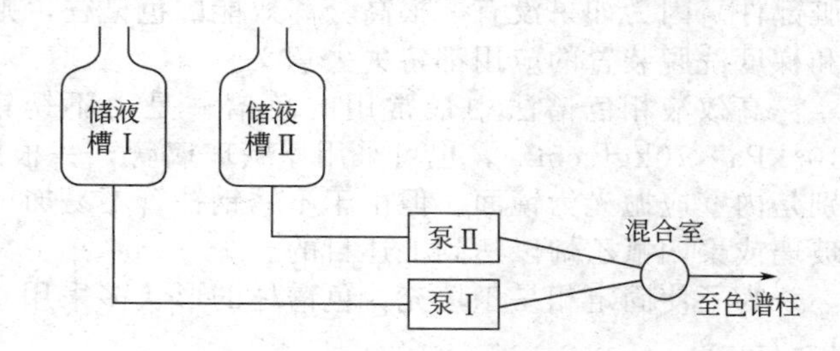

图 7-5　内梯度洗脱装置之一

容器 A、B 中装有两种不同极性的溶剂，利用两容器中液体重力的不同和通过控制开关的大小来调节 B 容器中溶剂进入 A 容器的量，再经不断搅拌混合后输入高压泵中去。

当洗脱液需用多种溶剂混合而成时，可在各储液槽中装入不同极性的溶剂，通过一个自动程序切换阀，使按一定的时间间隔依次接通各储液槽通路。然后各溶剂由一个可变容量的混合器进行充分混合，输入到高压泵。

该系统由于溶剂是在常压下混合，然后用泵输送至色谱柱内，所以又叫作低压梯度洗脱系统。

为了保证溶剂混合的比例，外梯度洗脱装置都采用液腔体积小的往复式柱塞泵或隔膜泵。

外梯度洗脱的优点是结构较简单，只需要一台泵。采用自动程序切换装置的外梯度洗脱系统还可克服自动化程度较低、更换溶剂不方便、耗费溶剂量大的缺点。

（2）内梯度洗脱　内梯度洗脱又叫作高压梯度洗脱，它是将溶剂经高压泵加压以后输入混合室，在高压下混合，然后进入色谱柱的洗脱方式。常见的一种内梯度洗脱装置如图 7-5 所示。

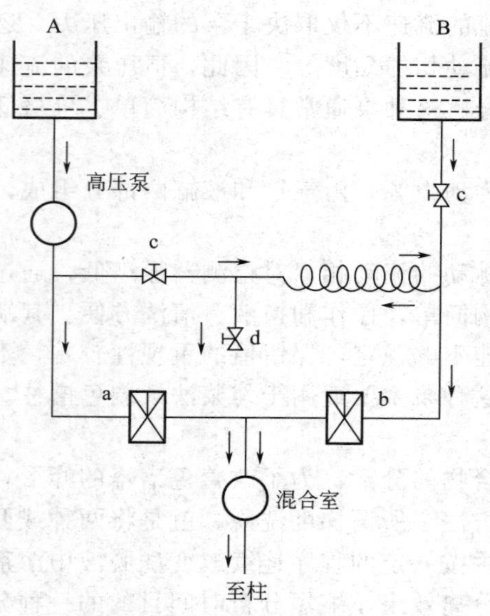

图 7-6　内梯度洗脱装置之二

这种装置采用两台高压泵，当控制两泵的不同流速使各溶剂按不同的流速变化，再经充分混合后，即可得到不同极性的洗脱液。这种方法的优点是只要程序控制每台泵的输液速度，就可以得到任何形式的梯度。其缺点是需要两台高压泵，价格较昂贵，而且只能混合两种溶剂。

另一种梯度洗脱装置是将溶剂 A 装在一个容器内，使之直接抽入泵内，溶剂 B 装在另一个容器内，需要时可由阀门 c、e 注入螺旋储液管内，如图 7-6 所示。阀门 a、b 为高压液体电磁阀。梯度开始时，阀门 c、d 处于关闭，打开阀门 e，由控制电路控制电磁阀 a、b 的相互交替的开启时间，使溶剂 A 由高压泵经阀 a 压出，或者由高压泵压出的溶剂 A 来顶出螺旋储液管中的溶剂 B，这样按一定的时间间隔交替进行，两种溶剂在混合器中充分混合后进入色谱柱。不同的梯度方式只需控制电磁阀 a、b 的开启时间长短便可得到。这种装置的优点是只需一台高压泵，但仍需两只高压电磁阀门。

（二）色谱柱

色谱分离系统包括色谱柱、恒温器和连接管等部分，其中色谱柱是高效液相色谱仪的心脏部件。因为如果没有一根高分离效能的色谱柱，则性能良好的高压泵、高灵敏度的检测器和梯度洗脱装置的应用都将失去意义。

高效液相色谱法中最常用的色谱柱是由不锈钢合金材料制成的，当压力低于 6.9×10^3kPa（70kgf/cm^2），也可采用厚壁玻璃管，一根好的色谱柱应能耐高压，管径均匀，特别是内壁应抛光为镜面。但由于不锈钢柱管不易加工，所以也可改用不锈钢管内壁涂衬一层玻璃或聚四氟乙烯以达到上述目的。

为了使固定相易于填充，色谱柱的形状多采用直形柱，柱长通常为 10～50cm，内径为 1～7mm。

（三）检测器

检测器是测量流动相中不同组分及其含量的一个敏感器。其作用是将经色谱柱分离后的组分随洗脱液流出的浓度变化转变为可测量的电信号（电流或电压），以便自动记录下来进行定性和定量分析。它与色谱柱是高效液相色谱仪的两个主要组成部分。

对液相色谱检测器的一般要求是：灵敏度高、噪声低、对温度和流速的变化不敏感、线性范围宽、死体积小及适用范围广等。到目前为止，还没有一种很理想的高效液相色谱检测器，检测器尚是高效液相色谱仪中较为薄弱的环节。

检测器通常分成两类：通用型检测器和选择性检测器。前者如示差折光检测器等；后者如紫外吸收检测器、荧光检测器、电导检测器等。目前应用范围最广和最常用的两种检测器是紫外吸收检测器和示差折光检测器。

1. 紫外吸收检测器

紫外吸收检测器是目前高效液相色谱中应用最广泛的检测器。其检测原理是利用样品中被测组分对一定波长的紫外光的选择性吸收，吸光度与组分浓度成正比关系，而流动相在所使用的波长范围内无吸收，因此可以定量检出待测组分。一种双光路结构的紫外吸收检测器的光路图如图 7-7 所示。

光源通常采用低压汞灯。由低压汞灯 H 发出的光线经过透镜 L_1 聚焦为平行光，通过遮光板 W 后被分成一对细小的平行光束。分别通过透镜 L_2、L_3 到达样品池 C_1 和参比池 C_2，当样品自色谱柱分离后流入样品池时，由于样品对紫外光的吸收，样品光路与参比光路之间的光强产生差异。两束强度不同的光分别经滤光片 F_1、F_2 除掉不需要的其他波长的非单色光后照射于两个配对的光电管，转换为电信号，其差值经放大后即可检测。为了减小色谱峰的扩张，样品池的体积应该小一些，目前标准的紫外吸收检测器的样品池长 10mm，直径 1mm，池体积 8μL。其结构常采用 H 形或 Z 形，如图 7-8 所示，而以 H 形结构更为合理。

根据所使用的波长可调与否，紫外吸收检测器又可分为固定波长式和可调波长式两种。

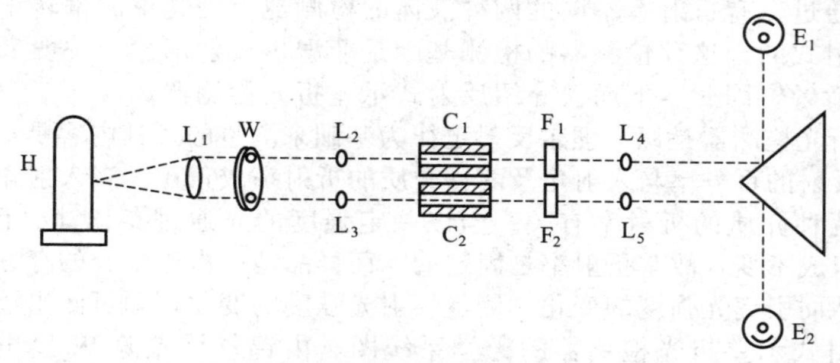

图 7-7　紫外吸收检测器光路图

H—低压汞灯；L_1～L_5—透镜；W—遮光板；C_1—样品池；C_2—参比池；F_1，F_2—滤光片；E_1，E_2—光电管

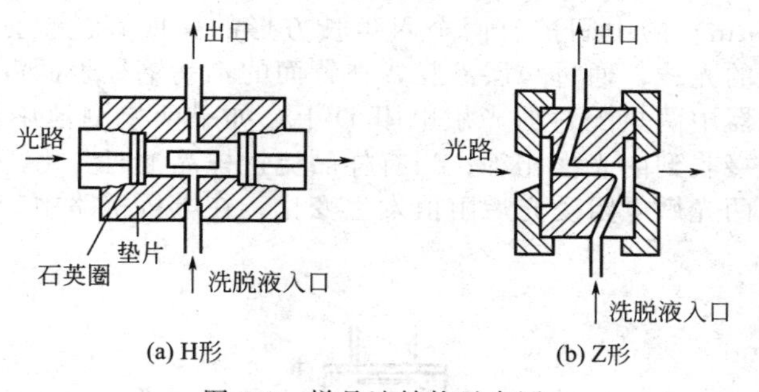

图 7-8　样品池结构示意图

固定波长紫外吸收检测器：这种检测器采用固定的波长，测定波长一般有 254nm 和 280nm，多数仪器只能在这两种波长中的某一种波长下进行工作。最常用的是波长为 254nm 的检测器，这种检测器一般都采用低压汞灯作光源，因为低压汞灯在紫外区谱线简单，其中 254nm 的谱线强度最大。

可调波长紫外吸收检测器：这种检测器与固定波长紫外吸收检测器的主要差别在于使用一个连续光源（如氘灯）以及光栅（或滤光片），它实际上相当于一台紫外-可见分光光度计，其波长范围一般为 210～800nm。更为先进的仪器可在色谱分析过程中随时将流动相暂时停下来对某个感兴趣的色谱峰相应的组分进行波长扫描，从而得到这个峰组分的紫外-可见吸收光谱，以获得最大吸收波长数据，这种方法称作“停流扫描”。

紫外吸收检测器的优点是灵敏度高，最小检测浓度可达 10^{-9}g/mL，因而即使是那些对紫外光吸收较弱的物质，也可用这种检测器进行检测。此外，这种检测器结构简单、使用方便，对温度和流速的变化不敏感，是用于梯度洗脱的一种理想的检测器。其缺点是只能用于对紫外光有吸收组分的检测，不能用于在测定波长下不吸收紫外光样品的测定。另外，对测定波长的紫外光有吸收的溶剂（如苯等）不能用，因而给溶剂的选用带来限制。

单波长或可变波长紫外吸收检测器几乎是高效液相色谱仪必备的检测器。

2. 示差折光检测器

示差折光检测器是以测量含有待测组分的流动相相对于纯流动相的折射率的变化为基础的。因为在理想情况下，溶液的折射率等于纯溶剂（流动相）和纯溶质（组分）的折射率乘以各物质的物质的量浓度之和，即

$$n_{溶液}=c_1n_1+c_2n_2$$

式中，c_1、c_2 分别为溶剂和溶质的浓度；n_1、n_2 分别为溶剂和溶质的折射率。

由上式可知，如果温度一定，溶液的浓度与含有待测组分的流动相和纯流动相的折射率差值成正比。因此，只要溶剂与样品的折射率有一定的差值，即可进行检测。

示差折光检测器按其工作原理可以分成两种类型。一种是偏转式的，这种检测器的原理是：如果一束光通过充有折射率不同的两种液体的检测池，则光束的偏转正比于折射率的差值。另一种是反射式的，这种检测器的检测基础是菲涅尔反射定律。一般来说，高效液相色谱仪较多地采用后者。因此，下面仅介绍反射式示差折光检测器。

反射式示差折光检测器是以菲涅尔反射定律为基础来测量的，其内容是：光线在两种不同介质的分界面处反射的百分率与入射角及两种介质的折射率成正比。当入射角固定后，光线反射百分率仅与这两种介质的折射率有关。当以一定强度的光通过参比池（仅有流动相通过）时，由于流动相组成不变，故其折射率是固定的。而样品池中由于组分的存在，使流动相的折射率发生改变，从而引起光强度的变化，测量反射光强度的变化，即可测出该组分的含量。

图 7-9 是反射式示差折光检测器的光学系统图。由钨丝灯光源 W 发出的光经狭缝 S_1、滤热玻璃 F 和平行狭缝 S_2 及透镜 L_1，被准直成两束平行的光线，这两束光进入池棱镜 P 分别照射于样品池和参比池的玻璃-液体分界面上。检测池是由直角棱镜的底面和不锈钢板，其间衬一定厚度（25μm）的中间挖有两个六角长方形的聚四氟乙烯薄膜垫片夹紧而组成。透过样品池和参比池的光线，通过一层液膜，在背面的不锈钢板表面漫反射。反射回来的光线经透镜聚焦在检测器中两只配对的光敏电阻 D 上。如果两检测池中流过液体的折射率相等，则两光敏电阻上接收到的光强相等；当有样品流过样品池时，由于两检测池的折射率不同，光强产生差异，两光敏电阻受光后阻值发生变化，在电桥桥路中产生的不平衡电信号经放大后输入记录仪。

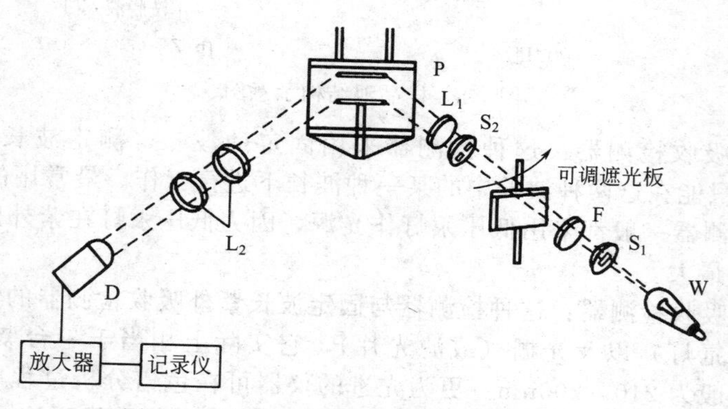

图 7-9　反射式示差折光检测器光学系统图

W—光源；S_1,S_2—狭缝；F—滤热玻璃；L_1,L_2—透镜；P—池棱镜；D—光敏电阻

示差折光检测器的优点是应用范围广。任何物质，只要其折射率与流动相之间有足够的

差别，都可以用示差折光检测器检测，因此，它与气相色谱中的热导检测器一样，是一种通用型的浓度检测器，常用于对紫外光没有吸收的组分的检测。其缺点是灵敏度较低（10^{-7} g/mL），不宜做痕量分析；对温度的变化非常敏感，需要严格控制温度，精度应优于±0.001℃；此外，这种检测器不适用于梯度洗脱操作。

（四）数据处理系统

目前，计算机化的商品色谱仪器已很普遍，国内外生产的色谱仪几乎均可配带计算机系统，特别是液相色谱仪，计算机色谱工作站已成为标准配置，使仪器的性能、自动化程度等方面都有很大的提高。

计算机在色谱仪中的使用，经历了从脱机到联机，从使用的小型计算机到使用专用的色谱数据处理机直至目前高度计算机化的色谱工作站系统。色谱工作站是由一台微型计算机来实时控制色谱仪，并进行数据采集和处理的一个系统。它已不再局限于结果处理与分析，而是可以控制色谱仪的各种程序动作，可以自动调整各种工作参数，实现基线的自动补偿和自动衰减，对异常的工作参数自动报警，超过设定的限额即停止工作。

色谱工作站由数据采集板、色谱仪控制板和计算机软件组成。其原理如图7-10所示。首先是把色谱仪检测器输出的模拟信号经由工作站的A/D转换数据采集卡转化为计算机可处理的数字信号。数据采集卡在时钟控制下，以一定的速度（一般为每秒钟10次或20次）采集色谱数据，并实时显示在显示器上。可根据情况，随时终止数据采集。这些数据一般为暂时内存，故废弃的数据不会占据磁盘空间。当数据采集正常结束后，软件会依据事先设定的实验参数对数据进行自动处理，然后打印报告，并进行数据结果存储，以便进行各种后处理。

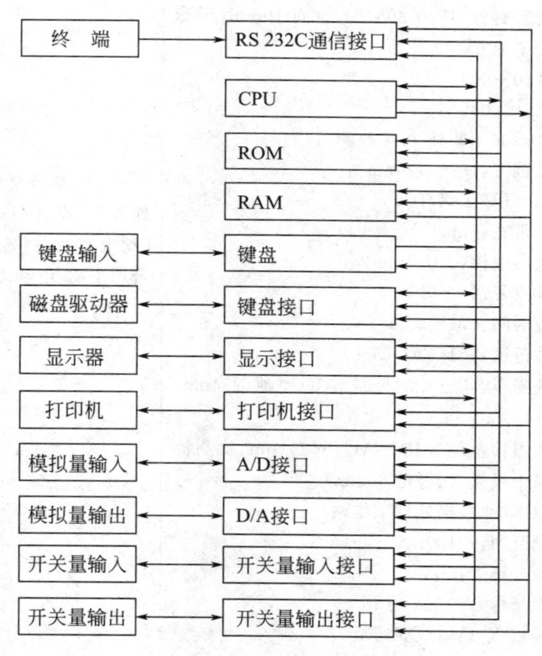

图7-10 色谱工作站原理图

色谱工作站的功能主要表现在数据处理和对仪器进行实时控制两大方面。数据处理方面的功能除具有微数据处理机的全部功能外，还有谱图再处理功能，包括对已存储的谱图整体或局部的调出、检查，色谱峰的加入、删除，调整谱图放大、缩小，谱图叠加或加减运算，人工调整起落点等。有的工作站还具有色谱柱效评价功能，并具有后台处理能力，在不间断数据采集的情况下，运行其他的应用软件。色谱工作站对色谱仪的实时控制功能主要由控制接口卡和相应的软件完成。目前能完成的控制功能主要包括一般操作条件的控制、程序控制、自动进样控制、流路切换及阀门切换控制以及自动调零、衰减、基线补偿等的控制。

三、常用液相色谱仪型号及主要技术指标

目前常用的液相色谱仪型号很多，如 P230p 型、Waters515 型、Agilent2010 型，下面主要介绍 P230p 型、Waters515 型液相色谱仪，见表 7-1。

表 7-1 常用液相色谱仪主要技术指标

仪器型号	产地	主要技术指标	主要特点
P230p 型	大连	1. P230p 高压恒流泵 流量范围：0.10～40.00mL/min 设定步长：0.01mL/min 流量准确性：±1.0%（10.00mL/min，8.5MPa，水，室温） 流量稳定性：RSD≤0.2%（10.00mL/min，8.5MPa，水，室温） 最高工作压力：30MPa（0.01～20.00mL/min）、20MPa（20.01～40.00mL/min） 压力准确性：显示压力误差±3%或 0.5MPa 以内 压力脉动：≤1.0%（流量 10.00mL/min，压力 8.5MPa±1.5MPa） 泵的密封性：压力 30MPa，时间 10min，压降不大于 1.0MPa 温度：0～40℃ 湿度：≤80% 2. UV230＋紫外-可见检测器 波长范围：190～720nm 光源：氘灯＋钨灯 光谱带宽：6nm 波长准确性：±0.5nm 波长重复性：±0.1nm 响应时间：0.1～9.9s 线性范围：≥1.5AU（5%） 基线噪声：≤±1.5×10^{-5}AU（空池、254nm、1.0s） 基线漂移：≤3×10^{-4}AU/h（254nm、检测池充满干燥氮气、稳定 60min） 3. EC2000 数据处理工作站 测量范围：－100mV～＋2V 信号分辨力：2μV 面积分辨力：0.1μV·s 通道数：单通道或双通道 重复性：≤0.01%RSD 时钟误差：≤0.1% 零点误差：≤±0.1mV 示值误差：≤±2% 线性：相关系数优于 0.9999 基线噪声：峰-峰值小于 6μV 室温下漂移：<60μV	P230p 制备泵设计合理，运行平稳，性能指标较高，辅以 UV 系列紫外-可见波长检测器（配半制备/制备型检测池）及美国 Pheodyne 公司手动/电动进样阀及切换阀

续表

仪器型号	产地	主要技术指标	主要特点
Waters515 型	美国	1. 高精度输液泵 最大压力：410bar(6000psi) 流速范围：0.001 ～ 10.0mL/min（以0.001mL/min 递增） 流速准确度：±1.0% 流速精度：≤0.1%RSD 梯度混合准确度：±0.5%，并且不随反压变化 梯度混合精度：0.15%RSD，并且不随反压变化 2. 紫外-可见检测器 波长、极性和灯源开关均可时间编程控制 可变波长范围：190～700nm 检测通道：2 个 光源：氘灯 波长准确度：±1nm 光谱带宽：5nm 测量范围：0.0001～4.0000AUFS 基线噪声：$<5\times10^{-6}$AU 漂移：1×10^{-4}AU/h	Waters515 型精度高（0.1%RSD），性能可靠，可扩展性强，组合灵活，电路及流路改进，LCD 显示，操作更简便，改良传动结构，更紧凑，运行噪声更小，控制更精确、稳定，功能更多，流速范围更广：低至 1μL 2487 双通道紫外-可见光检测器

思考与交流

1. 说明液相色谱仪的组成结构。
2. 高压泵通常应满足哪些要求？
3. 梯度洗脱装置的分类及作用是什么？
4. P230p 型、Waters515 型液相色谱仪主要技术指标有哪些？

任务二
P230p 型液相色谱仪的使用及维护

任务要求

（1）熟悉 P230p 型液相色谱仪的结构。
（2）了解 P230p 型液相色谱仪的主要性能技术指标。
（3）能够完成 P230p 型液相色谱仪的安装。
（4）熟悉 P230p 型液相色谱仪的维护方法。

P230p 型液相色谱仪是大连依利特分析仪器有限公司生产的产品，P230p 制备泵设计合理，运行平稳，性能指标较高，辅以 UV 系列紫外-可见检测器（配半制备/制备型检测池）及美国 Pheodyne 公司手动/电动进样阀及切换阀，可满足企业生产和研究的需要。

一、 P230p 型液相色谱仪的安装与调试

P230p 型液相色谱仪（图 7-11）主要包括三大单元模块，即 P230p 型高压恒流泵、UV230^{+}紫外-可见检测器、EC2000 色谱数据处理工作站。

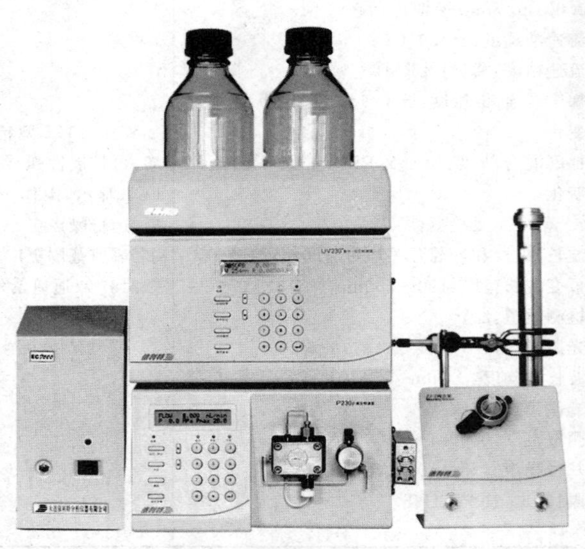

图 7-11 P230p 型液相色谱仪

（一） P230p 型高压恒流泵的安装与调试

P230p 型高压恒流泵（图 7-12）是小凸轮驱动短行程柱塞的双柱塞串联式往复恒流泵，输液脉动低。采用步进电机细分控制技术使得电机在低速运行平稳；浮动式导向柱塞的安装方式，精选的进口高质量柱塞杆和密封圈等关键部件，保证了高压恒流泵长期运行输液稳定性和耐用性；流动相压缩系数校正和流速准确性双重校正保证了流量准确性；通过色谱工作站控制能够方便得到高精度二元高压梯度系统，同时能够实现流动相的流速梯度。

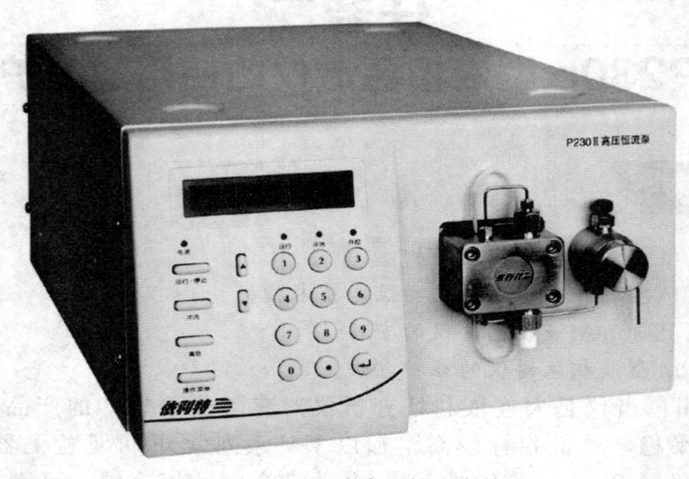

图 7-12 P230p 型高压恒流泵外观

1. 安装条件

为了正常和安全使用本恒流泵单元，必须注意如下要点：

（1）环境条件　为了保证 P230p 恒流泵良好的工作状态和长期使用的稳定性，恒流泵必须避开腐蚀性气体和大量的灰尘。

（2）温度条件　仪器运行环境的温度要求在 0℃和 40℃之间，温度波动小于±2℃/h，避免将仪器安装在太阳直射的地方。

（3）湿度条件　房间内相对湿度应低于 80%。

（4）电磁噪声　避免将恒流泵安装在能产生强磁场的仪器附近；若电源有噪声，需要噪声过滤器。

（5）排风和防火　使用易燃或有毒溶剂时，要保证室内有良好的通风；当使用易燃溶剂时，室内禁止明火。

（6）安装空调　将空调安装在平整、无振动的坚固台面上，台面宽度至少 80cm。

（7）接地　仪器必须有良好的接地。

2. 前面板

P230p 高压恒流泵的前面板示意图如图 7-13 所示。P230p 高压恒流泵按键部分示意图及输液部分示意图如图 7-14 和图 7-15 所示。

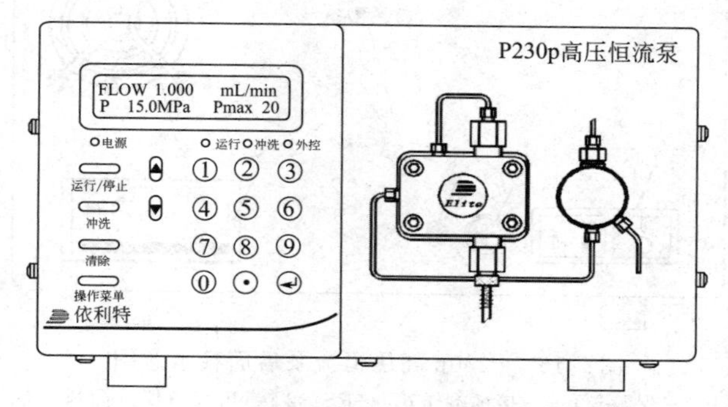

图 7-13　P230p 高压恒流泵的前面板示意图

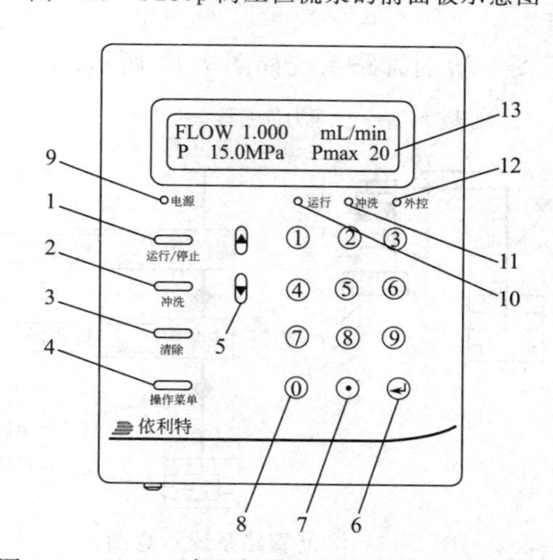

图 7-14　P230p 高压恒流泵按键显示部分示意图

1—运行/停止；2—冲洗；3—清除；4—操作菜单；5—↑↓键；6—确认键；7—小数点；8—0～9 数字键；9—电源指示灯；10—运行指示灯；11—冲洗指示灯；12—外控指示灯；13—液晶显示屏

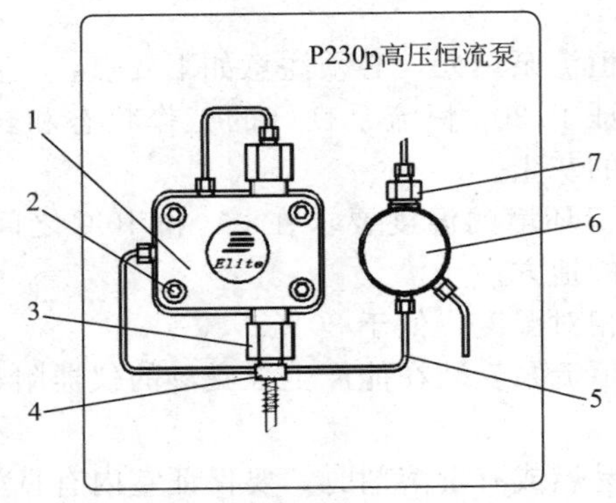

图 7-15　P230p 高压恒流泵输液部分示意图

1—泵头；2—泵头螺钉；3—单向阀；4—泵入口；5—连接管；6—放空阀；7—泵出口

3. 后面板

P230p 高压恒流泵的后面板示意图如图 7-16 所示。

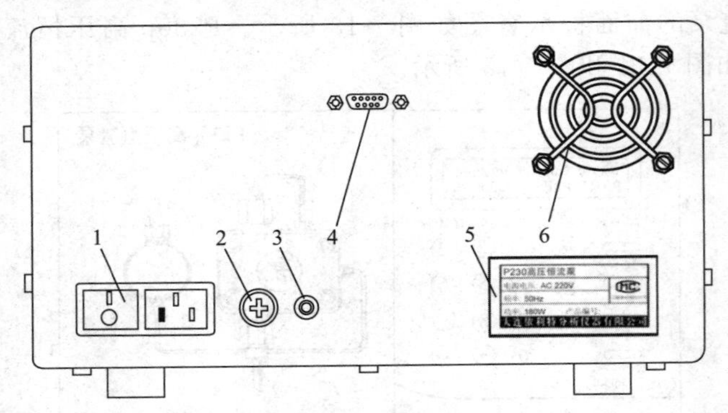

图 7-16　P230p 高压恒流泵后面板示意图

1—电源开关；2—保险丝；3—接地端子；4—RS232 接口；5—仪器标牌；6—仪器散热孔

4. 溶剂管路系统安装

（1）溶剂管路系统示意图　溶剂管路系统如图 7-17 所示。

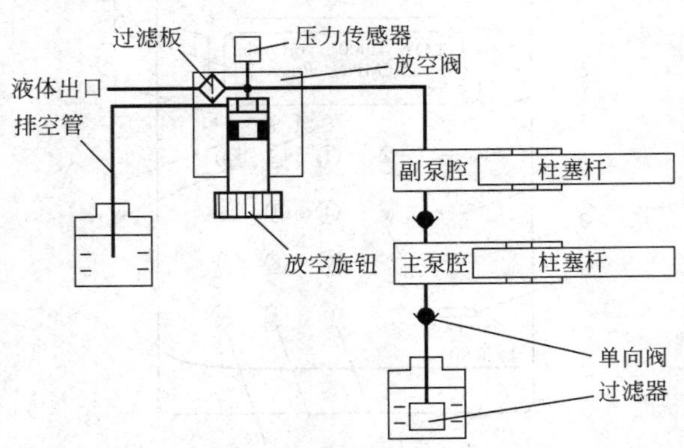

图 7-17　溶剂管路系统示意图

（2）安装准备工作　准备一个容积为 500mL 以上的溶剂储液瓶，瓶盖上应有两个 3～4mm 小孔。卸下放空阀上面泵出口的密封堵头，将随仪器所配的不锈钢连接管连接到泵口，准备与高压进样阀连接。

（3）泵头入口与储液瓶的连接　将随仪器所配的 PEP 输液管及溶剂过滤头组件与泵的

入口相连接，另一端穿过溶剂储液瓶的小孔后与溶剂过滤头相连。参见图 7-15。

具体要求如下：

① 储液瓶盖上除了有置入输液管的小孔外，还应有一个通气孔，以避免在输液过程中储液瓶内形成负压，造成泵吸液困难。

② 经常清洗溶剂过滤头，防止溶剂过滤头被污染。

③ 要想获得稳定的分析结果，储液瓶内的流动相一定要经过脱气处理，尤其是在夏天气温较高时。

④ 流动相必须经过 0.45μm 的滤膜过滤。

(4) 泵与进样阀的连接

① 用不锈钢管（配连接螺钉和密封刃环）连接恒流泵液体出口与进样阀的入口（通常 Rheodyne 进样阀的 2 号孔为流动相的输入口）。

② 进样阀 3 号口与色谱柱入口相连。

③ 进样阀 2 号口与高压恒流泵出口相连。

所有连接螺钉以不漏液为原则，不要用力过度，以防将螺钉拧断。如果出现封不住的现象，请将旧刃环切掉，更换一个新刃环。

为了保证样品较少扩散，高压进样阀与高效液相色谱柱之间以及色谱柱与检测器之间的连接管要尽量短，内径不能太大。

所有不锈钢连接管前端要平齐，保证管头插到底再上螺钉，以减少死体积。

(5) 梯度混合器的连接　P230p 高压恒流泵用于二元高压梯度分析时，为保证流动相混合均匀，需要使用梯度混合器。采用外接式，将 P230p 高压恒流泵的泵出口与混合器的输入口连接，梯度混合器出口与进样阀的入口连接。

根据分析的具体情况可选择不同体积的混合器。混合器体积常用规格有 1.5mL 和 3.0mL 等。通常，混合体积越大，混合效果越好，但是随混合体积变大，所引起的梯度滞后时间也越长。

(6) 废液瓶的安装位置　为方便废液流入废液瓶，废液瓶一般要安置在不高于仪器的位置。

5. 系统测试

(1) 单泵系统测试　对于新安装的仪器、长时间搁置重新使用的仪器或对分析结果有怀疑，都有必要对整个色谱系统进行一次全面的测试，以保证分析结果的可靠性。

① 取一支合适的色谱柱，一般正相系统选 SiO_2 柱，反相系统选 C_{18} 柱。

② 按色谱柱厂家出厂时提供的色谱柱评价报告要求配置流动相。

③ 排除恒流泵管路中的气泡。

④ 按色谱柱厂家提供的评价报告设定流量。

⑤ 检查泵的密封性能。

a. 接上色谱柱并启动恒流泵，检测压力是否稳定，若不稳定可能泵头还有气泡未排尽。

b. 将压力上限设为 25MPa。对不能关闭输液管路的进样阀可在进样阀的出口接一个两通接头，再将两通接头另外一端封住。

c. 启动泵，使压力升至 25MPa 时自动停泵，观察压力显示是否下降。若压力显示下降比较快，则泵头内的单向阀、进样阀或管路接头密封不严。

d. 20s 以后压力显示可能缓慢下降，这是正常现象。对于 P230p 高压恒流泵，当超压指示灯亮十多分钟后，压力显示将自动慢慢下降为零，此时实际泵头压力不是零，必须把放空阀打开，此时显示的压力才是真正的零。

⑥ 用量筒或移液管检测泵的流量重复性。

⑦ 将检测器波长设定为254nm。

⑧ 按色谱柱评价报告的要求选取标准样品或选取苯、萘、联苯等配成合适浓度的混合样品。

⑨ 基线平稳后，多次进样，分析结果的重现性，则可证明系统运转是否正常。

(2) 梯度系统测试　梯度系统除了对每个输液泵进行密封性能和样品分析重复性检查外，还要进行梯度曲线测试，以便了解系统的梯度性能。

① 单泵密封性能检查步骤与（1）相同。

② 梯度性能检查

a. 取两瓶500mL的甲醇，分别标上A和B。

b. 在A瓶内加入0.2mL丙酮并超声脱气。

c. 在B瓶内加入0.8mL丙酮并超声脱气。

d. 在进样阀出口与检测器入口间接一根外径为1.6mm、内径为0.1mm、长度为250mm的不锈钢管。

e. 设定检测波长为254nm。

f. 设定总流量为1.0mL/min，A、B泵各为50%冲洗直到基线平稳。

g. 设定梯度曲线。

③ 运行数据采集。

④ 检查各台阶曲线在变化处是否近似垂直，梯度混合是否理想。

(二) UV230⁺紫外-可见检测器的安装与调试

UV230⁺紫外-可见检测器由光路部分、控制电路部分和数据处理软件部分组成，采用全封闭光路结构和光纤传导技术替代传统的紫外检测器的光学系统，稳定性好、分辨率高的数据采集处理系统，使得检测器具有稳定性好、灵敏度高等优点。见图7-18。

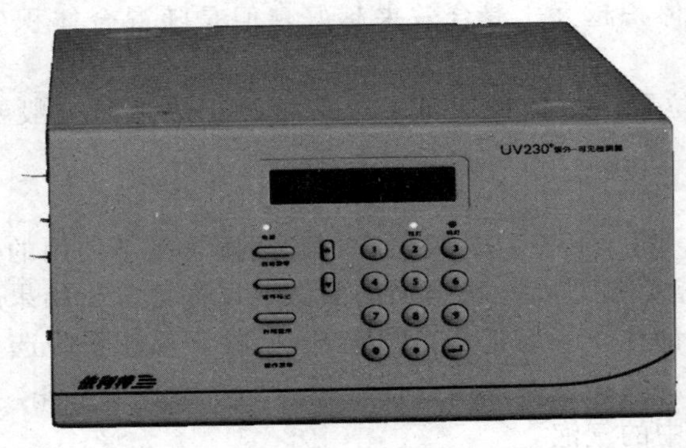

图7-18　UV230⁺紫外-可见检测器外观

1. 安装条件

为了正常和安全地使用本检测器，必须注意如下要点：

(1) 环境条件　为了保证UV230⁺紫外-可见检测器良好的工作状态和长期使用的稳定性，检测器必须避开腐蚀性气体和大量的灰尘。

(2) 温度条件　仪器运行环境的温度要求在4℃和40℃之间，温度波动小于±2℃/h，避免将仪器安装在太阳直射的地方，避免冷源、热源对仪器产生直接影响导致基线漂移和噪声提高。

(3) 湿度条件　房间内相对湿度应低于80%。

(4) 电磁噪声　避免将UV230⁺紫外-可见检测器安装在能产生强磁场的仪器附近；若电源有噪声，需要噪声过滤器。

（5）排风和防火　使用易燃或有毒溶剂时，要保证室内有良好的通风；当使用易燃溶剂时，室内禁止明火。

（6）安装空调　将空调安装在平整、无振动的坚固台面上，台面宽度至少 80cm。

（7）接地　仪器必须有良好的接地。

2. 前面板

$UV230^+$紫外-可见检测器的前面板示意图如图 7-19 所示。

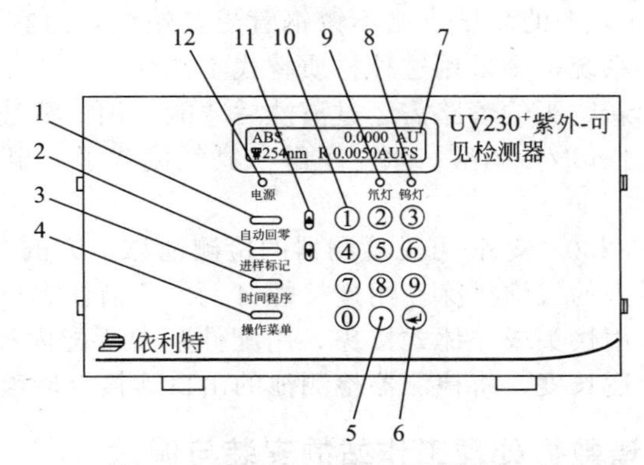

图 7-19　$UV230^+$紫外-可见检测器前面板示意图

1—自动回零；2—进样标记；3—时间程序；4—操作菜单；5—小数点键；6—确认键；7—液晶显示屏；8—钨灯；9—氘灯；10—0～9 数字键；11—↑↓键；12—电源指示灯

3. 后面板

检测器的后面板如图 7-20 所示。

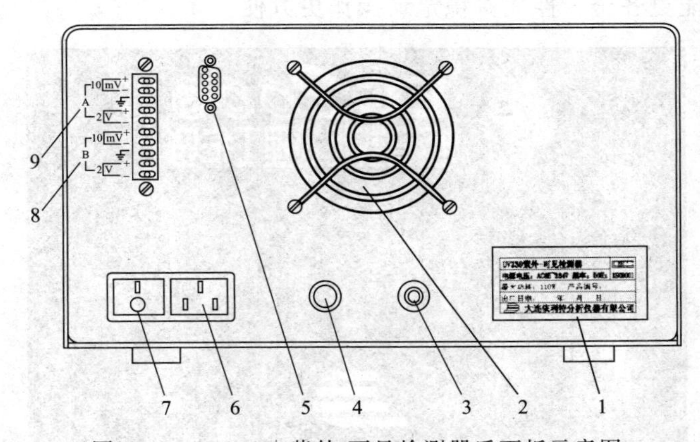

图 7-20　$UV230^+$紫外-可见检测器后面板示意图

1—仪器铭牌；2—风扇；3—接地端；4—保险；5—RS232 接口；6—电源插座；7—电源开关；8，9—2.0V 对应连接积分仪或色谱工作站的信号线端，10mV 对应连接记录仪的信号线端

4. 管路连接

在液相色谱系统中，除柱系统外，管路、连接件以及进样器、检测器的柱外体积皆可能引起色谱峰展宽。管路材质选择不合适也会导致谱带展宽，甚至引起样品变性，直接影响分析结果的可靠性。良好的管路连接可以充分地发挥仪器的功能，提高工作效率。

（1）连接管材料　根据承受压力和流动相、样品性质的差异，液相色谱中需要采用不同材质的管路，常用的管路材质包括不锈钢、聚醚醚酮（PEEK）、聚四氟乙烯、聚乙烯或聚丙烯，其中不锈钢管最为常用。

不锈钢管一般用于有高压的部分。在液相色谱系统中，从泵出口到色谱柱入口分属高压段，需采用不锈钢管。不锈钢管耐腐蚀性好，有精密的同轴度，选用时应注意管孔与接头孔的匹配。

液相色谱系统中从储液瓶到泵、检测器出口和进样器排液口、放空阀出口等其他低压部分皆可采用聚合物管。聚四氟乙烯管对液相色谱的化学试剂呈惰性，是最常用的可塑性连接管。

PEEK 管可耐 30MPa 以上的高压，比不锈钢管更具惰性，适宜于生物样品的分离分析与制备，在生物分离泵等系统中多采用这种材质替代不锈钢。

（2）连接管的清洗　新购买的管路需经过清洗后才能使用。清洗溶剂的顺序为：氯仿—甲醇（无水乙醇）—水—1mol/L 硝酸—水—甲醇—氮气流吹干。聚四氟乙烯管使用前，以甲醇冲洗即可。

（3）检测器连接　UV230^{+} 紫外-可见检测器的检测池靠下方的连接管是检测器的入口，这样可以方便地将检测池内的气泡排除。用连接螺钉上紧色谱柱出口和检测池入口，以防止气泡渗入检测池内。用通用接头或一体式接头，用配件包中所配内径为 1.6mm 的聚四氟乙烯塑料管，将其裁截为合适长度，将检测器检测池的出口连接至废液瓶内。

（三）EC2000 色谱数据处理工作站的安装与调试

EC2000 色谱数据处理工作站包括硬件与软件两部分，见图 7-21。硬件是由色谱数据采集卡、仪器控制卡（选购件）等组成的接口设备，被称为色谱工作站接口。色谱仪通过与色谱工作站接口及计算机应用软件、打印机相连，即可实现计算机采集色谱数据，并对它进行计算机处理，同时可以发出控制信号，用以控制仪器的操作参数。软件是基于 Windows 98 操作平台下的 32 位完全独立的双通道应用程序，采用最新的软件设计技术（0-0 技术），较其他工作站软件功能更齐全、性能更稳定、操作更方便。

图 7-21　EC2000 色谱数据处理工作站示意图

1. 与色谱仪连接

（1）单通道数据采集工作站安装

① 将 EC2000 色谱数据处理工作站接口放置在色谱仪的附近。

② 将带有遥控触发开关的信号线一端与色谱工作站接口上的 9 针信号连接器牢固连接。

③ 找出信号线，它是两芯的屏蔽线，正极线（+）和负极线（−）分别连接到色谱检测器信号输出端子的正端、负端，信号线的屏蔽线接地。此种接法适用于色谱检测器输出信

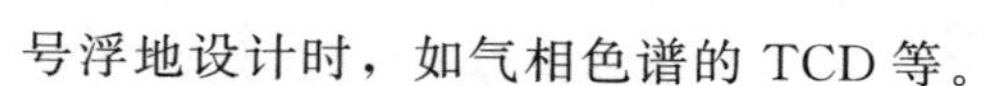

号浮地设计时，如气相色谱的 TCD 等。

④ 当色谱检测器信号负端为接地设计时，如气相色谱的 FID、ECD 以及液相色谱的 UV 检测器等，可将信号线的正极线连接到色谱检测器的信号输出端子的正端，屏蔽线和负极线同时接到输出端子的负端。

⑤ 连接色谱工作站接口的电源线。

（2）双通道数据采集工作站安装

① 将两套色谱仪的两台检测器或一套色谱仪的两个检测器放置在合适的位置。

② 将带有遥控触发开关的信号线一端与色谱工作站接口上的 9 针信号连接器紧密连接。

③ 找出另一端标有“1”的信号线，按照“（1）单通道数据采集工作站安装”的连接方法与其中的一台检测器连接。此台检测器即规定为“通道 1”。

④ 找出另一端标有“2”的信号线，按照“（1）单通道数据采集工作站安装”的连接方法与其中的一台检测器连接。此台检测器即规定为“通道 2”。

⑤ 连接色谱工作站接口的电源线。

（3）梯度仪器控制系统安装

① 将仪器控制线 A、B 分别与对应的色谱工作站后面的 9 针仪器控制连接器（A、B）牢固连接。

② 将标有“A”和“B”的插头分别与待控的两台液相色谱恒流泵的泵控插座相连。

③ 与“A”插头相连的泵即规定为“A 泵”，与“B”插头相连的泵即规定为“B 泵”。

2. 与计算机连接

① 确保计算机电源关闭。

② 确保 EC2000 色谱数据处理工作站接口前面板的开关处于关闭状态（电源指示灯未亮）。

③ EC2000 色谱数据处理工作站串行口电缆的连接：将串行口电缆的一端连接至色谱工作站接口后面的 9 针串行口连接器上，串行口电缆的另一端连接至计算机的通信端口（RS232C）上，如无此端口或该端口已被占用，请连接至其他通信端口（COM2、COM3、COM4）。连接时请注意计算机的通信端口有可能是 9 针的或 25 针的，请选择串行口电缆转换插头。

④ 软件加密锁插在计算机的并口上，然后再把打印机插在软件加密锁的插口上，拧紧连接螺钉。

3. 软件安装

EC2000（V1.2）色谱工作站的安装软件为 CD-ROM 光盘。下面将以中文 Windows 98 操作系统下的安装为例，介绍软件的安装步骤。

① 确定计算机系统已安装中文版 Microsoft Windows 98。

② 确实 Microsoft Windows 98 正在运行中。

③ 关闭所有的 Windows 应用程序。

④ 将光盘插入 CD-ROM 驱动器中，然后依照屏幕的提示一步一步地运行，直至安装结束。

⑤ 安装结束后，在 Windows 98 的桌面上显示“EC2000 色谱数据处理系统”及“EC200GPC 系统”的快捷图标；同时在［开始］→［程序］菜单中可见到“EC2000 色谱数据处理系统运行程序”及 EC2000 其他运行程序。如图 7-22 所示。

4. 启动和调试

（1）开机准备

① 按照评价或检验色谱仪器的基本条件开启色谱仪器，并使之达到基本稳定状态。

图 7-22　EC2000 启动程序和启动图标

② 接通 EC2000 色谱数据处理工作站接口的电源，此时接口前面板电源开关上的电源指示灯应点亮。

③ 打开计算机，进入 Microsoft Windows 98。

（2）与计算机通讯

① 运行 EC2000 色谱数据处理工作站应用程序，关闭“EC2000 使用技巧”窗口，单击工具条按钮创建新的数据文件。

② 单击工具条按钮，此时屏幕中央显示该按钮图形，表示准备开始数据采集。

③ 按动 EC2000 色谱数据处理工作站遥控触发开关以启动数据采集。

④ 观察屏幕有无变化，请进行下列步骤之一：

a. 如果按钮图形消失，同时出现坐标并有电压、时间等信号记录，单击工具条按钮并关闭该数据文件，即表示与计算机通信成功。

b. 如果按钮图形不消失，则单击工具条按钮退出数据采集，再单击工具条按钮，重新修改 RS232C 串口选项，按［确定］按钮后重复②～④步骤，直至通讯成功。

EC2000（V1.2）色谱工作站程序内定的方法中 RS232C 串口选项为 COM2（图 7-23），当在连接 EC2000 色谱数据处理工作站的 RS232C 串口电缆时，更改选项后（如插在 COM1 串口上），软件会自动将串口改为实际设置。

EC2000（V1.2）色谱工作站串口波特率为 19200，如果更改，将不能采集数据。

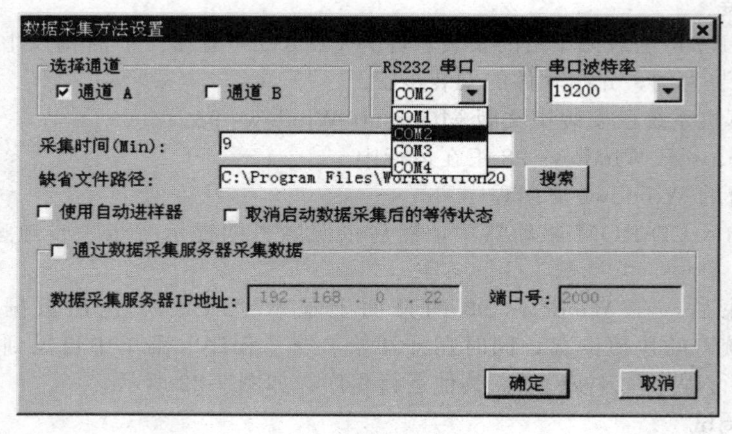

图 7-23　参数选择

（3）连接色谱仪调试

① 单击工具条按钮，创建新的数据文件。

② 单击工具条按钮，选择相应的选项，如通道、采集时间等。

③ 单击工具条按钮，准备开始数据采集。

④ 按动 EC2000 色谱数据处理工作站遥控触发开关启动数据采集，调整色谱仪的零点并观察信号线连接是否正确。

⑤ 单击工具条按钮，结束数据采集。

⑥ 单击工具条按钮，准备开始数据采集。

⑦ 进样同时按动 EC2000 色谱数据处理工作站遥控触发开关启动数据采集，并得到色谱图。

⑧ 单击工具条按钮，手动结束数据采集或等采集时间结束后自动结束数据采集。

⑨ 单击工具条按钮，保存数据文件及方法文件。

二、 P230p 型液相色谱仪的维护

按适合的方法加强对仪器的日常保养与维护可适当延长仪器（包括泵体内与溶剂相接触的部件）的使用寿命，同时也可保证仪器的正常使用。

（一） 液相色谱仪的维护保养

① 高压泵应定期（如每月）进行润滑，从而减轻泵的运动部件的磨损。

② 仪器连续使用时，泵较容易启动，但在更换储液槽或者泵长期不用时，开始分析前要采用注液启动。

③ 更换溶剂时必须小心，在更换不混溶的溶剂时，应先用与原溶剂和欲更换溶剂都相溶的溶剂对系统冲洗两遍，然后再用新溶剂冲洗两遍。

④ 不锈钢制成的零件易受卤盐和强氧化剂（其中包括含锰、铬、镍、铜、铁和铝的水溶液）的侵蚀，这些溶液不能作为流动相，如果一定要用腐蚀性的盐类作流动相，需事先用硝酸对不锈钢零件进行钝化处理，以提高其耐腐蚀的能力。

⑤ 当仪器不使用时，为安全起见，通常需要切断主电源开关，但电源仍将继续向 RAM 电池充电，因此，不管仪器断电多久，所有的程序均可被存储下来。然而，如果使用水溶性缓冲剂（特别是含有诸如卤化物之类的腐蚀性盐类）时，泵在仪器停用期间内应保持运转。如果腐蚀性盐在系统内保持不动，则会严重缩短不锈钢元件的寿命。

（二） 柱子的维护

由于高效液相色谱柱制作困难，价格昂贵，因此，为了延长柱子的使用寿命，应注意以下几点：

① 应满足固定相对流动相的要求，如溶剂的化学性质、溶液的 pH 值等。

② 在使用缓冲溶液时，盐的浓度不应过高，并且在工作结束后要及时用纯溶剂清洗柱子，不可过夜后再处理。

③ 样品量不应过载，被沾污的样品应进行预处理，最好使用预柱以保护分析柱。

④ 柱前压力增加或基线不稳往往是柱子被沾污所致，可采用改变溶剂的办法使不溶物溶解，从而使柱子再生。正相柱使用水、甲醇等极性溶剂；反相柱使用氯仿或氯仿与异丙醇

的混合溶剂。

⑤ 流动相流速应缓慢调节，不可一次改变过大，以使填料呈最佳分布，从而保证色谱柱的柱效。

⑥ 柱子应该永远保存在溶剂中，键合相最好的溶剂是乙腈。水和醇或它们的混合溶剂都不是最好的选择。

思考与交流

1. 如何安装液相色谱仪？P230p 型液相色谱仪中各保险丝的作用是什么？
2. 反压器的作用是什么？
3. 如何对液相色谱仪进行维护保养？
4. 色谱柱在使用时应注意哪些方面？

任务三

Waters515 型液相色谱仪的使用及常见故障排除

任务要求

(1) 熟悉 Waters515 型液相色谱仪的结构。

(2) 了解 Waters515 型液相色谱仪的主要性能技术指标。

(3) 能够完成 Waters515 型液相色谱仪的安装。

(4) 熟悉 Waters515 型液相色谱仪的维护方法。

(5) 了解 Waters515 型液相色谱仪的故障排除方法。

Waters515 型高效液相色谱仪是一种性能较好、使用广泛的高效液相色谱仪，采用积木式结构，配置灵活，既可单泵使用，也可多泵组成梯度色谱系统；使用高精度、宽流速范围的恒流泵，结合非圆齿轮传动方式，流速平稳精确；配置先进的 Waters2487UV 检测器，使得波长范围达 190～700nm、测量范围 0.0001～4.0AUFS、基线噪声＜$\pm 0.35\times10^{-5}$ AU；采用功能齐全、运用灵活的色谱工作站，可方便地对色谱数据进行处理。

一、 Waters515 型液相色谱仪的特点及使用

（一） Waters515 型液相色谱仪的特点

Waters515 型液相色谱仪是专业液相色谱仪器制造厂家——美国 Waters 公司的产品，其外形如图 7-24 所示。它由 515 型泵系统及 2487 型紫外检测器等部分组成，该仪器具有如下特点。

① 采用高精度（0.1%RSD）、宽流速范围（0.001～10mL/min）的泵系统，采用非圆齿轮传动，流速平稳精确。

② 配置灵活，既可单泵使用，也可多泵组成梯度色谱系统。

③ 采用液晶（LCD）屏幕控制，操作简便容易。

图 7-24 Waters515 型液相色谱仪

④ 系统可调整，从微柱到半制备实验均可很方便地实现。

⑤ 采用高灵敏、宽线性范围及测量范围的紫外-可见检测器，并具有先进的编程及双通道检测能力。

（二）Waters515 型液相色谱仪的使用

下面介绍高效液相色谱仪的一般使用方法，仪器操作步骤如下：

① 按合适的比例配制好作为流动相的溶剂，经超声波脱气后装入储液瓶中，然后将恒流泵上末端带有过滤器的输液管插入。

② 打开仪器电源开关，仪器自动进入自检过程。待自检结束显示正常，仪器即处于待机状态。此时泵内电机工作，按分析要求设置流量于适当值（接通电源前，应先用专用注射器从排液阀抽去泵前管路中可能存在的气泡）。

③ 分析样品之前应设定压力上限，以保护色谱柱。一般 15cm 长的色谱柱其压力上限可设为 2×10^4kPa，这样当液路堵塞，压力超过上限值时，泵即自动停止工作。若发生这种情况，应分析其原因并排除故障，然后再按“Reset（复位）”按钮，泵重新工作。

④ 开启紫外检测器电源开关，将显示选择置于“ABS”位置。进样前先将背景信号（基线）调为零，并设置合适的灵敏度范围。

⑤ 开启色谱工作站，设置各参数，待基线平直后即可进样。

⑥ 将进样阀手柄置于“Load”（右边）位置，再将样品保持手柄置于开启（垂直）位置。

⑦ 用微量注射器吸取一定量的试样溶液，插入进样口（插到底）并将试样溶液缓慢推入。

⑧ 拔出微量注射器，将样品保持手柄旋回关闭（水平）位置，再将进样阀手柄置于“Inject（进样）”位置。

⑨ 记录色谱图，用色谱工作站对数据进行处理。

⑩ 测定结束，依次关闭计算机、检测器及高压泵等电源开关，做好整理、清洁等结束工作，盖好仪器罩。

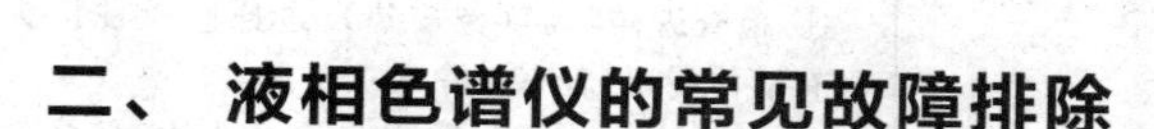

二、液相色谱仪的常见故障排除

泵及色谱过程的常见故障及排除方法见表 7-2。

表 7-2　泵及色谱过程常见故障及排除方法

故障	故障原因	排除方法
泵不能启动或难启动	① 放泄阀堵塞 ② 溶剂水平面太低 ③ 溶剂瓶选择不当 ④ 10μm 微粒过滤器有空气漏入 ⑤ 管子在比例阀处受挤压 ⑥ 保险丝断 ⑦ 比例阀线圈不良 ⑧ 比例阀阀芯被污染 ⑨ 溶剂不流动或流动不流畅 ⑩ 过滤器堵塞 ⑪ 溶剂中有气泡析出	① 疏通放泄阀 ② 增加溶剂，提高溶剂水平面 ③ 选择适当的溶剂瓶 ④ 当过滤器从挥发性溶剂中取出时，在过滤器的空隙中会形成气泡。这样，当过滤器再放入溶剂中，有时就很难启动泵。此时需要在超声波振荡池中除掉气泡，并将过滤器保持在液面下 ⑤ 更换比例阀的溶剂连接管路 ⑥ 更换保险丝 ⑦ 重绕线圈或更换比例阀 ⑧ 用乙醇清洗比例阀阀芯 ⑨ 管子在过滤器处受挤压，此时应更换过滤器液路连接部分 ⑩ 更换过滤器 ⑪ 对溶剂进行脱气
泵中途停止或失控	① 泵失控，压力超过了 35MPa ② 压力控制器堵塞或失调 ③ 压力低于 35MPa，单项阀组件过滤片堵塞 ④ 压力传感器上游液路堵塞	① 将压力控制在 35MPa 以下 ② 重新调整压力控制器，必要时更换密封圈或针阀座 ③ 更换过滤片 ④ 清洗不锈钢管，排除传感器挤压和弯曲的地方
温度控制器无响应	① 温度控制开关调节不当 ② 保险丝断	① 将温度控制开关拨至所需位置 ② 更换同规格保险丝
柱压为零或移动相流量为零	① 泵冲程为零 ② 泵泄漏 ③ 色谱柱前管路接头处泄漏 ④ 泵内有气体 ⑤ 泵进液口进气 ⑥ 泵进液或排液单向阀之一失灵或全部失灵	① 调节泵冲程 ② 找出泄漏处，排除之，必要时对泵进行检修 ③ 找出泄漏处，重新接好 ④ 打开泵出口分流阀（排废阀），将泵冲程置于最大，至排出液无气泡为止 ⑤ 检查泵进口过滤器、管道与泵连接处，找出漏气处，排除之 ⑥ 拆开单向阀，清除脏物或更换阀座、球等
柱前压力表脉动变大	① 泵单向阀上有异物 ② 柱前管路接头有泄漏 ③ 泵内有气泡	① 切断泵进出口连接，用注射器通过泵进口端注入约 25mL 干净溶剂，若无效应当拆开单向阀，清洗之 ② 找出泄漏处，重新接好 ③ 打开泵出口分流阀（排废阀），将泵冲程置于最大，至排出液无气泡为止
虽然有柱前压，但流量为零	① 系统有液体泄漏 ② 柱进口堵塞	① 检查进样隔膜（橡皮垫）、进样阀及柱接头是否有液体漏出，若有排除之 ② 清洗柱进口的不锈钢多孔过滤片，必要时更换色谱柱

续表

故障	故障原因	排除方法
柱前压上升，流量下降或为零	① 柱上端不锈钢多孔过滤片被胶皮碎屑堵塞(对隔膜进样) ② 柱下端不锈钢多孔过滤片被填料细颗粒堵塞 ③ 柱子阻力增大，由于以水作为移动相的体系，柱子内微生物生长而使柱子堵塞 ④ 检测池或连接色谱柱与检测池的管道发生堵塞 ⑤ 进样阀转子处于不适合的位置(置于装样与进样之间)	① 拆下过滤片，用干净溶剂清洗 ② 小心拆开柱接头，取下过滤片置于 6mol/L HNO_3 中，在超声波浴中清洗除去沉淀物(若过滤片不能取出，则将柱头接头接在高压泵出口，用干净溶剂反向冲洗之)，清洗后，在过滤片上铺一层分析滤纸，重新接好。若无效，则要更换滤片或柱接头 ③ 更换柱填料。以水作为流动相的分离结束后，柱子用甲醇或乙醇清洗后保存 ④ 拆开，清除杂物 ⑤ 将其转至装样位置
没有色谱峰出现	① 无流动相流过色谱柱 ② 进样器发生泄漏或堵塞，造成无样品注入 ③ 注射器发生故障，无样品注入色谱柱 ④ 色谱柱发生故障 ⑤ 检测器发生故障 ⑥ 记录仪发生故障	① 按“柱压为零或流动相流量为零”情况处理 ② 检查进样器故障，修理之 ③ 修理或更换好的注射器 ④ 在已知条件下检查柱子，若有问题，可能是选择的体系不合适 ⑤ 找出故障，排除之 ⑥ 找出故障，排除之
峰形不好，出现平头峰或拖尾峰	① 色谱柱超负荷 ② 色谱体系不合适 ③ 离子交换树脂上吸附样品 ④ 柱子填充特性不良 ⑤ 产生柱外效应 ⑥ 非缓冲流动相使酸性或碱性样品的色谱峰发生拖尾	① 减小进样量 ② 重新选择合适的固定相和流动相 ③ 升高温度或增加溶剂强度 ④ 用标准试验混合物检查柱子特性，确认无误后更换柱子 ⑤ 使用体积小、响应快的检测器，体积大的柱子，体积小的柱接头及细内径的连接管，以减小柱外效应 ⑥ 使用缓冲流动相或往流动相中加入甲酸、三乙胺等，以抑制离子化
分离度下降	① 柱子超负荷 ② 样品组分在柱子上积聚，柱子被沾污，柱效变差 ③ 离子交换柱上有强保留成分 ④ 缓冲溶液的 pH 不合适(pH≤2)，使键合相“剥落”；pH>8，使硅胶溶解 ⑤ 固定相流失 ⑥ 柱填料与流动相未完全达到平衡	① 减小进样量或进样体积 ② 用强度高的溶剂清洗，使柱子再生，若无效则要更换柱子 ③ 柱子再生(使用强度高的盐溶液) ④ 更换柱子，控制 pH 值为 2～8 ⑤ 更换柱子，并采取防止固定相流失的措施(对涂敷柱) ⑥ 用流动相彻底清洗，平衡柱子
保留时间缩短	① 柱被污染，柱效下降 ② 固定相流失 ③ 梯度系统对色谱柱(固定相)不合适 ④ 流动相流速过大 ⑤ 柱温过高 ⑥ 流动相强度太高	① 清洗柱子，装设保护柱 ② 更换柱子，采取防止固定相流失的措施 ③ 更换合适的柱子或改变梯度 ④ 调节至合适流速 ⑤ 调节至合适柱温 ⑥ 重新配制强度合适的流动相，平衡色谱柱

续表

故障	故障原因	排除方法
保留时间变长	① 流动相流速太小 ② 柱温过低 ③ 梯度系统不合适 ④ 溶剂带走柱上的水分，使吸附柱活性变大 ⑤ 固定相流失 ⑥ 流动相配制不准确，溶剂强度太小	① 增大流速 ② 升高柱温至合适温度 ③ 选择有效的梯度系统，加大溶剂强度，增加溶剂强度变化的速度 ④ 将溶剂用水进行预处理 ⑤ 改用别的溶剂或变换柱子 ⑥ 配制溶剂组成准确的流动相，重新平衡柱子
色谱图重现性不好(保留时间忽长忽短)	① 温度不稳定 ② 温度是稳定的，可能是比例阀工作不正常 ③ 比例阀阀芯粘住 ④ 泵启动不良 ⑤ 比例阀线圈工作不正常或线圈不良 ⑥ 溶剂中有气泡	① 控制柱温 ② 分别使用两个溶剂瓶做几个具有多种组分的样品的色谱图，查出哪一个液路工作不正常，不正常的比例阀应该产生不重现的结果，然后交换两比例阀上的线圈 ③ 清洗阀芯 ④ 参考泵启动不良部分进行修理 ⑤ 更换线圈 ⑥ 将溶剂进行脱气
有明显漏液	① 放泄阀漏液 ② 接头漏液 ③ 进样器漏液 ④ 流量控制器密封圈漏液 ⑤ 进样阀口漏液 ⑥ 柱塞密封圈漏液	① 更换放泄阀针阀头 ② 重新连接接头，必要时进行更换 ③ 更换进样器 ④ 更换密封圈 ⑤ 堵塞阀口漏液处 ⑥ 更换密封圈
基线噪声大或有毛刺	① 溶剂中有气泡 ② 10μm 过滤片堵塞 ③ 进液阀头漏液 ④ 阀芯粘住 ⑤ 比例阀线圈不良 ⑥ 电器故障 ⑦ 流通池失调 ⑧ 进液密封圈漏液 ⑨ UV 灯不良	① 当以低流量用挥发性溶剂时，需要对溶剂进行脱气，以除去气泡 ② 更换过滤片 ③ 更换进液阀头 ④ 清洗阀芯 ⑤ 更换线圈 ⑥ 修理电器部分 ⑦ 清洗流通池 ⑧ 更换密封圈 ⑨ 更换 UV 灯
基线漂移	① 长时间的基线漂移可能由于室温波动所引起 ② 池座垫圈漏液 ③ 流通池被污染 ④ UV 灯不亮	① 待室温稳定后再使用仪器 ② 更换池座垫圈 ③ 清洗流通池 ④ 更换 UV 灯
基线呈阶梯形；基线不能回到零，且不断地降低；峰呈平头形或阶梯形	① 记录仪增益或阻尼调节得不合适 ② 仪器或记录仪接地不良 ③ 输入记录仪的直流信号电平低	① 按说明书要求调节记录仪增益和阻尼 ② 改善检测器或记录仪接地状况，并保证良好 ③ 检查检测器的输出信号电平，若正常，检查记录仪的输入回路和放大电路
出现假峰	① 样品阀、进样垫或注射器被沾污 ② 溶解样品溶剂的洗脱峰 ③ 样品溶液中有气泡 ④ 梯度洗脱溶剂不纯(特别是水)	① 清洗之 ② 将样品溶解在流动相中 ③ 将样品溶液脱气 ④ 使用纯度足够高的溶剂

紫外吸收检测器的常见故障及排除方法见表7-3。

表7-3　紫外吸收检测器的常见故障及排除方法

故障	故障原因	排除方法
紫外灯不亮	① 电源内部折断 ② 灯启动器有毛病 ③ UV灯泡有毛病 ④ 保险丝断开	① 更换电源 ② 更换启动器 ③ 更换紫外灯泡 ④ 找出保险丝断开的原因，故障排除后更换保险丝
记录笔不能指到零点	① 样品池或参考池有气泡 ② 检测池的垫圈阻挡了样品池或参考池的光路 ③ 样品池或参考池被沾污 ④ 柱子被沾污 ⑤ 检测池有泄漏 ⑥ 柱填料中有空气 ⑦ 固定相流失过多 ⑧ 流动相过分吸收紫外光	① 提高流动相流量，以驱逐气泡，或用注射器将25mL溶剂注入检测池中，排出气泡 ② 更换新垫圈，并重新装配检测池 ③ 用注射器将25mL溶剂注入检测池中进行清洗，若无效，则需拆开清洗，然后重新装配 ④ 用合适的溶剂清洗，再生柱子或更换柱子 ⑤ 更换垫圈，并重新装配检测池 ⑥ 用大的流动相流速排除之 ⑦ 使用不同的色谱体系，更换柱子 ⑧ 改用吸光度低的合适溶剂
记录仪基线噪声大	① 记录仪或仪器接地不良 ② 样品池或参考池被沾污 ③ 紫外灯输出能量低 ④ 检测器的洗脱液输入和输出端接反 ⑤ 泵系统性能不良，溶剂流量脉动大 ⑥ 进样器隔膜垫发生泄漏 ⑦ 小颗粒物质进入检测池 ⑧ 隔膜垫溶解于流动相中	① 改善接地状况 ② 用注射器将25mL溶剂注入检测池中进行清洗，若无效，则需拆开清洗 ③ 更换新灯 ④ 恢复正确接法 ⑤ 对泵进行检修 ⑥ 更换隔膜垫或使用进样阀 ⑦ 清洗检测池，检查柱子下端的多孔过滤片处填料颗粒是否泄漏 ⑧ 使用对流动相合适的隔膜垫，最好用阀进样
记录仪基线漂移	① 样品池或参考池被沾污 ② 色谱柱被沾污 ③ 样品池与参考池之间有泄漏 ④ 室温起变化 ⑤ 样品池或参考池中有气泡 ⑥ 溶剂分层 ⑦ 流动相流速缓慢变化	① 用注射器将25mL溶剂注入检测池进行清洗，若无效，则需拆开清洗 ② 将柱子再生或更换新的柱子 ③ 更换垫圈，重新安装检测池 ④ 排除引起室温快速波动的原因 ⑤ 突然加大流量去除气泡，亦可用注射器注入溶剂或在检测器出口加一反压，然后突然取消以驱逐气泡 ⑥ 使用合适的混合溶剂 ⑦ 检查泵冲程调节器(柱塞泵)是否缓慢地变化
出现反峰	① 记录仪输入信号的极性接反 ② 光电池在检测池上装反 ③ 使用纯度不好的流动相	① 改变信号输入极性或变换极性开关 ② 反接光电池或记录仪，或者变换极性开关 ③ 改用纯度足够高的流动相
有规则地出现一系列相似的峰	检测池中有气泡	加大流动相流速，赶出气泡，或暂时堵住检测池出口，使池中有一定的压力，然后突然降低压力，常可驱除难以排除的气泡。溶剂应良好脱气

续表

故障	故障原因	排除方法
基线突然起变化	① 样品池中有气泡 ② 流动相脱气不好，在池中产生气泡 ③ 保留强的溶质缓缓地从柱中流出	① 同上“检测池中有气泡”项 ② 将流动相重新脱气 ③提高流动相流速，冲洗柱子或改用强度高的溶剂冲洗
出现有规则的基线阶梯	紫外灯的弧光不稳定	将紫外灯快速开关数次，或将灯关闭，待稍冷后再点燃，若无效，则需更换新灯

示差折光检测器的常见故障及排除方法见表 7-4。

表 7-4 示差折光检测器常见故障及排除方法

故障	故障原因	排除方法
记录仪基线出现棒状信号	气泡在检测池中逸出	对溶剂很好地脱气，溶剂系统使用不锈钢管道连接
基线出现短周期的漂移和杂乱的噪声	① 室内通风的影响 ② 检测池有气泡 ③ 检测池内有杂质	① 将仪器与通风口隔离 ② 提高流动相流量赶走气泡 ③ 用脱气的溶剂清洗检测池，必要时拆开池子清洗
基线的噪声大	① 样品池或参考池被沾污 ② 样品池或参考池中有气泡 ③ 记录仪或仪器接地不良	① 用 25mL 干净溶剂清洗池子，若无效，则拆开清洗 ② 提高流动相流速以排除气泡，或者用注射器注射干净溶剂以清除气泡 ③ 检查记录仪或仪器的接地线，使其安全可靠
长时间的基线漂移	① 室温有变化 ② 检测池被污染 ③ 棱镜和光学元件被污染 ④ 给定的参考值起变化	① 对室内或仪器装设恒温调节器 ② 用干净溶剂清洗池子，或依次用 6mol/L HNO_3 和水清洗池子，必要时拆开池子清洗 ③ 用无棉花毛的擦镜纸擦拭棱镜和光学元件，用无碱皂液和热水洗擦 ④ 用新鲜的溶剂冲洗参考池

思考与交流

1. 泵及色谱过程常见故障有哪些？产生故障的原因有哪些？如何排除故障？
2. 紫外吸收检测器的常见故障有哪些？产生故障的原因是什么？如何排除故障？
3. 示差折光检测器的常见故障有哪些？产生故障的原因是什么？如何排除故障？

任务实施

操作 8 高效液相色谱仪的性能检查

一、目的要求

① 能够熟练检定泵流量设定值误差及流量稳定性误差。

② 能够熟练检定紫外-可见检测器线性范围。

二、技术要求（方法原理）

1. 输液泵泵流量设定值误差 S_S、流量稳定性误差 S_R 的检定

技术要求：本法适用于新制造、使用中和修理后的带有紫外-可见检测器（固定波长或可调波长）的液相色谱仪的检定。检定结果：泵流量设定值误差 S_s 应小于±（2%～5%）；流量稳定性误差 S_R 应小于±（2%～3%）。

仪器的检定周期为两年，若更换部件或对仪器性能有所怀疑，应随时检定。

2. 检测器的检定

检测器基线噪声和基线漂移的测定。

检测器最小检测浓度的测定。

三、检定步骤

1. 输液泵泵流量设定值误差 S_S、流量稳定性误差 S_R 的检定

将仪器的输液系统、进样器、色谱柱和检测器连接好，以甲醇为流动相，流量设为1.0mL/min，按说明书启动仪器，待压力平稳后保持10min，按表7-5设定流量，待流速稳定后，在流动相排出口用事先清洗称重过的容量瓶收集流动相，同时用秒表计时，准确地收集、称重。按式（7-1）、式（7-2）计算 S_S 和 S_R。

表 7-5　流动相流量的设定

流量设定值/(mL/min)	0.5	1.0	2.0
测量次数	3	3	3
流动相收集时间/min	10	5	5

$$S_S=(F_m-F_S)/F_S\times100\% \tag{7-1}$$

$$S_R=(F_{max}-F_{min})/F\times100\% \tag{7-2}$$

式中　S_S——流量设定值误差；

S_R——流量稳定性误差；

F_m——$F_m=(W_2-W_1)/\rho_T\cdot t$，流量实测值，mL/min；

W_2——容量瓶＋流动相的质量，g；

W_1——容量瓶的质量，g；

F_S——流量设定值，mL/min；

ρ_T——实验温度下流动相的密度，g/cm^3；

t——收集流动相的时间，min；

F_{max}——同一组测量中流量最大值，mL/min；

F_{min}——同一组测量中流量最小值，mL/min；

F——同一组测量值的算术平均值，mL/min。

由测试结果可知：输液泵泵流量设定值误差 S_S、流量稳定性误差 S_R 是否符合规定。

2. 检测器的检定

（1）检测器基线噪声和基线漂移的测定　取 C_{18} 色谱柱，以100%甲醇为流动相，流量为1.0mL/min，检测器波长设定为254nm，开机预热，待仪器稳定后（约60min）记录基线60min，从30min内基线上读出噪声值；从60min基线上读出基线漂移值。

由测试结果可知：基线噪声为 0.265×10^{-5} AU，基线漂移为 0.312×10^{-4} AU/h。

结论：符合规定。

（2）检测器最小检测浓度的测定　取 C18 色谱柱，以 100% 甲醇为流动相，流量为 1.0mL/min，检测器波长设定为 254nm，开机预热，待仪器稳定后取 1×10^{-7} g/mL 的萘的甲醇溶液进样 20μL，记录色谱图，由色谱峰峰高和基线噪声峰峰高计算最小检测浓度 c_L。公式如下：

$$c_L = (2\times N_d\times c)/H$$

式中 c_L——最小检测浓度，g/mL；

N_d——基线噪声峰峰高，mm；

c——标准溶液浓度，g/mL；

H——标准溶液峰峰高，mm。

由测试结果可知：检测器最小检测浓度为 0.0925×10^{-7} g/mL（萘的甲醇溶液）。

四、验证结果分析和综合评价

验证部件	验证项目	合格标准	验证结果	结论
输液泵	流量设定值误差 S_S	0.5mL/min：≤5%	0.04%	符合规定
		1.0mL/min：≤3%	0.3%	符合规定
		2.0mL/min：≤2%	0.02%	符合规定
	流量稳定性误差 S_R	0.5mL/min：≤3%	0.6%	符合规定
		1.0mL/min：≤2%	0.4%	符合规定
		2.0mL/min：≤2%	0.04%	符合规定
检测器	柱箱控温稳定性 T_C	≤1℃	0.1℃	符合规定
	基线噪声	≤2×10^{-5}AU	0.265×10^{-5}AU	符合规定
	最小检测浓度	≤1×10^{-7}g/mL（萘的甲醇溶液）	0.0925×10^{-7}g/mL	符合规定
	基线漂移	≤5×10^{-4}AU/h	0.312×10^{-4}AU/h	符合规定

五、数据记录及检定结果

1. 输液泵泵流量设定值误差 S_S、流量稳定性误差 S_R 的检定

耐压/MPa	流动相		密度			
F_S	$F_{S1}=$	$t_1=$	F_{S2}	$t_2=$	$F_{S3}=$	$t_3=$
W_1						
W_2						
W_2-W_1						
$(W_2-W_1)/\rho$						
F_M						
F						
S_S						
S_R						

此项检定结论：

泵流量设定值误差 S_s＝

泵流量稳定性误差 S_R＝

2. 检测器的检定

液相色谱仪型号：　　　　　　　　　　检测器型号：

流动相：　　　流速：　　　色谱柱：

萘的甲醇标准溶液浓度 c：　　　　配制人：　　　　配制日期：

基线噪声：N_d＝

基线漂移：H＝

最小检测浓度的计算 c_L＝

此项检定结论：

检定人：　　　　复核人：　　　　检定日期：

六、操作注意事项

① 检定液相色谱仪高压泵的流量设定值误差及流量稳定性误差要规范。

② 注意检定液相色谱仪中紫外-可见检测器的线性范围。

任务评价

项目	鉴定范围	鉴定内容	鉴定比重	备注
知识要求			100	
基本知识	液相色谱仪相关基本知识	① 无线电电子学知识 ② 泵的原理及相关机械知识 ③ 电子计算机知识 ④ 光的吸收、折射及光电转换知识	30	
专业知识	液相色谱仪的维护保养	① 液相色谱仪的维护保养 ② 液相色谱柱的维护保养	25	
	液相色谱仪的维修	① 无线电电子学及元器件知识 ② 高压输液泵的结构、原理及机械基础 ③ 温度测量及控制原理知识 ④ 色谱柱的制备知识	30	
相关知识	仪器维护维修相关知识	① 污垢的清洗 ② 管路泄漏的检查 ③ 管路堵塞的疏通 ④ 接地的原理及安装	15	
技能要求			100	

续表

项目	鉴定范围	鉴定内容	鉴定比重	备注
操作技能	安装与调试	① 实验室建设及仪器安装 ② 仪器的调试	20	
	仪器维修操作技能	① 泵及色谱过程常见故障的排除 ② 紫外吸收检测器常见故障的排除 ③ 示差折光检测器常见故障的排除	40	
	仪器性能鉴定	① 液相色谱仪泵流量设定值误差及流量稳定性误差的检定 ② 液相色谱仪中紫外-可见检测器线性范围的检定	20	
工具的使用	工具的正确使用	正确使用钳子、扳手、万用表、电烙铁等相关工具，并做好维护、保管这些工具的工作	10	
安全及其他	安全操作	① 安全用电，相关部件及元件的保护 ② 安全使用各种工具	10	

思考与交流

1. 如何检定液相色谱仪高压泵的流量设定值误差及流量稳定性误差？
2. 如何检定液相色谱仪中的检测器？

项目小结

高效液相色谱是一种以液体作为流动相的新颖、快速的色谱分离技术。高效液相色谱的仪器和装备也日趋完善和“现代化”，高效液相色谱仪必将和气相色谱仪一起成为用得最多的分析仪器。高效液相色谱仪的种类很多，本项目中介绍了 P230p 型和 Waters515 型液相色谱仪的使用及维护，学习内容归纳如下：

① 液相色谱仪的基本结构（原理、分类、结构、型号、性能和主要技术指标）。

② P230p 型液相色谱仪的使用及维护。

③ Waters515 型液相色谱仪的使用及常见故障排除。

练一练 测一测

练一练测一测七

一、单项选择题

1. 高效液相色谱流动相脱气稍差造成（　　）。

A. 分离不好，噪声增加　　B. 保留时间改变，灵敏度下降

C. 保留时间改变，噪声增加　　D. 基线噪声增大，灵敏度下降

2. 高效液相色谱用水必须使用（　　）。

A. 一级水　　B. 二级水

C. 三级水　　D. 天然水

3. 液相色谱流动相过滤必须使用（　　）粒径的过滤膜。

A. 0.5μm　　B. 0.45μm

C. 0.6μm　　D. 0.55μm

4. 液相色谱中通用型检测器是（　　）。

A. 紫外吸收检测器　　B. 示差折光检测器

C. 热导检测器　　D. 氢火焰离子化检测器

5. 在高效液相色谱流程中，试样混合物在（　　）中被分离。

A. 检测器　　B. 记录器

C. 色谱柱　　D. 进样器

6. 在各种液相色谱检测器中，紫外吸收检测器的使用率约为（　　）。

A. 90%　　B. 80%

C. 70%　　D. 60%

7. 在液相色谱法中，提高柱效最有效的途径是（　　）。

A. 提高柱温　　B. 降低塔板高度

C. 降低流动相流速　　D. 减小填料粒度

8. 在液相色谱中用作制备目的的色谱柱内径一般在（　　）mm 以上。

A. 3　　B. 4　　C. 5　　D. 6

9. 流动相极性大于固定相极性时，称之为（　　）。

A. 正向色谱　　B. 反向色谱

C. 亲和色谱　　D. 手性色谱

10. 储液罐是存放洗脱液的容器，要求其对洗脱液具有化学惰性，下列（　　）不适合用作高效液相色谱仪的储液罐。

A. 玻璃瓶　　B. 聚乙烯塑料瓶

C. 聚四氟乙烯瓶　　D. 喷涂聚四氟乙烯的不锈钢瓶

11. 在高效液相色谱仪中使用最多的泵是（　　）。

A. 恒压泵　　B. 单柱塞泵

C. 双柱塞泵　　D. 气动放大泵

12. 洗脱操作不能改变的是（　　）。

A. 样品中组分的个数　　B. 分离效果

C. 分析速度　　D. 系统压力

13. 梯度洗脱分析时不能采用的检测器是（　　）。

A. 紫外吸收检测器　　B. 二极管阵列检测器

C. 示差折光检测器　　D. 蒸发光散射检测器

14. 液相色谱柱由柱管、（　　）、压紧螺钉、密封衬套、柱子堵头和滤片等部件组成。

A. 固定液　　B. 固定相

C. 担体　　D. 硅胶

15. 高效液相色谱柱管内壁必须经过抛光或精整，否则会（　　）。

A. 缩短保留时间　　B. 降低柱效

C. 增加保留时间　　D. 提高柱效

16. 紫外吸收检测器是（　　）。

A. 选择性质量检测器　　B. 通用性质量检测器

C. 选择性浓度型检测器　　D. 通用性浓度型检测器

17. 二极管阵列检测器所获得的三维谱图，除了色谱分离曲线外，还能得到（　　）。

A. 混合样品的吸收曲线　　B. 流动相的吸收曲线

C. 单个组分的吸收曲线　　D. 定量校正曲线

18. 下列高效液相色谱检测器中，（　　）不是电化学检测器。

A. 电导检测器　　B. 库仑检测器

C. 安培检测器　　D. 示差折光检测器

19. 在进样器后面的管路中加装流路过滤器，其目的是保护（　　）。

A. 高压泵　　B. 色谱柱

C. 六通阀　　D. 检测器

20. 反向色谱柱不用或储藏时，需要用（　　）封闭储存。

A. 甲醇　　B. 2,2,4-三甲基戊烷

C. 环己烷　　D. 水

二、多项选择题

1. 高效液相色谱流动相必须进行脱气处理，主要有下列（　　）几种形式。

A. 加热脱气法　　B. 抽吸脱气法

C. 吹氦脱气法　　D. 超声波振荡脱气法

2. 高效液相色谱流动相使用前要进行（　　）处理。

A. 超声波脱气　　B. 加热去除絮凝物

C. 过滤去除颗粒物　　D. 静置沉降

E. 紫外线杀菌

3. 高效液相色谱仪与气相色谱仪比较增加了（　　）。

A. 储液器　　B. 恒温器

C. 高压泵　　D. 程序升温

4. 高效液相色谱仪中的三个关键部件是（　　）。

A. 色谱柱　　B. 高压泵

C. 检测器　　D. 数据处理系统

5. 高效液相色谱柱使用过程中要注意保护，下面（　　）是正确的。

A. 最好用预柱　　B. 每次做完分析，都要进行柱冲洗

C. 尽量避免反冲　　D. 普通 C_{18} 柱尽量避免在 40℃以上的温度下分析

6. 给液相色谱柱加温，升高温度的目的一般是为了（　　），但一般不要超过 40℃。

A. 降低溶剂的黏度　　B. 增加溶质的溶解度

C. 改进峰形和分离度　　D. 加快反应速率

7. 旧色谱柱柱效低分离不好时，可采用的方法有（　　）。

A. 用强溶剂冲洗

B. 刮除被污染的床层，用同型的填料填补柱效可部分恢复

C. 污染严重，则废弃或重新填装

D. 使用合适的流动相或使用流动相溶解样品

8. 使用液相色谱仪时需要注意（　　）。

A. 使用预柱保护分析柱　　B. 避免流动相组成及极性的剧烈变化

C. 流动相使用前必须经脱气和过滤处理　　D. 压力降低是需要更换预柱的信号

9. 在高效液相色谱分析中使用的示差折光检测器属于（　　）。

A. 整体性质检测器　　B. 溶质性质检测器

C. 通用型检测器　　D. 非破坏性检测器

10. 常用的液相色谱检测器有（　　）。

A. 氢火焰离子化检测器　　B. 紫外-可见检测器

C. 示差折光检测器　　D. 荧光检测器

11. HPLC 输液系统主要由（　　）组成。

A. 高压输液泵　　B. 流量控制装置

C. 梯度洗脱装置　　D. 储液罐

12. 高压输液泵应该具备的特点有（　　）。

A. 输出压力稳定，且耐压高　　B. 能进行梯度洗脱操作

C. 死体积小，耐腐蚀　　D. 易于溶剂的更换和清洗

13. 关于梯度洗脱描述正确的是（　　）。

A. 能将两种或两种以上的溶剂按照一定的程序和比例混合

B. 通过调节溶剂的比例获得良好的分离效果

C. 通过调节溶剂的比例缩短分析时间

D. 溶剂的混合过程必须在高压泵后进行

14. 使用高压六通阀可以完成的进样操作有（　　）。

A. 满环进样　　B. 全自动进样

C. 半环进样　　D. 气体进样

15. 关于 HPLC 色谱柱描述正确的是（　　）。

A. 分析型色谱柱的内径越小，柱效能越高

B. 一般分析型色谱柱内径为 5～10mm，长度为 10～50cm

C. 通常制备型色谱柱的内径为 20～50mm，长度较长

D. 色谱柱内管必须经过抛光和精整处理，否则柱效不高

16. 关于紫外吸收检测器正确的是（　　）。

A. 只能检测对紫外光有吸收的物质

B. 对流动相组成变化不敏感

C. 吸收池的体积越小灵敏度越高

D. 不能用于梯度洗脱操作

E. 二极管阵列检测器更为先进

17. 关于荧光检测器描述正确的是（　　）。

A. 将样品被紫外光激发后产生荧光的强度转变为电信号

B. 只对荧光类物质有响应

C. 非荧光类物质可以通过与荧光试剂反应后进行检测

D. 属于选择性浓度型检测器

18. 对高压输液泵进行流量稳定性检定时进行的操作有（　　）。

A. 设定高压泵的流量为 1mL/min　　B. 设定梯度程序

C. 在溶剂流入容量瓶时准确计时　　D. 准确称量容量瓶装液前后的质量

19. 运行输液泵时正确的操作有（　　）。

A. 开机后运行泵头进行清洗　　B. 流动相必须进行过滤和脱气处理

C. 应定期检查和更换密封圈　　D. 泵头无液体也能开机运行

20. 高效液相色谱仪关机操作时正确的是（　　）。

A. 分析完毕先关闭检测器　　B. 用适当的溶剂充分清洗色谱柱

C. 进样器用相应的溶剂进行清洗　　D. 关机后填写仪器使用记录

21. 对输液泵保养正确的是（　　）。

A. 使用的流动相要尽量清洁，必须过滤

B. 进液处的砂芯过滤头要经常进行清洗

C. 流动相交换时要防止生成沉淀

D. 避免泵内堵塞或有气泡

22. 关于色谱柱保养正确的是（　　）。

A. 任何情况下不能碰撞、弯曲或强烈振动

B. 最好使用预柱延长色谱柱寿命

C. 避免使用高黏度的流动相

D. 若长期不用可以用任意的有机溶剂保存并封存

E. 进样的样品要过滤

23. 色谱柱损坏或性能下降的标志是（　　）。

A. 理论塔板数下降　　B. 峰形严重变宽

C. 压力增加　　D. 保留时间变化

E. 流量发生变化

24. 保留时间缩短可能的原因是（　　）。

A. 流速增加　　B. 样品超载

C. 温度增加　　D. 柱填料流失

25. 基线噪声可能的原因是（　　）。

A. 气泡（尖锐峰）　　B. 污染（随机噪声）

C. 检测器中有气泡　　D. 流动相组成变化

26. 色谱峰拖尾可能的原因是（　　）。

A. 柱超载　　B. 死体积过大或柱外体积过大

C. 柱效下降　　D. 色谱柱受碰撞产生短路

27. 色谱峰展宽可能的原因是（　　）。

A. 流动相黏度过高　　B. 流动相速度过大

C. 样品过载　　D. 柱外体积过大

E. 保留时间过长

28. 液相色谱分析过程中常用的定量分析方法有（　　）。

A. 标准曲线法　　B. 内标法

C. 归一化法　　D. 标准加入法

29. 液相色谱分析实验室对环境条件的要求是（　　）。

A. 环境温度 4～40℃，波动较小　　B. 相对湿度小于 80%

C. 保证室内有良好的通风　　D. 防腐蚀性气体，防尘

E. 接地良好，附近没有强磁场

30. 液相色谱分析工作结束后应该（　　）。

A. 关闭检测器　　B. 清洗平衡色谱柱

C. 关闭仪器电源　　D. 填写仪器使用记录

三、判断题

1. 反相键合液相色谱法中常用的流动相是水-甲醇。（　）

2. 高效液相色谱分析中，固定相极性大于流动相极性称为正相色谱法。（　　）

3. 高效液相色谱仪的工作流程同气相色谱仪完全一样。（　　）

4. 高效液相色谱仪的流程为：高压泵将储液器中的流动相稳定输送至分析体系，在色谱柱之前通过进样器将样品导入，流动相将样品依次带入预柱和色谱柱，在色谱柱中各组分被分离，并依次随流动相流至检测器，检测到的信号送至工作站记录、处理和保存。（　　）

5. 高效液相色谱中，色谱柱前面的预柱会降低柱效。（　　）

6. 高效液相色谱专用检测器包括紫外检测器、示差折光检测器、电导检测器、荧光检测器。（　　）

7. 液相色谱的流动相配置完成后应先进行超声，再进行过滤。（　　）

8. 液相色谱中，分离系统主要包括柱管、固定相和色谱柱箱。（　　）

9. 在液相色谱分析中选择流动相比选择柱温更重要。（　　）

10. 在液相色谱中，试样只要目视无颗粒即不必过滤和脱气。（　　）

11. 反相键合相色谱柱长期不用时必须保证柱内充满甲醇流动相。（　　）

项目八

其他仪器的结构和维护

项目引导

分析天平是准确称量一定质量物质的仪器，在分析检测中是必不可少的。在大型仪器的使用过程中需要提供稳定的电源，部分仪器使用清洁稳定的气体，因此需要其他仪器设备保证其正常运行，例如空气压缩机、氢气发生器、氮气发生器、稳压电源。

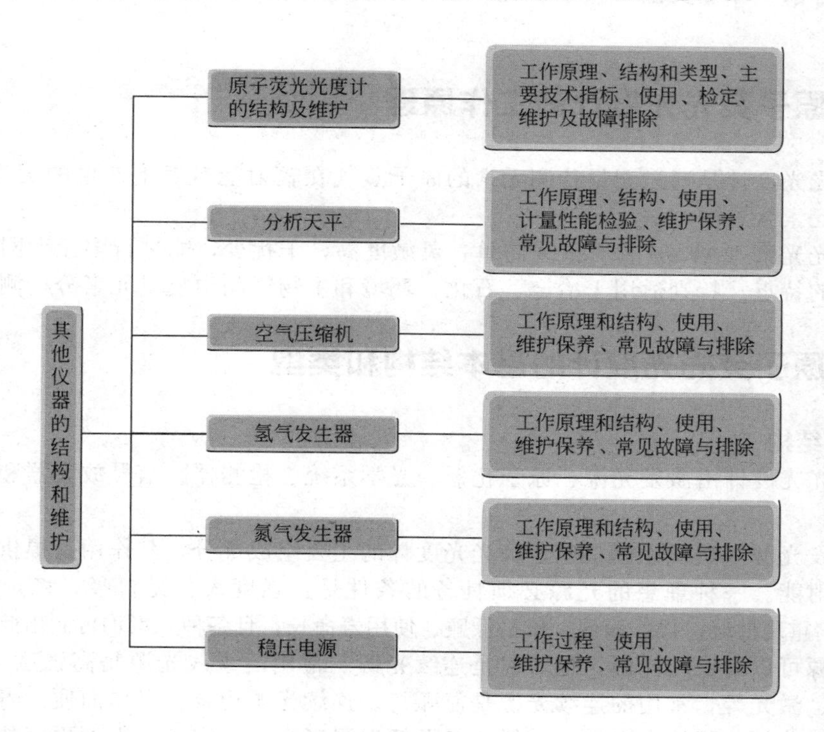

想一想

1. 如何用分析天平称量一定质量的样品？有哪些称量方法？
2. 除使用钢瓶外，在实验室内如何获得稳定的带有一定压力的空气、氮气、氢气气源？
3. 在电网电压波动或负载变化时，如何为仪器提供稳定的电源？

任务一
原子荧光光度计的结构及维护

任务要求

（1）熟悉原子荧光光度计的结构。
（2）了解原子荧光光度计的工作原理。
（3）熟悉原子荧光光度计的使用。
（4）熟悉原子荧光光度计的维护方法。
（5）了解原子荧光光度计的故障排除方法。

原子荧光光度计是为数不多的具有中国自主知识产权的科学仪器。在20世纪80年代前，几乎没有成功的原子荧光光度计问世，80年代后仪器才得到发展。我国从20世纪70年代中期开始研制原子荧光光谱仪，原子荧光技术日趋成熟完善，商品化仪器在我国得到飞速发展。原子荧光光度计的应用部门从最初的地质系统，已经逐渐拓展到卫生防疫、食品安全、城市给排水、环境安全、教学研究、临床体液及毒理病理检验、药品、化妆品等诸多领域。

一、原子荧光光度计的工作原理

原子荧光光度计是通过测量待测元素的原子蒸气在辐射能激发下产生的荧光发射强度，来确定待测元素含量的方法。

原子荧光光谱（AFS）具有谱线简单，灵敏度高，干扰少，能进行多元素同时测定，线性范围较宽的特点。特别适用于冶金、石化、环境和生物样品中痕量元素分析测定。

二、原子荧光光度计的基本结构和类型

1. 基本结构

原子荧光光度计由激发光源、原子化器、光学系统、检测器、信号放大器和数据处理器等部分组成。

（1）激发光源　激发光源是原子荧光光度计的主要组成部分，其作用是提供激发待测元素原子的辐射能。一种理想的光源必须具备的条件是：强度大、无自吸、稳定性好、噪声小、辐射光谱重现性好、操作简便、价格低廉、使用寿命长，且各种元素均可制出此类型的灯。

激发光源可以是锐线光源，也可以是连续光源。常用的锐线光源是高强度空心阴极灯、无极放电灯、激光等，常用的连续光源是氙弧灯。连续光源稳定，操作简便，寿命长，能用于多元素同时分析，但检出限较差。锐线光源辐射强度高，稳定，可得到更好的检出限。目前应用较多的是空心阴极灯。

（2）原子化器　原子化器是提供待测自由原子蒸气的装置。原子荧光分析对原子化器的要求主要有：原子化效率高、猝灭性低、背景辐射弱、稳定性好和操作简便等。与原子吸收相类似，在原子荧光分析中采用的原子化器主要可分为火焰原子化器和电热原子化器两大类。目前使用的大多是氢化物氩-氢火焰石英管原子化器，其原子化器是一个电加热的石英管，当$NaBH_4$与酸性溶液反应生成氢气并被氩气带入石英炉时，氢气将被点燃并形成氩氢

焰。这种原子化器的一个重要特点是直接利用氢化反应过程中产生的氢气，不需要外加可燃气体，因此结构简单，操作安全方便；同时形成的氩－氢火焰原子化效率较高，紫外区背景辐射较纸，物理和化学干扰小，重现性好，另外传输效力也较高。

(3) 光学系统　光学系统的作用是充分利用激发光源的能量和接收有用的荧光信号，减少和除去杂散光。由于原子荧光光谱比较简单，此方法对色散系统分辨能力要求不高，而要求有较高集光本领。常用的色散元件是光栅。

(4) 检测系统　在原子荧光光谱仪中，目前普遍使用的检测器仍以光电倍增管为主，对于无色散系统的仪器来说，为了消除日光的影响，必须采用工作波长为 160～320nm 的日盲型光电倍增管。此外，在多元素原子荧光光谱仪中，也用光导摄像管和析像管作检测器。检测器与激发光束成直角配置，以避免激发光源对检测原子荧光信号的影响。

(5) 显示系统　经光电转换所得的电信号经放大器放大后显示出来。由于计算机技术的迅速发展，绝大多数的仪器均采用计算机来处理数据，基本上具有实时图像显示，曲线拟合，打印结果等自动功能，使分析工作更为快捷方便。

2. 仪器类型

原子荧光光度计分非色散型原子荧光光度计与色散型原子荧光光度计。这两类仪器的结构基本相似，差别在于单色器部分。非色散型仪器的滤光器用来分离分析线和邻近谱线，降低背景。非色散仪器的优点是照明立体角大，光谱通带宽，集光本领大，荧光信号强度大，仪器结构简单，操作方便。目前国内外生产的原子荧光光度计大多是非色散型原子荧光光度计。原子荧光光度计的示意图如图 8-1 所示。

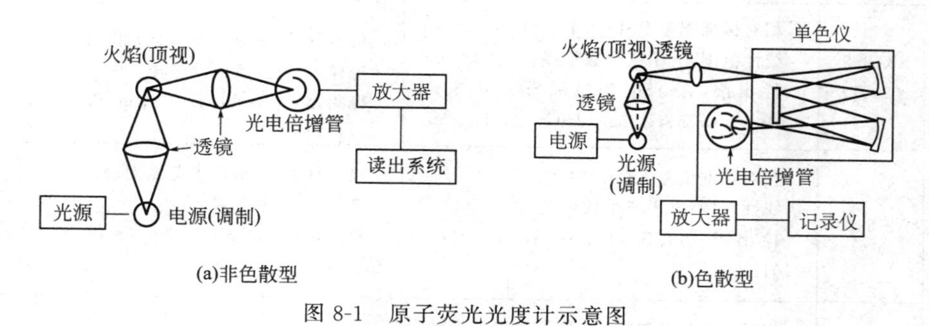

图 8-1　原子荧光光度计示意图

三、原子荧光光度计的主要技术指标

原子荧光光度计的主要技术指标有检出限、测量线性等，表 8-1 列了一些原子荧光光度计的生产厂家、型号、主要技术指标等相关信息。

表 8-1　常用原子荧光光度计主要技术指标

生产厂家	仪器型号	主要技术指标	主要特点
北京吉天	AFS-933	相对标准偏差 RSD:＜0.8%。 线性范围:大于三个数量级。 检出限:砷 、铋、锑元素小于 0.01ug/L,汞(冷原子)小于 0.001μg/L。 光电倍增管波长范围:160～320nm	仪器种类:多道原子荧光光谱仪。 进样方式:双顺序注射泵。 废液排放方式:蠕动泵抽取式。 进样模式:蒸气发生/氢化物发生。 气路系统控制方式:阀岛。 检测元素:As、Se、Bi、Hg、Se、Te、Sn、Ge、Pb、Zn、Cd、Au

续表

生产厂家	仪器型号	主要技术指标	主要特点
北京吉天	Kylin	相对标准偏差 RSD:＜0.6%。 线性范围:大于三个数量级。 检出限:砷、锑、硒、铋、碲、汞、锡和铅元素＜0.01μg/L;汞(冷原子)＜0.001μg/L;镉＜0.001μg/L;锗＜0.05μg/L;锌＜1.0μg/L;金＜3.0μg/L。 光电倍增管波长范围:160～320nm	仪器种类:多道原子荧光光谱仪。 进样方式:双顺序注射泵。 废液排放方式:后排废式。 进样模式:蒸气发生/氢化物发生。 气路系统控制方式:质量流量计。 检测元素:砷、汞、硒、锡、铋、锑、铅、锗、镉、碲、锌、金
海光	HGF-V9	相对标准偏差 RSD:＜0.6%。 线性范围:大于三个数量级。 检出限:As、Se、Pb、Bi、Sb、Te、Sn＜0.01μg/L。 光电倍增管波长范围:160～320nm。 原子化器控温范围:50～450℃	仪器种类:多道原子荧光光谱仪。 进样方式:双顺序注射泵。 废液排放方式:静力式。 进样模式:蒸气发生/氢化物发生。 气路系统控制方式:质量流量计。 检测元素:As、Se、Pb、Bi、Sb、Te、Sn、Hg、Cd、Ge、Zn、Au
	AFS-9560	砷检出限:≤0.02ng/mL。 汞检出限:≤0.002ng/mL。 重复性/%:≤0.8。 线性范围:大于三个数量级	仪器种类:多道原子荧光光谱仪。 进样方式:双顺序注射泵。 检测元素:As、Se、Pb、Bi、Sb、Te、Sn、Hg、Cd、Zn、Ge
金索坤	SK-乐析(2021)	相对标准偏差 RSD:0.4%～0.6%。 线性范围:大于三个数量级。 检出限:As、Sb、Bi、Pb、Sn、Te、Se＜0.01ng/mL;Zn＜1.0ng/mL;Ge＜0.05ng/mL	仪器种类:多道原子荧光光谱仪。 进样方式:连续流动进样。 检测元素:As、Sb、Bi、Pb、Sn、Te、Se、Ge
北分瑞利	AF-640A	相对标准偏差 RSD:＜1%。 线性范围:大于三个数量级。 检出限:As、Sb、Bi、Se、Te、Pb、Sn＜0.01μg/L	仪器种类:多道原子荧光光谱仪。 进样方式:蠕动泵。 检测元素:As、Sb、Bi、Se、Te、Pb、Sn、Hg、Cd、Ge、Zn、Au
普析	PF7	相对标准偏差 RSD:＜1%(代表元素砷、锑、铋、汞)。 线性范围:大于三个数量级。 检出限:≤0.01ng/mL(代表元素砷、锑、铋),汞的检出限≤0.001ng/mL。 光电倍增管波长范围:光电倍增管R7154,160～320nm。 原子化器控温范围:常温至400℃	仪器种类:多道原子荧光光谱仪。 进样方式:双顺序注射泵。 废液排放方式:静力式。 进样模式:蒸气发生/氢化物发生。 气路系统控制方式:质量流量计。 检测元素:AS、Se、Pb、Bi、Sb、Te、Sn、Hg、Cd、Ge、Zn

四、原子荧光光度计的使用

目前国内外生产的原子荧光光度计大多采用非色散系统，即蒸气发生-非色散原子荧光光度计（VG-AFS）。下面以 AFS-9700 全自动注射泵原子荧光光度计为例来说明原子荧光光度计的结构和使用。AFS-9700 全自动注射泵原子荧光光度计适用于样品中砷、汞、硒、锡、铅、铋、锑、碲、锗、镉、锌、金等十二种元素的痕量分析测量。

（一）工作原理

原子荧光光度计主要是利用硼氢化钾或硼氢化钠作为还原剂，将样品溶液中的待分析元素还原为挥发性共价气态氢化物（或原子蒸气），然后借助载气将其导入原子化器，在氩-氢火焰中原子化而形成基态原子。基态原子吸收光源的能量而变成激发态，激发态原子在去活化过程中将吸收的能量以荧光的形式释放出来，此荧光信号的强弱与样品中待测元素的含量成线性关系，因此通过测量荧光强度就可以确定样品中被测元素的含量。

（二）基本结构

AFS-9700 全自动注射泵原子荧光光度计主要由主机、进样系统、蒸气发生系统、原子化系统、光源与光学系统、检测与数据处理系统等部分组成。

1. 主机结构

主机主要包括烟囱、原子化器、电子箱、气路等部分，图 8-2 为仪器主机前视图。图 8-3 为主机后视图。

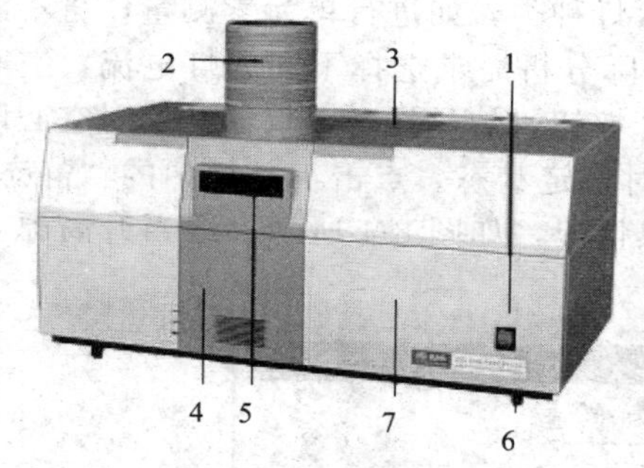

图 8-2 AFS-9700 主机前视图

1—主机开关；2—烟囱；3—灯室盖；4—防护前门；5—火焰观察窗；6—水平调节底座；7—电子箱

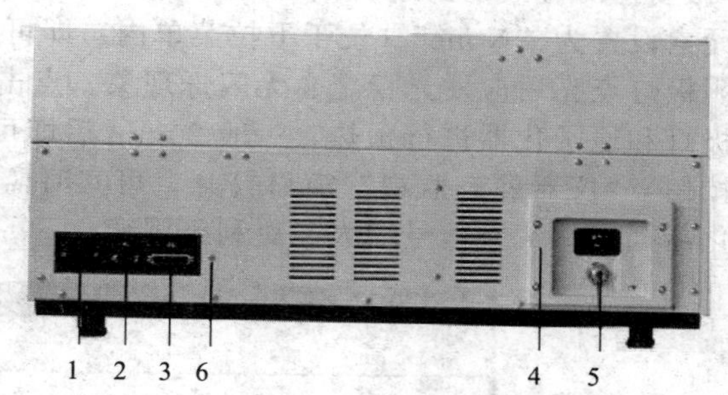

图 8-3 AFS-9700 主机后视图

1—电源接口；2—连接计算机的 RS232 电缆接口（PC）；3—连接蒸气发生装置的电缆接口（IFS）；4—气路系统；5—气路快插入口；6—电子箱固定螺钉

2. 进样系统

AFS-9700 既可采用全自动进样方式，即配有自动进样器，同时也支持半自动进样方式，即手动控制采样管。

3. 蒸气发生系统

蒸气发生系统均采用注射泵与蠕动泵联用技术，综合利用了蠕动泵和注射泵的优点。

4. 原子化系统

原子化系统采用双层屏蔽式石英炉原子化器，中心为双层同心的石英炉芯，外周为固定与保温装置，特制点火炉丝安装在炉芯顶端。

5. 光源与光学系统

AFS-9700 原子荧光光度计所用的激发光源为特制高强度空心阴极灯，鉴于测量灵敏度与激发光源强度成正比，所使用的空心阴极灯为双阴极结构（Hg 灯除外）。光学系统采用非色散方式。

6. 检测与数据处理系统

检测器采用的是日盲型光电倍增管（PMT）。PMT 的作用是将光信号转化成电信号，以电流形式输出，其输出的电流信号经电流/电压转换后再进一步放大，经过解调和模/数转换（A/D）等一系列处理和运算，最终通过计算机显示和输出。

(三) 仪器使用

1. 仪器测量前准备

(1) 安装元素灯　将待测元素灯安装在任意一个灯架上。

(2) 开气　打开气瓶阀门，调节压力表出口压力在 (0.25～0.30)MPa 之间。

(3) 仪器开机

① 检查计算机与仪器线路连接状态，确保连线正常。

② 打开计算机。

③ 依次打开蒸气发生装置电源开关、原子荧光主机电源开关，待仪器完全进入复位待机状态后，即可打开操作软件。

(4) 灯位调节　不同的元素所需的原子化器高度不同，可根据操作软件推荐高度进行调节，原子化器高度常用范围为 8～10mm。使用升降机构调节原子化器高度，调光器调节光斑位置。

(5) 仪器预热　双击软件图标，进入仪器软件操作界面，打开“方法条件设置”标签，可进行元素灯设置，仪器可自动识别相应通道上的元素灯种类，如进行单元素测量，将不测元素设置为“None”(位于下拉菜单内) 即可。根据实际分析需求选择不同的灯电流，空心阴极灯点亮后应发光稳定、无闪烁现象。点击“点火”按钮，炉丝发亮，仪器开始对空心阴极灯和原子化器进行预热，一般 20min 后即可达到相对稳定状态。点击工具栏中的“静态”按钮，“仪器静态监视”窗口打开，可实时监测灯预热情况，如图 8-4 所示。适当升高原子化器挡光，荧光信号增大，更利于观察。

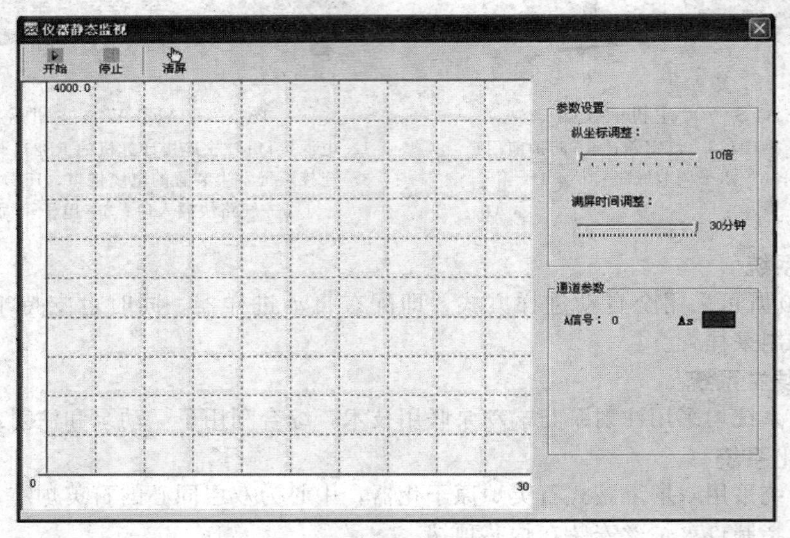

图 8-4　仪器静态监视

(6) 分析条件设置　如图 8-5 所示，在“方法条件设置”界面中，可以对元素灯参数、灯工作方式、进样方式以及测试时所用的负高压、气流量、读数和延迟时间等基本条件进行设置。依据待测元素的大约含量来确定标准曲线的浓度范围，并将灯电流、负高压等各项参数值设定合适。载气流量和屏蔽气流量按照软件默认即可。延迟时间、积分时间需要根据实际测样过程中出峰的位置情况进行调节，一般按照软件默认值即可。

2. 仪器工作参数的设置与优化

设置光电倍增管负高压、灯电流、原子化器高度、气流量参数并优化。

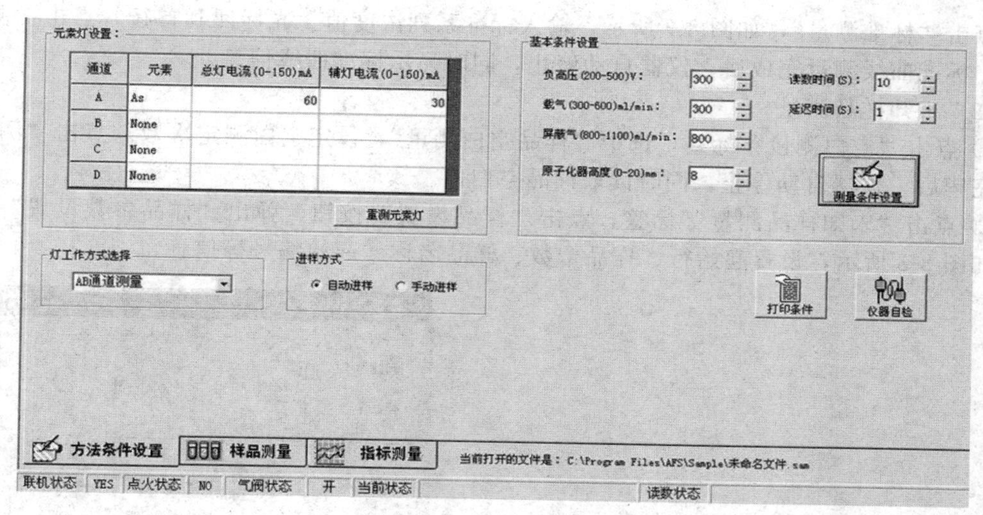

图 8-5　方法条件设置

3. 样品测量

各种试剂和溶液准备好后，点击“清洗”按钮，执行清洗程序，在此过程中调节蠕动泵卡板调节轮，观察还原剂管、样品管、排废管及载流补充管，以液体能够稳定流动为准，同时观察蒸气反应是否发生，反应管中有丰富气泡产生即为正常。标准溶液和样品溶液可以按默认位置摆放，也可根据实际情况进行修改。

（1）标准曲线测量　如图 8-6 所示，选择“样品测量”标签下的“空白测量”，选中“标准空白测量”，点击“测量”按钮，当两次测量结果小于空白判别值时，仪器自动停止，同时读取标准空白值。

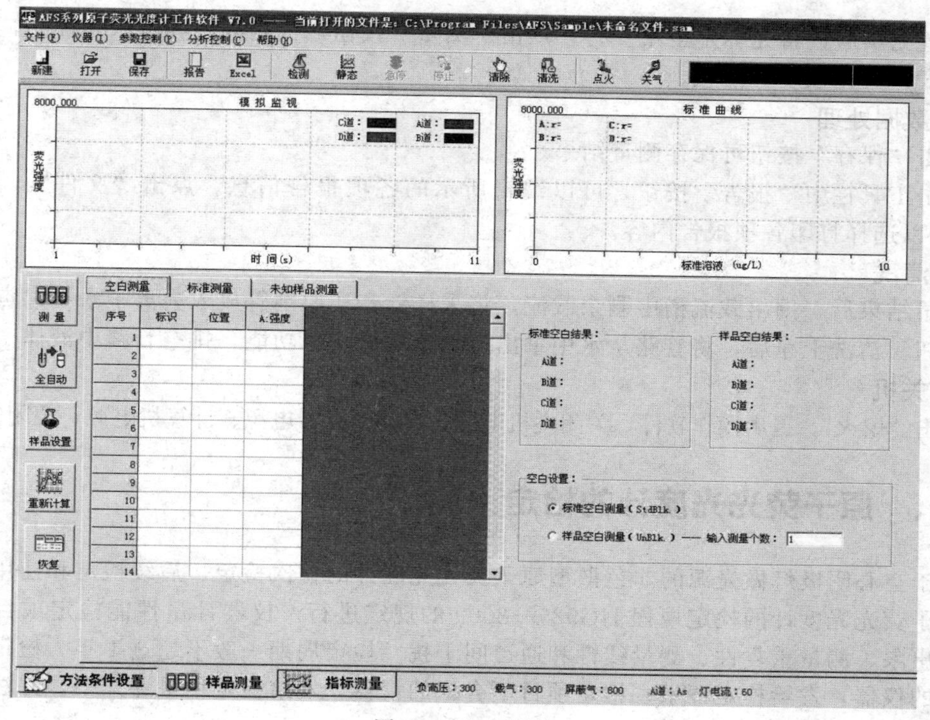

图 8-6　空白测量

点击“标准测量”，如图 8-7 所示，输入标准系列浓度值。光标回到首行，点击“测量”按钮，标准曲线测量完成后，仪器自动停止，同时显示标准曲线信息。

（2）未知样品测量

① 点击“空白测量”标签，选中“样品空白测量”，设定空白测定次数。点击“测量”，测量完毕后，仪器自动停止，同时读取样品空白值。

② 点击“未知样品测量”标签，点击“样品设置”按钮，弹出“样品参数设置”对话框，如图 8-8 所示，设置起始行、样品个数、样品名称、起始编号等信息。

空白测量　标准测量　未知样品测量

序号	A道	A:输入浓度	A:强度	A:计算浓度	A:
STD.1	☑	1.000			
STD.2	☑	2.000			
STD.3	☑	4.000			
STD.4	☑	8.000			
STD.5	☑	10.000			
STD.6	☐				
STD.7	☐				
STD.8	☐				
STD.9	☐				

图 8-7　标准测量

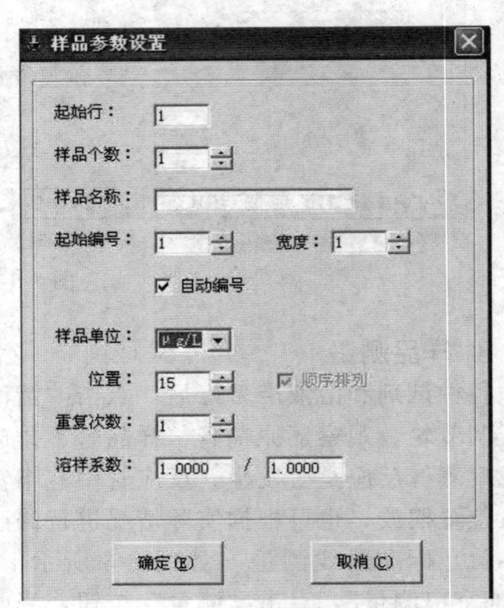

图 8-8　样品参数设置

设置完毕后，将光标定至第一行，点击“测量”按钮，仪器开始测量未知样品，并给出样品浓度、荧光强度等信息。

4. 数据处理

点击“保存”按钮可保存测量结果。

点击工具栏中“报告”按钮，可以编辑所示的各项报告信息。点击“文件”“报告打印”，可以选择打印各项报告内容。

5. 清洗

测量结束后，倒出载流槽中剩余载流，将采样针和还原剂管放入去离子水中，点击“清洗”按钮。清洗干净后，将管路从水中拿出，继续“清洗”功能，排空管路中液体。

6. 关机

点击“熄火”，退出操作软件，关闭主机电源、自动进样器电源、计算机电源，关闭气瓶。

五、 原子荧光光度计的检定

对于空心阴极灯做光源的非色散型原子荧光光度计的首次检定、后续检定和使用中检验按照原子荧光光度计的检定规程 JJG939—2009 的规定进行。仪器计量性能检定项目有稳定性、检出限、测量重复性、测量线性和通道间干扰。检定周期一般不超过 1 年。检定项目全部合格的仪器，发给检定证书；检定项目不合格的仪器，发给检定结果通知书，并注明不合格项目。

六、原子荧光光度计的维护

（一）安装要求

1. 环境温湿度

（1）温度：15～30℃。

（2）相对湿度：≤75%。

过低的室温会影响蒸气发生反应，造成灵敏度大幅下降。相对湿度过高则会增加对氩氢火焰的干扰，使得测量重复性变差，严重者会导致电路短路，损坏仪器。因此，在南方或温湿度较高的地区，为保证测量质量及计算机和主机电子线路的安全，建议安装除湿机和空调。若温度低于15℃，应有加温设备。

2. 电力供应

电源要求：220V±22V，50Hz±1Hz。

在电力供应不稳定地区或周围有其他高耗电设备的实验室，应为仪器及计算机系统配备1kVA以上交流稳压电源；其输出端应配有一个多用插座盒，并有良好接地。

3. 排风设备

从操作人员的健康和仪器正常使用方面考虑，要求有排风设备。排风量不宜过大，以免影响仪器的稳定性，而且不得与其他设备共用一个排风通道。

4. 设备摆放

仪器应摆放在稳定的实验台上，避免阳光直射。实验台表面应具有防酸碱保护（比如铺设橡胶垫）。摆放台四周应留有50cm以上的空间，以利于仪器的安装和维修。

5. 气体

还需要注意原子荧光光度计需要使用氩气作为载气和辅气，所以需要实验室准备纯度在99.99%以上的氩气。同时需要给氩气钢瓶配置气体减压阀。

（二）仪器维护

大部分金属化学性质活泼，极易受到外界环境条件（如水汽、酸、碱等）的影响而发生锈蚀。为了使仪器能够保持良好性能，延长使用寿命，需要经常对其进行维护和保养，减少锈蚀侵袭。

1. 日常维护

（1）应日常进行常规管路漏气检查，用肥皂水或其他的漏气检查液在连接处，例如钢瓶、减压阀和快接头等，查看有无漏气。

（2）严禁将酸液、碱液、水等液体洒在仪器上，误洒时，需及时清理。

（3）每周用钟表润滑油涂抹裸露活动部件，如自动进样器丝杆、滑轨部件、蠕动泵等，既可保证设备部件的润滑，又能有效地隔离金属与空气中的酸碱，减少部件的腐蚀。

（4）每两周用纱布或毛巾蘸少量凡士林反复擦抹仪器表面及内部可接触到的地方（光学仪器，严禁触碰透镜）。

（5）泵管老化时及时更换。

（6）仪器应定期通电运行，不可长期搁置。

2. 操作注意事项

（1）安装元素灯时务必关闭主机电源，确保灯头上定位销与灯座定位槽吻合，错位连接可能烧坏主板，导致通讯失败。

（2）调光时先关闭氩气，以免调光器堵塞载气通路导致返液。

（3）更换元素灯一定要在关机一段时间后再进行操作，防止灯丝在过热时受到振动而发生阴极材料溅射，影响灯的发光强度和寿命。

（4）仪器运行前，一定要先打开氩气阀门，调好出口压力。

（5）若样品浓度过高，可点击“清洗”按钮，反复清洗采样管/样品环再进行测量。

（6）测试结束后一定要清洗管路，将管道内液体排空，然后再把卡板调节轮调节到最下端，使泵管处于非挤压状态，最后再关闭氩气瓶阀门，以防液体回流腐蚀气路控制箱。

（7）定期向泵管和滚轴间滴加硅油，防止磨漏。

（8）及时清理二级气液分离器中的积液。

（9）打开操作软件的同时打开仪器电源，间隔不要太长，否则可能造成计算机与仪器主机的通讯中断。

（10）标准溶液和还原剂应现用现配，标准储备液应定期更换。

（11）元素灯预热应该在测量状态下进行，汞灯、锑灯预热时间应长些，最好在 1h 左右。

（12）仪器应点火预热 20min 以上，仪器稳定以后再进行测量。

七、 仪器常见故障排除

仪器常见的故障及排除方法见表 8-2 所示。

表 8-2 仪器常见的故障及排除方法

序号	故障现象	故障原因或解决办法
1	开机电源指示灯不亮	检查电源保险丝
2	灯能量检测无反应	接触不良或检测电路故障
3	测量时注射泵不动作	柱塞锁紧螺母脱落； 注射泵驱动器损坏
4	软件点火后炉丝不亮	检查炉丝是否烧断，更换电炉丝
5	软件提示无载气	检查氩气钢瓶是否打开 或压力是否调节到规定范围
6	软件提示信号溢出	降低测量条件、稀释高浓度样品
7	软件功能菜单灰化，禁止使用	连接数据库
8	测量时信号弱	校正灯位；更换泵管；压紧排废泵管
9	测量时无信号	检查反应管是否有气泡；更换泵管； 更换气液隔离膜
10	测量时空白高	管路污染；试剂污染，例如酸、硼氢化钾、水等
11	标准曲线线性不好	用 20%硝酸溶液浸泡所用的试剂瓶

思考与交流

1. 说明原子荧光光度计的基本结构组成。
2. 安装和更换元素灯时有哪些注意事项？
3. 如何对原子荧光光度计进行日常维护？

任务二
分析天平

任务要求

（1）熟悉分析天平的工作原理。

（2）掌握分析天平的结构。

（3）掌握分析天平的使用方法。

（4）熟悉分析天平的维护方法。

（5）了解分析天平的故障排除方法。

分析天平是最新发展的一类天平，它采用了现代电子控制技术，利用电磁力平衡原理实现称重，没有机械天平的横梁和升降枢装置，全量程不用砝码，放上称量物后，在几秒钟内即可达到平衡，直接在显示屏上读数。分析天平具有操作简单、快速，性能稳定，灵敏度高等特点。一般分析天平还具有去皮（净重）称量、累加称量、计件称量等功能，并配有对外接口，可连接打印机、计算机、记录仪等，实现了称量、记录、计算自动化。

分析天平的种类、规格很多，化学检验中最常用的是电子分析天平，其最大载荷量是100g或200g，可精确至±0.1mg。

一、分析天平的工作原理

分析天平的控制方式和电路结构多种多样，但称量依据都是电磁力平衡原理，即称量物体时，采用电磁力与被称量物体重力相平衡的原理实现测量。

电子天平是将被称物的质量 m 产生的重力 G 通过传感器转换成电信号来表示物质的质量的。

因重力
$$G=mg$$
则
$$m=G/g$$
式中　g——重力加速度，在同一地点为定值。

当把通电导线置于磁场中时，电线将产生电磁力，力的方向可用左手定则来判断，力的大小与磁场强度、流过导线的电流强度有关。当磁场强度恒定不变时，力的大小与电流强度成正比。因为被称物的重力 G 的方向是垂直向下指向地心的，设计时使电磁力 F 的方向向上。当 $G=F$ 时，通过导线的电流与被称物的质量成正比。因此，可以通过导线的电流大小衡量被称物的质量。

二、分析天平的结构

分析天平的种类虽多，但其基本结构相似，如图8-9～图8-11所示，主要由秤盘、传感器、位置检测器、PID调节器、功率放大器、低通滤波器、模数（A/D）转换器、微型计算机、显示器、机壳、底脚等组成。

如图8-9和图8-10所示，将秤盘与通电线圈相连接，线圈置于磁场内。天平空载时，位移传感器处于平衡状态。当被称物置于秤盘后，因重力向下，弹簧被压缩，被称物的重力通过支架连杆作用于线圈上，使秤盘和线圈一起向下运动，秤盘位置发生变化，线圈上则产生一个电磁力，电磁力与重力大小相等方向相反。此时位移传感器输出电信号，经整流放大，改变线圈上的电流，直至线圈回位，该电流强度与被称物的重力成正比。而此重力正是物质的质量所产生的，由此产生的电信号经 PID 调节器、放大器后转换成线圈中的电流信号，并在采样电阻上转换成与载荷相对应的电压信号，再经过低通滤波器和模数（A/D）转换器变换成数字信号，经微机控制与数据处理，并将此数字显示在显示屏上。

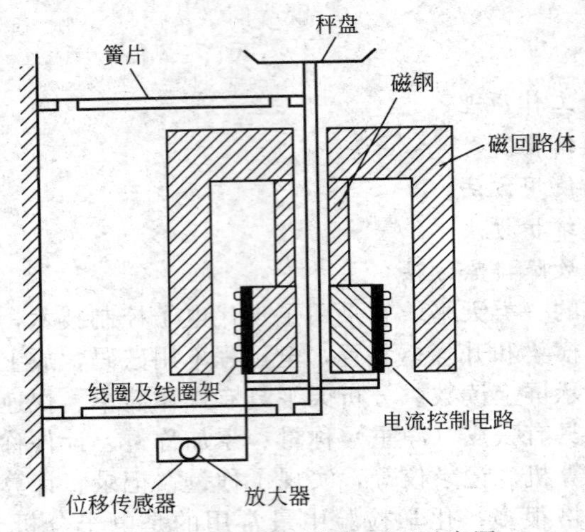

图 8-9　分析天平结构原理示意图

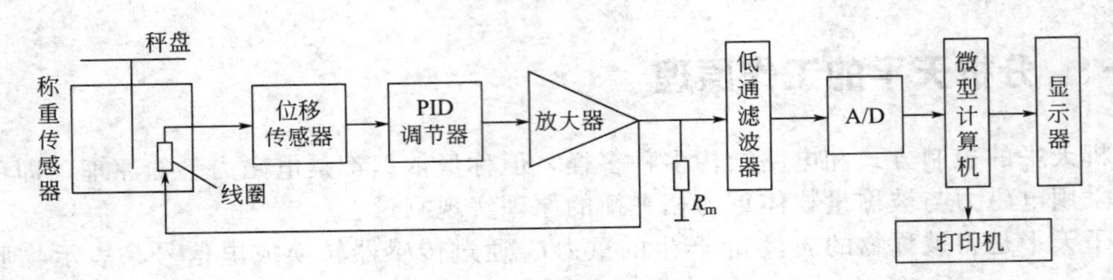

图 8-10　分析天平原理框图

图 8-11　分析天平示意图

三、分析天平的使用

（一）分析天平安装环境的选择

① 置于阴凉干燥处，避免阳光直射。
② 工作台要牢固可靠。
③ 安装环境应洁净，且避免气流的影响。
④ 安装环境内温度恒定，以20℃左右为佳。
⑤ 安装环境内的相对湿度在45%～75%为佳。
⑥ 分析天平室内应无腐蚀性气体的影响。
⑦ 远离热源和高强电磁场等环境。
⑧ 远离振动源，如铁路、公路、振动机等振动机械，无法避免时应采取防振措施。
⑨ 靠近磁钢处要用潮湿的绸布等除尘，防止尘土和脏物落入磁钢中造成天平故障。

（二）分析天平的安装程序

① 拆去外包装，并将外包装及防振物品收藏好，以备再用。
② 检查主机及零部件是否齐全，外观是否完好。
③ 清洁主机及零部件。
④ 安装主机，调节天平底脚至水平状态。
⑤ 将秤圈、秤盘等活动部件安装到位。
⑥ 松开运输固定螺钉或键钮等止动装置。
⑦ 将分析天平的外接电源选择键钮调至当地供电电压挡上。
⑧ 把外接电源插头插入外接电源插座内，并打开分析天平的电源开关，观察其显示是否正常。如正常显示，则表明分析天平的安装程序顺利完成。

（三）分析天平的称量准备

(1) 取下天平罩　为了防尘，分析天平都配有天平罩；使用天平时，首先要取下天平罩并叠好，放在天平顶部或其他适宜位置。

(2) 检查、调节天平水平　天平在使用时，必须处于水平状态，否则应调节天平底脚，至水平仪气泡位于黑圈中央。

(3) 清扫天平　一般在天平箱内都备有软毛刷，用于清洁天平；使用天平前，要用软毛刷将秤盘及底座清扫干净。

(4) 预热天平　接通电源，按天平使用说明书的要求在“OFF”状态下预热一定时间，如60min左右。

(5) 开启天平　按“开关键”开启天平，当显示“0.0000”时，方可称量或校准天平。

(6) 校准天平　新安装、移动过或称量中读数不稳定的分析天平，需进行校准。以沈阳龙腾ESJ系列天平为例，校准时按天平的“CAL”键，天平显示“CAL in”。等待几秒天平显示“CAL……”，稍后天平显示“CAL dn”。此时应轻缓地将天平右侧的手柄轻轻向天平前部方向拉，拉不动时为止。此时已将天平内部校准砝码加到称量系统上，天平显示“CAL……”，稍后天平显示“CAL up”，此时将天平右侧的手柄轻轻向天平后部方向推，推不动时为止，使天平内部校准砝码脱离天平的称量系统。天平显示“CAL……”，等待天平显示“CAL END”，约1s后显示“0.0000”，表明天平完成一次内部校准。此时将天平内部校准砝码加到称量系统上，如果和天平内置砝码质量标示值差值小于±0.0001g，表示天平校准成功，即可进行称量；否则需按上述方法重新校准。天平校准结束后，长按“开关键”关闭天平。

（四）分析天平的称量方法

分析天平常用的称量方法有直接称量法、差减称量法和固定质量称量法。

1. 直接称量法

二维码8-1
直接称量法

直接称量法主要用于称量实验容器（如坩埚、小烧杯等）及在空气中稳定的固体物质。

① 按要求准备好分析天平、称量的物体及报告单等。

② 按“开关键”开启天平，当显示“0.0000g”时，打开天平左门，戴上细纱手套，拿取需要称量的物体放在秤盘中央，关闭天平门。

③ 待读数稳定后，将读数记录在报告单上。

④ 取出称量物，关闭天平门，整理台面。

2. 差减称量法

二维码8-2
差减称量法

差减称量法（简称差减法）又称递减称量法，主要用于称量在空气中不稳定（如易吸潮、易吸收空气中的CO_2、易被空气氧化等）的固体或溶液。差减称量法可分为不去皮差减称量法和去皮差减称量法。

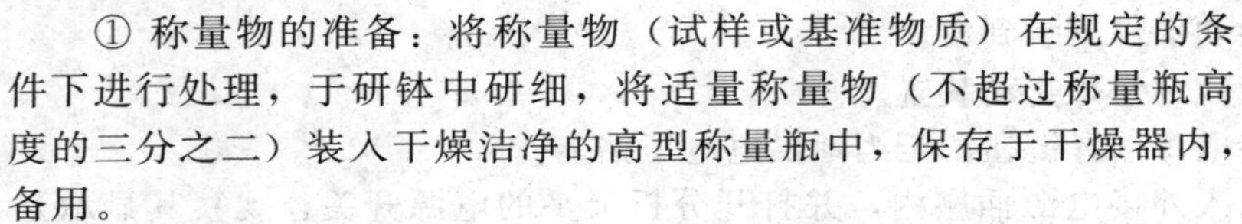

① 称量物的准备：将称量物（试样或基准物质）在规定的条件下进行处理，于研钵中研细，将适量称量物（不超过称量瓶高度的三分之二）装入干燥洁净的高型称量瓶中，保存于干燥器内，备用。

② 按要求准备好分析天平、称量物的承接器（如烧杯）、细纱手套或称量纸条及纸片等。

③ 打开干燥器盖，用洁净的纸条围在称量瓶外壁夹取称量瓶，或戴细纱手套拿取称量瓶，将称量瓶放在天平左侧干燥洁净的培养皿或表面皿上，盖上干燥器盖。

④ 按“开关键”开启天平，当显示“0.0000g”时，打开天平左门。

⑤ 用干燥洁净的纸条夹取（或戴上细纱手套拿取）称量瓶，放置在秤盘中央，关闭天平左门。

⑥ 待读数稳定后，将其读数即倾样前称量瓶和称量物的总质量记录在报告单上。

⑦ 打开天平左门，用干燥洁净的小纸条套裹夹取（或戴上细纱手套拿取）称量瓶，如图8-12（a）所示，关闭天平左门。

⑧ 物质的敲取用左手将称量瓶举在承接器烧杯的上方，右手用小纸片夹住（或戴细纱手套拿住）称量瓶盖柄，打开瓶盖，用瓶盖边缘边轻敲称量瓶口上边缘［如图8-12（b）所示］，边将称量瓶口缓缓向下倾斜，使称量物缓缓落入烧杯中；当倾出称量物接近所需质量时，进行回敲［见图8-12（c）］，即用瓶盖边缘边轻敲称量瓶口边缘，边将称量瓶缓缓竖起，使附着在称量瓶口的物质落入称量瓶或烧杯内，敲至盖上瓶盖不碰瓶内物质为止，盖上瓶盖；打开天平左门，将称量瓶放回秤盘上，关闭天平左门，试称质量；如此反复倾样、试称质量几次（试称一般不超过3次），直至倾出物质质量达到要求的范围；待读数稳定后，记录读数，即为倾样后称量瓶和剩余物质的总质量，记录在报告单上。倾样前和倾样后的质量之差即为倾出物质的质量。按上述方法连续操作，可称取多份物质，以进行平行试验。

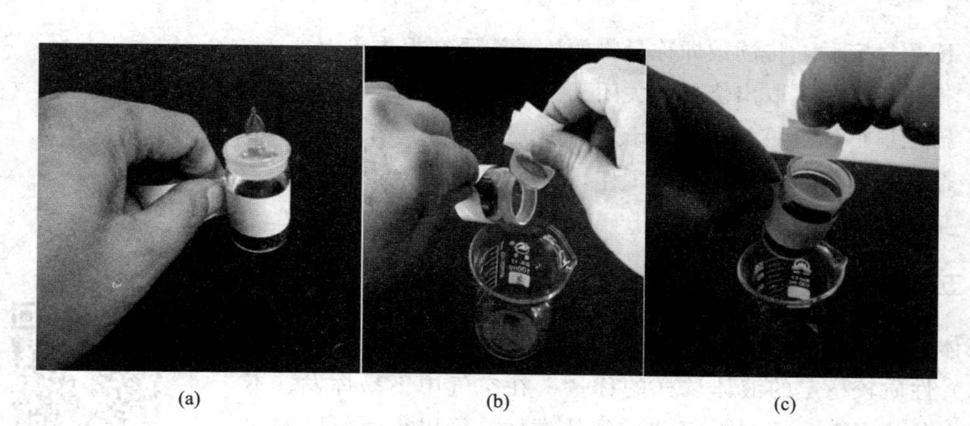

图 8-12　差减称量法

⑨ 打开天平左门，取出称量瓶，放回干燥器中。

⑩ 按要求做好天平称量结束工作。

⑪ 整理台面。

3. 固定质量称量法

固定质量称量法，常用于配制一定准确浓度的标准溶液、标准缓冲溶液等时，称取指定质量的物质。以称量 0.5000g 固体物质为例，其称量过程如下所述。

① 用上述差减称量法①～③同样方法准备好分析天平及称量物等。

② 按"开关键"开启天平，显示"0.0000g"。

③ 打开天平左门，戴上细纱手套拿取小烧杯放在秤盘中央，关闭天平门。

④ 待读数稳定后，按"开关键"去皮，显示"0.0000g"时，打开天平左门。

⑤ 打开扁形称量瓶盖，用药匙以不去皮直接称量的方法将固体物质放入秤盘上的小烧杯中，直至非常接近所需质量时，按图 8-13 所示的方法，将药匙柄上端顶在掌心，用拇指、中指及掌心握住药匙，用食指轻磨匙柄，使物质缓缓落入小烧杯中，直至恰好为指定质量（如 0.5000g），关闭天平门。

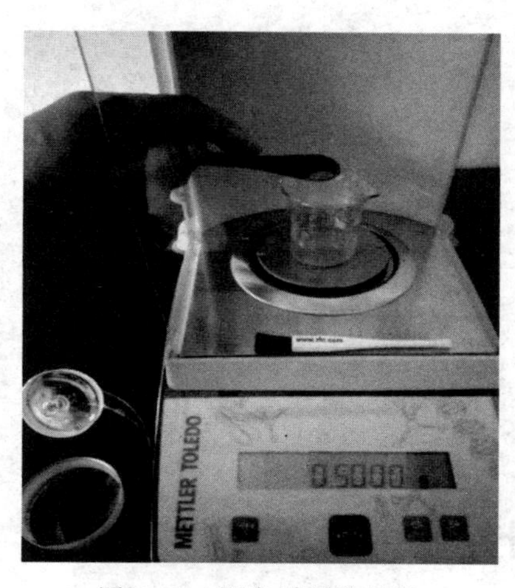

图 8-13　固定质量称量法

⑥ 读数稳定后，将读数即称量物的质量记录在报告单上。

⑦ 打开天平门，取出烧杯，关闭天平门。

⑧ 盖上扁形称量瓶盖，放回干燥器中。

⑨ 按要求做好天平称量结束工作。

⑩ 整理台面。

（五）液体试样的称量

操作扫一扫

二维码8-4
液体试样的称量

液体试样应根据其性质选择适宜的称量容器及称量方法。

（1）性质较稳定的液体试样的称量　在空气中不易挥发、不易吸收水分和 CO_2、不易被氧化的液体试样，可用小滴瓶以差减法称量。

（2）较易挥发的液体试样的称量　较易挥发的液体试样可用具塞锥形瓶以增量法称量。例如称量浓盐酸时，先在 100mL 具塞锥形瓶中加入 100mL 水，准确称其质量，然后快速加入适量的浓盐酸试样，立即盖上瓶塞，再准确称取质量，增加的质量即为浓盐酸试样的质量。

（3）易挥发或与水剧烈作用的液体试样的称量　例如乙酸试样的称量，可先在称量瓶中以增量法称量，然后连同称量瓶一起放入盛有适量水的具塞锥形瓶中，盖上具塞锥形瓶塞，轻轻摇动使称量瓶盖打开，试样与水混合后进行测定。

发烟硫酸、发烟硝酸及乙酸乙酯等可用安瓿球（如图 8-14 所示）以增量法称量。先准确称取安瓿球的质量，然后用镊子挟住安瓿球的毛细管部分，将球部在酒精灯上微热，赶去安瓿球中部分空气而产生负压后，迅速将安瓿球的毛细管尖端插入液体试样中，球部冷却后，可从毛细管尖端吸入试样。注意：切勿将毛细管碰断。用滤纸吸干毛细管外壁溶液，并在火焰上加热封住毛细管口，再准确称其质量。将安瓿球放入盛有适量试剂的具塞锥形瓶中，摇碎安瓿球，若摇不碎可用玻棒击碎，断开的毛细管也可用玻璃棒碾碎。待试样与试剂混合后即可进行测定。

图 8-14　安瓿球

四、分析天平的计量性能检验

根据 JJG 1036—2008《电子天平检定规程》，电子天平需要检定以下几项内容：偏载误差、重复性、示值误差。

1. 偏载误差的检定（四角误差检定）

偏载误差检验又称四角误差检验，它是通过将载荷放置在秤盘上不同的位置来检验天平提供一致结果的能力。

试验载荷选择1/3（最大称量＋最大加法除皮效果）的砝码。优选个数较少的砝码，如果不是单个砝码，允许砝码叠放使用。单个砝码应放置在测量区域的中心位置，若使用多个砝码，应均匀分布在测量区域内。

按秤盘的表面积将秤盘划分为四个区域，图8-15为天平偏载误差检定位置示意图。

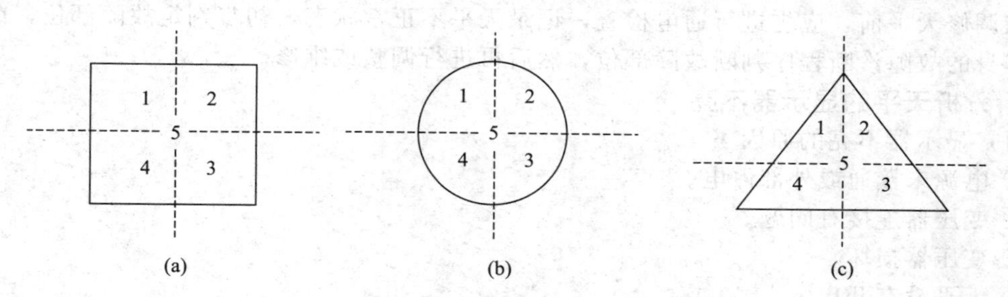

图8-15　天平偏载误差检定位置示意图

2. 重复性的检定

重复性是检测电子天平是否具有提供同一结果的能力，即在同一外部环境中使用同一荷载，用电子天平称量数次所得称量结果之间的差重复性的检定值。

如果天平具有自动置零装置或零点跟踪装置，其应处于工作状态。试验载荷应选择80％～100％最大称量的单个砝码，测试次数不少于6次。测量中每次加载前可置零。

$$天平的重复性=E_{max}-E_{min}$$

式中　E_{max}——加载时天平示值误差或化整前示值的最大值；

E_{min}——加载时天平示值误差或化整前示值的最小值。

3. 示值误差的检定

电子天平的最大允许误差即天平的线性误差。天平的精准度和称量过程会影响线性误差值，检定示值误差的目的是判定天平的示值误差是否在规定范围之内。

测试时，载荷应从零载荷开始，逐渐地往上加载，直至加到天平的最大称量，然后逐渐地卸下载荷，直到零载荷为止。试验载荷必须包括下述载荷点：空载、最小称量、最大允许误差转换点所对应的载荷（或接近最大允许误差转变点）、最大称量。

无论加载或卸载，应保证有足够的测量点数，对于首次检定的天平，测量点数不得少于10点；对于后续检定或使用中检定的天平，测量点数可以适当减少，但不得少于6点。

示值误差应是对零点修正后的修正误差。

五、 分析天平的维护保养

① 把天平放在平稳的工作台上，防止其受阳光照射或在气流的影响下振动，同时避免其受腐蚀性气体的侵蚀。按使用说明的要求，精度高的电子天平的温湿度波动的条件必须达到标准，才能确保称量的精准度。

② 具有腐蚀性和挥发性的物体置于密闭的容器中称量，以防电子天平被腐蚀。

③ 定期校准电子天平的称量精度，确保称量数据准确无误。

④ 禁止超载，所称量物体的质量不得超出天平的最大称量范围。无论电子天平内是否设有保护装置，超载都是不允许的。

⑤ 天平搁置一段时间后，为防止电子元器件受潮，每过一段时间就要通电一次。需要移动电子天平时，先取下秤盘和托盘再移动。

⑥ 清洁时切忌用腐蚀性清洁剂擦洗，正确的做法是用软布轻轻擦拭外壳和秤盘。

六、 分析天平的常见故障与排除

在调修天平前，应先进行通电检查，记录天平不正常状态，初步判定故障部位，或根据天平本身的故障诊断程序判断故障部位，然后再进行调整或维修。

1. 分析天平的显示器不亮

（1） 显示器不亮的原因

① 电源未接通或外部停电。

② 变压器连接有问题。

③ 变压器损坏。

④ 天平没有开启。

（2） 显示器不亮的调修方法

① 若电源未接通可仔细检查插头、导线等是否有断开或接触不良，并排除之。

② 正确连接变压器。

③ 更换同规格型号的变压器。

④ 开启天平。

2. 分析天平的显示值不停地变动

分析天平的显示值不停地变动，应该及时调修，以免影响天平示值的准确性。

（1） 显示值不停变动的原因

① 天平严重不水平，倾斜度太大。

② 天平安装环境不符合要求。

③ 被秤物易挥发或吸潮等。

④ 被秤物与室温相差幅度较大所致。

（2） 显示值不停变动的调修方法

① 调整分析天平使其处于水平状态。

② 选择合格的安装环境和工作台面安装分析天平。

③ 用器皿盛放易挥发或吸潮物品进行称量，有效防止被称物品的挥发和吸潮。

④ 将被称物进行必要的恒温处理后，再进行称量。

3. 分析天平的显示结果明显错误

若分析天平的显示结果明显错误，应及时进行调修，确保天平称量结果的准确可靠。

（1） 故障原因

① 分析天平没有进行去皮。

② 天平不水平。

③ 天平长时间没有校准。

④ 天平校准方法不准确。

⑤ 环境的影响。

（2） 调修方法

① 称量过程中注意除皮重。

② 认真检查调修天平，使分析天平处于水平状态。

③ 应该定期对天平进行核准，尤其是精确称量前更要对分析天平进行校准。

④ 如果天平校准不准确，可针对问题纠正或进行外校处理和线性调整。

⑤ 应避免温度、气流和湿度等对天平的影响。

4. 分析天平无显示或只显示破折号

分析天平如果无显示或只显示破折号，要及时处理，以免影响天平的正常使用。

(1) 故障原因　天平的稳定性设置得太灵敏。

(2) 调修方法　重新设置分析天平的稳定性，至合适为止。

5. 开启分析天平后，其显示器上无任何显示

(1) 故障原因

① 没有真正开启天平。

② 没有通电或暂时停电。

③ 电源插头没有接好。

④ 保险丝损坏。

⑤ 变压整流器损坏。

⑥ 分析天平电压挡选择不当。

⑦ 电源电压受到瞬间干扰。

⑧ 显示器损坏。

⑨ 分析天平 A/D 转换器可能有问题。

⑩ 分析天平的微处理器可能有故障。

(2) 调修方法

① 重新开启分析天平。

② 用电压表检查外电源，确认无电后，只需关机待电。

③ 检查各电源插头，并使之接触良好，必要时用万用表检查导线是否折断。

④ 更换同规格型号的保险丝。

⑤ 检修或更换电源变压整流器。

⑥ 正确选择分析天平的电压挡，使之与当地电压相符。

⑦ 如果电源电压过低，应暂时关机，待电源电压稳定后，再重新开启天平。

⑧ 检修或更换分析天平的显示器。

⑨ 检修或更换分析天平的 A/D 转换器。

⑩ 检修或更换分析天平的微处理器。

6. 分析天平的显示器只显示下半部分

分析天平的显示器只显示下半部分，表明天平发生了问题，应该立即进行检修。

(1) 故障原因

① 称量系统有摩擦卡碰现象。

② 秤盘未安上或安错。

③ 天平开启后，从秤盘上取下了物品。

(2) 调修方法

① 检查称量系统，除去卡碰等故障。

② 将秤盘安装好，如有几台同时安装，不要安错。

③ 天平开启后，若从秤盘上取下了物品，应关机后再开，规范操作。

分析天平在实际使用中，还会产生其他更多的故障，有待于在实际工作中不断地总结、摸索和提高，以保证分析天平的正常使用。

思考与交流

1. 什么情况下使用固定质量称量法?
2. 什么情况下使用差减称量法?
3. 评价分析天平的计量性能的指标有哪些?

任务三
空气压缩机

任务要求

(1) 熟悉空气压缩机的工作原理和结构。
(2) 掌握空气压缩机的使用方法。
(3) 熟悉空气压缩机的维护方法。
(4) 了解空气压缩机的故障排除方法。

一、 空气压缩机的工作原理和结构

空气压缩机是气源装置中的主体，它是将原动机（通常是电动机）的机械能转换成气体压力能的装置，是压缩空气的气压发生装置，是利用空气压缩原理制成超过大气压力的压缩空气的机械。空气压缩机产生的压缩空气主要用作助燃气或载气。

大多数空气压缩机是往复活塞式，采用旋转叶片或旋转螺杆。实验室常用的是活塞式空气压缩机（往复式空气压缩机），其工作原理如图 8-16 所示。空气压缩机外观如图 8-17 所示。

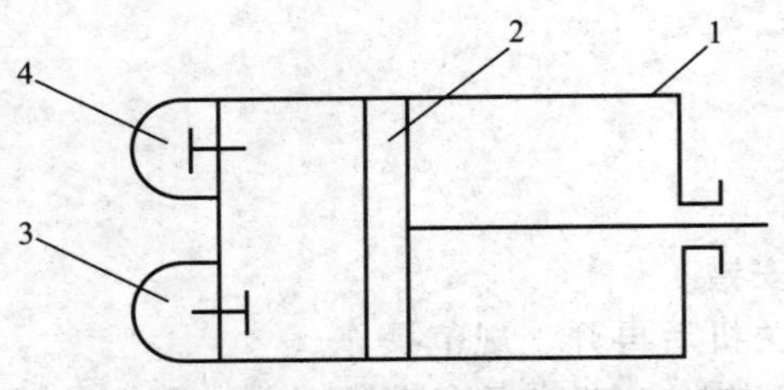

图 8-16 往复式空气压缩机工作原理图
1—气缸；2—活塞；3—吸气阀；4—排气阀

图 8-17 空气压缩机外观图

当活塞2自左端向右端移动时，气缸左端工作室（腔）增大而压力降低，此时吸气阀3打开，在大气压力的作用下，空气被压入气缸内，这一过程称为吸气过程。当活塞向反方向移动时，吸入的气体被压缩，称为压缩过程，此时，吸气阀关闭。当气体压力增加到排气管的压力后，排气阀4即被打开，压缩气体被排入排气管内，这个过程称为排气过程。至此，完成了一个工作循环。活塞再继续运动，则上述工作循环将周而复始地进行，以完成压缩气体的任务。

在活塞式空压机的后面，都必须装置一个贮气筒。它是一个用钢板做成的坚固容器，其容积至少要比空压机气缸的容积大20倍。它的功用主要是减小压缩空气压力的变动。压力的变动是由于空压机排送压缩空气的不连续性引起的。其次，贮气筒还能收集压缩空气里所携带的水分和润滑油。

二、空气压缩机的使用

操作扫一扫

二维码8-5
无油空气压缩机的使用与维护

① 检查电源是否符合标准，机器位置是否合适。

② 将电源接通后，先按动风机开关，再按动压机开关，机器开始工作。

③ 连接输气管路，将随机输气管一端与本机输出口连接，另一端接用气设备输入口。

④ 停机前，按动放水开关将分水器的积水放掉，停机后电源插头先不拔下，按动压机开关让压机停止工作，让风机再运行5～10min，待机箱内温度降低后，再按动风机开关，最后拔下电源插头。

三、空气压缩机的维护保养

① 严禁连续工作20个工作日。

② 整机放置在空气流通、环境温度低于30℃的室内，摆放时应注意勿将机器进风口贴近墙壁，与墙壁的距离应大于0.5m，以免增加进气阻力，降低分水效果。

③ 本机工作一天后放水一次为佳，避免分水器积水过多影响气体输出质量，在放水时必须是工作状态。

四、空气压缩机的常见故障与排除方法

1. 压缩机工作，但压力表不上压或上压慢

(1) 故障原因

① 进气口防油外溢橡胶垫未取下。

② 进气口过滤元件堵塞。

③ 管接头、管路有漏气现象。

④ 压力表有问题。

(2) 排除方法

① 取出防油外溢橡胶垫。

② 清洗过滤元件。

③ 检查并排除漏气处，拧紧管接头。

④ 更换压力表。

2. 压缩机不启动

(1) 故障原因

① 气压自动开关接触不良。
② 启动、热保护接触不良。
③ 气压自动开关失灵。
④ 压缩机损坏。
⑤ 电源线插头松动。
(2) 排除方法
① 维修气压自动开关。
② 使启动、热保护插接处接触良好。
③ 更换气压自动开关。
④ 更换压缩机。
⑤ 将插头部分连接牢固。

思考与交流

1. 空气压缩机的作用是什么?
2. 空气压缩机的维护保养应注意什么问题?

任务四
氢气发生器

任务要求

(1) 熟悉氢气发生器的工作原理和结构。
(2) 掌握氢气发生器的使用方法。
(3) 熟悉氢气发生器的维护方法。
(4) 了解氢气发生器的故障排除方法。

气体发生器以其安全性好、性能稳定、使用方便、所得气体纯度高等特点得到了越来越多的应用。尤其是在气相色谱分析中，它逐步取代高压气瓶作为气相色谱仪的气源。同类产品的结构、原理及维护情况基本相同。

一、 氢气发生器的工作原理和结构

氢气发生器的构造包括开关电源、电解池、气液分离系统、干燥系统、显示控制系统几大部分，其中最核心的是电解池。按电解原理，氢气发生器分为碱液型和纯水型两大类，两种类型各有优缺点。

1. 碱液型氢气发生器

碱液型氢气发生器是零极距碱液电解池，电解槽内的导电介质为氢氧化钾水溶液，两极室的分隔物为镍丝网电极和石棉隔膜，与端板合为一体的耐蚀、传质良好的格栅电极等组成电解槽。向两极施加直流电后，水分子在电解槽的两极立刻发生电化学反应，在阳极产生氧气，在阴极产生氢气。反应式如下：

阳极　$2OH^- - 2e \longrightarrow H_2O + 1/2O_2\uparrow$

阴极　$2H_2O + 2e \longrightarrow 2OH^- + H_2\uparrow$

总反应式 $2H_2O \longrightarrow 2H_2\uparrow + O_2\uparrow$

HYH-300 型氢气发生器各部位名称及功能如图 8-18 所示。

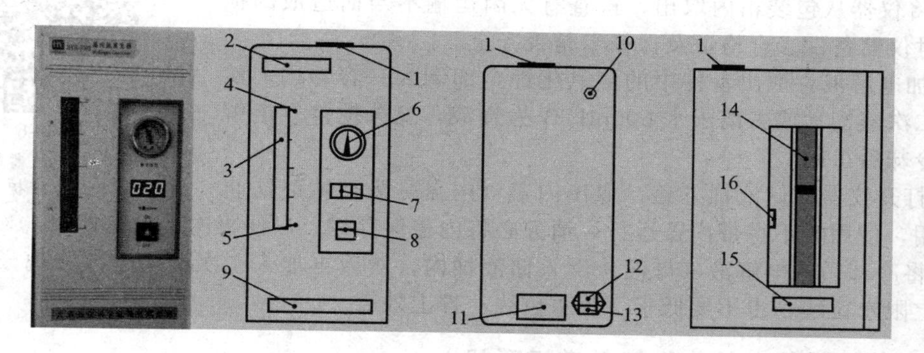

(a) 仪器正面示意图 (b) 仪器背面示意图 (c) 仪器右侧面示意图

图 8-18 HYH-300 型氢气发生器各部位示意图

1—注液口密封盖；2—型号标牌；3—液位观测口；4—液位上限；5—液位下限；6—输出压力表；7—流量显示；8—电源开关；9—单位铭牌；10—氢气输出口；11—产品合格证；12—电源线插孔；13—保险管插盒；14—净化管；15—安全提示标牌；16—排空阀手钮

该仪器具有如下特点：

（1）程序控制 仪器的全部工作过程均由程序控制完成，氢气流量可根据用量实现全自动调节，程序控制系统自动显示压力、流量，自动恒压、恒流及故障显示。

（2）产氢湿度低 采用了膜分离技术及有效的除湿装置，因而降低了原始湿度，提高了氢气的纯度。

（3）操作方便 使用时只需按动开关，即可产氢，可连续使用，也可间断使用，产气量稳定，不衰减。

（4）安全可靠 配有安全装置，灵敏可靠。

2. 纯水型氢气发生器

纯水型氢气发生器是零极距纯水电解池，把满足要求的电解水（电阻率大于 1MΩ/cm）送入电解槽阳极室，通电后水便立刻在阳极分解：$2H_2O = 4H^+ + 2O^{2-}$，分解成的负氧离子（O^{2-}），随即在阳极放出电子，形成氧气（O_2），从阳极室排出，携带部分水进入水槽，水可循环使用，氧气从水槽上盖小孔放入大气。氢质子以水合离子（$H^+ \cdot xH_2O$）的形式，在电场力的作用下，通过 SPE 离子膜，到达阴极吸收电子形成氢气，从阴极室排出后，进入气水分离器，在此除去从电解槽携带出的大部分水分，含微量水分的氢气再经干燥器吸湿后，纯度便达到 99.999%以上。

电解纯水氢气发生器（SPE 电解纯水制氢气）的主要特点如下：

① 电解纯水（完全无碱液）制氢气，无腐蚀，无污染，氢气纯度高。

② 单元槽槽电压低，电解槽内阻小不发热，干燥剂更换周期长，氢气纯度高。

③ 氢气稳压、稳流输出，并随负载用气量变化自动跟踪，自动保护技术齐全、可靠。

④ 耗电功率小，电解效率高。

二、 氢气发生器的使用

以 HYH-300 型氢气发生器为例，讲解氢气发生器的使用方法。

（一）启动前的准备

二维码8-6
高纯氢发生器的使用与维护

① 将仪器从包装箱内取出，检查有无因运输不当而造成的损坏，核对仪器备件、合格证及保修卡是否齐全。

② 加电解液：取出备件中的氢氧化钾全部倒入一容器内，然后加入二次蒸馏水或去离子水 500mL 作为母液，充分搅拌等电解液完全冷却后待用。

③ 打开仪器的储液桶外盖，取出内盖（内盖是为运输时防止漏液之用，使用时不得带内盖运行，请务必将内盖保存好，以便再次运输时使用）。

④ 将冷却后的电解液（母液）倒入储液桶内，然后再加入二次蒸馏水或去离子水，不要超过上限水位线，也不要低于下限水位线，拧上外盖。

（二）仪器的自检（勿与色谱机联机）

① 接通电源。

② 打开电源开关。此时仪器压力表开始上升，检查仪器面板上电解指示灯（绿灯）是否亮，指针表指示应大于 300mL/min。在 3min 内压力指示应达到设定值。当达到设定值时，流量表指针指示归“0”，说明仪器系统工作正常，自检合格。

（三）仪器的使用

① 将仪器背面出气口的密封螺母取下（请将其保存好，以便今后自检仪器用）。用一根外径 ϕ3mm 气路管将自检合格的氢气发生器出气口与色谱仪的氢气进气口连接，拧紧螺母，密封性必须良好。打开电源开关，仪器进入工作状态。

② 仪器使用时应注意流量显示是否与色谱仪用气量一致，如流量显示超出色谱仪实际用量较大，应停机检漏。

③ 仪器工作完毕应及时关闭电源开关，打开排空阀，使压力表降为“0”。

三、氢气发生器的维护保养

仪器的维护及使用注意点如下：

① 仪器使用前的自检、空载时间不宜过长（5～10min）。

② 仪器使用前应检查各部位是否正常并将排空阀拧紧。

③ 本仪器设有过滤器，装有变色硅胶。使用过程中透过观察窗检查过滤器中的硅胶是否变色，如变色请马上更换或再生。更换方法：旋下过滤器，再拧开过滤器上盖，更换硅胶后拧紧过滤器上盖，将过滤器装到底座上旋紧，并检查是否漏气。

④ 仪器使用一段时间后，电解液会逐渐减少，电解液液位接近下限时应及时补水，此时只需加二次蒸馏水或去离子水即可，加液时不要超过上限水位线，也不能低于下限水位限。

⑤ 仪器切勿在压力为“0”时长时间空载运行。空载运行时会将电解池和开关电源部件烧坏，造成整个仪器损坏。

⑥ 用户不要自行将电解池拆下打开（用户无法自行修理），以免影响整机运行。

⑦ 仪器如需运输时请将储液桶中的电解液用洗耳球吸干净，装好内盖后将上盖拧紧，以免在运输时电解液外溢，对仪器造成损坏。

注意：此仪器的电解池为桶状，在电解池内存有相当一部分电解液，所以将储液桶内的电解液吸干净后，还要将仪器向前倾斜 90°，此时电解池内的电解液就会流到储液桶内，再用洗耳球把储液桶内的电解液吸干净。然后将内盖装上后拧上外盖，以免残留的电解液在运输时外溢将整个仪器腐蚀，造成无法修复的后果。

四、 氢气发生器的常见故障与排除方法

1. 发生器不能启动

(1) 故障原因

① 电路没有接通。

② 氢气开关电源损坏。

③ 在压力为“0”空载运行时电解池烧坏。

(2) 排除方法

① 修理电源。

② 更换损坏的氢气开关电源。

③ 更换电解池。

2. 产氢达不到预定的压力，氢气数显显示在500mL/min以上(即仪器显示量超出实际使用量较大)

(1) 故障原因

① 气路系统漏气。

② 过滤器或过滤器上盖没有拧紧。

③ 氢气电解池反漏。

(2) 排除方法

① 更换漏气元件。

② 拧紧漏气点。

③ 联系厂家更换电解池。

3. 产氢超过预定的压力(0.1MPa)

(1) 故障原因

① 自动跟踪装置挡光板错位或脱落。

② 光电耦合元件损坏。

(2) 排除方法

① 前面板上的压力达到0.3MPa时关闭电源，把挡光板安装在合理的位置上，打开电源开关轻轻敲紧挡光板即可。

② 更换损坏的光电耦合元件。

4. 发生器能启动但氢气的数显显示为0或黑屏

(1) 故障原因　数字显示表损坏。

(2) 排除方法　更换数字显示表。

5. 开机后，产氢量达不到300mL/min或需要很长时间才能达到

(1) 故障原因

① 电解液失效。

② 开关没有旋紧，有漏气现象。

(2) 排除方法

① 及时添加二次蒸馏水或去离子水；或将新配置的冷却后的电解液（母液）倒入储液桶内，再加入二次蒸馏水或去离子水，水位在水位线上下限之间（氢氧化钾溶液的浓度为10%左右），拧上外盖，10min后即可使用。

② 继续旋紧开关，使仪器的压力和流量达标。

6. 开机使用后，产氢量无法稳定，一直在小范围内波动

（1）故障原因　电解液失效。

（2）排除方法　用新配制的10%的氢氧化钾电解液进行更换或加水。

7. 开机后，产氢量增长缓慢，其压力无法在5min内达到0.3MPa

（1）故障原因　电解池漏。

（2）排除方法

① 电解池用台钳夹紧后上紧螺钉。

② 密封处用平面密封胶粘牢。

③ 无法修复的机械损坏，要更换电解池。

8. 仪器腐蚀严重无法使用

（1）故障原因

① 搬运时未将电解液用洗耳球吸干净。

② 未将内盖及外盖拧好，使残留的电解液在运输时外溢。

（2）排除方法　更换仪器。

思考与交流

1. 氢气发生器的工作原理是什么？
2. 氢气发生器如何自检？
3. 氢气发生器维护保养需要注意什么问题？

任务五
氮气发生器

任务要求

（1）熟悉氮气发生器的工作原理和结构。

（2）掌握氮气发生器的使用方法。

（3）熟悉氮气发生器的维护方法。

（4）了解氮气发生器的故障排除方法。

一、氮气发生器的工作原理和结构

1. 电化学分离法和物理吸附法相结合（需“加液”）

采用电化学分离法和物理吸附法相结合的发生器可以制取纯氮、氧气等气体。仪器的工作原理是以纯净的空气为原料，以氢氧化钾或氢氧化钠溶液为介质，电解池采用PCNA载体和贵金属催化物，利用电解水进行脱氧。在两电极间加上电压≤1.5V的直流电，空气中的氧进入电解池中分离，在阴极经物理化学催化吸附，最后从阳极析出，这样电解池阴极侧剩下的只是氮气。洁净的空气在电解池阴极侧的物理化学吸附作用下，氧气不断通过分离隔膜进入阳极侧，氧气随电解液流入储液桶，并放空。经过两级电解池处理，阴极侧只剩下氮气。氮气从电解池流出后，进入催化器脱除残余氧，再通过渗透膜、金属聚合物、两极吸附

除去氧气中的杂气、水分等杂质，经氮气出口即可提供纯净、可靠的氮气气源。

以 GN-300 型氮气发生器为例，仪器各部位名称及功能如图 8-19 所示。

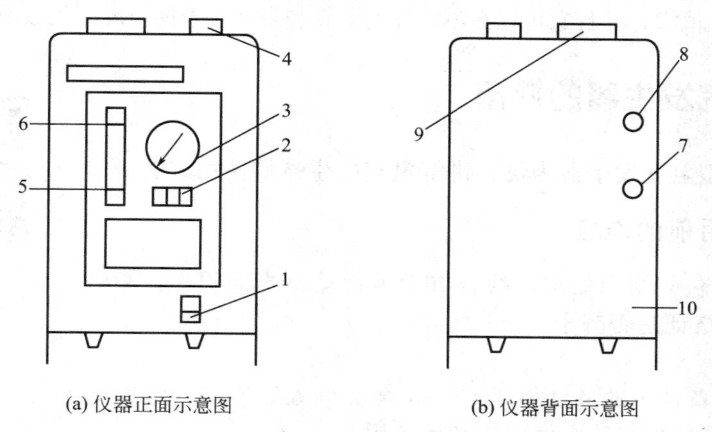

图 8-19　氮气发生器各部位示意图

1—电源开关；2—流量显示表；3—工作压力指示表；4—过滤器；5—电解液下限水位线；6—电解液上限水位线；7—空气进气口；8—氮气出气口；9—电解池储液桶；10—电源线插座

该发生器可在氮气、氧气室压差（1MPa）下稳定工作，可避免阴极氢析出，保证产生一定纯度的氮气。其电解液采用强制循环方式，由电磁泵带动电解液在液路中循环，提高了电解效率。

程序控制系统可根据氮气使用量的大小实现氮气流量的全自动调节，氮气纯度、流量、压力极为稳定。工作结束后，关闭仪器电源开关，电解液全部自动回至储液桶，渗透膜将杂质自动排出，下次工作时只需打开电源开关即可重复以上全部过程。

采用这种原理产生的氮气存在以下问题：

① 加 KOH 溶液的氮气发生器所产生的氮气中含水量高且带有一定腐蚀性，容易造成色谱仪调试不稳定，一旦长时间使用该氮气必然造成色谱柱柱效降低。

② 利用该原理产生的氮气如果长时间在常压（标准大气压）条件下使用，会造成严重的返液（回液）现象。

③ 氮气纯度偏低，色谱仪的热导检测器的热敏元件会被氧化，时间久了热导检测器的灵敏度降低。

2. 中空纤维膜法（不需“加液”）

两种或两种以上的气体混合通过高分子膜时，由于各种气体在膜中的溶解度和扩散系数的差异，导致不同气体在膜中相对渗透速率有所不同。根据这一特性，可将气体分为“快气”和“慢气”。

当混合气体在驱动力——膜两侧压差的作用下，渗透速率相对较快的气体如水蒸气、氧、二氧化碳等透过膜后在膜渗透侧被富集，而渗透速率相对较慢的气体如氮气、一氧化碳、氩气等则在滞留侧被富集，从而达到混合气体分离之目的。

当以加压净化空气为气源时，氮气等惰性气体被富集成高纯度供生产应用，由渗透侧排空的为富氧空气。氮膜系统可将廉价空气中的氮含量从 78%提高到 95%以上，最高可得到含量为 99.9%的纯氮。该氮气发生器可以用于气相色谱仪作载气，用于对组分成分分析要求不高的行业。

3. 采用气相色谱技术用新型合成分子筛分离（不需“加液”）

这是一种新型的空气分离方法，它以压缩空气为原料，合成分子筛为吸附剂，在常温低压下，利用空气中的氧和氮在分子筛中的扩散速率不同，把氧和氮加以分离，氮气的纯度和产气量可按客户需要调节。所产气体流速稳定，氮气纯化彻底，产出的氮气纯度高，最高可得到含量为

99.9995%的纯氮，适用于各种气相色谱检测器。该系列高纯发生器只要一按开关，便可以源源不断地生产出高质量和高纯度的氮气，运行稳定可靠，最重要的是它不需要任何化学消耗品，操作方便，可24h无人值守，并且它可以在不需任何监管和最低保养的情况下无故障地运行。

二、 氮气发生器的使用

二维码8-7
高纯氮发生器的使用与维护

以GN-300型氢气发生器为例，讲解氮气发生器的使用方法。

（一） 启用前的准备

① 将仪器从包装箱内取出，检查有无因运输不当而损坏，核对仪器备件、合格证是否齐全。

② 加电解液

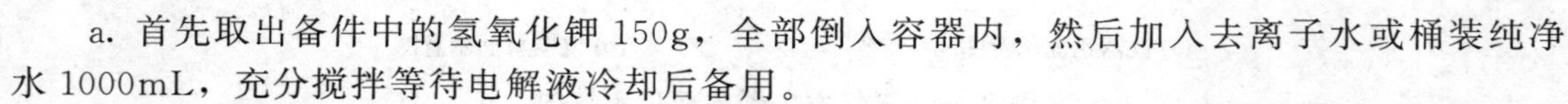

a. 首先取出备件中的氢氧化钾150g，全部倒入容器内，然后加入去离子水或桶装纯净水1000mL，充分搅拌等待电解液冷却后备用。

b. 用一根ϕ3mm的气路管，一端与氮气发生器背后的空气进气口连接，另一端与空气源的空气出口连接，不得漏气。

c. 打开储液桶上盖，将冷却后的电解液全部倒入储液桶内，盖上储液桶上盖浸泡25min（储液桶的容量为1000mL）。

d. 首先打开空气源的开关，这时空气源的压力上升（要求输入空气的压力不低于0.4MPa），氮气发生器压力随着空气源压力的上升也缓慢上升，当空气源的压力上升到0.4MPa，氮气发生器的压力也上升到0.4MPa（氮气压力比空气压力略低一点）。

（二） 仪器的自检（勿与气相色谱仪联机）

① 将氮气的电源插头与电源插座连接，打开氮气发生器的开关，流量显示为300～400mL/min，仪器10min后自动切换，待氮气发生器压力升至0.4MPa（出厂设定值），数字流量显示较大，超过500mL/min，3min内应稳定在500～550mL/min之间。

② 拧紧氮气发生器出口螺母，不能漏气。

③ 氮气发生器大约在3min内数字流量显示逐渐降至30mL/min以下，说明仪器系统工作正常，自检合格。

（三） 仪器的使用（与气相色谱仪联机）

① 旋下氮气发生器出气口的螺母，此时仪器前面板上的数值显示在500～550mL/min之间。

② 把气路管的一头首先连接在仪器背后的氮气出气口上并拧紧，气路管另一端连接色谱仪，这时仪器就可以使用了。

③ 仪器使用时应注意氮气发生器的流量显示是否与气相色谱仪的用气量一致，如果氮气发生器的流量显示超出气相色谱仪的实际用量较大，应停机检漏。

④ 仪器工作完毕应及时关闭电源开关，打开排空阀，使压力表降至“0”。

三、 氮气发生器的维护保养

仪器的维护及使用注意点如下：

① 仪器使用前应检查各部位是否正常。

② 本仪器过滤器中装有变色硅胶和分子筛。使用过程中透过观察窗口观察过滤器

中的变色硅胶下端是否变色，如变色需要更换或再生。下层的分子筛在仪器使用三个月后烘干再生。更换或再生的方法为：首先把系统放气（关掉电源，卸下空气进气口即可放气），使系统压力为常压状态再旋下过滤器，拧开过滤器上盖，更换过滤材料后拧紧过滤器上盖，将过滤器装到底座上拧紧，不能漏气，也可用自检的方法观察数显是否回到30mL/min以下。

③ 仪器使用一段时间后，电解液会逐渐减少，当电解液接近下限水位线时应及时补水，加液时不要超过上限水位线。

④ 仪器使用半年后更换电解液。氮气发生器使用氢氧化钾溶液的浓度为15%左右。

⑤ 氮气发生器切勿在未接空气源时空载运行，否则会造成整个仪器报废。

⑥ 用户不要自行将电解池拆卸打开（用户无法自行修理），以免影响整机使用。

⑦ 仪器如需搬运，把储液桶中的电解液用吸液管吸干净，然后盖好上盖，以免在运输中残留的电解液外溢将整个仪器腐蚀，造成无法修复的后果。

⑧ 如仪器停机一个月或一个月以上，请把电解液抽出。

四、氮气发生器的常见故障与排除方法

1. 开机不工作，显示板无显示

排除方法：

① 检查电源是否有电。

② 检查电路插件是否插牢。

③ 检查保险是否烧掉，保险位于仪器后面电线插座内（有保险图案），用小“一”字改锥或尖的金属工具向外撬即可取出，保险为5A。

④ 打开仪器侧板检查显示板排线插件是否插牢。

⑤ 看仪器内电路板指示灯是否亮，若不亮，检查电路板上保险是否烧掉，若烧掉须换保险（3A），换后仍不显示，须换电源。

2. 开机显示“000”

排除方法：检查仪器后空气输入端是否有气体输入空气发生器。

3. 开机10min后显示数字但不升压，无气体输出

排除方法：检查电磁阀插件是否脱落松动，用万能表对电磁阀这两个插件进行测量，若没有220V电压需更换电源。

4. 运行过程中表头显示数字但压力达不到设定值

排除方法：对气路进行全面检漏，特别是干燥室及电池。

5. 检查电池是否漏气坏掉

排除方法：

① 打开仪器侧板，观察电池板之间的黑胶垫，看有无凸出变形和渗水现象，若有即更换电池。

② 使氮气输入5kg（约50kPa）压力后断电，电池水路应是静止的，若有水泡不断冒出说明电池坏掉。

6. 仪器运行中有响声

（1）故障原因　电磁阀响。

（2）排除方法　用14号的扳手适当调整电磁阀上螺母的松紧度，不要太紧；若不行需拆开电磁阀对内部进行清洗（响主要是因为电磁阀内脏或有杂质），若清洗完还不行，须更换新的电磁阀。

7. 开机即有气体输出

排除方法：当刚开机压力上升时须按一下前面的红色延时开关，将空气放空，等待10min后方可使用。

思考与交流

1. 氮气发生器的工作原理是什么？
2. 氮气发生器如何自检？
3. 氮气发生器维护保养需要注意什么问题？

任务六 稳压电源

任务要求

(1) 熟悉稳压电源的工作原理和结构。
(2) 掌握稳压电源的使用方法。
(3) 熟悉稳压电源的维护方法。
(4) 了解稳压电源的故障排除方法。

一、 稳压电源的工作过程

在电网电压波动或负载变化时，分析仪器通常要求电源电压的变化要限制在一定范围内，否则会造成仪器性能不稳定，甚至不能正常工作。这时就应当采用稳压电源。稳压电源是能为负载提供稳定的交流电或直流电的电子装置，包括交流稳压电源和直流稳压电源两大类。当电网电压或负载出现瞬间波动时，稳压电源会以10～30ms的响应速度对电压幅值进行补偿，使其波动稳定在±2%以内。

随着我国工业的高速发展，各行各业均大量使用各种电子电器，而电子电器在使用过程中会产生大量的谐波，返回电网后便会形成临近设备的相互干扰，特别是对分析仪器的正常工作带来严重干扰。因此为分析仪器提供电源，除了要具备较高的稳压精度和较大的稳压范围外，那就是要对抗谐波干扰等电网污染。精密交流净化稳压电源是为了消除电网杂波对精密仪器设备造成损害而设计的专用前置设备。

精密交流净化稳压电源集净化、稳压、抗干扰和自动保护等多功能于一体，具有稳压范围宽、响应速度快、精度高、抗干扰、失真度低、抗负载冲击能力强、寿命长、噪声低等优点，还具有比较强的抗双向干扰能力、防雷击能力和提高线路功率因数的能力，所以精密交流净化稳压电源是目前最为理想的稳压电源。如图8-20所示。

二、 稳压电源的使用

（一）使用前的准备

① 使用前检查稳压电源的连接情况，是否有松动，保证电源接口、接地线牢固无松脱。

② 若交流稳压电源前端电源为变压器，在调整电压时动作不得过快，以防强电流对稳

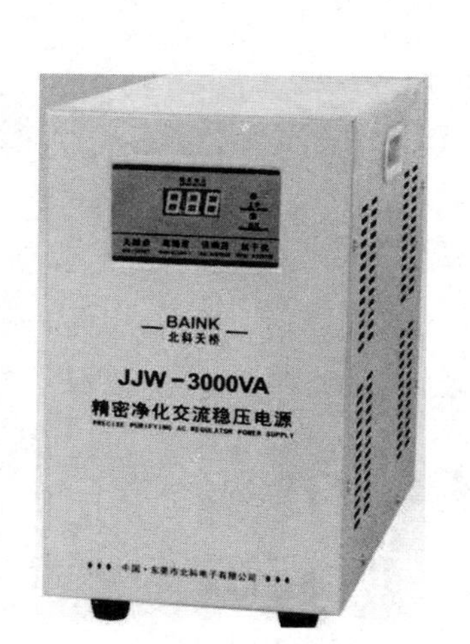

图 8-20　精密交流净化稳压电源外观图

压器造成冲击性损坏。

③ 在使用前，应保证稳压电源的开关处于开路状态。

（二）使用方法

① 在使用稳压电源时，稳压电源的输出电压应符合连接仪器的要求，不得超过其额定电压或允许电压。

② 在确保稳压电源的连接、防护良好前，不得启动稳压电源，以防稳压电源对人体或仪器造成损坏。

③ 在使用稳压电源时，应经常观察稳压电源的使用情况，以防电压异常情况的出现。

④ 试验结束后，应及时关闭稳压电源开关，切断输入电源。

三、稳压电源的维护保养

① 稳压电源应安装在通风干燥并且远离易燃易爆等物品的地方，避免在潮湿环境下使用。

② 交流稳压电源在初次使用时，应仔细检查输入电源的连接情况，以防输入电源因连接错误造成短路。

③ 对连接有变压器的交流稳压电源，在调节变压器时，应充分注意交流稳压电源的电压使用范围，避免因电压过高对稳压电源造成损伤。

④ 在使用稳压电源时，应保持与其他电器有足够安全的距离，以防意外事故而造成其他电器的短路或烧坏。

⑤ 稳压电源长时间不使用时应及时切断电源，并进行清洁保养工作。

四、稳压电源的常见故障与排除方法

1. 开关无指示、无输出

（1）故障原因

① 无电源，电源插头未插好。

② 保险管断裂。

（2）排除方法

① 重新插好电源插（接）头。

② 更换相同保险丝。

2. 开机无输出、过压指示灯亮

（1）故障原因

① 外界电压过高，超出本机稳压范围。

② 电网错相或断相，电网遭受雷击或类似的强大干扰。

③ 同一线路某一强大负载断电产生瞬间过电压。

④ 稳压电源发生故障。

（2）排除方法

① 关闭负载，关机稍后再开机。

② 立即关闭本机，稍后再开。

③ 如红灯熄灭可继续使用，开关一次。

3. 开机后声音大，开机后无噪声而开负载有噪声

（1）故障原因

① 机箱盖或底板螺钉松动。

② 变压器正在处理杂波或电压不稳。

（2）排除方法

① 拧紧螺钉。

② 正常情况下可继续使用。

思考与交流

1. 稳压电源的作用是什么？

2. 稳压电源使用时需要注意的问题有哪些？

3. 稳压电源如何维护保养？

任务实施

操作 9　分析天平性能检定

一、目的要求

① 掌握天平主要性能参数。

② 了解天平主要性能的检定方法。

二、仪器

电子天平和砝码。

三、检验步骤

检验内容包括外观检查、偏载误差检定、重复性检定和示值误差检定，检验步骤详见本项目任务一。

四、数据记录与处理

被检天平	制造厂家		型号规格	
	编号		出厂日期	
	实际分度值(d)		检定分度值(e)	
	最大称量		等级	
标准砝码	砝码等级		质量范围	
检定环境条件	检定温度	℃	相对湿度	%
外观检查				

1. 偏载误差检定

序号	砝码位置	试验载荷(L)	示值(I)	示值误差(E)	最大允差(mpe)
1	左上角				
2	右上角				
3	左下角				
4	右下角				
5	中间				
判定依据：示值误差＜最大允差			检定结论：□合格□不合格		

2. 重复性检定

序号	示值(I)	误差(E)	最大允许误差(mpe)
1			
2			
3			
4			
5			
6			
试验载荷：		$E_{max}-E_{min}\leqslant\|mpe\|$	检定结论：□合格□不合格

3. 示值误差检定

序号	载荷(L)	指示值(I)		误差(E)		最大允许误差(mpe)
		↑	↓	↑	↓	
1						
2						
3						
4						
5						
6						
检定结论：□合格□不合格						

任务评价

序号	作业项目	考核内容		记录	分值	扣分	得分
一	准备工作（6分）	检查天平水平	检查		2		
			未检查				
		清扫天平	清扫		2		
			未清扫				
		调零点	调零		2		
			未调零				
二	外观检查（9分）	仪器外表检查	检查		3		
			未检查				
		仪器功能键检查	检查		3		
			未检查				
		铭牌检查	检查		3		
			未检查				
三	偏载误差检定（18分）	检定位置选择	正确		6		
			不正确				
		砝码选择	正确		4		
			不正确				
		计算方法及结果	正确		4		
			不正确				
		检验结果	正确		4		
			不正确				

续表

序号	作业项目	考核内容		记录	分值	扣分	得分
四	重复性检定（18分）	检定方法选择	正确		6		
			不正确				
		砝码选择	正确		4		
			不正确				
		计算方法及结果	正确		4		
			不正确				
		检验结果	正确		4		
			不正确				
五	示值误差检定（18分）	检定方法选择	正确		6		
			不正确				
		砝码选择	正确		4		
			不正确				
		计算方法及结果	正确		4		
			不正确				
		检验结果	正确		4		
			不正确				
六	数据记录处理及报告（15分）	原始记录规范完整	完整、规范		5		
			欠完整、不规范				
		有效数字计算	符合规则		5		
			不符合规则				
			不正确				
		报告清晰完整	清晰完整		5		
			不清晰完整				
七	文明操作结束工作（6分）	实验过程台面	整洁有序		2		
			脏乱				
			未清洗				
		天平还原	进行		2		
			未进行				
		清扫天平	进行		2		
			未进行				
八	总时间（10分）	完成时间（120min）	符合规定时间		10		
			不符合规定时间				

思考与交流

1. 分析天平偏载误差检定时的注意事项有哪些？
2. 分析天平重复性检定时的注意事项有哪些？
3. 分析天平示值误差检定时的注意事项有哪些？

课堂拓展

树立终身学习的理念

当代分析仪器对科技领域的发展起着关键作用，一方面科技领域对分析仪器不断提出更高的要求，另一方面随着科学技术的发展，新材料、新器件不断涌现又大大推动分析仪器的快速更新。未来全球科学仪器将朝着智能、专用、便捷的方向发展。新技术、新仪器的快速发展要求作为一名分析仪器维护人员要树立终身学习的理念，不断学习新技术，熟悉新仪器的结构、原理、功能、操作要点与维护要求，做好仪器的日常维护保养工作，保证仪器的安全运行，使分析检验工作顺利完成。

项目小结

本项目中介绍了分析天平、空气压缩机、氢气发生器、氮气发生器、稳压电源的相关知识，学习内容归纳如下：

① 分析天平的工作原理、结构、使用、计量性能检验、维护保养、常见故障与排除方法。

② 空气压缩机的原理和结构、使用、维护保养、常见故障与排除方法。

③ 氢气发生器的工作原理和结构、使用、维护保养、常见故障与排除方法。

④ 氮气发生器的工作原理和结构、使用、维护保养、常见故障与排除方法。

⑤ 稳压电源的工作过程、使用、维护保养、常见故障与排除方法。

练一练 测一测

练一练测一测八

一、判断题

1. 天平室要经常敞开通风，以防室内过于潮湿。（　　）

2. 天平使用过程中要避免振动、潮湿、阳光直射及腐蚀性气体。（　　）

3. 分析天平的灵敏度越高，其称量的准确度越高。（　　）

4. 分析天平的性能检定包括偏载误差、重复性、示值误差、准确度的检定。（　　）

5. 氢气发生器在阳极产生氢气，在阴极产生氧气。（　　）

二、单项选择题

1. 使用万分之一分析天平用差减法进行称量时，为使称量的相对误差在0.1%以内，试样质量应在（　　）。

A. 0.2g以上　　B. 0.2g以下　　C. 0.1g以上　　D. 0.4g以上

2. 有一天平称量的绝对误差为10.1mg，如果称取样品0.0500g，其相对误差为（　　）。

A. 0.216　　B. 0.202　　C. 0.214　　D. 0.205

3. 电子分析天平按精度分一般有（　　）类。

A. 4　　B. 5　　C. 6　　D. 3

4. 天平及砝码应定时检定，一般规定检定时间间隔不超过（　　）。

A. 半年　　B. 一年　　C. 二年　　D. 三年

5. GN-300型氮气发生器，采用（　　）和物理吸附法的发生器可以制取纯氮、氧气等气体。

A. 化学反应法　　B. 中空纤维膜法　　C. 气相色谱技术　　D. 电化学分离法

三、多项选择题

1. 分析天平室的建设要注意（　　）。

A. 最好没有阳光直射的朝阳的窗户　　B. 天平的台面有良好的减振

C. 室内最好有空调或其他去湿设备　　D. 天平室要有良好的空气对流，保证通风

E. 天平室要远离振源

2. 电子天平使用时应该注意（　　）。

A. 将天平置于稳定的工作台上避免振动、气流及阳光照射

B. 在使用前调整水平仪气泡至中间位置

C. 经常对电子天平进行校准

D. 电子天平出现故障应及时检修，不可带“病”工作

3. 电子天平按精度可分为（　　）。

A. 超微量电子天平　　B. 微量电子天平　　C. 半微量电子天平　　D. 常量电子天平

练一练测一测参考答案

练一练测一测一

一、单项选择题

1. B　2. C　3. A　4. B　5. C　6. A　7. C　8. A　9. D　10. B

二、判断题

1. √　2. ×　3. ×　4. √　5. ×　6. √　7. √　8. √　9. √　10. ×

练一练测一测二

一、单项选择题

1. D　2. B　3. A　4. B　5. C　6. A　7. A　8. B

二、多项选择题

1. ABCD　2. ABCD　3. ABCD　4. BC　5. ACD　6. ABCD

三、判断题

1. √　2. ×　3. ×　4. √　5. ×　6. ×

练一练测一测三

一、单项选择题

1. A　2. C　3. C　4. D　5. D　6. D　7. C　8. B　9. B　10. D

二、判断题

1. ×　2. ×　3. ×　4. √　5. ×　6. ×　7. √　8. √　9. ×　10. √

练一练测一测四

一、单项选择题

1. A　2. B　3. A　4. C　5. A　6. B　7. C　8. A　9. A　10. B

二、填空题

1. 分光学零位平衡式　比例记录式　2. 光源　吸收池　单色器　检测器　3. 高真空热电偶　热释电检测器　碲镉汞检测器　4. 分束器　BS

练一练测一测五

一、单项选择题

1. B　2. D　3. D　4. A　5. A　6. A　7. D　8. A　9. A　10. A

二、判断题

1. ×　2. √　3. ×　4. √　5. √　6. √　7. √　8. √　9. √　10. √

三、简答题

1. 电位法测定溶液 pH 值，是以 pH 玻璃电极为指示电极，饱和甘汞电极为参比电极，它们与待测液组成工作电池，电池电动势 $E=K+0.059\text{pH}$ (25℃)。式中 K 是一个不固定的常数，很难通过计算得到，因此采用已知 pH 值的标准缓冲溶液在酸度计上进行校正。

即先测定已知 pH 值标准缓冲溶液的电动势，然后再测定试液的电池电动势，若测量条件不变，可得 $\text{pH}_x=\text{pH}_s+(E_x-E_s)/0.059$ (25℃)，通过分别测定标准缓冲溶液和试液所组成工作电池的电动势就可求出试液的 pH 值。

2. pH 复合电极玻璃球泡必须用 3.0mol/L KCl 溶液浸泡；不可浸泡在蒸馏水中。

3. 仪器的输入端必须保持干燥清洁。仪器不用时，将短路插头插入插座，防止灰尘及水汽进入。

4. 电位滴定仪是以指示电极、参比电极和试液组成工作电池，用标准滴定溶液进行滴定，在滴定过程中待测离子的浓度不断变化，指示电极的电极电势随之变化，工作电池的电动势也发生变化，根据电池电动势的变化（电位差）来指示滴定反应的终点。

5. 可能的原因是：①终点突跃太小；②滴定剂或样品错误；③终点体积较小；④电极选择错误。处理方法为：①将突跃设置为“小”；②更换滴定剂或正确取样；③改用“空白滴定”模式；④正确选择电极。

练一练测一测六

一、填空题

1. 气路系统　进样系统　色谱柱　检测器　温度控制系统　信号记录和数据处理系统

2. 气源装置　气体流速的控制装置　气体流速的测量装置

二、单项选择题

1. C　2. D　3. B

三、判断题

1. ×　2. √　3. √

四、简答题

1. 气相色谱仪有如下四个特点：

①具有高效能；②高灵敏度；③高速度；④应用范围广。

2. 气相色谱仪器开关机的注意事项如下：

要求必须打开载气并使其通入色谱柱后才能打开仪器电源开关与加热开关；同理，必须关闭仪器电源开关与加热开关之后才能关载气钢瓶与减压阀。

3. 噪声是指仪器在没有加入被测物质的时候，仪器输出信号的波动或变化。

噪声有三种形式：以零为中心的无规则抖动；长期噪声或起伏，即以某一中心做大的往返波动，但中心始终不变；漂移，即做单方向的缓慢移动。提高仪器的灵敏度，噪声也会成比例增加。

4. 气相色谱是一种物理的分离方法。利用被测物质各组分在不同两相间分配系数（溶解度）的微小差异，当两相做相对运动时，这些物质在两相间进行反复多次的分配，使原来微小的性质差异产生很大的效果，从而使不同组分得到分离。

5. 气相色谱法简单流程图如下：

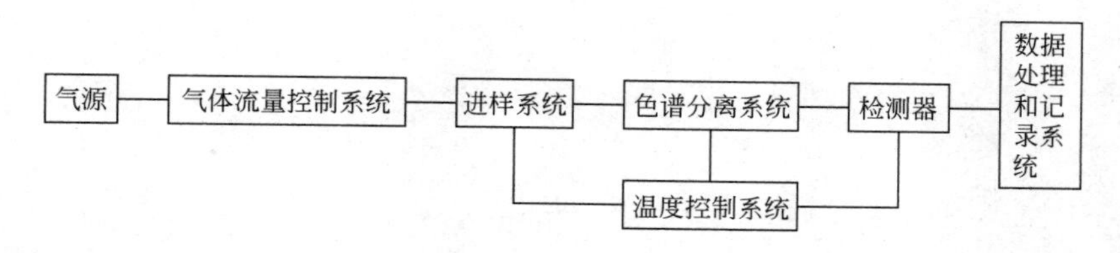

高压钢瓶提供载气，由气体流量控制系统经减压阀减压后，通过净化干燥管干燥、净化，用气流调节阀或针形阀调节，并控制载气流速至实验所需值，然后稳定地通过色谱柱和检测器并排出。

待分析的样品组分由进样器系统注入，瞬间汽化后被载气带入色谱柱中进行分离。被带入色谱柱的样品混合物的不同组分将在色谱柱中以不同速度移动，在不同的时间到达色谱柱的末端，色谱柱中就逐渐形成了不同单组分和分段。

这些单独的组分随着载气先后进入检测器，检测器将组分及其浓度随时间的变化转变为易测量的电信号（比如电压或者电流），必要时将信号放大，由计算机工作站或自动记录仪记录这些信号随时间的变化量，就获得了一组峰形曲线，也就是色谱峰图。通过对这些色谱峰图的分析就可以对混合物的各组分有所了解，从而完成一次色谱分析。

进样系统、色谱分离系统和检测器的温度变化均由温度控制系统分别控制。

6. 色谱柱的温度必须低于柱子固定相允许的最高使用温度，严禁超过；色谱柱若暂时不用，应将两端密封，以免被污染；当柱效开始降低时，会产生严重的基线漂移、拖尾峰、多余峰的洗提等现象，此时应低流速、长时间地用载气对其老化再生，待色谱柱性能改善后再正常使用，若性能改善不佳，则应重新制备色谱柱。

练一练测一测七

一、单项选择题

1. D　2. A　3. B　4. B　5. C　6. C　7. D　8. D　9. B　10. B　11. C　12. A　13. C　14. B　15. B　16. C　17. C　18. D　19. B　20. A

二、多项选择题

1. ABCD　2. AC　3. AC　4. ABC　5. ABCD　6. ABC　7. ABC　8. ABC　9. ACD　10. BCD　11. ABCD　12. ABCD　13. ABC　14. AC　15. ACD　16. ABCE　17. ACD　18. ACD　19. ABC　20. ABCD　21. ABCD　22. ABCE　23. ABCD　24. ABCD　25. ABC　26. ABCD　27. ACDE　28. ABC　29. ABCDE　30. ABCD

三、判断题

1. √　2. √　3. ×　4. √　5. √　6. ×　7. ×　8. √　9. √　10. ×　11. √

练一练测一测八

一、判断题

1. ×　2. √　3. ×　4. ×　5. ×

二、单项选择题

1. A　2. B　3. A　4. B　5. D

三、多项选择题

1. ABCE　2. ABCD　3. ABCD

参考文献

[1] 黄一石．分析仪器操作技术与维护．北京：化学工业出版社，2005.
[2] 邓勃，王庚辰，汪正范．分析仪器与仪器分析概论．北京：化学工业出版社，2005.
[3] 穆华容．分析仪器维护．第 3 版．北京：化学工业出版社，2015.
[4] 谢非，吴琼水，曾立波．面向生物过程的在线式傅里叶变换红外光谱仪．光谱学与光谱分析，2015，35（8）：2357-2360.
[5] 卢小泉，薛中华，刘秀辉．电化学分析仪器．北京：化学工业出版社，2010.
[6] 黄一石，吴朝华，杨小林．仪器分析．第 3 版．北京：化学工业出版社，2017.
[7] 刘海，杨润苗．电化学分析仪器．北京：化学工业出版社，2011.
[8] 肖彦春，胡克伟．分析仪器使用与维护．北京：化学工业出版社，2011.
[9] 王化正，李玉生．实用分析仪器检修手册．北京：石油工业出版社，2002.
[10] JJG 700—2016. 气相色谱仪检定规程．
[11] 武杰，庞增义．气相色谱仪器系统．北京：化学工业出版社，2007.
[12] JJG 694—1990 原子吸收分光光度计检定规程．